自 然 文 库
N a t u r e
S e r i e s

SOUNDS WILD AND BROKEN

Sonic marvels, evolution's creativity,
and
the crisis of sensory extinction

荒野之声

地球音乐的繁盛与寂灭

〔美〕戴维·乔治·哈斯凯尔 著

熊姣 译

SOUNDS WILD AND BROKEN:
SONIC MARVELS, EVOLUTION'S CREATIVITY, AND THE CRISIS OF SENSORY EXTINCTION

This edition arranged with The Martell Agency

through Andrew Nurnberg Associates International Limited

献给凯蒂·莱曼（Katie Lehman），

是她让我张开耳朵去倾听奇迹

目录

第四部分：人类音乐及其归属

第五部分：物种减少、危机和不公正

第六部分：倾听

序言

美国纽约布鲁克林区展望公园（Prospect Park）旁的步道上，夏末蟋蟀和螽斯的歌声给空气中增添了一番滋味。日落好几个时辰了，暑热还未消退，鼓噪得躲在林间的昆虫唧啾阵阵。路灯沿公园外墙间隔有序，形成步道上独特的灯光节奏。小虫逐光而来，聚在被路灯光晕渲染的叶片上。一路走来，四周的声与光此起彼伏，微妙地涨落。

螽斯唱起欢快的、嗡嗡作响的三重奏：ka-ty-did，节拍压得很稳，每秒律动一次。有些歌手把歌曲缩减成二重奏，节奏放慢了。有时，夜间整个园子里的歌手都按照一个拍子，声音大得让我觉得胸腔都在共鸣。今晚不同往时，螽斯们似乎不管协调与否，只顾寻找自己的节奏。与这种律动相对的是树蟋单音调的悠长颤鸣，缠绕悦耳，绵延不绝。

公园一栋建筑后面的安全灯溢散出的光，照亮了上方一簇栎树枝。枝丫间聚集着一百多只欧椋鸟。然而，这些栖息林中的鸟儿没有回巢安眠。亮光刺激得它们尖叫、啁啾、鸣啭，在小枝间扑腾不已。

一架大型飞机低低地飞过头顶，在公园西边画出一道轨迹，俯冲降落到拉瓜迪亚机场（LaGuardia Airport）上。这声音起初像南边地平线上的一根线，逐渐变成粗重的绳子，盖过了虫鸣。接着渐渐磨蚀、减弱，只剩下低沉的尾声。日间飞机着陆的高峰时段，这种声音每隔两分钟就会出现一次。

其他交通工具的声响混进来：汽车轮胎在沥青路面上刮擦、发动机嘶吼着加速运转、大军团广场（Grand Army Plaza）狂乱的十字路口喇叭遥远地交锋，以及电动自行车嗖嗖地飞驰。

我从公共图书馆地下室的室内音乐会出来，漫步到这里。音乐家将自身与乐器的木料、尼龙弦和金属弦融为一体；动物、油料、树和矿石完美地结合，唤醒了乐谱上沉睡的乐音。随后，我与朋友们交谈，声带颤动赋予呼吸以一刹那的意义。在音乐和语声中，神经以空气为神经递质，消除了个体在交流中的物理距离。

这一切声音的能量都源于太阳。藻类沐浴着阳光生长，然后沉入地下，变成黑色的油。如今，藻类储存的太阳能，在地下长久掩埋后，由喷气式飞机和汽车的发动机释放出来。由此，我们听到它们的吼声。电动自行车的能量来自煤炭发电厂供应的电能，也就是古老森林捕获的光能。今年的光能存储在槭树和栎树叶片里，供养着那些螽斯和蟋蟀。小麦和大米亦是如此供养着人类。此时虽是夜间，太阳仍在闪耀——光子转变成了声波。

这是一个平平无奇的夜晚。有三两声鸟叫虫鸣，汽车和飞机各司其职，还有人类的音乐和语声。在我看来，一切都理所当然。地球是一个生机盎然的星球，充满音乐和言语。然而，过去并不总是如此。地球上丰富多样的声音，此间种种奇迹，都是近期才出现的。不单如此，它们还十分脆弱。

在地球十分之九的历史上，都不存在交流之声。海洋最早出现动物，或是海底珊瑚礁最初形成时，没有任何生物歌唱。陆地原始森林里没有发声的昆虫或脊椎动物。那时候，动物只能通过捕捉彼此的目光，或通过触摸以及化学手段来传递信号和相互联系。数亿年里，动物在无声的交流中演化。声音一旦形成，就将动物们维系成一个网络，几乎可以瞬时对话和交流；有时还能远程连接，如同有心灵感应一般。声音承载的信息，可以穿透迷雾、污浊、密林和黑夜。它能越过阻碍芳香和光线的屏障。耳朵是全方位的，而且始终保持敏锐。声音不仅将动物联系起来，还通过不同的音高、音调、节奏和振幅，传递微妙的信息。

当生命相互联系时，新的潜力出现了。动物的声音成为创新的催化剂。这似乎很矛盾。声音是短暂的，然而在传播中，声音将生物连接在一起，唤醒了生物演化和文化演化的潜在力量。这种创生的力量，用数亿年时间产生了地球上令人惊叹的声音多样性。你眼前这张纸上的文字，这些铅字印刷的人类语言，不过是声音、演化和文化极富成效的融合带来的产物之一。世间还有无数奇迹正在奏响。每个发声的物种都有独特的声音。地球上每个地方，都有由众多声音交汇而成的声学属性。

而如今，世界上丰富多样的声音正面临危机。人类这个物种，一方面将声音的创造力推至巅峰，另一方面也是世界声学宝藏的头号破坏者。生境破坏和人类噪声，都在削弱世界各地的声音多样性。地球历史上，声音从未像今天这样丰富多样；声音的多样性也从未像今天这样岌岌可危。我们坐拥宝库，却又困守愁城。

“环境”问题通常表现为气候变化、化学污染或物种灭绝。这些视角和考量都至关重要。然而我们还需要补充一个框架：我们的行为正在使未来成为一个感官贫瘠的世界。随着荒野之声永久消失，人类噪声甚嚣尘上，地球变得扁平、黯淡。这种衰微不只意味着丧失装饰性的感官成分。声音是具有创造力的，消除声响的多样性，将会削弱世界的创造力。这场危机也存在于人类物种内部。噪声带来的重负，诸如健康状态不佳、学习能力减退、死亡率增高，在不同人群中的分布并不均等。种族偏见、性别歧视和权利不对等，都会造成声音层面严重的不公正。

倾听，让我们体会到交流和创造的奇迹。倾听也告诉我们，在我们生活的时代，多样性正在衰减。因此，美学——感官知觉的鉴赏和考量——应该成为引导我们蹚过席卷生活的变化与不公正之涡流的核心要素。然而，我们正日益脱离与生命共同体感官层面的传奇关系。这种割裂是感官危机的一部分。我们漠然无视大半个生命世界的美，以及它的破碎。这击溃了人类伦理必要的感官基础。因此，我们所处的危机，不仅是周遭的“环境”危机，也是感知的危机。当地球上最强大的物种不再倾听其他物种的声音时，灾难就会降临。世界的生机，部分依赖于我们是否愿意回头去倾听地球的生命乐章。

倾听，是一种快乐，一扇通往生命创造力的窗，也是一种政治行为和道德行为。

第一部分

起　源

原始的声音，听觉的古老根源

起初，地球上只有石头、水、闪电和风的声音。

今天，请再来听听原始地球的声音吧。在那些生命静寂无声的地方，自40多亿年前地球由炙热状态冷却下来，我们听到的声音大体就不曾改变。风刮过山顶，发出低沉急迫的呼号。有时，旋风扶摇直上，噼啪作响。在沙漠和冰雪地带，沙子和雪地发出嘶鸣。海岸上，波浪冲击，拍打着卵石、沙砾和坚硬的崖壁。雨水嘈杂地击落在岩石和土壤上，汇入水道。河流在河床上汩汩流淌。雷声轰隆，大地上传来阵阵回响。地下世界不定时的震动和火山喷发打断了气流与水流声，带来地质的咆哮与怒吼。

这些声音，靠着太阳、重力和地球热能来驱动。阳光照射，空气变暖，流动形成风。大风刮过，海面波涛汹涌。太阳光使水蒸气升腾，随后又因重力作用返回大地。河流也因重力作用而流淌。海洋潮汐涨落，缘于月球引力。地球构造板块在中心灼热的液体上滑动。

大约35亿年前，阳光为声音的表达找到了一条新的通道：生命。除了一些“吃”岩石的细菌，一切生命的声音都被太阳激活了。

在细胞的呢喃和动物的声响中，我们听到了折射出来的太阳能量。人类的语言和音乐也属于这种能量流动。我们是一种“声学中转器”，让植物攫取的光逃回空气中。甚至机器的轰鸣，也是通过燃烧埋藏许久的阳光来提供动能。

生物界最早的声音来自细菌，它们在水域环境向周围发出极低微的细语、叹息和咕哝声。如今我们只有采用最敏感的现代设备，才能听到细菌的声音。在安静的实验室，麦克风可以采集到枯草芽孢杆菌（*Bacillus subtilis*）菌落的声音。这种细菌常见于土壤和哺乳动物的肠道。放大音量，那些振动听起来就像蒸汽正从紧闭的阀门向外逃逸。用扩音器将类似的声音回放给烧瓶里的细菌听，细菌生长速率会激增。究竟是何种生化机制造成这种效应，目前尚不清楚。我们把细菌固定在显微镜的悬臂末端，也能“听”到细菌的声音。这根表面有“细胞涂层”的支柱非常小，细胞每次振动都会引起悬臂微颤。激光束打到悬臂上，被反射回来，由此记录并测量悬臂的运动。这个过程表明，细菌在不断振动并产生颤动的声波。声波的波峰和波谷，也就是细胞振动的范围，仅 5 纳米左右，相当于细菌细胞直径的千分之一。我说话时，声带振幅要比这大 50 万倍。

细胞产生声音，是因为它们一直在运动。它们维持生命，要依赖内部成千上万种流动和节奏，而其中每一种都要靠一连串化学反应与化学关系来调节和塑造。考虑到这种动态关系，难怪细胞表面出现振动。我们对这些声音的漠视，着实也令人不解。尤其是，现有技术已经能让人类的感官延伸到细胞领域。迄今为止，只有几十篇科研论文探讨细菌的声音。类似地，尽管我们知道细菌细胞膜上布满了能够探测切割、拉伸、触碰等物理运动的蛋白质，但这些感觉器官的功能与声音有何关系仍不得而知。或许是一种文化偏见在作怪，让我们的生物学家沉溺于视觉图像。就我个人接受的训练而言，在实验室，从来没人要求我去动用我的耳朵。细胞的声音不仅流连于我们感知的边缘，也被排除在想象空间之外——这都是习惯和先入之见使然。

细胞会说话吗？它们会像利用化学成分传递信息一样用声音交流吗？既然相互交流是细胞的基本活动，那么声音似乎就是首选的交流手段。细菌是社会性生命。它们成群成簇地生活，紧密编织在一起，所以通常不那么易于遭受化学和物理侵袭——单细胞则很容易被杀死。细菌的成功依赖于网络式的协作。在基因和生化层面，细菌一直在交换分子。然而迄今为止，尚无细菌间传递声音信号的研究记录。尽管它们在自身声音影响下生长速率会加快，这可能也算是一种“窃听”形式。细菌社群可能并不适合用声音交流。它们生活的尺度太小，分子在不到一秒的时间内就能从一个细胞钻入另一个细胞。细菌细胞可以调用内部数十万个分子，这是一种现成的语言，既广泛又复杂。对细菌来说，化学交流可能比声波更便利、更快速，而且更微妙。

约20亿年前，地球上仅有的生命就是细菌，以及与其外表相似的表亲——古菌。约15亿年前才出现更大的细胞——变形虫、纤毛虫及其亲属。随后由这些大型的真核细胞产生了植物、真菌和动物。单个真核细胞也像细胞一样不停地颤动。同样，我们没发现它们用声音交流。酵母细胞从不对伴侣唱歌。变形虫也不大喊大叫向邻居示警。

直到最早期的动物出现，生命界依然安静如初。那些海洋底栖生物的身体呈圆盘状，具有静脉状纹理的褶皱，这些褶皱是由固着于蛋白纤维束上的细胞构成的。如果我们把它们抓在手上，摸起来可能像丝状海藻，既细又软。它们的化石在岩石中待了大约 5.75 亿年。我们以这些化石出土的地方，也就是澳大利亚的埃迪卡拉山，将其命名为"埃迪卡拉动物群"（Ediacaran fauna）。

埃迪卡拉纪（又名震旦纪）的动物身体构造简单，血统无从追溯，也没有任何标志性痕迹能让我们将其归入现今已知的类群。它们没有节肢动物那种分节的甲壳；背部下面没有鱼类那种坚硬的脊柱；没有嘴和内脏，也没有器官。几乎也可以肯定，没有发声装置。这些动物身体的任何部位，都不可能发出清晰的刮擦或砰砰、扑扑声。形态与之相似而身体更为复杂的现生动物，如海绵、水母和海扇（软珊瑚），也是悄然无声的。可见，早期动物群落非常安静。除了细菌和其他单细胞生物的杂音，演化只给那些扇子一样的盘状海洋软体动物周围加了水花和涡流的声音。

30 亿年来，生命几乎静默无声，"声音"仅限于细胞壁的颤动和简单动物周围的涡流。然而在漫长寂静的岁月中，演化创建出了一种构造——细胞膜上出现一根细小的毛发，我们称之为纤毛。地球之声将随之改变。这种新的构造帮助细胞游动、转向并觅食。纤毛浮游于细胞周围的液体中。很多细胞利用多根纤毛，通过纤毛簇或纤毛的拍击式摆动来增强游动能力。纤毛的演化机制目前尚未完全明了，但可能是源于细胞内部蛋白质骨架的延伸。水中任何波动，都会传播到以纤毛为中心的活体蛋白质网络，然后传回细胞内部。这种传播成了生命觉察声波的基础。纤毛改变细胞膜和分子中的电荷，将外部运动翻译成了细胞内部的化学语言。如今，所有动物都用纤毛来感知周围的声波振动，有些是依靠特定的听觉器官，有些则利用分布于皮肤和身体上的纤毛。

如今我们生活中充满了动物的声音，包括人语声。这是 15 亿年前纤毛起源留给我们的双重遗产。首先，纤毛在细胞和动物身上发挥多种作用，演化创造出丰富多样的感官体验。人类的耳朵只是听的方式之一。其次，在首次感知到水中的振动后，一些动物逐渐发现了用声音交流的办法。感知声音、表达声音，这两大遗产相互作用，激发了演化的创造力。当我们叹慕春天鸟儿的歌唱、婴儿的咿呀学语，或是夏夜昆虫和青蛙热情的合唱时，令我们沉醉不已的，正是不起眼的纤毛留存下来的神奇遗产。

统一性和多样性

我们在出生的那一刻，已匆忙穿越了4亿年的演化。我们从水生生物变成空中和大地的居民。我们喘口气，将陌生的气体吸入先前浸泡在温暖咸海水中的肺部。我们的眼睛远离海底昏暗、发红的光线，看向闪烁明亮的天空。汗液蒸发，给干燥的皮肤带来一阵寒意。

无怪乎我们啼哭。无怪乎我们遗忘，把记忆埋葬在无意识的土壤中。我们出生前，对声音最早的唯一体验，是水中的茧（子宫）传来的嗡鸣和悸动。我们能听到母亲的声音，还有她的血液流动声、肺部气流之声，以及胃部翻腾的消化声。母亲身体之外，是我们几乎未成形的大脑还无法想象的地方，那里传来的声音极其微弱。高音被血肉的壁垒消减。因此我们最初体验到的声音，是低沉的，通常也伴随着母亲身体脉动和运行的节奏。

在子宫中，听觉逐渐形成。20周之前，我们的世界是寂静的。24周左右，内耳毛细胞开始发送信号，经由神经传递给部分发育的脑干初步形成的听觉中枢。接收低频音调的细胞最先发育成熟，因此我们一开始听到的是低音鼓点和喃喃低语。再过6周，组织的急速生长和分化带来近似成人的听力范围。声音通过母亲的血流进入我们的身体，不经过耳管、鼓膜和中耳骨，直接刺激我们耳部最深处的神经细胞。

这一切，瞬间消失了。

我们一出生便脱离了水域环境，但是听觉最终转向空气，还要在数小时之后。婴儿刚出生时，胎儿皮脂滞留在耳道，阻隔了空气传播的声音。这种情况会持续几分钟，有时甚至几天。软组织和液体在几小时内从中耳骨骼中消退。当这些胎儿时期的痕迹最终消失时，空气就进入了我们的耳管和中耳。这是我们作为陆地哺乳动物的遗传特征。

然而即便成年后，内耳毛细胞依然浸润在液体中。我们内耳耳蜗内的螺旋器保留着有关原始海洋和子宫的记忆。耳部其他结构，包括外耳（耳郭）、鼓室（中耳腔）和耳骨，将声音传递到湿润的核心部位。在耳朵深处，我们依然像水生动物一般倾听。

***

我趴在木质码头上。拼接板吸收了佐治亚州夏日的阳光，让我感受到骄阳的余烈。码头下的水流浑浊，潮水退去时卷起一锅泥汤，能闻到盐沼浓郁的硫黄味。这里是圣凯瑟琳岛，一座堰洲岛（又作“屏障岛”），东边的海岸面朝大西洋。在岛屿西侧，10 公里长的盐沼将我与陆地上的洪泛松林隔开。湿润的空气中，树林像雾霭一般笼罩在地平线上。盐沼上横亘着几道狭窄蜿蜒的潮沟，除此以外，其他地方都长满了杂草。泥滩上的草一律长到齐膝或齐腰深，如旺盛的青小麦地一般茂密苍翠。

盐沼似乎很单调，一水的绿。仅有的亮色是溪边涉水的白鹭，还有扑扑拍着翅膀飞过头顶的彩鹮（glossy ibis）。然而，这里是世界上已知生命力最旺盛的栖息地，平均每公顷捕获并转化成植物质的阳光量，高于最茂密的森林。肥沃的泥土碰上强烈的日光，形成可喜的环境。沼泽草本植物、藻类和浮游生物在这里生长得分外旺盛。如此丰富的食料，滋养了多样化的动物群落，尤其是鱼。这片盐沼里生活着 70 多种鱼。海洋鱼类也游到这里产卵。鱼苗在盐沼的庇护与慷慨供养下成长，然后搭乘潮汐的顺风车，回到海洋发育成熟。

对于所有陆生脊椎动物而言，此类丰饶的咸水水域都是最早的家园，我们起初是单细胞生物，随后是鱼类。我们约 90% 的祖先生活在水下。我把听筒贴在耳朵上，将水下听音器从码头上投放下去。我要让耳朵重返当初的声音环境。

这件仪器有着沉重的外壳，由防水橡胶和金属球构成，还带有一个麦克风。它很快沉下去，后面拖着电缆。我把电缆环楔在膝盖下，让听音器悬停在溪流底部的泥土碎渣上，离浑浊的水面约有 3 米。

听音器刚放下去时，我听到一片浩大的流水汩汩声。随着听音器下沉，涡流声消失了。嗞嗞作响的煎火腿似的声音突如其来。周围噼里啪啦，声音在闪耀。每个闪烁的碎片都是阳光照射下铜币反射的光斑，温暖而耀眼。我已经来到了鼓虾（snapping shrimp）

的声学领域。

这种噼啪声在世界各地热带和亚热带的咸水域十分常见。声音的源头是生活在海草、泥土和珊瑚礁中的数百种鼓虾。这些动物大多只有我的手指一半的长度，甚至还要短。但是它们有巨大的螯，可以快速夹合发出脆响，还有一个螯更轻巧一些，用于抓捕。我听到的，正是鼓虾用螯演奏的合唱。

鼓虾的螯闭合时，螯上的凸起砰的一声插入对应的凹陷中，向前喷射出一道水柱。水流激荡下，水中压力下降，由此形成一个气泡并迅速崩塌。气泡破裂，在水中形成一股冲击波，就出现了我所听到的脆响。噼啪声虽然持续不到十分之一毫秒，但是强度极大，足以杀死 3 毫米范围内任何小型甲壳动物、蠕虫或鱼苗。鼓虾用这种声音作为领域信号和格斗武器。它们隔着 1 厘米远，就能毫发无伤地同邻居开战。

在一些热带水域，鼓虾的喧闹混成一片，足以干扰军用声呐。第二次世界大战期间，美国潜艇就潜藏在日本海岸附近的鼓虾群中。如今海军间谍安装水下听音器时，也必须避开鼓虾大钳子的声波大障。

浸入水下听音，给我的第一感觉是，水下世界也可能十分喧闹。不戴耳机，哗然而至的是空气传播的声音：宽尾拟八哥尖厉的呼啸、蟋蟀和蝉有节奏的嗡鸣、鱼鸦偶尔带有鼻音的聒噪，还有远处鸣禽的歌唱。在水下，虾用绵绵不绝的声波能量搅动四周。这些歌曲乐章或叫声之间没有任何空拍。声音在咸水中传播的速度比在空气中快 4 倍，亮度也会增强。近距离内尤其明显。在海底泥土反射面到上方水的边界之间，声响并未因水的黏度而减弱。

密不透风的虾声中传来断断续续的一阵敲击。每次持续一两秒，轻叩十来下。随后停歇五秒左右，又传来更有规律的轻叩，间歇性地停顿。这种叩击声就像用指甲不耐烦地敲一本精装书的书壳，急速而低沉，带有一丝回响。这是附近银鲈（银色贝氏石首鱼）发出的声音。这些一指长的小鱼会游到盐沼产卵，夏末再回到入海口和海岸附近较深的水域。除了这些敲击声，还有更急速的拍打，几近轰鸣。那是大西洋黄鱼（波纹绒须石首鱼）在叫，这种底栖鱼能长到我的小臂那么长。

哇！居然有羊羔的咩咩声，但是更温和一些。这些偶尔从虾、银鲈和黄鱼的背景声中凸显出来的轻声哼唱，来自一条毒棘豹蟾鱼，它大概藏在位于潮沟底部的巢穴里。蟾鱼像蟾蜍一般无鳞，体表有肉状突起，长着一张贪吃的大嘴。拳头大小的头部和锥形身体上也分布着大量脊刺。雄鱼用叫声将雌鱼吸引到浅浅的洞穴中。交配后，雄鱼会守护受精卵几个星期，保护鱼卵，清洁巢穴。这会儿我听到的叫声缥缈轻微。这条雄鱼离听音器肯定有一段距离，大概钻进了码头桩子周围的碎屑中。

通过水下听音器，我一共听到三种鱼的声音，它们都靠振动鱼鳔发声。每个鱼鳔都是体内充满空气的囊，位于脊柱下方，长度约为鱼身体的三分之一。紧贴鱼鳔的薄壁肌肉颤动起来，挤压鱼鳔内的空气，就会产生吱吱咕咕声。这些肌肉的运行速度，在已知任何动物中都是最快的，每秒能收缩数百次。鱼鳔发出的声波进入鱼的身体组织，随后进入水中。鱼的整个身体，就是一个水下扩音器。

虾和鱼的声学领域对我来说十分陌生。我听惯了人类、鸟类和昆虫制造的旋律、音阶与节奏。然而在这里，打击声占据了主流：虾螯成千上万的锤击迸溅出火花，银鲈和黄鱼在叩击，蟾鱼发出杂乱无章的嘘声。

但是，统一性是众多差异背后的基础。

虾的关节状的石质外骨骼上有细毛，具备感知能力。声音还会刺激虾关节部位成簇的伸展感受器，由此处的纤毛将颤动传递给神经。虾须基部凝胶球状的感觉细胞内包裹着细小的沙粒，声波的扰动能使其运动。对鼓虾来说，听觉是一种全身体验。人耳靠鼓膜来感知声波压力，而虾和其他甲壳动物的"听觉"，则依靠感知水分子的移动，尤其是低频运动。对它们而言，声音不是波的推动和振荡，而是分子运动带来的痒痒感。

鱼类也通过遍布体表的感知器来听取声音。在鱼皮和紧贴鱼皮的液体管上有一些呈线状分布的细胞，上面覆盖着由黏胶包裹的纤毛，组成一种叫作侧线管系统的网络。人类触觉感知器深埋在干燥的皮肤角质层下，而鱼的感知细胞与周围水体密切接触。侧线管系统对低频和水流激荡尤其敏感。在人类的皮肤上，侧线管系统的雏形于胚胎期出现，但我们长大后，所有痕迹都消失了。我们出生之前对周围环境所具有的全方位感知，也随之丧失了。

鱼类也用内耳来倾听。人类的祖先最初登上陆地时，身上还保留着同样的结构。我们人类用改良的鱼耳朵来倾听。

像侧线管系统一样，鱼类的内耳将对声音和运动的感知统一起来。三个环形的半规管通过管中毛细胞上液体的流动来探查身体运动。半规管连着两个鼓起的囊，里面有可感知声波的毛细胞。在很多种类的鱼身上，囊中扁平的小骨骼（耳石）贴覆住了一些毛细胞。当鱼类运动时，骨骼落在后面，拖拽毛细胞，使运动感觉增强。有很多鱼的鱼鳔也能拾音并将声音传至内耳。

在陆生脊椎动物身上，鱼类扁平的耳骨和鱼鳔不见了。听觉囊延长形成耳道，扩大了耳朵感知的声波频率范围。在哺乳动物身上，耳道极长且回旋往复，形成我们现在所说的耳蜗。耳蜗的英文“cochlea”，在拉丁语中的词源正是“蜗牛壳”的意思。人类语言将对“声音”“身体运动”和“平衡”的感觉区分开来，但这三者都来自与我们内耳充满液体的耳道相连的毛细胞。在人类文化中，音乐与舞蹈、语言与姿势的联系，在我们的身体和动物的演化史上，都能找到极深的渊源。

脊椎动物之间古老的亲缘关系，也体现在声音的制造上。尽管脊椎动物的发声方式千差万别，但背后都有共同的胚胎学起源。在后脑和脊柱相交处，一小部分神经组织发育成控制成年动物发声机制的神经回路。这个神经回路建立起一种万变不离其宗的发声模式，从中产生制造声音的不同形式：从鱼类的鳔到陆生动物的喉部，再到鸟类胸腔特有的鸣管，声囊鼓胀、胸鳍拨动和前臂击打，相应制造出成千上万种声波变化。

脊柱上协调发声的区域，也负责协调胸部和胸鳍或前肢肌肉的动作。这种联系表明，无论发声还是运动，都需要精准控制时间。所有的叫声和歌声，从蟾鱼沉稳的哼鸣，到鸟类歌声的层层叠唱，都是有节律的。鳍、腿和翅膀的协调运动同样如此。正如脊椎动物的听觉与运动感觉紧密相连，声音的产生也与身体运动相关。感觉和动作的节律性，在胚胎学上有共同的根源。

当我们说话、打手势，或是唱歌、演奏乐器时，我们唤醒了古老的联系。当我的双手在钢琴琴键上敲出节奏或是弹拨吉他时，我用身体感受着那种人声、肢体和声音的整体关系。正是这种关系产生了蟾鱼的哔哔声和林中鸣禽的旋律。当亨利·沃兹沃斯·朗费罗（Henry Wadsworth Longfellow）写下“音乐是人类共同的语言”时，他陈述的是一种胚胎学和演化上的真理，远远超越人类的界限。

将听音器从码头上放下去的那一刻，是具有启示性的。我的意识朝向两个相互交叉的方向扩展。我明白了，如果不借助工具，人类的感官始终无法让我看到盐沼的丰饶。尤其是在潮汐带来的泥沙掩盖下，水面是人类理解力无法逾越的屏障。当我听到水下鲜活的咔嗒声，有那么一刻，我穿透了感官的障碍。尽管水面的植物单调一色，但当我站在盐沼边上时，我想象并体会到了盐沼的多样性和生产力。倾听水面下的世界，让我看到盐沼中先前隐藏的生命。

除了弄清一个特定地点的性质，我的意识本身也改变了。趴在码头上，随后了解到动物的声音和耳朵的构造，我对同一性（identity）的想法和感觉变了。当哺乳动物从肉鳍游泳者演化成陆地上蹒跚的四足动物时，身体已经彻底重构。但是在陆生动物不断累积的身体变化的背后，我们与古老的水生亲属仍是一体的，无论是在血缘上，还是在活生生的感知体验上。我是一条在空气中说话、在陆地上行走和呼吸的鱼，然而通过耳朵里曲里拐弯的液体管中毛细胞的颤动，我依然能体验到海洋。我的水下听音器和耳机形成了一个奇特的回路。在倾听水下世界时，我用到了埋藏在我内耳管道中的改良的海水。

然而人耳只是声波的接收器之一。地球上的声波多样性，不仅体现于动物变化多端的声音。世界的丰饶，部分在于听觉体验的多样性。

作为哺乳动物，我们继承了串联成链的三块听小骨和长长的螺旋状耳蜗。鸟类只有一块中耳骨和逗号形状的耳蜗。蜥蜴和蛇的耳蜗较短，感知声音的毛细胞呈斑块状排列，不像人耳内那样呈平滑的坡度分布。这是脊椎动物群体中三种独立的听觉演化机制，时间可以追溯到约 3 亿年前。每个分支都生活在自身的声音结构之中。实验室的圈养实验可以让我们粗略看到，这些差异对于感知可能意味着什么。与哺乳动物相比，鸟类听不到太高的声音。它们不那么关心声音的序列，但对一首歌中每个音符瞬时的声学细节反应极其敏感，可以挑出完全被人耳忽略的微妙之处。鸟类还格外善于听声波能量按不同频率的分层、声音的整体“形状”，而不像哺乳动物的耳朵和大脑那样格外留意相对音高。我们从鸟鸣或是人类歌声中听到旋律——音符之间变动的频率，而鸟类体验到的，很可能是每个音符内在音质的许多细微差异。

当水分子直接刺激鱼虾体表的纤毛时，声波毫无阻碍地流入它们的身体各处，它们完全沉浸在声音中。细菌和自由生活的真核生物也能感受膜和纤毛的振动信号。陆地昆虫通过体表纤毛和外骨骼上改良的伸展感受器听空气传播的声音。昆虫和甲壳动物同样用这些器官来感受腿部的运行与振动。在不同的昆虫类群中，至少有 20 次独立演化出特化的听觉器官。蟋蟀前腿有鼓膜一样的听觉器官，而蝗虫通过腹部的膜来听。很多蝇类靠触角上的感受器来听。蛾类的听觉器官至少经过 9 次演化，由此产生各类“耳朵”，既有位于翅膀基部的，也有沿腹部分布的，而如果是天蛾，则出现在口器上。人类不单用耳朵来听，肌肤也能感受振动。但是相比其他生物用整个身体获得的微妙的听觉体验，我们的感觉还是太粗糙、太模糊了。

说鱼虾、细菌、鸟类、昆虫还有我“听到”同样的声音，只是一种简便的说法。“听”这个动词，揭示了我们声学感知和想象力的狭隘。我们描述动物运动时并没有这种局限性，动物可以跳跃、疾走、爬行、挨近、疾飞、匍匐、曳步、滑动、小跑、摇摆和弹跳。丰富的词汇，体现了我们对动物动作多样性的认识。但是我们在听觉方面的词汇极其贫乏。倾听、聆听，这些词无助于打开我们对多重声学体验的想象空间。

当声音刺激鼓虾的前肢关节或虾爪上感知方位的细毛时，那种感觉应该用哪个动词来表示？当石首鱼耳朵里的骨板在覆盖着毛细胞的膜上移动时，我们应该如何指称此种体验？鱼类侧线上的纤毛浸泡在周围水体中，与我中耳内三块听小骨的运动所产生的感受，自然又有不同。我们无法用任何词语来表达天蛾喙部触须感知蝙蝠靠近的奥秘。没有丰富多变的听觉词汇，我们的思维散漫无边，想象力也有限。苦于缺乏动词，我们只能用形容词、副词和类比来支撑我们的语言。虾爪也许能通过调谐范围极窄的细毛听到尖锐的声响。鱼类的侧线善于收听低频，听到的声音是稀软、幽深和流动的。鸟的体温更高，燎得听觉注意力更为焦灼，在音高感知范围上比我们更狭窄——鸟的耳蜗短，而且不是螺旋状，因此听不到太高的音。细菌的听觉，会不会就像拇指颤巍巍压进黏稠致密的果冻中那种感觉？

尽管受到语言和感觉器官的束缚，但我们对世界的体验有助于打开想象。倾听，让我们开放思维去体会异类的生存之道。地球上任何地方都并存着成千上万个平行的感官世界，这是演化的创造之手花样繁多的成果。我们不能用其他动物的耳朵听，但是我们可以去倾听，去琢磨。

在码头上，我戴着耳机，听到鱼虾的声响中夹杂着一阵嗖嗖声。声音在 5 秒内增强，然后突然停止。噗噗噗。接着是一阵噼啪声。一台舷外发动机放下来了——嗖嗖声是电动机桨叶慢速旋转的声音——现在已经启动。启动装置又转了两圈，发动机生龙活虎地运行起来。

发动机的嗓门让水面蒙上了一层阴影，这种突突声的音高与人类语言的频率相当。虾不断发出脆响，这声音与舷外发动机的响声一同进入我的耳朵。它们是两种质地，一个咆哮，一个闪烁，各自都是稳定的。舷外发动机沉寂少许，瞬间又嘶吼起来。螺旋器旋转着，溅起水花。当船渐渐远去时，声波弱下来。或许是螺旋器转了个方向，远离了我的听音器。接下来几分钟，我从听音器中听到的噪声频率一路上升，当发动机的尖叫消失在远方时，声音比起初高了三个八度。黄鱼继续唱着它那首呼呼的歌，每隔 10 秒左右一次。银鲈和豹蟾鱼沉默下来。

感官的交易和偏差

像油画家在画布上精心作画一般，我的听觉病矫治专家伸长胳膊，把一个纤巧的泡沫耳塞塞进我的右耳。一根细细的管子从耳塞连到电子控制台和笔记本电脑上。耳中汩汩作响。接着，房间静止了。在寂静中，我的感官觉醒了：冬日的阳光穿过诊所灰蒙蒙的窗户；房间里有地板清洁剂和乳胶的气息；一辆金属小推车叮叮当当沿着走廊远去。

突然，被泡沫塞住的耳朵里传来一声尖锐的高音。不对，我错了，不是单音调，而是奇异的双音和弦。声音有节奏地响起，重复，再次响起。接着是更多音调，音高稍低。我们正在做一系列测试。每次有声音传进耳朵，笔记本电脑屏幕显示的图像上那条颤动的水平线就会涌现两个尖峰。

上个月我做听力测试时，听到一个音调我就按一下开关。但是这次不同，我现在垂手坐着。这项测试能直接探查我内耳带有纤毛的毛细胞，不需要身体其他部分有意识地参与。我看到，每次有声音出现，屏幕上的图表就会剧烈波动。有时图表向上弯曲了，但是我什么也没听见。

矫治专家把管子绕了一圈，然后把耳塞塞进我的左耳，重新打开机器。又是一阵汩汩声。沉寂下来。音调再次传入耳中，依照顺序逐一进行。现在我已经知道如何看图表了，于是目不转睛盯着那条线，耐心地等待。看到了：我的耳朵做出了回应！就在两个大尖峰的左边，出现了第三个微小的尖峰，每当声音从耳朵里流过，尖峰就会涌现。这个小尖峰只有旁边两位“高个子”的脚踝高，但是上下颠簸始终保持同步。几乎始终如此。有些声音即便我能听到，图像上也没有出现初级尖峰，或者只有轻微摆动。

图表上的小尖峰显示了我内耳毛细胞的作用。当进入耳中的双音调撞击毛细胞时，毛细胞就会发射声脉冲做出反馈。这种回应太安静了，我听不见，但麦克风采集到了信号。因此，我的耳朵不是被动接收声音，而是自身也产生振动，主动参与收听过程。这种能力来自内耳具有纤毛的细胞——远古时代自由生活的那些生物细胞膜上桨状细毛的衍生物，如今寄寓在我头部液态的螺旋内。

当我坐在四壁白色的无菌检查室内，脑子里思索着这些细毛的运动时，想象的空间就转向了池塘的浮渣。我最喜欢带学生做这项练习：从沟渠或湖水中舀一些黏液，通过显微镜窥视里面挨挨挤挤的小生物。肉眼只能看到黏质物。而用镜头对准显微镜载玻片，每滴水中，都能看到数十种生物。有些物种，尤其是大型藻类的绿色细胞，像港口等待调配的货轮一般缓慢移动。还有一些细胞靠细长的尾巴拴在植物碎片上，球状头部前后摇晃，将细菌吹送到杯状口器中。绿色的小球状细胞快速滚过，留下层层荡漾的水纹。玻璃般透明的针状细胞一掠而过。拖鞋状的细胞旋转、停止、回还，然后沿着新的方向再次启程。

我们在显微镜下看到的运动都是靠纤毛驱动的。有些细胞具有数百根纤毛，形成摇曳的一大片，有的只有一根纤毛，延伸成我们所说的鞭毛。每根纤毛的拍打，都要靠十根成对的蛋白柱来提供动力。这些蛋白柱由数千个呈螺旋分布的微小亚基（subunit）构成。交联蛋白将蛋白柱连接起来。交联蛋白之间连接方式的快速变化，使蛋白柱相互滑动，驱动纤毛。穿梭蛋白沿着蛋白柱分布，补充并修复这个活跃、灵活的网络。称这种活力体系为“毛”，是一种简便的做法，然而掩盖了纤毛内在的复杂性。

自由生活的生物细胞上的纤毛，以每秒 1 次到 100 次不等的速率摆动。如果我们能听到纤毛的声音，那将是人耳所能捕捉到的最低音高，甚至还要更低。但是就像细菌的颤动一样，这些运动只扰动了每个细胞周围薄薄的一层液体，实在太微弱，人耳根本觉察不到。

一切由最早的真核生物衍生出来的生物分支都有纤毛，尽管很多真菌的纤毛已经消失了。我们正是有纤毛的后裔之一。池塘浮渣中那些在显微镜下摇摆的毛，似乎只是一些奇特的附生物，与人类身体毫无关联。但是，这些陌生的运动能让我们记起自身体内隐藏的活动。

排列在肺部管道上的纤毛有助于清除肺部杂物。卵子靠舞动的纤毛顺利进入输卵管，精子细胞通过鞭毛的摇摆来游动。我们的大脑和脊椎，受到因纤毛摆动而循环流动的液体冲刷。人体器官在胚胎发育阶段要靠纤毛来协调。眼部的光受体是变形的纤毛，这些毛的末端不再移动，而是用突起的臂来迎接光线。气味信息通过能捕捉芳香族分子的纤毛传输给神经。在无意识中，我们的肾脏利用纤毛感受尿液的流动，调节肾脏管道网络的发展。

我们也用纤毛来听。人内耳中共有5500个声音感知细胞，每个细胞都具有一根纤毛，与一些更细小的毛簇拥在一起。声波流经内耳，就会压倒这些成簇的毛。这种运动促使细胞向神经系统发送信号。由此，物理运动被纤毛变成了身体所能感知的化学变化。

表面来看，复杂动物似乎与池塘浮渣和海水中簇拥的细胞并无共同之处。然而，我们身体的活力和丰富的感官经验，正是基于那些为我们的单细胞亲属提供动力的分子结构。当我们听到声音，或是看到光、闻到气味时，我们体验到最深层的亲属关系，一种细胞层面的共同遗产。

耳部纤毛位于毛细胞的顶端，沿一层夹在螺旋形液体管之间的膜分布。每只耳朵里都有一个这样的螺旋，也就是耳蜗。耳蜗大小相当于一颗胖豌豆，位于头骨里鼓膜的外面。耳蜗膜最靠近鼓膜的一端窄而硬，而螺旋顶端的部分宽而软。高频声音使狭窄的一端振动，低沉的声音则刺激宽大的部分。因此，人耳听觉范围内每个频率，在耳蜗膜的声音敏感梯度上都占据一个位置，就好像我们把钢琴的琴键卷起来，放进了内耳中。复杂的声音模式，比如音乐或语音，会横贯整个膜，在多个位置激起声波。在耳蜗膜内层，也就是最靠近耳蜗螺旋中心的边缘部位，毛细胞接收振动，这些信号通过耳蜗神经传给大脑。

洪亮的声音有足够能量撞击耳蜗膜并刺激内层毛细胞。而轻微的声音力量太弱，单凭其本身无法触发神经脉冲。耳蜗膜外层部分的毛细胞会加强这些柔弱的声波，这样内毛细胞就能感知到了。耳蜗膜外毛细胞的数量比内毛细胞多3倍，进一步突出了其重要性。

当频率合适的声波触及外毛细胞时，一种蛋白就会火速行动，使细胞上下跳动。这种蛋白即听觉压力蛋白（prestin，又称动力蛋白），是活细胞中已知速度最快的加力器。外层细胞上下运动，使声波增强，微弱的震颤随之变成一股巨浪。放大的声波触发随时待命的内层细胞。内外层细胞协作，让我们得以穿过能量阶梯上一百万重的差距感知到各种声音——好比从雪花静静飘落在林中，到峡谷惊雷滚滚。

在矫治专家的电脑屏幕上，我看到的是我的外毛细胞的活动。正常情况下，细胞脉动频率与接收到的声波一致。但是我正在做的这个测试，把它们的频率打乱了。耳塞传入的两个音调是精确校准的，同时在相隔非常近的位置触及耳蜗膜。这就像两个人以稍微不同的速度抖动一块毯子。外毛细胞被激活，促使耳蜗膜在两股推力造成的诡异碰撞中颤动。部分颤动从耳蜗里流回去，这会使我耳朵里的声波失真，但是没什么损害。屏幕上的第三个尖峰，是我的外毛细胞在尖叫。

测试结束，矫治专家在笔记本电脑上点击了一下。尖峰线消失了，取而代之的是一幅显示我耳部毛细胞运行状况的图表。对于较低的声音频率，我的双耳细胞均表现良好。右耳接收高频的毛细胞已经停止跳动，或是速度减慢。至于左耳，则是那些针对中频段的毛细胞蛰伏不动了。这些不活跃的细胞并不是在休息或沉睡，而是已经完蛋了。不像鸟类受损的毛细胞可以再生，人的内耳细胞只有一次生命。

我的矫治专家称这种测试为“水晶球”测试。有些人到五十来岁，有我这个结果就不意外了。在往后的日子里，还会有更多的毛细胞脱落，尤其是在与较高频率相对应的区域。大多数人出生时外耳毛细胞都很强健，充满活力，在耳蜗膜上来回摇动。但是从那时起就开始走下坡路了。部分是因为细胞老化给身体留下了岁月的痕迹。此外，巨大的声音——枪炮、电动工具、震天响的音乐、发动机舱，还有对毛细胞有害的药物，包括新霉素和高剂量的阿司匹林等常见药品，都会加速这种衰老。但是即便生活在安静环境下，而且终生不服药，也无法保护耳朵不受时光流逝的无情侵蚀。

这就是寄寓在一个感觉器官丰富的肉身中所要付出的代价。我们所有的感官体验都以细胞为介质。衰老是细胞老化的进程。日复一日，细胞外在形态和内部 DNA 的损伤累积起来，最终使细胞的工作变慢，甚至停滞。时间的流逝体现在动物身上，就是感官逐渐丧失。这是演化留给我们的一笔交易：我们可以享受身体的感官体验，但随着年龄渐增，感知范围会逐渐缩小。唯一打破这项协议的是水母生活在淡水中的亲属——水螅（*Hydra*）。它们的身体由一个囊构成，囊上有触手。其身体各处神经交织成网状，既无大脑，也没有复杂的感觉器官。这种由少数几种细胞类型构成的简单身体构造，使水螅能定期清洗和更换有缺陷的细胞。它们终生没有衰老迹象。但是这种青春永驻的变形水母只有最基本的感觉，只能靠埋在皮肤下的单个细胞传递一丝模糊的声音和光线。人类身体过于复杂，无法像水螅一样自我更新。然而我们因此拥有了更多以复杂器官为介质的发达感官。年迈体衰、耳聋眼花，凡此种种，要怪我们的先祖经不住诱惑。他们用不老之身换取了丰富的感官生活。而达成这笔交易，他们就被迫遵守一条似乎终生不可违背的规则：一切复杂的细胞和身体，都必须衰老、死亡。

我哀叹听觉的逐步丧失。人类、鸟类和树木的声音与音乐，给了我种种关系、意义和欢乐。但是在悲伤之余，我试图安然接受演化的馈赠。这些多样的声音之所以存在，正是因为我们身体的复杂性，因此必然是短暂的。

我们的听觉细胞和器官不仅把我们锁进了岁月的轨道，而且使感官体验出现了偏差。这并不是说我年少时拥有完美的听觉，而现在丧失了与世界无障碍沟通的能力。甚至在毛细胞开始萎缩之前，我所听到的就已经受到严重的干扰。我听到的一切都是不完美的呈现。内部世界和外部世界在我的耳朵里对话，纠缠不清。

我的意志提出了抗议。声音就是声音，不是吗？难道我不是在听周围的世界，打开双耳去与世界相连吗？不，这是一种幻觉。我们所感知到的，是对世界的翻译阐述，而每位译者都有特定的天赋、错误和观念。坐在诊所里，凝视图表上的尖峰，我看到我的耳蜗毛细胞喋喋不休的闲谈。我面对面看到了这条隐藏的翻译链。从外部声音到内在感知，这条路径上每一个步骤，都在被我们的身体编辑和修改。

头部两侧喇叭形的耳郭，再加上耳道，将声音放大了 15 到 20 分贝。这好比穿过一间大房间，走过去站在说话人的旁边。声波也在耳郭开口处和卷曲的耳轮周围振荡，这种冲撞消除了一些高频声波。把耳轮往前推，你会听出声音明亮度的改变。头部移动时，声音的反射方向变化，删除了一些稍有不同的频率。从这些细微差别中，大脑提取出信息，弄清声音在垂直面上的位置。即使声音进入耳道后，也会经过编辑加工。

中耳包含鼓膜和三块耳骨，任务是将空气中的声音振动转变为耳蜗内部液体的振动。从空气过渡到水，面临一种物理挑战。当空气中的波撞击水面时，多数能量会反弹回来。我们在水下游泳时听不见水池边的人聊天，原因之一就在于此。为了解决这个问题，中耳的听小骨从相对较大的鼓膜上收集振动，以较长的锤骨为轴，通过杠杆作用，将振动转移到较短的“砧骨”和“镫骨”。这几块骨头将振动聚集起来，从一扇窄小得多的窗口送入耳蜗液体管内。这种转换起到双重强化作用，不单使声波压力增强约 20 倍，而且做了轻微的过滤，消除了极高和极低的频率。

接着，耳蜗会更严格地过滤。我们听力的上限和下限正是由耳蜗的敏感性决定的。耳蜗膜硬度、外毛细胞灵敏度和神经敏感性的调节，不仅决定了我们所能感知的音高范围，也决定了我们能否分辨不同的声音频率。总体上，我们可以区分钢琴琴键上一个半音的 1/20 的音高。以音符 B 到 C 之间的半音为例，如果我们集中注意力，有可能听出 20 种多出来的微音程（microtone，标准音符之间的音调，俗称“键盘缝”)。但这只是对较轻微的声音而言。我们的耳朵能听出低语或说话声的细微差别，但碰上高喊，我们对音高的区分就马马虎虎了。高强度的声波猛烈撞击耳蜗膜，让听觉神经难以承受。所以我们更善于区分低频，而不是高频。比如说，昆虫鸣叫发出的刺耳高音，对我们来说音高差不多都一样，即便那些以声音频率图表的客观判断来看表现非同一般的人，也听不出什么区别。但是对人语中较低的声音，我们能觉察声音频率的细微差异。

神经信号和大脑的处理，又各自加了一层翻译。当内毛细胞受到刺激时，耳蜗神经就会被激发。每个毛细胞都对特定范围的声音频率做出反应，这些频率在耳蜗膜从高到低的频率梯度上各有对应的位置。频率范围及其重叠，也会限制我们对频率的区分。耳蜗发出神经脉冲，随后传递给听觉神经，通过脑干一系列处理中枢，再传给大脑皮层。在这里，大脑在期望、记忆和信念的背景下，翻译阐释输送进来的信号。最后进入有意识知觉层面的，是一种翻译解读，而不是文本本身。听觉错觉可以最形象地阐述这一点。声学心理学先驱戴安娜·多伊奇发现，向两耳播放不同的声音，或是循环声重复播放，能让听者的大脑产生幻觉，误以为听到了一些单词和旋律。这种错觉表明，我们所“听”到的，其实源于大脑努力从输入信号中提取秩序的行为——哪怕这种秩序并不存在。我们听到的单词和旋律，部分是我们思想背景的产物，因为每个人听到的，都是与自己文化相关的单词和音乐。

大脑不仅接收耳朵传来的信号，也向耳朵发送信号，让耳蜗适应局部环境。在嘈杂环境下，大脑抑制了外毛细胞的敏感度，就好比有一只手捂住扬声器，降低了音量。这样噪声遮蔽效应就减弱了，我们可以更清楚地分辨出有意义的声音。例如，在嘈杂的餐馆里，我们耳部的毛细胞会老实得多，不像在安静的森林里那么神经质。

层层翻译阐释，让我们对声音大小的感知产生了偏差。比如，当我们在人行道上行走时，我们觉得脚步声比在柔软的草地上大概要大一倍。这与声音强度的增加以及撞击鼓膜的能量大小是相应的。但是在木工车间，耳朵会误导我们。圆锯发出的声音大约是电钻声的两三倍。而圆锯的声音强度，即能量冲击耳朵的速率，实际上大约比电钻高 100 倍。这种感知偏差的程度也取决于声音频率。如果是宏大的低频声音，比如雷声，肌肉会牵拽中耳耳骨，减弱进入耳蜗的声音强度。如果是低沉的高频声音，比如电动工具的响声，这种保护性的反应就会弱一些。

在前工业时代安静的声音环境下，主观体验的适量变化让我们善于分辨声音的细微差别。人说话的意义，尤其是情感层次，都由声音强度的微小变化传递。我们从风声、雨声和植物以及非人类动物的声音中搜集来的信息，莫不是如此。人耳在演化中更关注细微的声音，可这在如今喧嚣不断的环境中根本没有用武之地。在发动机、电动工具和高音喇叭环绕的工业社会，能细致体会处于声音阶梯上端的部分，将大有帮助。我们将能更好地品鉴这个新世界的声学色彩，并有能力保护我们的内耳不受永久性伤害。

我们对声音频率的感知也会出现偏差。我们的敏感性就像单峰驼，对中段的敏感程度最高，对极低和极高频率最迟钝。我们的耳朵最适于听周围环境中与人类性命攸关的声音：猎物和捕食者的行动、水流运行和风吹草动。当我们渐渐老去时，驼峰上的高频那一端垮下来，或是分裂成双峰。我们的耳朵最关注中间频率，这方便我们听其他人说话的声音和一些非人类动物的叫声。尽管我们能听到很多低音和高音，但我们对声音强度的感觉有误差。我们听到昆虫微弱的尖锐颤音，或是海浪喑哑低沉的咆哮，音量其实相当于一个人中气十足地在身边讲话。耳朵和神经的偏差，减弱了我们感知到的高频和低频声的音量——我们生活在失真的感官世界中。

还有很多声音超出了我们耳蜗的听觉范围。我们最多能听到每秒振动次数为 20 次到 2 万次，即频率在 20 赫兹到 2 万赫兹之间的声波。一些鲸和大象能听到 15 赫兹的低音。鸽子能听到低至 0.5 赫兹的声波。海豚能听到高达 14 万赫兹的高音，一些蝙蝠则能达到 20 万赫兹。家犬听觉上限达到 4 万赫兹，猫能达到 8 万赫兹。大鼠小鼠闲聊和求爱时唱歌的声音能高达 9 万赫兹。如果我的脚代表动物能听到的最低音，我的头代表最高音，那么人类能听到的，只是从我的脚背到我的徒步靴最上端的部分。与大多数哺乳动物相比，人类及其灵长类近亲生活在范围非常有限的听觉世界中。

雷雨云、海上风暴、地震和火山都在歌唱、呻吟，用低至 0.1 赫兹的声波呼号。这些低频声波都远非人耳所能察觉。它们传播到数百公里外，展示着海洋、天空和地球的动态。但是我们听不见，所以我们生活在自己的声音世界里，茫然不知是什么搅起了地平线上的波浪。在频率阶梯的另一端，也存在类似的局限。高频声波在空气中快速消减，只能传播极短的距离。我们会错过近距离的声音动态：昆虫尖锐的高频歌声、蝙蝠的喊叫、树木木质的吱嘎声，还有水分在植物导管中咝咝地缓缓流淌。这个世界在述说，我们的肉身却无法听到周围大多数声音。

我们的文化错误地把人区分为“有听觉的人”和“聋人”。但是聋与不聋，生物学上并没有截然的划分。我们对世间大多数振动和能量都不敏感。每个人除了耳朵之外，身体组织和皮肤也能感受到一些声音。然而，我们从多数人能听到的声波中选出极少的一部分，以此为标准，确立了文化上的截然区分。“有听觉”的人群非常依赖口头语言，以至于那些依靠眼神和手势交流的人常被排除在外。如今蓬勃发展的“聋人文化”合理批判了这种排斥往往带有的偏见和中伤，并建立起通过大量非语音的视觉和手势语言联合起来的社群。

人类听觉的局限性揭示了一种悖论。生物演化赋予动物听觉，让它们相互联系，与此同时也建造了知觉障壁。身体听觉机制得以运行，恰恰是因为听觉结构的功能特化。当细胞对振动变得敏感时，其能力范围必然缩小。中耳听小骨扩大音量，并将空气中的声波传到水环境，但这只是对特定的频率范围而言。毛细胞蛋白能来回晃动，而细胞膜上的循环结构限定了它们的运行速度。毛细胞虽然能增强轻微的声音，但也会限制它们辨识响亮声音的能力。耳蜗膜太短，无法接收极高音和极低音，同时又太硬，不能精准地辨别频率。

像演化中其他最高级的成就一样，特化产生优势力量，同时对力量施加束缚。听觉像其他感觉一样，启蒙的同时也造成蒙蔽。它让我们接收世界上的各种声波，但必然也扭曲和剪辑我们对声音能量的感知。

演化使听觉器官最吻合攸关物种繁衍壮大的频率与音量范围。因此，人类的听觉范围揭示出了我们祖先认为最有用的声音。如果我们的祖先捕食老鼠和飞蛾——这两类动物都靠超声波交流——我们可能会演化出能听到高频声波的耳朵，就像很多小型掠食性哺乳动物，比如猫一样。如果我们的祖先要横穿海洋盆地在水下歌唱，他们可能会演化出适合水中生活、更擅长接收低频的耳朵，就像鲸类一样。

感官体验越丰富，感知错觉就越令人信服。在正视自己的听力退化之前，我一直生活在错觉中，很少去想感觉的局限性。没有任何具体的经验告诉我，耳朵传达的声音能量，是通过主观翻译和阐释的。在听觉矫治诊所亲眼看到耳部毛细胞的活动时，我才恍然大悟。我明白了，获得感官体验的代价是生活在一个知觉盒子里——相对世界上多种多样的能量流动而言，这个空间狭小得多。盒壁反射并过滤流入其中的声音，窜改了声音感知的形状和质地。

在矫治专家的图表上看到死去或即将死去的毛细胞留下的痕迹，我不免悲从中来。这也让我如梦初醒，对感官的局限性和宝贵价值有了更深的体悟。变形和疆域缩小，是感官的丰富细腻所带来的代价。听觉固然将我与声音相连，但也将我同演化中的一笔交易联系起来：从远古海洋覆满纤毛的细胞，到动物内耳的听觉奇迹，长路漫漫，殊为不易。

第二部分

动物声音的繁盛

捕食者，沉默，翅膀

我从乡间小路边走过，蝗虫咔嗒咔嗒地跳开去了。蟋蟀躲在蓬乱的杂草丛中唧啾。一只网纹蝶（fritillary butterfly，也译作豹斑蝶）翩跹飞过。每隔一两分钟，就碰上一团薄雾似的小飞蚊，我得挥动双手驱赶它们小黑点一般的身体，才能从中穿过。昨天下午一个劲儿欢唱的蝉，在这个凉爽的早上，只发出零星嘶哑的鸣声和断断续续的呜咽。

路的一侧，峡谷坡上露出深赤赭色的岩石，嶙峋兀立。石壁里面，埋藏着在我周围飞舞和歌唱的昆虫们的祖先。其中有一个化石群具备了已知最早的动物发声构造——远古蟋蟀翅膀上的脊。这种化石是最古老的声音交流形式的直接物理证据。

我们应该在这里建一座庙堂，树立一块丰碑，来纪念尘世间已知最早的声音。然而朝圣者舍近求远，不去参拜法国南部这些山脉，反倒不远万里去寻低地地区的大小礼拜堂。圣地亚哥卡米诺著名的朝圣之路途经此地，而沿阶而上的朝圣者浑然不知：世间一切歌声和言语所能找到的最深远的根源，就静静潜伏在他们脚下的石头中。

我所在的地方，位于法国中南部中央高原（Massif Central）的南部边缘，四面是连绵的山峰和蜿蜒插入内陆的陡峭河谷。河谷沿地中海海岸逶迤，随后绵延向北。整个高原占据了法国近六分之一的陆地。不像沿海平原，此处的地形崎岖，人烟也稀少。火山活动、阿尔卑斯山脉和比利牛斯山脉的碰撞，以及大陆板块的推移，锻造出了中央高原上交错的山石。我走过的这条道路边上暗红色的石头，数亿年前诞生于一片炎热干燥的大陆。铁掩埋在风吹来的土壤之中，留下氧化的痕迹。这里的岩石以当地一条河流命名，被称为萨拉古地层。整个地层由半干旱盆地上的沉积物构成，暴雨有时在上面冲刷出湖泊和溪流。在湿润地带边上，矮小的蕨类和针叶树生长出来，给这片原本光秃秃的大地增添了小块绿洲和绿色走廊。萨拉古地层的年代可以追溯到2.7亿年前的二叠纪。那时候，地球上所有的陆地联合成一块巨型大陆——泛古陆（Pangaea）。

20世纪90年代，当地医生让·拉佩里（Jean Lapeyrie）在他家附近色彩斑斓的岩石露头中，发现一些地方蕴含着丰富的昆虫化石。他采集了一些标本，与世界各地研究人员合作，独辟蹊径地打开了一扇通往远古时代的窗户——那是现代昆虫家族中最早一批成员与现存类群混杂共生的时期。蜉蝣、草蛉、蓟马和蜻蜓与远古的种类一同飞舞，其中包括现代蟋蟀和蝗虫的几种近亲。

这些昆虫化石多数有翅膀。昆虫的身体很容易腐烂分解，而翅膀是由干燥、坚韧的蛋白质构成的。在风雨作用下，翅膀被吹拂或冲刷到河道或泥缝里，掩埋在粉砂淤泥下。后来，当地质学家们用锤子将它们从地下墓穴中挖掘出来时，翅膀脉络和轮廓清晰可见地印在了石头上。每种昆虫的翅膀形状和脉络构造各不一样，因此，从翅膀特征可以鉴定每种逝去已久的化石昆虫属于何种类群。

在形成于二叠纪的萨拉古地层中，有一种昆虫翅膀具有不同寻常的特征。通常来说，翅膀脉络呈现为网状，支撑起薄薄的膜。然而，在一类化石标本上，紧挨翅尖的一簇脉络加粗并凸起。略微弯曲的中脉凸起，由侧脉支撑。浮雕般凸起的脉络交会的地方仅长一两毫米，相当于书页上一个英文字母的长度，整个翅膀则有我的拇指一半那么长。这种凸起的脊状结构无助于支持膜翅，倒很可能是昆虫鸣唱的工具。双翅相互摩擦时，翅膀上凸起的中脉在另一个翅膀的基部刮擦，发出沙沙的声响。巨大的扁平翅膀则可能起到扬声器的作用，将声波扩散出去。

现代蟋蟀用类似的翅膀结构来发声，不过设计更巧妙一些。它们用右翅上波状的脊摩擦左翅上的小隆起。小隆起充当拨器，在音锉上拉动，这种行为被翅膀上紧挨着的薄膜窗口放大并投射出去。音锉和窗口的形状是每种蟋蟀所特有的，弹奏的节奏亦然。由此便有了现代蟋蟀丰富多变的声响：从柔和的啁啾，到持续的颤音，再到音调高得人耳无法察觉的哀鸣。化石昆虫翅膀上凸起的脊缺少蟋蟀音锉精准的起伏，也没有扩大音量的窗口迹象。因此，这种动物很可能只能发出单调的刮擦声，音调远没有今天蟋蟀们精准调频的结构所能达到的纯净。

以奥利维尔·贝瑟克斯（Olivier Béthoux）为首的法国

古生物学家于2003年描述了这种化石。这些科学家与化石发现者让·拉佩里一同工作，将这种昆虫命名为二叠纪发声昆虫（*Permostridulus*[1]）。拉丁名的前半部分源于二叠纪（Permian），即这种化石诞生的地质年代，后半部分 *stridulate* 则是动物学术语，意思是“肢体摩擦发声”。二叠纪发声昆虫翅膀上的脊由一组不同于现代蟋蟀翅膀构造的脉络组合而成。这种昆虫在分类上属于独立的一支，它们是现已灭绝的一个族群，现代蟋蟀的远古近亲。

在二叠纪发声昆虫生活的时期，与其相伴的节肢动物是另一些昆虫、蜘蛛和蝎子。同一时期的池塘里，还生活着众多小型甲壳动物。我们远古的祖先和它们的亲属也出现在那里。它们蜥蜴般的身体在泥中留下脚印，作为化石遗迹留存下来。这些爬行动物被称为兽孔目动物（therapsids），体形不等，有从鬣蜥到鳄鱼大小，双腿直立在陆地上行走，不像如今大多数爬行动物和两栖动物那种爬行的步态。在接下来5000万年中，其中有些种类的动物体形将会缩小，体表变得毛茸茸的，演化成现在所说的哺乳动物。然而在二叠纪，兽孔目动物是披着爬行动物外皮的食草兽和捕食者，也是很多陆地环境中占据主要地位的大型动物。

这些哺乳动物的祖先很可能无法听到昆虫的鸣声。为哺乳动物传递高频声波的鼓膜和中耳三块听小骨此时尚未演化形成。兽孔目动物的声波世界只包括低频，这些声波通过外耳孔和动物身

1 暂无对应的中译名，根据拉丁文译为“二叠纪发声昆虫”。——本书脚注无特殊说明，均为译者注。

体各处的骨骼传递给内耳。它们所能听到的，也许只有砰砰的脚步声和轰隆隆的雷声。它们大概也能听到其他爬行动物的喃喃低语，尽管没有化石证据表明那些动物能发出声音。有朝一日，当森林和平原上到处是可食的鸣虫，兽孔目动物的身体也变成早期哺乳动物那种适合捕食昆虫的矮壮身体结构时，它们才会演化出适合听更高频声音的耳朵。

然而，那个时期的节肢动物能听到二叠纪发声昆虫的声音。在它们那个微观世界里，对更高频声波的敏感性是与生俱来的。对一只埋伏在灌木丛中狩猎的蜘蛛或蝎子来说，昆虫步足的刮擦、翅膀的扇动，甚或微小的身体在地被植物上轻轻掠过，都能带来下一顿美食的信息。对猎物来说，空气或地面的震动也大有用处，能在危险临近时起警示作用。通过声波意识到其他动物的存在，也有助于在交配中亲密互动。这些昆虫用身体和行动发出的声音——呼呼声、气息声和沙啦沙啦声——极其轻微，只能传播几厘米，即便最大的动物发出沉重的窸窸窣窣，也只能传播 1 米。

远古时代的蟋蟀腿部有发达的听觉器官——一组具有纤毛的细胞，能察觉到任何风吹草动。二叠纪发声昆虫的时代过去之后，蟋蟀前腿上又演化出一张薄膜状的鼓膜，能力进一步提升。这项创新可以追溯到约 2 亿年前，无疑是演化出能发出声音的翅膀后才应运而生。一旦开始采用声波交流，自然选择就会青睐更卓越的听觉。

我们不知道二叠纪发声昆虫为何出声。现代蟋蟀唱歌是为了吸引异性、保卫领地。对远古昆虫而言，用翅膀发声可能于繁殖季有利，也许能博取关注、吓退敌手，或是让心仪的配偶找到自己，正如今天蟋蟀切切嘈嘈的声音一样。只要在繁殖上的优势大过招来更多捕食者的风险，歌声就会受到自然选择的青睐。

不过，翅膀上可以发出声音的脊或许起到防御作用。突如其来的声响能使逼近的捕食者大吃一惊，从而获得逃跑的机会。在此类惊呼还十分罕见的世界里，这种声波防御可能尤其有效。想象一下，一只跳蛛突然感到嘴巴里发出嗡鸣或是听到近距离陡然爆发出的刺耳响声，该会多受惊吓啊。如今，震动惊吓反应（vibratory startle response）十分常见。把一只节肢动物从巢穴里拖出来，你通常会听到一阵短促的声响。龙虾、蜘蛛、马陆、蟋蟀、甲虫和鼠妇等各类动物都能产生防御性的震动。用掠食性胡蜂、蜘蛛和小鼠做实验，结果表明震动警告确实能起到保护作用，足以震慑攻击者，让被捕杀对象逃出生天。

声音功能的不确定性，尤其突显出人类语言的窘迫。我们描述其他生物的声音，总是用人类的名词来表述非人类生物。“歌声”泛指一切我们认为有美学根源的、用来取悦或劝服的声音。而大多数情况下，我们仅限于用这个词来指称在重复中体现音阶或旋律的悦耳之声。我们把更短的声音称为“叫声”：巢中雏鸟乞食的叽喳、蜂鸟尖锐的高音、青蛙在繁殖季击鼓般的咕呱，还有猴子寻找食物和分食时发出的咕哝、叫喊和呜咽。叫声用于召唤群体、亲子交流、发布警告或宣示领地权。但是动物声音的功能更为多样，并非我们简单的分类所能囊括。很多时候，“歌声”和“叫声”之间的界限模糊，人为划分通常更多体现了声音对于人类的美学效果，而非声音在非人类动物生活中的用处。我遵循通常的用法，但在很多情况下，比如像二叠纪发声昆虫这种，声音的社会功能未知，或是像大多数非人类动物那样，只有部分功能已知，那么术语就只能是个概述。

不管功能是什么，二叠纪发声昆虫翅膀上的脊都预示着，有一类昆虫将进一步发展，其亲属将成为世界上的歌唱冠军。二叠纪发声昆虫在分类系统上属于直翅目，顾名思义，翅膀是直的。如今直翅目昆虫包含 2 万多种，多数会鸣唱。有些种类，比如蟋蟀和螽斯，通过摩擦前翅基部的有齿横脉与刮片发声。还有一些，比如蝗虫和不会飞的大个头蟋蟀沙螽（weta），用后腿在腹部耸起的脊上刮擦。有些种类不单靠翅膀和腿，还有其他方式辅助发声，包括摩擦口器、挤压呼吸管、振动腹部鼓膜，以及飞行中改变翅膀形状来发出噼啪声和咔嗒声。

就目前来说，二叠纪发声昆虫是已知化石记录中最早的鸣虫。但它肯定不是最先用声音来交流的动物。化石记录并不完备，我们只能保守估计远古时代的演化创新，尤其是像昆虫翅脉上微小的脊，这种创新并不能很好地保存在石头中。要让耳朵回到比化石证据更早的时期，我们可以依据现代物种的遗传学比较来重建系统演化树，由此间接推断过去的情况。将演化树的节点与已知化石出现的年代精准对应，就能推算出不同种类的昆虫分化的时间。蟋蟀家族似乎出现在约 3 亿年前。这些最早的蟋蟀留存至今的后裔几乎都能鸣唱。因此它们共同的祖先很可能也是如此。早期参加鸣虫争霸赛的选手还有角蝉、蝉和其他半翅目昆虫的祖先。它们的共同祖先，可能靠振动身体某些器官发出穿透枝叶的声波来相互交流。像蟋蟀一样，这些远古昆虫也可以追溯到约 3 亿年前。石蝇是很多水道常见的昆虫，成体在河岸植被上繁殖。它们用腹部敲击植被，以鼓乐二重奏来交流。每种石蝇都有特定的鼓点。它们最早出现的时间可以追溯到约 2.7 亿年前，因此这类轻缓的打击乐很可能是早期动物用于交流的另一种声音。

随后，直翅目其他成员留下了大为可观的化石。在三叠纪，亦即二叠纪之后的地质时期，化石中的蟋蟀翅膀具备了用于摩擦发音的挫，大概也有了基本的“发音窗”。这些发音窗是膜状组织构成的扁平镜面，没有已知的飞行功能，看起来像现代蟋蟀用于聚集和扩大声波、使唧喳的虫鸣变得清晰悦耳的发音镜缩小版。三叠纪蟋蟀的鸣声可能听起来很甜美，不像二叠纪发声昆虫粗糙的音锉只能发出刺耳的刺啦声。所有直翅目昆虫化石中保存最好的，是 1.65 亿年前中国内蒙古侏罗纪岩石中的螽斯翅膀。这件化石保存状况格外好，连前翅宽阔的黑色带状花纹都清晰可见。每扇翅膀贴近躯干的部位，都有一个能发声的脊，上面足有 100 多个音齿。音齿之间的空隙逐渐增大，就像现代蟋蟀的情况一样。昆虫翅膀合拢时，速度逐渐加快，间隔均匀的音齿会发出越来越高的音调，就像指甲从梳齿上加速划过一样，波零零一阵响。但是小齿之间空隙逐渐增大，就抵消了这种加速，出现音质纯净的零零声。灭绝种身上的小齿很可能也是如此。

以顾俊杰和费尔南多·蒙特雷格雷（Fernando Montealegre-Z）为首的科学家团队在报道这块化石时，描述了其翅膀形态，并复原了这种螽斯的鸣叫声。他们将翅膀化石的尺寸与现生物种比较，推断这种螽斯的鸣叫声频率为 6400 赫兹，脉冲组持续时间 16 毫秒。对人耳来说，这些都是纯正的单频率，像铃声一般响亮悦耳。与这种螽斯保存在同一组化石中的植物表明，这种鸣虫居住在长满针叶林和大型蕨类的开阔林地上。这种栖息环境格外有利于螽斯声音频率的传播，因此这种鸣虫的叫声似乎很适合这种生态背景。与二叠纪发声昆虫不同，这种螽斯的鸣声很可能也会被脊椎动物听到。到这个时期，两栖动物、恐龙和早期哺乳动物已经能听到更高频的声音。像很多现代螽斯一样，这种古代昆虫可能在夜间鸣唱，减少了引来捕食者的风险。

昆虫翅膀最初演化出来，只是作为外骨骼上粗短的附属物。研究现代昆虫翅膀的发育，表明这一演化创举是由控制甲壳形成的基因与控制腿部生长的基因融合取得的。我们没有最早的翼状翅膀化石，但是用现存物种基因建立的演化树，有力地表明最早的翅膀于 4 亿年前到 3.5 亿年前演化出来。这些最早的翅膀也许能减缓昆虫从植株上跳落的速度，这种情况在现代昆虫的表亲缨尾虫身上依然能见到。当时很多昆虫以植物枝条末端孢子囊中的孢子为食。在遍布蕨类和针叶树的森林里，滑翔可能是一项有用的技能。翅膀便于动物接近食物、快速扩散到新的栖息地，以及更高效地寻觅配偶。最早出现的完备的翅膀化石距今有 3.24 亿年的历史，上面有翅脉，前缘和后缘已经成形，整个翅膀大到足以支撑飞行。到大约 3 亿年前，化石记录中已经包含数十种有翅昆虫。

昆虫翅膀也提供了方便发声的材料。扁平且轻巧的翅面能传播振动，是动物身上类似于电子扬声器内部纸盆的天然振动膜。飞行肌能快速地重复运动，并且有充足的氧气供应来支撑行动。任何喜欢反复摩擦翅膀而不飞行的昆虫，都有可能发出声音。翅脉加粗或有波状纹，会令声音更响亮、更谐和。

对于像远古蟋蟀这类生活在茂密的树叶或地面杂乱碎屑中的动物，发声可能特别有利。错综的微型丛林遮挡了视线，声音却能让配偶找到彼此。

地球沉寂长达 35 亿年后，昆虫给大地带来了第一阵歌声，使古老的蕨类、苏铁和石松林熠熠生辉。这些声音将是人耳熟悉的。当我们听到城市公园、高山草甸或乡间小路边蟋蟀的切切嘈嘈时，我们便穿越到了地球上最早出现歌声的年月。

***

为什么要如此长的时间，声音交流才演化出来？30 亿年来，没有发现任何细菌和单细胞生命有声音信号。虽然这些细胞能感觉水的运行和振动，但是它们都没有用声音去触及对方。动物在最初 3 亿年的演化中，似乎也没有任何交流信号。这个时期的化石中没有出现音锉之类发声构造。我咨询过很多古生物学专家，他们都说，据他们所知，在最早期类似蟋蟀和蝉的昆虫演化形成之前，动物身上没有任何发声构造的迹象。当然，化石记录并不完备，一些发声构造，例如鱼类的鱼鳔，极少甚至根本不会在岩石中留下痕迹。因此在这段悠远绵长的时间，我们听到的并不完全。

长久的沉寂成了一个谜。声音是发送信号的有效手段，而且成本低廉。埃迪卡拉纪的盘状和带状生物出现后不久，动物身体演化出了骨骼和其他很容易发出声音的结构。它们在海底爬行、游动和咀嚼时，无疑会偶然发出声响。然而就我们所知，早期海洋中没有声音交流。莫非突变的路子不对，或发声的原材料没能演化出来？这种情况似乎不可能，毕竟早期动物多样化的演化有足够的创造力来产生如今动物界所有分支，且配备结构繁复的眼睛、带有关节的肢体和错综复杂的神经系统。虽然无法确知，但很有可能是捕食者尚未孕育出的耳朵阻碍了声音的创造性演化。只有当动物能迅捷、机敏地逃脱凝神静听的天敌之口时，这种停滞状态才会终止。

埃迪卡拉纪之后，化石动物的数量和种类都出现了爆发式增长，这个地质时期被称为寒武纪。寒武纪始于约 5.4 亿年前，当时海洋中充满各种新的生命形式，包括我们今天所知的主要类群（节肢动物、软体动物、环节动物和后来演化成脊椎动物的蝌蚪一般的生物）的祖先。最早期的骨骼，有关节的肢体，复杂的口器，神经系统、眼睛、头部和大脑，全都出现在时间跨度约 3000 万年的化石记录中。寒武纪海洋到处是聆听者。动物们从单细胞祖先那里遗传来的纤毛，如今附着在皮肤和棘上，嵌在外骨骼中，也出现在体内器官表面。于是，天生对水流运行——包括声波传动——敏感的动物王国出现了。

所有早期海洋动物都能感受水中的压力波和振动。节肢动物，例如甲壳动物和如今灭绝的三叶虫，身上覆盖着大量感应器阵列。最早的掠食性头足类动物，以及后来的有颌鱼类，给海洋增添了危险。早期头足类动物通过皮肤上的感受器和头部带有敏感毛发的器官——平衡器（statocyst）来感知水波振动与运行。远古鱼类则通过侧线管系统和早期处于雏形阶段的内耳来感受振动。

化石记录揭示了海洋中危险渐增的模式。尤其是在奥陶纪、志留纪以及继寒武纪之后的地质时期泥盆纪，很多贝类和其他猎物的化石都显示出受到捕食者攻击的痕迹。随着时间推移，处在食物链底端的动物演化出了更繁复的防御机制——棘刺和更厚重的壳，甚至钻进泥里度过蜕皮期，这种行为可见于一些动物在蜕去外骨骼时死去并被掩埋而留下的化石记录。

在早期海洋中发出声音，就是把自己的位置暴露给一群掠食性的头足类动物、鱼类和软体动物。没有哪种水生动物在移动和觅食过程中能完全避免发声。无疑有很多动物因为划水和咀嚼时暴露位置而牺牲了。率先尝试用声音交流，很可能会受到死亡的惩罚。

对早期陆地动物来说，发声可能也很危险。小型节肢动物在大地上留下的化石足迹，可以追溯到 4.88 亿年前。这些殖民者可能以陆生藻类和蠕虫为食，抑或只是冒险上岸寻找适合产卵的沙滩，就像今天的鲎一样。肉食性的蝎子和蜘蛛于 4.3 亿年前登上陆地。到 4 亿年前，大地上已经栖居着螨虫、马陆、蜈蚣、盲蛛（*Leiobunum vittatum*，英文俗名直译为“长腿爸爸”）、蝎子、蜘蛛的近亲，以及昆虫的祖先。这些生物都能通过腿上的感知器探测土壤或植物中的振动。

早期的海洋和陆地群落，似乎都不是能让动物随便发声的地方。在水中，声波引起快速的分子运动，波及范围广，危险尤其突出。即便在陆地上，早期登陆的殖民者也不乏肉食性蝎子和蜘蛛，这个事实很可能让发声的代价高昂。如果海洋和陆地最早期动物都是植食动物，世界上声音多样性的爆发应当会早得多。

这不单是远古的传说。现生动物的调查结果也支持这种观点：捕食者是强大的“消声器”。时至今日，那些蛰伏不动或是行动缓慢，同时又缺乏先天武器的动物，都是静寂无声的。例如，在蠕虫和蜗牛中，已知能发出声音的只有一两种。有一种海洋蠕虫栖居在太平洋深处的深海海绵（六放海绵纲，又称玻璃海绵）内部，它战斗时会把水流吸进嘴里，然后急速排出，发出砰砰的声音。蠕虫的“玻璃房子”上联结成网的硅质骨针，能保护这些战斗者不受外界捕食者伤害。巴西热带森林有一种蜗牛，在受捕食者攻击时会渗出一股可能产生毒性的鲜亮黏液，与此同时发出轻微的吱吱声，大概相当于蜜蜂受惊扰时嗡嗡的警告。其余 8.5 万种软体动物和 1.8 万种环节蠕虫，就我们所知，除身体运动产生波动和气泡，再不会发出任何声音。线虫、扁形虫、海绵和水母也是如此。沉默并非解剖结构上的缺陷使然。蜗牛壳板状的门完全可以发出哒哒的声音。柔软的肌肉组织同样能发出声音，弹跳虫、鱼游水用的鳔，还有我们的声带都证明了这一点。

动物家族树上单单两个分支，几乎囊括了现在世界上所有的声音和歌声。那就是脊椎动物和节肢动物，前者是鱼类及其陆地上的后裔，包括我们；后者是甲壳动物、昆虫及其亲属。两者通常都很敏捷，或者有武器装备。首次发声的动物，需要一种无所畏惧的力量。

头 5 亿多年，地球的声音史包括风声、雨声和岩石之声。随后 30 亿年，出现了细菌的杂音，还有早期动物搅得水花泼溅、水面荡漾的声音，以及它们吃食磨牙的声音。这段时期有很多生物偶然发出声音，但是并没有用于交流的语声。生命界长久地保持沉默。

接着来了一场巨变。陆地昆虫演化出了翅膀。这很可能打破了捕食者对声音的禁锢。一只小虫有了翅膀，就能逃之夭夭。发声的成本陡然下降，声音交流有了立足之地。

昆虫获得飞行能力后才演化出发声机制，这并不能证明动物最早的叫声和歌声是因为摆脱了捕食者才出现的。在如此广阔的时间跨度内，因果关系很难推断。虽然不知道捕食者是否确实起到“消声器”的作用，但是我们可以做个假设。在比二叠纪发声昆虫还要古老的生物化石记录中，如果能找到动物发声的例子，那也必定是一种凶猛、迅捷或是有多重防护措施的动物。或许是一种具有粗壮后肢或翅膀的早期昆虫，又或是一种古老的原始蝗虫。在水中，有可能发出声音的将是肉食性的三叶虫或甲壳动物，若是鱼类，则要么能迅速逃跑，要么身上长有防御性的棘刺。

***

走在法国南部的小路边，四周昆虫热情澎湃的鸣唱令我震撼。在路上任何地方驻足，都能听到十多只蝗虫啾啾唧唧。无数蟋蟀的切切嘈嘈在空中混作一团。伟大的法国科学家、昆虫诗人亨利·法布尔曾写道，在19世纪末和20世纪初，这个地区的蟋蟀“单调的交响乐”响彻天空。

这条山路两旁都是未加修整的林地，远处则是低地地区的农田。两处的声景（soundscape，又称声音景观或音景，日本译作“音风景”）大相径庭。在农业工业化程度更高的区域，田野和乡间小路旁昆虫的歌声黯淡下去。被除草剂和频繁耕作打理得整饬干净的田野里几乎没有自然植被。多样化的原生态草地和树林，已被单一种植的一年生作物取代。农场喷雾机喷洒出杀虫剂，风雨也带来如今被禁用的农药在几十年前残留下来的雾气和烟尘。2016年，一份综合60名昆虫生物学家研究结果的报告指出，欧洲的蝗虫、蟋蟀及类似物种面临危机。其中30%左右有灭绝的危险，大部分我们掌握了可靠数据的物种种群数量都在下降。在北美，就连远离翻耕和杀虫剂烟雾的地区，蝗虫种群数量也在缩减。20年来，美国堪萨斯州康扎大草原（Konza Prairie）的蝗虫数量减少了30%。这与草原植株中氮和矿物质等营养物质的急剧减少有关。很可能受大气中过多的二氧化碳影响，草原植物在20年里生长速度翻倍，营养物质分散在如此大体量的植物体中，自然被稀释了。如今蝗虫的食物更像是粗壮无味的稻草，而不是营养美味的沙拉。

遭遇困境的不单是蟋蟀和蝗虫。近期汇总160项对蜜蜂、蚂蚁、甲虫、蝗虫、苍蝇、蟋蟀、蝴蝶、石蛾、蜻蜓等各类昆虫的长期研究，发现陆生昆虫数量平均每十年减少10%以上，少许生活在淡水中的昆虫则正好相反。昆虫构成大多数陆地生态系统的基础。从生物量来说，昆虫比所有哺乳动物和鸟类加起来还多20多倍；从物种数量来说，昆虫种类至少比其他动物多400倍。陆地上，数亿年演化形成的声音多样性正大幅消减。从森林到草地，日益沉寂的虫声让我们听出了，那些维持着所有陆地生态系统活力的动物正在衰落。

感官多样性的灭绝有多种原因：技术带来有毒物质；二氧化碳含量水平不断上升；经济体系把产品成本强加给其他人群和物种，也就是所谓的产业外部性[1]；人类的欲望和人口数量日益膨胀，将其他物种排挤出局。这些社会因素和经济因素植根于一种漠不关心和缺乏欣赏认同的文化。法国南部这处堪称生命演化史诗旅程中一大里程碑的化石遗址默默无闻，周围大地上的生命之声沉寂寥落，这两者是有关联的。我们的耳朵是内向的，专门听自己同类的闲言碎语。而关于我们周围数千种友邻之声的概论，在多数学校的课程表上排不上位置。我们通常认为人类的语言和音乐是外在于世界的，与其他物种的声音毫不相干。当音乐会开始时，我们关上门，隔开外部世界。教我们“外语”的图书和软件只收录了其他人类的声音。极少数场合为声音树碑立传，也是为了纪念几位殿堂级的人类作曲家，而不是为了纪念鲜活的地球声音史。二叠纪发声昆虫的发现在媒体上没有掀起任何波澜。

---

1 “外部性”（externalities）概念由马歇尔和庇古于20世纪初提出，是指一个经济主体（生产者或消费者）的活动对旁观者产生有利或不利影响，收益或成本都不由生产者或消费者自身承担。

即便在环保主义行动的领域，我们也用“气体浓度”和“灭绝速率估算”之类化学与统计学术语来谈目前的危机。那些学科都是认识世界进而治愈世界的重要方式，但是忽略了感官的生活体验。生命不仅由分子和可数的物种构成，也由生物之间的关系构成。“自我”和“他者”相生相爱的联系和关系，要靠感觉来协调。丰富多样的感官体验并不仅是演化创造力的产物，它本身也是驱动力，也是未来生物创新和扩展的催化剂。

二叠纪结束于2.52亿年前的一场大灭绝。海洋中90%以上物种灭绝。陆地上动植物种类减少一半以上，消失的物种包括构成萨拉古地层化石的大多数昆虫和脊椎动物。这场全球大灾难的原因众说纷纭，但是最有可能的还是多种因素的组合，其中包括大规模火山活动、全球变暖、海洋脱氧作用，以及海底沉积物释放出达到中毒级别的硫化氢。如今我们正处在一场人为制造的物种快速灭绝之中，然而迄今为止，情况还远不像二叠纪末期的毁灭那么严重。我们对这场快速灭绝所需采取的对策之一，就是重新唤醒我们的感官，让人类文化回归生命共同体。

凝神静听声音，能启发我们心悦诚服地接受这种觉醒。因为人类主要依赖听觉来交流，我们的耳朵和思想随时准备去听，去理解。当然，声音是一种补充，生命共同体还有很多财富：土壤和树木的芳香，鸟类、鱼类和节肢动物的色彩，动植物多变的形态和动作，以及握在手心和送入口中的植物的质地与滋味。我们的好奇心、关注和热爱，都因这一切感觉体验而起。然而，声音具有独特的性质。不像光线，声音能穿透障碍；不像气味和触感，声音能传播到远方。这使得倾听成了一种格外重要、有趣的活动，在这个危机时代，有时甚而令人心碎。

我在一块暗红色的石板上坐下，闭上眼睛。四周蟋蟀的歌声如烟花绽放。我微笑，并惊叹不已。

花朵，海洋，乳汁

我们生活在花朵的大量馈赠之中。它们的芳香、色彩和多变的花形固然令感官愉悦。显花植物的果实、根和小叶虽然不那么明显，却也让我们体会到生命世界本真的蓬勃活力和丰富多样。除海产品之外，人类吃下的每一口食物几乎都来自显花植物。小麦和大米是风媒植物的淀粉类产品。压榨果实给了我们橄榄油、菜籽油和棕榈油。家养动物的肉，是由禾草、玉米和其他显花植物转化而来的。绿叶蔬菜、糖、香料、咖啡和茶叶，也都来自显花植物。

对人类饮食来说是如此，对非农业生态系统也是如此。草原、热带森林、沙漠、盐沼和落叶林的林地里，生长的主要是显花植物。只有在寒冷的北方森林或者土壤干燥的亚热带松林，才由显花植物的表亲——松树一类树种接手。在苔原和山顶，地衣和苔藓占据主导地位，但即便在那些地方，显花植物也十分常见，是很多吮吸花蜜的昆虫和吃种子的脊椎动物主要的食物来源。

花朵也能让我们听到地球上一些丰富多变的声音吗？这种联系似乎不太可能。然而，现代动物的声学盛宴，很大程度上是由不出声的绿色植物带来的。地球上声音演化的第一阶段是慢热型的：

10 亿年的风声和水声，30 亿年细菌的杂音和动物的悄然活动，然后是 1 亿年蟋蟀类的切切嘈嘈。接着，1.5 亿年前到 1 亿年前之间，地球上陆地的声音爆发了，变得像今天我们所了解的一样丰富多彩。触发这次大爆发的，很可能就是植物的演化。声音真的是“百花齐放”了。

植物引发世界上的声波振动，还不仅是这一次。最早长出树干和枝条的植物——大多是远古时代蕨类和石松的亲属——促使昆虫演化出飞行能力，进而演化出发声的翅膀。因此，最早期的森林为声音的出现给予了大力支持。最早期的花朵虽然没有提供结构上的支持，但是提供了能量和丰富的生态环境。与蕨类细微如尘的孢子或针叶树的种子相比，花和果实富含糖类、油脂和蛋白质，对动物来说真是天赐的美食。

这份丰饶让植物与传粉昆虫以及传播种子的昆虫建立了新的生态关系。动物和显花植物之间的协同演化，极大地丰富了动植物类群，可谓具有创造性的互惠。而这种行为部分是靠新的地下共生体来驱动的。显花植物的根部与土壤菌群联合，双方都有好处。根系保护生活在根瘤内部的细菌并提供养分，细菌帮助植物固定可供生物吸收的氮，也就是所有蛋白质和 DNA 的化学基础。在大多数生态系统中，氮都是稀缺资源，因此根系和细菌的联合让显花植物在竞争中抢占了先机。动物是这场地下变革的间接受惠者，因为植物养分足，就会产生更多的叶和果。

花、果、新的生态关系、肥沃的土壤：显花植物的起源改变了陆地环境，刺激了动物的演化。

现代植物的DNA研究表明，最早的显花植物出现于2亿年前的三叠纪。随后，显花植物经过侏罗纪的慢慢分化，在大约1.3亿年前的白垩纪出现多样性爆发。与固氮菌的地下伴侣关系始于大约1亿年前。这预示着多样性的进一步激增。正是源于白垩纪这些植物的开枝散叶，我们才有了第一批清晰可辨的花朵化石。

对陆地生物来说，从1.45亿年前到6600万年前的白垩纪，见证了生态系统的重组。从前只生长着针叶树、蕨类及其亲属的栖息地被显花植物占领了。虽然在一些森林里，高大的蕨类仍然郁郁葱葱，俨如上层林冠，但是显花植物很快变成了最常见的物种。这段时间跨度在地球整个生命时间表上只占3%，却见证了大量动物类群的起源或分化，其中包括现代生态系统中大多数会鸣叫的动物。生物学家称这段时期的迅速分化为“陆地革命”，这种创造力的迸发，自伟大的埃迪卡拉纪和早期海洋的寒武纪大爆发以来都是无与伦比的。在这段时期，声音也出现突破性的扩张。

昆虫多样性尤其迅速的增长，与显花植物的兴盛是一致的。用化石和DNA重建螽斯、蝗虫、蛾类、蝇类、甲虫、蚂蚁、蜜蜂和胡蜂的演化树，众多分支的出现也正好处在显花植物出现并兴盛的时期。这场繁茂改变了地球之声，使古老的声音凸显出来，加速了新一类鸣虫的起源。对很多鸣虫来说，此时演化史就像河流流入了三角洲。一条长长的河渠突然分散成众多支流，支流随后壮大起来。那条河渠是上古传承下来的血脉，兵分几路则是继显花植物登陆地球之后动物多样性的爆发。

世界各地昆虫小夜曲以螽斯（俗称蝈蝈）的歌声为主，此类昆虫如今有 7000 多种。螽斯用一扇翅膀基部的刮器摩擦另一扇翅膀上的音锉来发出鸣唱。它们的起源时间存在争议，有些 DNA 研究表明是在 1.55 亿年前，还有一些认为更接近 1 亿年前。现代螽斯最早源于古代蟋蟀一脉，一直可以回溯到二叠纪，也就是将近 3 亿年前蟋蟀演化的前夕。这支古老世系随后涌现出的新生命形式始于 1 亿年前；在 6600 万年前小行星撞击地球和物种大灭绝之后，多样性再次扩张。螽斯以吃树叶为主。很多螽斯看起来很像它们赖以为生的显花植物，体色绿油油，翅膀如同精巧的叶片。也有少数以针叶树为食，有些种类甚至捕食其他昆虫，但是多数完全依赖显花植物。

蟋蟀及其近亲的鸣唱远比显花植物出现得早。从 3 亿年前到 1.5 亿年前，蟋蟀的声音可能是组成动物声景的主要成分。当花朵演化出来时，这些远古之声也受到了一波助推。真正的蟋蟀——如今在世界各地草地、森林和草坪上歌唱的蟋蟀科生物，出现于 1 亿年前，正好处在显花植物多样性增加的时期。

蝗虫加入地球的声景中要晚得多。不像靠双翅摩擦发声的螽斯和蟋蟀，蝗虫鸣叫是通过后足腿节刮擦腹部隆起的脊。蝗虫家族内部至少有 10 次独立演化出这种发声的本领。或许是后足腿节演化得极长，正好折叠在腹部，让它们具备了天然的鸣唱条件。虽然在昆虫家族树上，蝗虫这一支早在 3.5 亿年前就与蟋蟀表亲分道扬镳，但是直到白垩纪，当显花植物繁茂起来时，蝗虫才开始鸣唱。接着，伴随显花植物的一路扩张，蝗虫继续分化，为家族增添新的鸣唱能手。

蝉现存的种类有3000多种，它们的嗡嗡声、唧啾声或尖锐的嗞嗞声，是由腹部侧面的发声构造（也称“鼓室”）发出的。鼓室内部肌肉（鼓膜肌）如细密的波纹般来回收缩，有时每秒数百次，由此发出清脆的声响，随后经由腹部的共鸣室过滤和放大。在世界各地温暖的气候下，这种独特的鼓室结构塑造了炎热午后的声景。如今我们听到的蝉家族的叫声，是在显花植物兴盛后才分化出来的，始于1亿年前。然而蝉的祖先会发声的世系还要久远得多，至少可以追溯到3亿年前。如今这个远古类群的后裔，依然生活在澳大利亚昆士兰州穆尔氏南青冈（*Nothofagus moorei*）林里长满苔藓的树枝间。这种“苔藓小虫”（moss bug）的声音堪称活的声音化石，从它的腿部传出一种重复、低沉的嗡鸣，以振动形式在植被间传播。从这支古老的世系中产生了现代的蝉和蝽，不过也产生了沫蝉、蜡蝉和角蝉，家族成员超过4万种。它们像蜱虫一样在植物上觅食，用刺吸式口器吸取植株内部富含养分的汁液。这些物种几乎都能发出人耳听不到的声音，常常通过它们栖身的叶片或枝条的颤动传播出来。从远古的根系中，这些类群产生了现代的成员代表，并紧随显花植物的扩张，分化形成如今的多种样态。

当我们听到蟋蟀、螽斯、蝗虫和蝉的鸣唱时——在很多生态环境中，这类昆虫的声音是人耳能听到的主要声音——我们接收到了由昆虫转化为声波的植物能量。这种关系的体现，既在于眼下的植物糖分和氨基酸所提供的能源，也在于远古时代显花植物刺激昆虫类群演化和分化的效果。

显花植物的兴盛也推动了其他主要昆虫类群的分化。生活在

3 亿年前的远古蛾类和蝶类以隐花植物为食。而在三叠纪，当花朵变得随处可见时，它们用于吸食花蜜的喙部出现了，这个时期花朵变得随处可见。远古蛾蝶类昆虫的多样性迅速增加，大体与寄主植物的扩张同步——植物既为幼虫提供养料丰富的叶子，也为成虫提供富含花蜜的花朵。蛾类群体至少在 9 个不同时期（主要在约 1 亿年前）演化出小鼓一样的耳朵，分别位于胸部、腹部或喙部。这些听觉器官能听到超声波，最初演化出来很可能是为了避免受到掠食性昆虫和鸟类的侵袭。如此卓越的听觉开启了新的求爱之路，很多飞蛾通过轻轻摩擦翅膀来鸣唱，产生对人耳来说频率过高的嗖嗖声和飒飒声。不过跟我们不同，蛾类的耳朵能听到这些声音。将电极插入蛾类耳部的神经中，可以看到它们能接收高达 6 万赫兹的声波，远远超出人类的听觉上限（2 万赫兹）。5000 万年前，当蝙蝠演化出回声定位能力时，这种具有超声波感应的耳朵也让飞蛾能够探测并躲避蝙蝠的声呐轰击。不仅如此，灯蛾的外骨骼上还演化出一些隆起，收缩折叠时能发出超声波滴答声。这种滴答会惊扰蝙蝠觅食时发出的回声定位信号，也释放出这种有毒的灯蛾味道不佳的信号。这场空中声波大战的基础是显花植物，它们既养活了现在的飞蛾，也曾在很久以前激发出绚烂的物种多样性。

显花植物形成之前，大地上的声景仅包含几类昆虫的鸣声，其中有蟋蟀、石蝇，或许还有蝉和角蝉的远古祖先。到白垩纪晚期，昆虫合唱团的情况就与今天类似了，有各类螽斯、蟋蟀、蝗虫和蝉混声合唱。白垩纪气候炎热，二氧化碳含量极高，地质学家称之为“温室世界”。当时陆地上森林茂密，就连极地附近也是如此。这可能是地球上有史以来头一次到处回荡着生命交流之声。白垩纪晚期的森林像现代雨林一样日夜生机勃勃，充满各类鸣虫的噼啪声、嗡嗡声、吱吱声、唧唧声和啾啾声。地球，终于被歌声环绕了。

鸟类也是合唱团的一部分，但是不像我们今天听到的那样。现代鸟类依靠独特的鸣管器官发声。鸣管在鸟类的胸腔内部，位于气管和支气管Y字形的交叉上。结构独特的环状软骨附有鸣膜和唇瓣，气流从中挤过，就会发出声音。很多种类的鸟具有十几块甚至更多块比米粒还小的鸣肌，使叫声更为响亮动听。虽然化石记录并不完备，但是在鸟类演化史上，鸣管似乎很晚才出现。

鸟类最早于侏罗纪飞上天空，DNA证据表明，当时正好是显花植物分化形成几大支系的时期。这些大多是掠食性的鸟类，以新出现的多种昆虫为食，这在某种程度上也是显花植物的生态生产力带来的福利。随后鸟类在白垩纪繁盛起来，它们在远古森林中分化，并向水域发展，演化出潜水捕鱼的水鸟。这段时期森林里最主要的鸟是“反鸟”（enantiornithes，因肩胛骨与鸟喙骨连接的方向和现代鸟类相反而得名）。它们多数身形小巧灵活，有点像现代的松鸦和麻雀，羽毛和翅膀跟现代鸟类差不多，鸟足适合停歇在树上。它们很善于飞行，从喙部来看，食物种类似乎很多样，包括昆虫、小型脊椎动物和果实。有少数种类酷似啄木鸟和在岸边泥地翻找小型无脊椎动物的其他鸟类。可再一细看，它们与现代鸟类的相似性就到此为止了。它们的喙部有齿，翅膀上有爪。这是鸟类演化中的一个平行宇宙，如今已经完全灭绝了。没有化石证据表明这些鸟具备鸣管。难道是我们找到的化石品相太差、太不完备，无法揭示这样一种精巧的构造？抑或鸟类的这支血脉——现代鸟类的姊妹群——在鸣管起源之前分离出去，走上了自己的演化道路？如果是这样，它们可能会从喉部发出嗞嗞声和咕哝声，就像很多爬行动物一样，但是绝不可能发出我们习以为常的鸟类复杂、和谐而悦耳的声音。

早期鸟类的多样性，几乎被6600万年前白垩纪的小行星撞击彻底消除。这场事故不仅消灭了所有非鸟类恐龙，也给鸟类带来灭顶之灾。小行星正好撞上如今墨西哥尤卡坦半岛的北端，留下一个深2万米、直径超过15万米的陨石坑。陨石坑如今已被年代更晚的沉积物掩埋，但是地质学家利用岩石采样和地磁类比（magnetic analogy），绘制出了它的规模。撞击引起一场巨大的海啸，释放出足以令数百千米外的岩石变形的压力波，并引发全球范围内的火灾。喷射的蒸汽和岩石伴随火焰产生的浓烟，使大气中充满了尘埃、硫酸盐和煤灰，随之而来的是一个至少持续了两年的黑暗、寒冷的“核冬天”。全世界的森林大多被毁灭。蕨类、苔藓和杂草般的显花植物卷土重来，占据了这些地盘。栖居在森林里的大型鸟类尤其损失惨重。孕育了白垩纪鸟类多样性的那棵枝繁叶茂的大树，被砍得只剩下几根小枝。

我们最早的鸣管化石证据，就源于小行星灾难来临前不久。这种化石生物因为是从南极洲西部的维加岛挖掘出来的，所以得名为远征维加鸟（*Vegavis iaai*）。维加鸟是现在雁鸭类的近亲。它的鸣管看起来类似现代水禽的鸣管，不像鸣禽的那么复杂。它可以鸣叫，但是不能鸣唱。维加鸟与现生鸟类的近缘关系表明，现代鸟类的祖先身上很可能已经出现了鸣管。极少数经历了白垩纪末期鸟类大灭绝的幸存者，在进入“后小行星世界”（post-asteroid world）时，具备了鸣唱的能力。如今世界各地千姿百态的鸟鸣声，都源于这支遗脉——那些幸存者不断拓展领域范围，并分化出了新种。

因此，我们今天熟悉的鸟鸣，可能直到白垩纪末期的灾难结束、森林复苏以后才出现。我们听到的鸟鸣，是演化史上劫后重生的宝贵财富。

除鸟类以外，陆地上其他脊椎动物——青蛙、爬行动物、早期哺乳动物——遵循的声音演化之路，都只有部分是由显花植物的兴起塑造的。所有的现代脊椎动物都有喉头，也就是由软骨包裹的气管顶端肉质的活门。喉头最早在肺鱼身上演化出来，目的是防止水呛入充满空气的肺部。如今在陆生脊椎动物身上仍然保留着这种功能，目的是引导食物和水进入食道，而不进入呼吸道。气管顶端的肌肉组织也能发声，如今在很多陆生脊椎动物身上，喉头既充当防窒息的活门，也是发声器官。喉头侧面帘子一样的附属物即声带，在空气流出时产生振动。从青蛙到人，很多动物都靠这些肉质物的颤动发声。

声带无法形成化石，所以我们没办法精确地重建这些动物声音演化的时间点。但是比较现代物种，再加上利用 DNA 和化石年代建立家族树，我们的耳朵可以与过去连接起来。

极少数不出声的蛙类是古代无声带世系的后裔。除此以外，所有能发声的现生蛙类都源于2亿年前的共同祖先。从那时起，湿地上就充满了青蛙清亮短促的咕呱声。可能在这一时期前后，爬行动物的声音也变得更为响亮。直到约2亿年前，远古爬行动物还缺乏鼓膜，只能听到低频声音，声波主要通过它们的颌骨和腿骨传播给内耳。但是一旦演化出高频听觉，就有可能用声音交流了。现代的龟在繁殖期间发出有声调的叫声或呼哧声；鳄鱼幼崽朝母亲嘤嘤叫唤，成体交尾时发出吼声；壁虎用多重和声叠加的叫声交谈。还有很多爬行动物受到威胁时发出嗞嗞声。早期爬行动物可能采用这套发声方式中的某一种或是全盘采纳，并以摩擦鳞片、叩击下颌和抽打长尾巴等非声带发声的方式作为辅助。

对于白垩纪时期的一些大型恐龙，我们可以更精准地复原。草食性的副栉龙（*Parasaurolophus*）头部长9米，拖着长长的脊冠。脊冠内部中空，鼻腔盘绕在其中。这样一来，声道的长度就有3米多。就像一支顶在头上的大号一样，脊冠放大喉头产生的低频声波，将其投射出去。副栉龙的近亲鸭嘴龙（hadrosaur）头骨也具有空腔，表明低沉的回响可能在这些巨兽中十分常见。

现生短吻鳄和大型禽类将气管和脖子上的气囊当作充气喇叭，传播低频声音。考虑到这种发声技巧应用非常广泛，鸟类那些灭绝的恐龙表亲大概也能发出类似的声音。如果确实如此，那么除了鸭嘴龙的低音炮，其他种类的恐龙或许也能像现代一些鸟类那样部分依靠气囊发出声音，例如野鸽和家鸽的咕咕声、苇鳽低沉浑厚的庄严男低音（*basso profundo*）、棕硬尾鸭勒着嗓子打嗝的声音。

我们在电影里听到的恐龙叫声，并不是如实重现远古之声。电影的主旨在于通过加工处理现代动物的录音来唤起人的情感反应。雷克斯暴龙（*Tyrannosaurus rex*，俗称霸王龙）的咆哮，是将一头幼象"吹喇叭"的声音速度放慢，在工作室里与狮子的吼声、鲸从呼吸孔往外喷水的声音和鳄鱼的隆隆声混音合成的。伶盗龙则由巴布亚企鹅配音。

这个时期的哺乳动物又如何呢？之前人们认为侏罗纪和白垩纪的哺乳动物像小耗子一样生活在恐龙的阴影下，在非鸟类恐龙灭绝之后才爆发出惊人的多样性。然而新的化石证据，尤其是来自中国的发现，已经推翻了这种观点。早期哺乳动物演化形成大量的生态类型，其中有些物种类似现代的鼩鼱、大鼠、水鼩、鼹鼠、鼬、旱獭、獾，甚至鼯鼠。显花植物可能部分促成了这种繁华，虽然只是发挥间接作用。早期哺乳动物有少数以树液、种子和果实为食，但大多数是食虫动物。纷繁多样的昆虫，为行动敏捷的脊椎动物提供了唾手可得的食物。好听觉也派上了用场。大约 1.6 亿年前，早期哺乳动物演化出三块听小骨，随后是细长的耳蜗，由此进入新的知觉世界：作为猎物的昆虫高频的沙沙鸣唱。我们并不清楚这些早期哺乳动物的声音。它们可能会像现代哺乳动物一样吱吱叫、咕咕噜噜、咆哮、吠叫和怒吼。与其他陆生脊椎动物不同，哺乳动物喉部有横膈膜，既能精准控制呼吸，又加大了呼吸的力度，声带内部还有一块带状肌肉，可以更精确地调节振动。

在白垩纪森林，你将听到一种令人不安的声音组合，既有熟悉的成分，也有怪异的成分。我想象走进这个世界会是什么情景：昆虫的奏鸣曲像现代雨林里一样，四处充满蝉和螽斯之类的声音。青蛙在池塘和大树洞里的水坑周围咕咕呱呱。类似松鼠的哺乳动物嘁嘁嚓嚓，低声咕哝。大型食草类恐龙的呜呜好似低音炮。还有一些动物像现代灵长类一样喧嚣。鸟类在树丛间跳跃，就像今天那样搜寻昆虫和果实。一只鸟张开嘴巴，露出几排尖锐的牙齿。没有甜美的哨声和装饰性的颤音，这种身披羽毛的动物只发出嗞嗞的叫声或刺耳的咕噜声。拂晓时分，没有鸟儿迎着朝阳歌唱。如今回荡在空中的婉转鸣声，在白垩纪的声景中并不存在。

白垩纪声音形式大爆发，本质上源于显花植物带来的生态和演化变革。对很多动物来说，催化作用是直接的：显花植物滋养动物，进而与传粉动物、食草动物和传播种子的动物协同演化。对另一些物种来说，推动作用是间接的，主要因为显花植物给动物带来了新的变异和数量激增的可能性。如果显花植物没有演化出来，如果陆地食物链仍然完全以蕨类和针叶树为基础，世界的声音将贫乏单调得多。我们最熟悉的很多演奏者，如螽斯、蝉和鸟等，要么成不了歌手，要么鸣声嘶哑，音调单一。

在如今面临的生物多样性危机中，这段历史给了我们警示。一旦我们破坏了生物多样性，大地上动物生机勃勃的声音就会沉寂下去。全球 50 多万种植物中，90% 是显花植物。虽然大多数植物种群的数据我们都不具备，但按照最乐观的估计，目前全世界至少有两成的植物物种濒临灭绝。

***

普遍而言，花的多样性与声音形式的扩展存在密切的联系，但也有两个显著的例外：其一是海洋中的声音；其二是你从书上读到的字句——白纸黑字记载下来的人类语声。

1956 年，法国探险家兼电影制作人雅克–伊夫·库斯托（Jacques-Yves Cousteau）发布第一部海洋题材的彩色纪录片，斩获戛纳电影节金棕榈奖和奥斯卡金像奖两项大奖。他给影片起名“*Le Monde du Silence*”，中译名为《寂静的世界》。然而海洋并不寂静。生理结构是人类聆听海洋的首要障碍，其次则是漠不关心。

我们的耳朵适宜空气而不适宜水。在水下，我们只能听到极少的声音。因此，如果不借助设备，水下世界很多声音纹理和细微差异，都从我们耳边消失了。虽然 20 世纪早期发明了水下听音器技术，但是主要用于军事上监听舰船和潜艇。更有甚者，20 世纪 70 年代之前，生物学家研究海洋，主要是靠杀戮研究对象，或是不让它们发出声音。在库斯托的影片中，龙虾被从洞穴中拽出，鱼被拖网拉上甲板，鲨鱼遭到屠戮，珊瑚礁被爆破损害，这些方法反映了当时科学研究手段的简单粗暴。虽然早期水肺潜水能让科学家更密切地接触海洋生物，破坏性也没那么强，但船上持续不断的嗡鸣和潜水员耳边咕咚咕咚的气泡还是会干扰听觉。

我们现在知道，海洋中充满声音。生物学家和一些录音师，包括后来库斯托及其团队的作品，都采用了水下听音器。他们发现，从北极到热带珊瑚礁附近的水域总是生机勃勃，声音不断。这项研究的先驱人物是罗得岛大学的生物学教授玛丽·波兰·菲什（Marie Poland Fish），她受美国海军资助，从 20 世纪 40 年代开始研究水下声音，揭示鱼类和甲壳动物中间“海洋的声音与语言”。就在库斯托影片发布的同一年，她写道：“水下世界弥漫着动物生活中的喧嚣，就像我们的森林、乡村和城市一样。”如今我们知道，温暖的水域远非寂静之地，鼓虾和其他甲壳类生物的合唱如星火般闪耀。鱼类有时成千上万聚集在繁殖地，发出敲击声、鼻音和咕哝声。海豹、海狮、海象、海豚和鲸等海洋哺乳动物发出滴答声、呜咽声、响铃般的丁零声还有跃出水面时砰的一声。这些生命之声与风中翻飞的泡沫、海浪冲击形成的震荡，以及冰原的呻吟与碎裂声混杂成一团。在海洋中，声音无处不在。不像在陆地上，声音在水中传播得既远又快。能量可以畅通无阻，传入海洋生物身体最深处。

如同陆地上一样，海洋动物的声音奇迹很晚才演化出来。甚至在三叶虫、鱼类和其他复杂生物演化出来后，也不存在声音交流。至少就目前的化石证据来看，只有下颌牙齿的叩击、鳍划动水波、体甲摩擦得噼啪作响。多数海洋生物有听觉，窃听其他生物行动时发出的声音线索，既有利于觅食，也可躲避敌害。然而在远古海洋中，没有哪种动物高声呼唤配偶、惊叫警示敌害或是对后代温柔细语。

动物演化的头 3 亿年以长久的静默为标志。第一批主动打破沉默的海洋动物，很可能是棘刺龙虾（spiny lobster）。它们触角长且通常多刺、步足顶端无螯，从这种特征，如今仍可以辨认出来。它们是“真”龙虾的远亲，生活在世界各地温暖的水域中。其长度可达1米多，是人类重要的食物来源，全球年均捕捞量超过8万吨。下次去超市，看到从冰块里立起来凝视你的死虾眼睛，不妨凑近考察一下面部细节：你见到了海洋里已知最早用声音来交流的动物。触角基部的结节可与由眼部向下延伸的光滑轨道摩擦。在它们活着的时候，这能产生一种呐喊，声音大到足以吓跑掠食性鱼类或甲壳动物。在日本和西欧沿海物产丰富的海洋栖息地，水下听音器探测到棘刺龙虾每小时发出数十次叫声，个头最大的棘刺龙虾声音能传播到3千米外。

棘刺龙虾用独特的发声机制来建立防线。虽然触角上的结节和眼部下的轨道看起来都很光滑，但是当结节滑过轨道上一片微型的疱疹状突起时，其微观结构会产生一种“黏滑”运动。触角向下摆向眼部时，结节朝前猝动，卡住，再反复，产生摩擦振动和声波。小提琴的琴弓在琴弦上拉动也是如此。看起来动作很流畅，但是琴弓上由松香包裹的马鬃扫过琴弦时，产生一系列急速的黏滑，这种猝变运动就会促使琴弦振动。

棘刺龙虾蜕皮后，外骨骼极其柔软，这是大多数甲壳动物生命周期中最危险的时候。但即便此时，结节和坑坑洼洼的轨道也能产生吱吱声。因此，声音不仅给了这些动物吓退潜在捕食者的防御机制，还在它们身体其他部位抵抗力下降时提供保护。

由DNA序列重建的演化家族树表明，棘刺龙虾最早于侏罗纪演化出来，时间大约在2.2亿年前。随后的分化产生于2亿年前到1.6亿年前之间。最早可以确定的化石标本距今有1亿年的历史。

化石证据表明，继棘刺龙虾之后，约9500万年前到7000万年前，演化出了其他发声的甲壳动物。在这个时期，螃蟹和龙虾首次出现带有小脊的胸部和爪，构造类似于现生动物用来发出吱吱嘎嘎和咕哝声的工具。像棘刺龙虾一样，它们用这些声音作为抵抗攻击的防御机制，但也有些物种用声音来求偶或宣示领域权。

鼓虾的声音是海洋里最响亮、传播最广的，其起源的时间点尚不明确。遗传学证据表明，鼓虾可能于1.48亿年前的侏罗纪同其他甲壳动物分离开来。但是最早的一只鼓虾螯的化石证据，至少可以追溯到3000万年前。而现代鼓虾类成员的历史大多不到1000万年。因此，即便侏罗纪这些动物及其祖先已经存在，它们闪亮的"声音云"很可能也要晚近得多。

现代已知有1000种鱼类能发出声音。考虑到多数物种的细节还有待研究，数目可能还要更多。目前了解到的发声机制种类多样，这反映出鱼类整个系统发育中至少有过30次不同的演化创新。鲇鱼、水虎鱼（piranha，又名食人鲳）、棘鳞鱼和石首鱼依靠鱼鳔及其周围肌肉的高速运行，发出咯咯声、敲击声或由气室挤出来的吱吱声。蝶鱼和慈鲷鱼抖动肋骨和肢带（limb girdle），使鱼鳔振动。海马头部和颈部骨骼发出咔嗒声。雀鲷使劲叩击牙齿，使鱼鳔嘎嘎作响。石鲈以磨牙来辅助鱼鳔发声。鲇鱼用胸鳍弹拨出声。

这些现代鱼类都是最近1亿年演化出来的。早在这段时间之前，鱼类可能就用鱼鳔彼此呼应，但是鱼鳔的薄壁和肌肉组织不会留下化石，因而也没有证据。多鳍鱼和鲟鱼是在 3.5 亿年前同其他鱼类分离开来的一支世系的现存后裔，它们在靠近彼此或产卵时会发出敲击、呻吟和轰隆声。或许它们的祖先也会这样做，不过也有可能这支世系分化出来之后，经过数亿年的演化才发出声音。远古时期鱼类的声音很难辨识。然而我们可以断言，如今世界各地水域的声音，几乎完全来自起源较晚近的类群。

数亿年来，鱼类、甲壳动物以及其他海洋生物即便有声音交流，也是极少有的事情。随后，从约 2 亿年前开始，并在约 1 亿年前加速，海洋中的大多数声音陆续来临了。

推动海洋声音多样性兴盛的因素似乎有三个：超级大陆解体、温室气候，以及性革命。

超级大陆泛古陆从 1.8 亿年前开始分裂，这个过程又持续了 1.2 亿年，最终分裂形成我们今天熟悉的几块大陆和海洋。世界各地开辟了新的海岸线和沿海栖息地，海洋栖息地物种的数量和多样性随之增加，殖民扩张和新的适应性特征应运而生。就在海洋栖息地拓展的这段时期，海洋中发声的动物大量分化。

持续很久的温室气候也增加了声音的多样性。白垩纪多数时候温度极高，以至于南北极之间几乎所有海洋都是热带水域。那时候并不存在永久冰原，海平面比今天足足高出 200 米，随着泛古陆解体，海洋栖息地进一步扩大。整个北美被一片汪洋大海一分为二。北欧和北美大部分地区被海水淹没。生命在这些宽广博大的水域中繁衍生息。海洋食物链底端的光合作用浮游生物大量滋生，涌现出新的类型。鱼类、甲壳类生物、螺和棘皮动物也成倍增长。这段时期演化并分化出来的发声动物几乎都是掠食者，多数也有坚硬的骨骼或动作敏捷的身体作为强大的防护，例如棘刺龙虾、龙虾、鼓虾和鱼类。发声是只有处在食物链顶端的动物才享有的奢侈。同时期的猎物依然静默，并且演化出更厚的甲壳，有很多甚至躲藏在泥沙下面生活。

交配行为似乎也推动了海洋动物声音的起源和分化。很多海洋生物把精子和卵排在水里，同种类的成员之间无需相互贴近。这与任何陆地动物都不一样。蛤类、多种螺、珊瑚虫等的繁殖都不需要亲密接触。这些物种总体上也是悄无声息的。身边没伴侣，唱歌干什么呢？泛古陆分裂期间，以这种方式繁殖的动物，多样性都没有增加的迹象。但是靠身体密切接触、彼此摩擦或者紧抓着对方不放才能完成繁殖的动物，在这段时期多样性增加了两倍。这些动物通常发出声音来吸引配偶或击退情敌。螃蟹和龙虾无论向伴侣求爱还是向敌手示威，都会用外骨骼发出摩擦音。鱼儿们五花八门的撞击声、吱吱声、咆哮声和脉冲音，大多是繁殖信号。

为什么亲密的交配行为会增加物种多样性？动物要通过交配繁殖，就只能找生活在附近的伴侣。基因交换被限制在局部范围内，物种可以分化出区域性的变种，最终产生新种。而将大量精子和卵排在水流中的物种，拥有的是普遍同质化的基因库。它们就像单一架构的（monolithic）大型企业。这些巨头做自己的业务可能不在话下，但是无法分化成专门的创新型的子群体。物种如果有某些行为能强化区域的性行为，那它们就更像一组初创的公司，每个公司都能抓住本区域的机会，不被远处的基因流所淹没。在泛古陆解体并产生新的栖息地时，大量新的物种正是由此而来。

在海洋声音蓬勃发展的过程中，有一类姗姗来迟的重要群体：鲸、海豹和其他海洋哺乳动物。在曼妙曲折的演化道路上，先前防止水流呛入肺鱼和早期陆地脊椎动物肺部的构造——喉头，又回到水中，唱起歌来。通过堵住气孔或鼻孔，这些海洋哺乳动物用喉头的声带振动，让声音顺着身体组织传递，再向外传送到水中。齿鲸不单有喉头，还有向外吹气的气囊和前额用来拾音的圆鼓鼓的“瓜”，这个隆起能将声波聚拢成束向前发送，就像一盏声波灯一样。当固体将声波束反射回来时，鲸利用回声瞄准猎物、避开障碍物，或“看见”它的伴侣。因为声音能穿透组织，这种回声定位“图像”也能揭示其他生物的内在形态。对齿鲸来说，声音给周围世界做了生动的核磁共振扫描。

鲸由类似猪或鹿的有蹄类动物演化而来。它们从5000万年前开始，经过1000万年才完成从陆地到水的转变。海豹及其亲属是食肉动物，进入水中的时间更晚，一直要到2000万年前。从过渡时期祖先留下的牙齿和四肢来看，这两类生物被吸引到水中，都是为了寻找近岸栖息地丰沛的食物。正如现在的北极熊和海獭，大多数时间都在水中或水边觅食。

促使鱼类与甲壳动物发声的，除了气候、生物地理学和交配的创造性力量，我们还可以补充一点：后来带着碰运气的心态进驻海洋捕食的哺乳动物。这些先驱是温血动物，大脑发达，牙齿特化，而且有语音交流网络——这一切最初在陆地上演化出来的特征，让它们在将注意力转向海洋时占据了优势。由此，我们听到鲸的叫声穿透整个海洋盆地，海豹在鱼类丰富的近岸栖息地长声尖叫。

如今，海洋水域被发动机噪声、声呐和爆破震动搅成了一锅粥。陆地上人类活动带来的沉积物覆盖着水面。工业化学物质混淆了水生动物的嗅觉。我们正在切断全球动物多样性赖以存在的感官联系：鲸无法听到用于确定猎物位置的回声定位脉冲，繁殖期鱼类在喧嚣和污浊中找不到彼此，甲壳动物因化学信息和声波信号迷失在人类污染造成的阴霾中而冲淡了相互间的社群联系。再加上过度捕捞和气候变暖，种种打击造成了生物学家所谓的海洋生物集群灭绝（defaunation）：大型鱼类减少 90%，海洋哺乳动物持续遭受重创，还有很多栖居在海洋中的动物种群数量与分布范围急剧缩减。最乐观地估计，目前大约有四分之一的海洋物种面临迫在眉睫的灭绝风险，还有更多物种正持续减少。

声音是动物生命古老的创造过程之一。库斯托的影片《寂静的世界》体现了我们对水下声音的无知。它也在无意中警示我们去思考人类行为对其他物种的影响。当我们愈发喧嚣、愈发贪婪时，我们压制了其他生物的声音，同时消减了海洋的多样性和它的演化创造力。

***

长远来看，人类的声音要归功于乳汁。具体而言，是远古原始哺乳动物喂哺后代的乳汁。在哺乳形式演化出来之前，原始哺乳动物的幼崽只能周围有什么吃什么。有时父母会给它们带来食物，但通常它们得靠自己觅食。它们吃种子、植物食料，也捕食小型动物。这种饮食需要它们的肠道能够消化复杂的食物，有时甚至是坚硬的食物。能量和营养总是短缺，限制了后代的增长速率。从皮肤分泌出的养分一旦出现，就打破了这种限制。母亲负责捕食并消化猎物，然后为幼崽供应营养丰富、易于消化的食物。哺育后代与母亲的体能和营养直接关联起来。虽然哺乳机制最早期的演化阶段还不清楚，但现代动物的 DNA 研究表明，2 亿年前，雌性哺乳动物已经具备乳腺和特化的乳蛋白。除了母亲的生理和行为变化，这种新的哺育方法还需要幼儿的喉部改变运作模式。许久以后，这种创新将让人类开口说话。我们的语言，正是来自那些远古母亲的馈赠。

爬行动物都不能吮吸。它们的嘴、舌和喉部力量都很弱，缺少骨骼来支撑复杂的肌肉。而哺乳动物在演化中很早就改变了这种状况——爬行动物颈部细细的 V 字形舌骨变成了结实的五爪马鞍状舌骨。爪上附有肌肉，增强了舌头、口腔、喉头和食道的力量，使之更为稳固。从化石证据来看，在 1.65 亿年前，哺乳动物舌骨及其上的肌肉已经将爬行动物懒洋洋张开的大嘴变成了功能强大且协调的吮吸工具。

哺乳动物家族赖以建立多样性的基础，是母亲和后代之间输送营养的独特纽带。这种关系因乳腺和喉头的解剖学结构而成为可能。时至今日，哺乳动物的幼崽出生就有发育完好的舌骨，即便其他骨骼尚未完全发育。成年哺乳动物也从中受益，能以爬行动物望尘莫及的方式咀嚼和处理食物。

虽然舌骨的首要功能是辅助进食，但是在演化中也起到了塑造声音的作用。喉头使从肺部向上流入气管的气体发出声音。声波振动流经气管上部、口腔和鼻腔，然后自由地飞向倾听者。哺乳动物的舌骨及其上的肌肉可以改变咽喉和口腔形状，产生共鸣。声音由此产生不同音色和细微的变化，某些频率受到压制，另一些则被增强。舌骨既能支撑口腔和舌头，也起到固定喉头的作用。

我们管喉咙里的喉头叫“语音箱”，这对我们头部和喉咙上部这个复杂的构造其实不太公正。要知道，声音的形态和属性正是在这个位置找到的。张开你的嘴巴，把舌头放平，头部保持不动，然后试着说话，瞧，大部分发音能力丧失了。可见哺乳动物的发声系统就像很多乐器一样。喉部是双簧管的芦苇哨片。上部声带就是双簧管的管身和音键。

演化的鬼斧神工将哺乳动物的声带雕琢出诸多变化，每种都与物种的生态或社会语境相得益彰。在利用回声定位的蝙蝠身上，一部分舌骨将喉头与中耳基部的骨片相连。这种联系能让神经系统将喉头发出的声波脉冲与耳朵接收的回音相对照。齿鲸以巨大的声带发出哨声，但是它们用于回声定位的声波脉冲由位于吹孔下方的鼻腔气囊发出。这些鲸不仅靠撕咬捕捉猎物，也会从水中吸食乌贼等大型猎物，然后囫囵吞下。为了支持这种吮吸式捕食，它们的舌骨大而扁平，上面附有肌肉。一些啮齿类动物的超声波从喉头发出，细细的气流经过尖锐的脊状组织，类似朝管风琴和长笛哨口吹气的效果。一些哺乳动物——马鹿、蒙原羚、狮子及其近亲——低沉的咆哮声，是靠压低气管内喉头的位置，拉长声带形成的。喉头位置的下降是季节性的，到繁殖季就会落下来。发出咆哮的时候，喉头先向下沉再弹回原处。舌骨及其上的肌肉和韧带支撑着这个长号状的滑动装置。当低沉的声音从庞大的身躯中发出时，喉头的运动大概能震撼听者。这也许类似于我们的摩托车手改装排气管，给人一种发动机功率大、强劲无比的印象。

哺乳动物的声带似乎特别适合由演化的创造力来改造。例如，相比食肉动物，灵长类动物的喉部更大，演化更迅速，随体形的变化更为丰富。很多灵长类动物的喉头连接着巨大的气囊，起到风箱和共鸣箱的作用。最极端的改造可见于吼猴，在美洲热带地区，它们以传播很远的低声咆哮和怒吼而得名。吼猴除了颈部有一对气囊，舌骨也扩展成一个巨大的气囊，还带有充当放大器和扩音器的喇叭口。

很奇怪，人类并没有什么匠心独具的发声器官。我们喉头和舌骨的大小，都跟与我们同等重量的动物差不多。但不知为何，我们用哺乳动物的基本装备发展出了极其复杂、精妙的口头语言。喉囊消失可能是早期很关键的一步。我们关系最近的表亲——其他类人猿——喉部的球囊很适合用来发出穿透森林的尖叫和呻吟，但是要产生微妙的变化就不行了。我们不知道为什么人类的祖先失去了这些喉部球囊。或许早期古人类能从更低缓、更微妙的语声中受益，再或者，当他们开始直立奔跑，在稀树草原上阔步前行时，气囊阻碍了他们的行动。无论如何，这些累赘的消失很可能清除了障碍，让颈部和口腔得以呈现为今天的形态。

用手指轻轻按压下巴下方柔软的区域，也就是你的下颌骨后方。然后稍稍伸展下巴，手指向后移动。在颈部与颌部下侧相交的地方，你的手指会找到往回包裹着颈部的舌骨前端。哺乳动物祖先的四爪形骨骼结构依然保留着，不过有两根爪占据主导，形成一种马蹄形构造。这是人体内唯一不与其他骨骼相连的骨骼。相反，它以坚韧的带状组织悬挂在头骨和下颌骨上。继续向后、向下移动你的手指。下一个硬硬的肿块是喉头，气管增厚的部分。里面触摸不到的地方是声带。喉头悬挂在舌骨上。

我们刚出生时，舌骨和喉头紧压着腭部，就像很多其他哺乳动物一样。随着我们慢慢长大，舌骨和喉头就降下来了。成年后，舌骨正好处在下颌的高度，喉头则悬挂在下方，位于颈部。很多男性突出的喉结，正是因为青春期喉头及软骨快速生长，由此也会导致嗓音低沉。

在人类的喉头中，声波由声带发出，向上进入一段垂直伸展通往口腔后部的气管，由此再往前，从喉咙后面传送至嘴唇。对着镜子说“*a-ah*”，你会看到口腔的水平空间在扁桃体后面突然下转。喉咙和口腔，每个空间各自通过相应的肌肉产生共鸣。舌头是在这两个共鸣通道之间不断发挥作用的中介。任何声音在两者之间传递，都少不了舌头的参与。

人类清晰的语言始于对肺部呼吸的精准控制。喉部声带被呼吸产生的气流带动，开始颤动，就像空气从气球里喷出时气球嘴的颤动一样。大多数哺乳动物的声带受气流牵引来回振动，在空气中产生声波。猫发出呼噜声的时候，肌肉快速脉动，会使振动增强。其他哺乳动物则没有这种本事。喉头发出的声音随后传递到喉咙上部，进入口腔。呼吸道和口腔的形状能增强某些频率，抑制另一些频率。声波还要经过舌头进一步过滤，进入口腔后，舌头、脸颊、下颌和牙齿都会进一步塑造声音。从口腔出来，再由嘴唇决定是发爆破音还是摩擦音，最终，声音才自由地飞向了天空。在这种肌肉、骨骼和软组织环环相扣的相互作用中，每个部位都至关重要。试试，肺部不呼气，光靠舌头蠕动或是嘴唇做出各种花样，能不能讲话？根本不可能。整栋大厦的基石就是舌骨——最早分泌乳汁的哺乳动物母亲和吮吸她们乳汁的后代留下的遗产。

关注元音和辅音的区别，能让我们认识到声带每个部分的重要性。我们用喉咙、嘴唇或牙齿来限制气流，从嘴巴发出各种摩擦音、浊辅音和清辅音，例如 *sh*、*buh*、*grr*、*ka*。发元音时，气流从喉头自然送出，仅由舌头来塑造声音：*eee*、*ooo*、*aaa*。在每种情况下，喉头都给出基本的声音，随后让口腔来塑形。呼麦歌唱家（也称“图瓦喉音歌手”，呼麦即“Khoomei”，为图瓦语中“喉咙”的意思）达到了登峰造极的地步，他们靠舌头的制约来过滤声音，只余下少数高音，与此同时喉头收紧发出持续的低音。图瓦人复杂的发声技巧建立在喉头和口腔相互作用的基础上，这正是我们每个人说话或唱歌时要用到的。其他哺乳动物也是如此。当狗或狼向后仰首发出嚎叫，或是松鼠颌部下沉、面颊拉长发出吱吱叫时，它们都在用声带塑造声音。

我们用来说话的构造，没有任何一种是人类独有的。我们胸部的神经比大多数灵长类动物更为充沛，可以精准控制呼吸。然而这是一种细化，而不是创新。我们的近亲黑猩猩也能压低舌骨和喉部。只不过人类压得更低，喉咙里打开了一个更大的共鸣箱。再加上黑猩猩面部突出，这意味着它的声带主要受口腔支配，几乎不在喉咙里产生共鸣。而就人类而言，口腔和喉咙的共鸣空间大小基本相当。人类的舌头和黑猩猩的类似，只是我们的舌头隆起更高，相对口腔的比例更大。从解剖学上来说，人类语言是基于其他动物同样具备的结构，只是做了微妙的调整。恰恰相反，鸟鸣声由现代鸟类特有的鸣管结构发出，是解剖结构重大创新的成果。我们的声音是零敲碎打、修修补补的结果。

演化之手在我们的大脑里大刀阔斧地开辟了新的连接线，让我们开口说话。这同样是基于我们的近亲已经具备的种种天赋和倾向。所有的类人猿都是热切的学习者。婴儿要花多年时间来学习所需的一切技能，以便在社会和生态环境中茁壮成长。这种传统及行为的社会传输构成了文化。然而与人类不同，其他类人猿的文化几乎完全建立在近距离视觉观察和触觉参与的基础上。虽然类人猿能出声，但是就我们所知，它们不会用声音来传达复杂的知识。而我们人类的祖先将语音表达与文化联系起来。类人猿早已具备的两大技能——发声和社会学习，结合起来构成了人类语言的基础。我们并不知道这种变革发生的确切时间。约 50 万年前，在人类的祖先，包括尼安德特人身上，舌骨已经有了现代的形态和位置。舌骨和喉部位置更高的祖先可能发音没有我们这样清晰，但是他们具备了发出复杂声音所需的解剖学构造，就像其他类人猿一样。

发声、学习和文化的结合，在人类的大脑和基因中留下了痕迹。与其他灵长类动物不同，人类控制喉头的神经直接连接到“运动皮层”，也就是大脑控制自主运动的部位。这些联系让我们能更精确地控制发声——更重要的是，把发声纳入学习的领域。我们的喉部神经，和那些涉及语音阐释、声音记忆以及控制与说话相关的身体运动的神经（诸如舌头和面部神经），相互间也存在大量复杂的脑部联系。这些丰富多样的联系至少部分受 *FOXP2* 基因控制，人体内这种基因的序列与其他灵长类的大不一样。*FOXP2* 基因充当调控中心，激发或抑制其他基因的行为，而那些基因引导调节肌肉行为、感觉输出、记忆和解释的神经细胞的生长及相互连接。像舌骨一样，人类 *FOXP2* 基因的形式至少可以追溯到 50 万年前，是我们与同属的近亲尼安德特人和丹尼索瓦人所共有的。尼安德特人的耳朵与现代人类似。重建表明，他们的中耳和内耳像我们的一样，适于接收人声频率。因此，这些如今已经灭绝的表亲极有可能也能讲话。

相比其他灵长类动物，人类拥有精密而繁复的大脑网络。我们能将声音的产生、转译和记忆整合起来，这种方式对其他物种来说是绝不可能的。我们开口说话，展示的是人类的理解能力（comprehend）：*prehendere* 意味着“掌握、把握”，*com* 意味着“在一起”。人类开口说话不仅是修修补补取得的成就，也是统一和相互关联的结果。这种本领并非人类所特有。很多鸟，也许还有鲸和蝙蝠等练习发声的动物，发声器官都与大脑负责运动的部分直接相连。不仅如此，脑部关乎记忆、感知、分析和发声的区域，也存在复杂的相互联系。

你在阅读这些词语时，又将人类的整合能力往前推进了一步。白纸黑字是直到文字书写出现之前都稍纵即逝的人类语言的结晶。呼吸转变成了铅字。空气中的振动凝固于纸面。凝视一个词 300 毫秒后，电能穿过大脑视觉皮层。400 毫秒后，听觉皮层点燃，随后启动大脑负责阐释声音和语言的区域。注视书上一个词语不到 1 秒，仅仅无声地阅读，就能引起大脑“听觉”部分的疯狂运行。因此，阅读让我们看到了幻影——作者声音的幽灵。键盘上手指的敲击，笔尖的移动，把这些声音幽灵从身体中拽出来，投射到纸上。

当你的目光在纸页上滑过时，声音不再通过空气传播，而是以电波形式，在哺乳动物大脑湿润肥厚的细胞膜中一路激活。现在，大声念出这些词句。波从身体内部跃入了空气中。一如既往地，声音在生物之间移动，在媒介之间传播，不断建立连接，不断转变。

第三部分

演化的创造力

空气，水，木头

听！在周围动物的声音中，我们听出世界各种各样的生理特征。鸟鸣包含草木的声音特性和风的声音。哺乳动物的叫声揭示了捕食者和猎物在森林、平原等不同地形是如何听到彼此的声音。水的多种情绪以鲸和鱼类歌声的形式表达出来。植物的内部构造展现在昆虫的振动信号之中。甚至当你无声地阅读时，书页上的文字也是鲜活的，带来使人类语言得以开花结果的空气与草木的印迹。

我站在美国科罗拉多州落基山脉东部山坡一片松树和云杉林里。这片森林位于博尔德河北部的上游河段，河水从陆地分水岭向下流淌。现在是春季，然而在这个海拔高度，积雪仍然覆盖着大地。万籁俱寂，只有一只红交嘴雀发出变化丰富的鸣唱。它的歌声就像一支纤细的水彩笔轻快地掠过画纸。几抹暖色在光滑开阔的纸面上洇开，向四面延伸。在静寂的冰天雪地里，每个音符都清晰无比。

我从腰包里翻找录音器和麦克风，拉链和布料发出一阵令人不快的响声。我静立不动，麦克风指向西黄松顶上那只鸟栖身的地方。几分钟时间，我在鸟鸣声中小憩了片刻。随后是沙沙声和一阵咆哮。西北方刮来的风，畅通无阻穿过群山之间宽阔的峡谷。树的声音揭示出空气内在的生命力。几股强风在冠层上激起惊涛骇浪，蜿蜒游荡与跳跃之声齐奏。旋涡从空中直冲入大树，随后消散。静静的水波穿过这片混乱，如吹落湖面的叶片，掠过水面，止住不动，旋而转向新的方向。录音器的音量指示灯突然跳到红色，我向下转动增益（gain）调节旋钮。骤然之间，森林呐喊起来。

然而那只鸟还在不停歌唱，几乎穿透了浓雾般的噪声。歌声那优美的笔触凸显出来，在风的暗色背景上涂出几抹明亮的颜料。

山峰的个性也包含在这歌声中。当这只红交嘴雀雄鸟让春天的旋律在空中流动时，其中融合了无数祖先的经验。穿行于树木之间的风带来了特定的挑战，只有适应这种环境的祖辈才能将自己的基因传递下来。演化，塑造了此地的歌声。

红交嘴雀总是生活在常绿树丛中。它们在林间漫步，搜寻松树、花旗松、冷杉和铁杉缀满种子的球果。红交嘴雀与这些树的关系极其悠久，以至于演化将鸟喙雕琢得十分合适，正好取食针叶树球果。它们的喙极厚实，顶端弯曲，下颌骨的尖端向一边扭转，上颌骨的末端朝另一边弯曲，如此上下交错。鸟的喙尖在松塔鳞片间滑动，与此同时下颌骨向侧面滑动，头部转动，松塔的鳞片砰地一下就开了。它们伸出长长的舌头，轻而易举就能吃到藏在鳞片基部的种子。

对针叶树的偏爱也促成了红交嘴雀歌声的特色。这些树在风中十分喧闹，哪怕一阵微风也会激起怒涛。除了夏天更平静的日子，风总是频频出现。地面 10 米高处（相当于大乔木高度）的北美平均风速图显示，有一股强风顺着落基山脉的山脊下行。这一带的房屋一连数日被刮得摇摇欲坠。尤其冬末以及春季交嘴雀鸣唱的这个时节，走在步道上，总感觉在与一位力大无穷的对手搏击。在欧洲和北美东部，最接近这种状况的是从海上悬崖边吹来的势不可当的飓风：走在风里，人一开始精神一振，接着就体力不支了。

我在风中左支右绌，树木却安之若素。弹性十足的树枝适应了这股气流，懂得以躲避和退让来应对风的淫威。与低地地区的松树不同，高山针叶树的针叶更为坚韧，它们像金属线或尖刺一样，足以抵御风的磨砺和撕扯。若是一棵栎树或槭树长在这里，怕是要枝零叶落。高山针叶树坚硬的针叶和柔韧的枝条，给这些森林带来了独特的松林风声。这声音很可能塑造了交嘴雀的歌声。从风，到树木，再到鸟鸣。

随后，我打开笔记本电脑里的录音器。录入声音时屏幕上的图形滚动，显示声音频率随时间的改变。清晰背景上潦草的细线揭示出交嘴雀乐句的结构。*tee-tup-tup*，向上扬起一声尖锐的惊叹，接着是两个较短的音符。这只雄鸟插入一阵低沉、刺耳的 *bree-bree* 声。一分钟后，它又发出一串更短、更甜美的音符，以音调极高的 *see* 收尾。然后是疾速的变奏，以三四个音为音簇（cluster）。*chik-a-eee* 声响起，这个片段非常类似于北美白眉山雀的歌声。总体上，交嘴雀的歌声包含十几种元素，而随着乐曲的进行，它似乎总在组合、重排，再增加一点华丽音效和变化音效，混音形成新曲调。这使得它的歌声活泼而灵动，充满明亮的动感。

突然间，屏幕被涂抹成一片黑暗。风来了。图形下半部分显示低频声波的区域，被树木的声音笼罩住。交嘴雀的歌声在这片“云”上跳跃。相比松树和花旗松巨大的呼啸，鸟的音符音调要高得多。

当风侵袭此地的森林时，呼啸声几乎都在一两千赫兹以下。这截然不同于其他森林里的风声。在这片山脉，风会低声怒号，一连持续几个小时或是几天。而在其他森林，风不那么频繁，一旦来临，却既高调又猛烈。强大的阵风吹袭栎树和槭树，或是经过热带雨林的冠层时，会引起频率高达五六千赫兹的簌簌声响。相比之下，针叶树的声音是有人性特征的。针叶树上的风声，正好处在人的语声频率范围内，不像其他树木那种音调更高的啸鸣和扑簌。

相对身体大小而言，红交嘴雀的歌声比我们所预期的音调更高。像乐器一样，动物歌声的音调通常取决于其身体大小。渡鸦发出嘶哑的低音，蜂鸟发出吱吱的高音。然而红交嘴雀一反常规，唱出了比其他体格相仿的鸟类音调更高的歌。

森林在红交嘴雀歌声中的呈现，不仅在于它们与风的关系，还在于红交嘴雀喙部演化中松塔的影响。落基山脉的红交嘴雀喙部厚实，适于啄食西黄松和扭叶松（lodgepole pine，学名为 *Pinus contorta*）。在太平洋西北部，同种鸟类的喙部更小，适于啄开北美云杉（Sitka spruce，别名锡卡特云杉）和异叶铁杉（western hemlock）的球果。小而灵巧的喙能快速鸣唱，发出音调极高的颤音。因此，红交嘴雀及其喙部更细巧的近亲白翅交嘴雀歌声的变化，部分也由当地松果形状的多样性塑造而成。

高山针叶林的高音歌手不单只有交嘴雀。秋季山谷中充满了加拿大马鹿呼唤配偶的声音，山坡和悬崖上传来的回声，几千米外也能听到。动物学家管加拿大马鹿的歌声叫“吹号”，但其实它的音色更像笛子吹奏出的奇异泛音。加拿大马鹿昂首向后，发出接近纯音的上滑音，稳定持续一两秒，然后下滑，通常饰以粗重的哞哞声。我初次听到这种声音，是在落基山脉一片云杉林里。简直不敢相信，如此高的音调，竟然由如此硕大的动物发出！一头公加拿大马鹿重量超过 3000 千克。加拿大马鹿号角声中稳定的中央音符介于 1000 赫兹到 2000 赫兹，比兔子的吱吱声略高一点。

和加拿大马鹿亲缘关系很近的北欧马鹿声音要深沉得多。它们从喉咙发出的吼声频率为 200 赫兹，跟我们预期这类体量的动物所应有的声音频率一致。有人从被猎杀的加拿大马鹿尸骸上抽取出声带进行了研究，正如我们所料，这种庞大的动物声带很长，有人类声带的 3 倍长。它们究竟是如何用这种大型乐器奏出极高的乐音，谜团还有待解开。不过，它们的喉骨和韧带比马鹿的短，这表明它们可能会钳制或者约束部分声带，使声带缩短，从而快速颤动，唱出非同凡响的歌声。

秋季发情期，雄性加拿大马鹿有时会相互冲撞，用头顶的鹿角决斗。但多数时候是远距离格斗——通过声音。我坐在树木生长线以上的山坡上，听雄鹿你来我往地应答，相互间隔着 5000 米。在高山地区，只有飞机的噪声能比这传播得更远。雄鹿通常在蜿蜒的河流两旁开阔草地上或是毗邻的针叶林里发出呼号。为了达到效果，吹出的号声必须穿过针叶林，传播成百上千米。雄鹿相互传递信息的同时，也会向全年生活在母系鹿群的雌鹿发送消息。这些组织严密的群体秋季聚集在山谷，发情的雄鹿就在这里争夺成为鹿群扈从的权利。这些聚集的群体通常互不相见，但是通过雄鹿的号角声联系起来。

正如交嘴雀的歌声似乎与落基山林特定的声音相应，加拿大马鹿的号角声也是如此。这里的环境是不同寻常的。在大多数栖息地，低沉的声音比高亢的声音能更有效地远距离传播，因为低音波长较长，能绕过障碍物，不像高音那样容易被风的干扰削弱。但在常年经受大风，叶片坚硬无比的针叶林中，树木的噪声遮蔽效应似乎盖住了这些优势，低沉的吼叫会在风中飘散。这促使动物发送出更高频的信号。

高山地区这两个例子，并不能证明是环境噪声塑造了动物的声音。交嘴雀和加拿大马鹿的高音，可能源于性竞争和性选择，就像色彩艳丽的羽毛和夸张的鹿角一样——只不过这次体现在声音上。又或者，这两种动物的耳朵都对高音域特别敏感，擅长收听捕食者、竞争对手和亲属未曾被呼啸风声掩盖的声音信息。这样一种对环境的听觉适应，可能有利于以较高的声音频率来进行社会交流。由于缺乏每个物种的历史和社群信息，单凭这些假说很难解释清楚。不过，我每次到访这些山峰都会吃惊：这是我见过的最喧闹的森林，而其中竟栖居着这样一些动物，它们的声音高得异乎寻常，压过了林海怒涛。

更广泛地考察动物的声音交流，不难看出自然环境对声音的影响。生活在岩石海岸的鸟类，叫声要足够响亮刺耳，才能穿透浪涛而不被风吹散。海鸥、蛎鹬和鸻鹬类会避开柔和的低语或变化丰富的鸣啭。相反，它们用洪钟般的重音穿透风声和海浪撞击声。生活在湍急水流附近的鸟类和青蛙也会发出响亮的高频叫声，跃然于汹涌的水流声之上。

森林里的植被会减弱和降低动物的声音。叶子、草茎和树干吸收并反射声波，消除部分振动，同时也增加一些振动。隔得远了，每个音符都模糊而含混。因此，森林里大多数鸟的鸣唱，相比它们生活在开阔乡村地带的表亲，都是更低沉、更简单的哨声和咕哝声。例如，北美猩红丽唐纳雀富于起伏的 *chirru-cheery-chirru-cheer* 的啁啾，就与槭树、栎树和胡桃树的叶片及其繁茂的繁殖地相得益彰。还有很多乌鸫、啸鹟以及世界各地繁茂热带森林的鸣禽高低起伏的音符，和曲折变化的笛音，也与此类似。

相反，在开阔草原和平原上，削弱声音的并不是植被，而是风的剥蚀和干扰。在这些地方，细微的音高变化被风消除了。因此，在草地和开阔岩石地带，很多鸟用嗡鸣和颤音在风中发出重复的断奏音符。澳大利亚的乌草鹩莺（dusky grasswren）、北美草地上的草蜢沙鹀（grasshopper sparrow）、西亚和地中海草原百灵（calandra lark）的颤鸣，都是鸟类在开阔原野上发出急速呼号的范例。

不同于鸟类，生活在茂密植被中的哺乳动物，比来自开阔原野的哺乳动物声音更高。这似乎是听觉差异所致。针对 50 种鸟的一项调查发现，栖息在森林里的哺乳动物听觉敏感度平均峰值为 9500 赫兹，比生活在开阔地带的物种高 3000 赫兹。之所以产生这种差异，很可能是因为动物迫切需要听到细微而音调较高的扑簌，以及其他动物蹭动树叶的轻柔飒飒声。森林哺乳动物都没有翅膀，猎物无法快速逃离，捕食者也无法迅速抵达，所以它们只能依靠耳朵来倾听即将来临的危险和机遇。动物在植被上活动的声音大多是高频的，有利于那些能用耳朵收听这个频段的动物。这进而有利于用高音交流，直接刺激配偶和竞争者耳部最合适的接收点。因此，森林哺乳动物通常比它们在平原和稀树草原上的表亲声音更高。生活在森林里的猫科动物，例如亚洲金猫或猞猁，它们的咆哮、哼唧和喵呜声，相对身体大小而言，要比开阔原野上的非洲和亚洲狞猫或是亚洲的兔狲等大猫的声音更高。森林里树松鼠和花栗鼠的吠叫、嘁嚓和唧啾，与它们的亲戚地松鼠以及开阔草地和沙漠上的其他啮齿动物相比，情况也是如此。

人的语音和听觉揭示了，我们本质上是生活在开阔草地和稀树草原上的大型哺乳动物。我们听觉敏感度的峰值介于 2000 到 4000 赫兹之间，语音频率较低，为 80 到 500 赫兹，而其中夹杂的齿音（sibilant sound）高达 5000 赫兹，甚至更高。黑猩猩与我们亲缘关系最近，它们的听觉敏感度峰值为 8000 赫兹，听觉上限也比我们高得多，几乎达到 3 万赫兹。黑猩猩的音域宽广，音色变化丰富，但以高音为主。它们有一种能远距离传播的叫声——喘嘘（pant hoot）。喘嘘声始于柔和而低频的咕哝，以尖声喊叫为巅峰状态，类似小孩子刺耳的尖叫，频率达到 1500 赫兹，比成年人的叫声（约为 400 赫兹）高得多。这种两两比较可能会受到身体大小差异的干扰——我们比黑猩猩略重一点，此外每个物种的生态也各有特点。但就上述情况而言，人类同其近亲黑猩猩的差异，与我们在对哺乳动物听觉和发声能力的广泛调查中观测到的趋势是一致的。

我们的语音不适合在森林里长距离传播，人语声很快就会消散。因此，作为替代，人类文明使用响亮的鼓声或口哨声在森林中相互联系。全世界有数十种口哨语言，多数出自茂密的森林地带。哨声不仅能在植被间顺利穿行，而且在实际操作中，比人类任何语声都响亮得多，信息可以传递到 1000 米外，甚至更远。

饮食也塑就了动物声音的多样化。喙部庞大的鸟类通常鸣声较低，频率范围更窄。这是因为巨大的喙部施加的物理影响限制了发声。这种趋势在中南美洲热带森林的鸟类——䴕雀身上尤其明显。䴕雀科鸟类的喙变化万千，从斑喉䴕雀那样粗短的喙，一直到长嘴䴕雀那种瘦长得惊人、如同柱子一般的喙。喙越长，鸣声就越低、频率范围越窄：喙短的物种发出颤音，喙长的则发出拉长的哨音。加拉帕戈斯群岛种类多样的达尔文雀体现出类似的模式，交嘴雀许多不同的地理变种也是如此。

比较世界各地的六七千种语言，能看出饮食似乎影响了语言的发声形式。农耕时代食物较为松软，人们童年期牙齿的过度咬合（dental overbite）保留到了成年期。而对狩猎采集者和我们旧石器时代的祖先而言，牙齿要碾磨坚硬的食物，过度咬合消失了，形成有力的边对边的咬合。因此狩猎采集者的语言往往缺少唇音，例如牙齿轻咬嘴唇发出的 F 和 V 音。农耕文化使用的语言中唇音更常见，出现的频率要高 3 倍。从英语单词 form、vivid、fulvous、favorite 的发音中，我们能听出栽培的粮食作物是如何塑造了我们的口腔和语言。

我们也能听出气候和植被对人类语言多样性的影响。生活在温暖、潮湿、植被茂密地区（比如热带森林地带）的居民，相比生活在凉爽开阔地带的人，语言中通常更少使用辅音（也有一些语言学家从统计学基础上质疑这种关系）。辅音的有效传递依赖高频和振幅的快速变化，而这些特征都会因茂密的植被而减损。在森林里，响亮的 *oo* 和 *aa* 可能比 *pr* 和 *sk* 更容易听清。此外，在干燥空气中发元音也更费嗓子，这进一步促使气候干旱地区的语言倾向于使用辅音。本书原版采用英文写作，英语就属于地形相对开阔、空气较干燥地区流传下来的语系中的一支——欧亚大陆有众多干旱平原和稀树草原，即使在潮湿地域，冬季的寒冷也足以减轻湿度。英语中有大量辅音和零星几个元音，截然不同于热带森林地带富含元音的语言。

在局部范围内，环境似乎也塑造了人类语言的多样性。有大量多年生植物稳定生长的繁茂环境，相比植被季节性特征明显或变化莫测的地方，语言的密集度更高。物产丰饶的地方能给人类文化群体提供更小的地理范围，有利于语言分化并形成丰富的区域多样性。从音节到大尺度的多样性模式，人类语音像其他动物的声音一样，部分由我们赖以为生的栖息地塑造。

空气是如此，水土也是如此。每种介质都有其声学特征。生活在水下或是通过木头、土壤传播声音信号的动物，都能在家园特有的物质属性中找到自己的声音。

对多数时候生活在近岸水域的海洋生物来说，海面和海底的反射减少或遮蔽了低音声波。因此，在近岸水域觅食的海洋哺乳动物，如座头鲸、弓头鲸和露脊鲸，通常比开阔海域中的蓝鲸和长须鲸发出更高频的声音。

珊瑚礁上的水域，海浪拍击的海岸，或是生机勃勃的淡水溪流，都可能喧嚣不断。风吹海浪，浪花碎溅或水波翻涌，都会引起喧闹声，充斥大部分声学空间。这些栖息地的鱼类用高度重复的脉冲波似的敲击声、嗡嗡声或呜呜声来相互唱和，音高通常达到最不可能被水流咝咝声、哗啦哗啦的噪声所掩盖的频率。每个声波脉冲都包含多个频率，开始和结尾也各不相同。在具有挑战性的声学环境中，宽频谱的叫声和不断重复的开始与结束，增大了让配偶和对手探测到声音的机会。这些物种的声波交流，通常只在非常近的距离内发生，也就是说，在看到配偶或对手之后才发出声音。

背景噪声的水平似乎也塑造了鱼类的听觉能力。所有鱼类都用侧线和内耳来探测水分子的低频运动。有些鱼的听觉范围拓宽，频率达到更高，并演化出了更优良的频率辨别力。这类听觉不凡的物种有鲇鱼、鲤鱼和淡水鱼米氏叶吻银鲛（elephantfish，别名大象鱼），它们多见于宁静水域，比如流速缓慢的河流和池塘，因为水流缓慢，所以它们的家园没有背景噪声，这可能为它们良好的听觉发展铺平了道路。鲑鱼、鳟鱼、鲈鱼和镖鲈等物种生活在水声喧嚣的溪流和海岸地带，改良听觉也得不到什么好处，因此只保留了祖先的低频听觉。

在人类看来，开阔海域似乎是均一的。在我们想象中，可能穿透整个海洋，一直到海底都是一个样。然而对声音来说，海洋里有一条看不见的管道，声波可以通过这条通道传播到几十万米外。这条“深海声道”位于海面下大约 800 米深处。在海洋中，越往深处水越冷、密度越大，这种温度和密度梯度将声音封闭在通道内。当声波纵向移动时，上方更暖和的水或下方密度更高的水会迫使其返回通道。声音能沿着这条水道横穿整个海洋盆地，低音尤其如此，因为低音声波在水中穿行不会受到水的黏度影响。鲸充分利用了这条通道，在人类发明电报之前，它们的吼叫、叹息、跳跃声，是动物界唯一横穿海洋的信号。

声音也能通过固体传播。声波在木头或岩石中穿行的速度比在水中快十几倍。我们所有的乐器都用到了这些波，只不过木头、皮革、金属上振动的薄片和弦，都是为了将声波传送到空中。而对很多其他物种来说，固体是主要或唯一的声学介质。

所有的陆地无脊椎动物，如昆虫和蜘蛛，都能通过外骨骼神经，尤其是腿部关节软组织上的神经来感知振动。想象一下，如果人类的脚底、每个脚趾和手指都是耳朵，情况会怎样？那就是昆虫的世界了。昆虫通过身体表面和附肢内部的接收器来听周围的振动。它们多数也使用这种能力来交流。蜘蛛用步足拍打地面，向配偶和对手发送信号。许多半翅目昆虫，例如角蝉一类，利用腹部的嗡鸣器发出复杂的声波，再顺着腿部向下传送到树叶或树枝上。这些信号在空气中通常听不到，但能快速而清晰地传送至同伴们腿部和附肢关节的“耳朵”上。对这些物种来说，腿既是说话的器官，也是听觉器官。

昆虫生活的声音世界，是与人类听到的空中之声平行的世界。直到最近，我们才对固态物质中传播的声景之级别和多样性有所了解。科学家将电子传感器连接在植被上，发现多达 90% 的昆虫群落依靠通过植被或地表传播的振动来交流。我是在为一次树木声音展览收集录音时，首次进入这个充满昆虫嗡嗡声、吱吱声和咔嗒声的奇异世界。我把小型传感器挂在一根棉白杨树枝上，捕捉风吹过来时树木内部的大量震颤和巨响。在树木的嘁嘁嚓嚓中，散布着第二种长波高频嗡嗡声，间隔有序，就像设置成“振动”模式的手机铃声。我把声音文件寄给研究昆虫交流的先驱——美国密苏里大学的雷克斯·科克罗夫特（Rex Cocroft）。他证实这些声音由一种昆虫发出，很可能是一只叶蝉。但是不可能更精确地鉴定。因为不像早已熟知的鸟鸣，我们对各种昆虫的鸣声了解还极其粗略，没有对应于物种的完整的鸣声记录。对喜欢探索的博物学家来说，昆虫的“振动景观”（vibroscape）为新发现提供了肥沃的土壤。

每种植物以及植物的每个部分，都各有不同的物理特征。嫩叶柔软而肥厚多汁。成熟枝脆而硬。树皮呈现为宽大的片状，而支托叶片的管状叶柄由致密材料围绕更疏松的核心组成。所有材料都以不同的方式来传播振动，偏重于某些频率而忽略另一些频率。我们听听公寓楼里的声音，大体就明白了。楼上邻居家的硬木地板几乎过滤掉了所有的高频声，但能很好地传播处于中间频段的脚步声。如果邻居家的厨房地板上铺了一层软木——某种形式的树皮——传过来的就只有最低频的重击声。昆虫生活在由不同属性的植物材质塑造成的声波世界中。这些差异创造了昆虫声音的多样性，就像植被差异造就空中无数飞鸟和哺乳动物的声音一样。

北美东部的角蝉为植被物理差异塑造声波振动的机制提供了鲜明的例子。它们是蝉的小个子近亲，用刺吸式口器从树叶和枝干中吸食汁液。头部的冠状物让它们看起来就像小棘刺。繁殖季节，雄性角蝉滴溜溜叫得凄厉，雌性则低吟作答。这种二重奏就全靠树叶和枝干传导的震颤来进行。

因背部有黄色小点而得名的二斑角蝉（two-marked treehopper），其实是一大类，其中包含多个亲缘关系很近的物种，它们各自都对不同种类的植物具有专食性。物种的分化，正是在它们的祖先扩大范围进驻新的寄主植物时产生的。进入新领域的角蝉在改换寄主植物时，不仅遇到新的食物，声音环境也会改变。

以森林边缘常见树种加拿大紫荆树为寄主的二斑角蝉发出低沉的呜呜声，频率约为 150 赫兹，相当于人类喉音哼唱的音高。而以另一种小型林地树种榆橘为寄主的角蝉叫声则高亢得多，约为 350 赫兹。这两种角蝉大小相当，但即使把它们从一种树上抓下来放到另一种树上，它们也不会改变鸣唱类型。每种树木都有自身的音质，更适合传播特定类型的声音。每种角蝉的歌声，都是它偏好的寄主植物最擅长传播的频率。就像了解木材细微差别并且善于调治的制琴师一样，昆虫多样化的歌声，正好与家园的物质属性匹配。

选择以多种植物为寄主的昆虫，鸣声传播范围比角蝉更广。例如，卷心菜斑色蝽以 50 多种植物为食。它们发出的嗡嗡声含有多种频率，碰到任何种类的植物，都能穿透茎叶传播。与食性专一的二斑角蝉不同，它们是流浪的游吟诗人，歌声可以在任何空间传唱。

狼蛛和跳蛛用振动来吸引配偶。它们在落叶堆上捕食，因此振动频率与落叶堆传播声音的特性相匹配。大象隔着很远彼此呼应时，会发出隆隆的吼声，通过大地来传送。它们用脚部密集的感觉细胞来倾听，并以腿骨为辅助，将声音传到颈部，再传入内耳。大象的隆隆声非常低，深沉到人耳都听不见，但这种频率在土壤中传播得格外远。

整个动物王国无穷多样的声音表达，部分起源于地球变化万千的物理特性。当我们听到歌声或哭泣声时，我们听到了声音演化的物质背景。我们周围也环绕着光靠人耳无法听到的声音，每种声音都与周围环境相宜。我们的感官如同井底之蛙。然而我们可以想象：在河面下，鱼儿彼此击鼓示意；海岸边，鲸冲着深海声道歌唱，倾听半个世界外传来的答复；树木和花草茎秆上，昆虫演奏着二重唱。而人类语言，无论是开口发声还是通过书页传递出来，都能让我们听到栖息地、饮食以及空气和植被的物理属性留在人类祖先语声中的丰富遗产。

喧嚣之中

凌晨两点，我毫无睡意，静卧着听雨林的声音。这间小木屋搭建在小块空地上，墙的上半部分向森林开放，只隔着一层防蚊网。我的同伴，厄瓜多尔亚马孙雨林蒂普提尼生物多样性实验站（Tiputini Biodiversity Station）的科学家们，在泥泞小径上累得筋疲力尽，此刻都睡去了。我从熟睡中醒来，落入一片绚烂的声海，数百种生物的叫声形成了一场狂欢。

一只冠鸮咕哝着发出圆润低沉的 *oor* 声，五秒钟重复一次。这是今晚森林里最深沉的声音。它以最慢的节奏，发出慵懒的低音。冠鸮的大小类似乌鸦，白天时候有一对儿就停歇在小木屋附近低矮的树枝上。每只成鸟头上都有两根白色的冠羽，与巧克力色的体羽形成鲜明对比。冠鸮幼鸟的毛色全白。雨林生物往往只闻其声却未见其形，因此访客们给这个家族拍摄了大量的照片。

晚上早些时候下了一场雨，小屋外穹顶般的植被被浇透了，雨水滴下来，噼里啪啦溅落在铁皮屋顶上，热闹非凡。森林里，树蛙短促的尖叫从低矮的植被中传来。它们的叫声紧凑，带着一丝鼻音:*yup*[1]! *yup*!每位歌手的音调略有不同，也许反映了身体的大小差异。我听见它们在小屋周围互相应答，感觉正置身于五六只青蛙拉开的一场球赛。左手边一声蛙鸣，将弹力炮打回森林，然后右手边另一只青蛙换方向击球，传给靠近我头部的一位歌手。声音在我身上来回飞跃。

耳中的虫鸣声不像猫头鹰和青蛙的声音那样容易定位。我能确定几只蟋蟀和螽斯的方向，然而大多数声音像云雾一般将我重重包裹。不过，“声音云”并不是同质的，而是数十种甚或更多种音高、音阶和节奏并存。我的耳朵习惯了相对一致的温带世界:落基山脉或缅因州夏季的森林，是单一而静谧的蝉噪;田间草地上热闹的蟋蟀声，最多由几种蟋蟀合唱;即便田纳西州和佐治亚州夏末森林里螽斯不绝于耳的嗡鸣，也仅以 1 种螽斯为主，伴有另外 6 种螽斯偶尔爆发的阵鸣。而在亚马孙地区，物种多样性要高出 10 倍甚至 10 倍以上，声音融合得壮丽辉煌。

一只螽斯在较低音域内爆发出纤维化的短促鸣声。更高的、闪烁的歌声叠加上来，就像把干燥的大米哗啦倒进不锈钢碗里。与此同时，一把弓锯发出规律的拉动声，酷似牙齿在金属上磨得刺啦刺啦。一阵甜美的颤音飘过，每秒钟一次。又一阵节奏更快的颤音传来，这次音更高，也更干涩。此外还有三种螽斯持续发出嗡鸣，音高都很接近，一个清晰明亮，另一个略有些模糊，第三个则非常干枯，像棍子在沙子上拖动。一种不规则的声音，像金属碎

1 意思是“是的”，英文中表示肯定的回答。在此模拟树蛙的叫声。

片的叮当声一般，从一片嘤嘤嗡嗡声中冒出来，清晰明亮得让我看到银光闪烁。还有很多音调更高的律动，有一些间隔 1 秒左右，另一些则以连续流的形式发出。

还有更多高频的声音，但被人耳避开了。我们称这些频段为“超声波”，其实并不是“超出声音”，仅仅是超出了我们的感知能力范围。避开我耳朵的还有许多半翅目昆虫，如飞虱、角蝉、盾蝽等，它们用啁啾、颤音和纯音组成欢唱，通过植物茎叶中的固态物质传递出来。这里的角蝉至少有 30 个属，具体种类数目不详。同样，叶虱也有 400 多种。

在人耳听觉范围内，昆虫的声音似乎占据两个波段。一个大约是鸟鸣的高音频段。这是大多数昆虫的鸣唱范围，在热带地区以外的公园或森林里听过蟋蟀和螽斯唧啾声的人，都会很熟悉这个波段。另一个要高得多，是一种精致的、水晶般闪烁的声音。除了昆虫最低的颤音以及猫头鹰和树蛙的叫声，森林里似乎很少出现最低频段和中间频段的声音。

当我躺在空气潮湿的小木屋里，听任汗水从面部和颈部流下来汇集到锁骨部位时，听觉体验令我沉醉不已。我只能用两种方式来亲近这些昆虫：要么让声音整体冲刷我，要么选择单一物种，关注它的形态和习性。这里太过丰饶，我无法像在温带森林里那样密切关注多个物种。在北欧或北美山脉的森林里，我可以陶醉于几个物种的鸣声组合，就好像享用一顿融合了好几种香料的美餐。在热带森林中，数百种口味和香味并存，极端的感官多样性如一记暴击，震得我几乎丧失了听觉鉴赏力。

这种美妙而令人不安的经历，也完全不同于聆听人类音乐的感觉。无论在民歌、爵士乐即兴演奏还是交响乐中，人类都在用心制作声音的层次，这些层次紧密相连，从互为补充的乐器中产生。谱写乐曲的有时是一个人，也可能是一小群人。人类音乐包含复杂的、有分歧的、有时甚至是不和谐的叙事，但这些都有一个狭窄的生成源头——作曲家的思想和人类耳朵的偏好。在热带雨林中，没有单一的作曲家，也没有约定俗成的关于调性或旋律的规则大全。在这里，多种美学和叙事并存。倾听雨林之所以既是挑战又令人愉悦，是因为我们能同时听到多个故事，每个物种都在以适合自身审美的方式讲述。故事通过生态纽带和演化中的血缘关系相互联系，但每个故事都由物种自身的历史、需求与背景来推动和塑造。无政府主义的平等演化——不受中央集权控制的进程——产生了无比丰富的声音，它令我的耳朵愉悦，并让我在试图寻找其内部模式时羞愧不已。人类总喜欢严格控制声音的流动，而倾听雨林之声，能将我们从中解放出来。

在小木屋里，我只能听到森林里特定地点的声音，而且是在季节变化、昼夜交替中一个特定的时刻。昨晚我和一小群研究人员走到河边，从一条小径穿过潮湿的森林时，“声音云”隔十米左右就会改变，出现新的昆虫。水面附近则是青蛙的各种爆破音、鼻声和颤音。随着黎明临近，夜间鸣唱的物种逐一退场，取而代之的是黎明前的声音，然后是白天的声音。黛青色漫过黑色的天幕，吼猴低沉的叫喊与咆哮在林中回响。几只鸟在天刚蒙蒙亮时加入合唱，黎明时分达到顶峰。当光线在雨林冠层弥散开来并滴漏到林下层时，声景中充满了成对飞过头顶的金刚鹦鹉 *krak krak* 的叫声，和霸鹟打喷嚏似的惊呼。就像夜间一样，昆虫们用具有不同音高和节奏的数十种鸣声，在这个新的早晨占据了主导。

在这里，昼夜的交替循环以声音组合的变化为标志，因为每种动物都有自己最青睐的鸣唱时间。雨水和太阳会改变这种声音周期的形式。倾盆大雨使许多鸟类、栖息在树冠上的昆虫和灵长类动物沉寂下来，但是青蛙和地栖昆虫会继续鸣叫，甚至在雨中加速欢唱。雨后初霁也唤起一阵歌声，就连通常仅限于黎明时分放开歌喉的物种也参与进来。阳光灿烂的日子里，下午三点对脊椎动物甚至很多蟋蟀来说都是最安静的时刻，但蝉在此时格外活跃。

热带雨林里的声景变化万端。当我们走在小径上或是通过绳梯爬上冠层时，我们穿越了不同的声音斑块和层次。没有任何两处的声音完全一样。这截然不同于温带森林和北方森林。夏天我可以在落基山脉的云杉和冷杉林里行走好几个小时，始终听那五六种鸟、两种松鼠和两种蝉的声音组合。没人知道蒂普提尼周围的森林里究竟生活着多少种昆虫，但很可能接近 10 万种，而且其中很多都能发声。青蛙和鸟类的数据更为完备，这里一共生活着 140 种青蛙和近 600 种鸟。在北美地形多变的广阔区域内生活着同样多种类的动物，而在这里，它们都挤进了几平方千米的空间。因此，这里的声音群落熙熙攘攘，色彩斑斓。

雨林动物声音的强度和多样性揭示了声音的交流能力。在这里，每种动物都在昭告自身的存在、表明其身份，向远处其他动物示意而不用担心被看见。晚上，夜幕掩盖了一切。白天，雨林繁茂的树叶几乎像斗篷一样密不透风。这是地球上遮蔽性最强的栖息地之一，也许只有郁郁葱葱的北方幼龄林或河口附近浑浊的海域可与之相比。难怪此处涌现出花样繁多的声音。个体可以透过成簇成团的树叶交流，与此同时躲避依靠视觉狩猎的捕食者。每公顷有数百种植物，还有挨挨挤挤的苔藓和藻类，创造出视觉成分极其复杂的栖息地。再加上许多昆虫以及其他物种都具有保护色，即便是训练有素、全神贯注的博物学家，要看见雨林动物也极具挑战性。不过，我们能听到它们的声音。

在 2.7 亿年前甚至更早以前，古生代晚期的干旱平原上，二叠纪发声昆虫及其近缘种形成了单薄的音锉。从那时发展至今，单单一个地方就有了成千上万种声音，密密实实地交织在一起。然而，雨林的声音盛宴也带来了挑战。精力充沛地发声所带来的代价，不仅要每位歌手来承担，同时也危及整个生命共同体交流之声的内在活力。这些风险激发演化的创造力，推动雨林之声的多样化发展。

鸣唱的第一个代价，也正是远古时代动物不出声的理由：发声会带来暴露自己以及向捕食者宣告自身位置的风险。持续发声，比如蟋蟀长达数小时的叫声或鸣禽重复的旋律，会加大被捕食的风险。在二叠纪发声动物那个时期，解决方案是要迅速逃离。现在依然如此。无行动能力或行动缓慢的动物很少发声。雨林之声大多来自有翅膀或后腿弹跳力强，或两项长处兼具的动物，例如鸟类、青蛙、猴子、蟋蟀、螽斯、叶蝉以及蝉之类行动轻盈、善于弹跳的物种。然而自古生代以来，捕食者和寄生虫就在磨练它们的技能。仅依靠迅速跳离来逃生，有时是不够的。

例如，热带地区的鸣虫深受寄蝇的困扰。那些猎手身体内侧有成对的鼓膜，就在头部后方的位置。这让寄蝇母亲可以准确定位受害者。它的耳朵擅长接收它偏爱的鸣虫寄主特有的频率和节奏，从而指引它飞落下来，像播种一样喷撒出腹中的幼虫。这些扭动的小虫在受害者身上涌动，从外骨骼钻入体内。幼虫藏身在内，生长一两周，然后爆发出来，杀死寄主。

每种寄蝇都有自己喜欢的声波，有些偏爱短促的颤音，还有一些偏爱急速的啁啾，每种都对特定的频率范围敏感。而对猎物来说，这种特异性意味着，声音不同于其他物种，会大有优势。因此，自然选择有助于声波多样化。鸣虫的歌声与众不同，就可以避免被成群的蛆虫寄生，好处是显而易见的。寄生虫特化的听觉，促使双方——寄主的鸣声和寄生虫的听觉偏好——都出现了区域性的变体。雨林树木的多样，部分也可以用类似进程来解释。任何树木变得过于常见，都难免遭受真菌、病毒或草食性昆虫的嘴巴戕害。稀缺换来一定程度的安全。久而久之，生物群落自然愈发多样。

寄蝇只寻找少数物种的声波信号。而其他依靠耳朵狩猎的捕食者，大多拥有口味更包罗万象的听觉和嗜好。雨林中任何夜间鸣唱的大型昆虫，都向侧耳倾听的冠鸮宣告了自己的位置。欢唱的青蛙被潜伏在溪边草木丛中的青灰南美鹭抓走。狼蛛可以同时通过空气中的声波和腿上传来的振动来感知颤抖的虫鸣。当丽鹰雕在树冠上翱翔时，它的耳朵、双眼和爪子都在搜寻鸟与哺乳动物，从鸽子到金刚鹦鹉，从松鼠猴到多刺的林鼠（spiny woodrats），诸如此类。

这些全能型的捕食者也在塑造猎物的声音。如果你曾经试着悄悄接近一只唱歌的树蛙或螽斯，你会发现它们突然沉寂下来，就像出现任何风吹草动的时候一样。然而当危险降临时，猎物不会单只安静下来，它们通常会惊呼示警。这种反应似乎很矛盾，但是，猎物通过呼叫向捕食者示意：你已经被看见了。既然没有可能出其不意地悄然进攻，捕食者通常只能离开，再去寻找警惕性不那么强的猎物。惊呼示警也是维系动物社群的合作网络的一部分。动物向其他成员惊叫示警，使后代和亲属受益，同时储备与邻居的社会资本（social capital），有助于在其他群体消亡的时候保全自己的群体。

惊叫示警的功能隐含在动物的声学结构中。当纹腹鹰掠过森林时，小型鸣禽常常用高而细瘦的叫声来表示“看见敌情”。其他鸟在十分之一秒内对警报做出反应，迅速潜伏躲避。鹰俯冲扑向猎物的速度高达每秒50米，所以猎物要想避开攻击，迅速发声和瞬间反应都至关重要。在惊呼“看见敌情”警告同伴的同时，惊叫声的结构也能最大限度地减小呼叫者的风险。高而纯粹的音调起止皆隐匿而突然，就像保护色一样，几乎不会向狩猎者透露呼叫者的位置信息。这些惊叫声难以寻觅，是因为不会像骤然惊起时那样以立体声透露位置线索，而且极其尖锐，足以逼近鹰的听觉极限。这种高音在植被中也会迅速减弱。

如果捕食者盘旋不去，惊吓成分就消失了。鸟鸣声会变成重复的低频叫声：*pshht*！*pshht*！激烈而刺耳，能传播到很远，明确宣告这些鸟的存在。其他鸣鸟听到召唤应声而来，多种鸟混合起来围攻捕食者。鸟类常于树枝间猛冲下来，从背后攻击鹰鹞一类，然后拍着翅膀灵巧地转身离去。遭遇围攻的猛禽通常会悻悻而去。

警报声并不是通用的。其目的也不仅是通知大家危险来临。有些鸟能辨识配偶和亲属的声音，它们会更热切地回应家庭成员发出的警报呼叫。鸟类和哺乳动物的警报声还可以包含捕食者类别和相隔距离等信息。蛇、小型的鹞和鹰，以及大型的鹰或雕，都会促使猎物发出不同的惊叫声。捕食者是相隔遥远还是随时可能发动攻击，引发的信号各不一样。乌鸦、渡鸦、土拨鼠、猴子，这些社交网络高度发达的动物，也采用警报呼叫来传达捕食者的个体身份及其构成的威胁。以声音来呈现捕食者的个体身份，展示出了高度发达的认知能力。这些动物能辨识个体，记住每一个体的显著特征，然后借助声音，将声音形式承载的信息传递给其他成员。笛卡尔在划分人与其他动物的界限时，曾认为“动物无言语，故而无思考”（*non loquitur ergo non cogitat*）。如果这位哲学家打开想象空间，侧耳去听窗外鸟的警报惊呼，他的逻辑怕是会反过来，变成“动物有言语，故而有思考”（*loquitur ergo cogitat*）。

隐含在呼叫中的信息，是一种跨越物种边界的语言。鸟类和哺乳动物通过倾听其他物种传递的信号，评估捕食者的动向及身份。被捕食的物种联合起来，建构了一个以多种微妙方式来呈现危险和捕食者身份的交流网络。通过关注其他物种的惊叫，我们人类也可以加入这个网络。如果一只鸟突然在天空惊呼“看见”，我们抬头就会看见鹰低低地穿过树丛，试图发动突袭。一群怒气冲冲发出斥责的鸣禽，很可能正围着一只小猫头鹰。同样是响亮的尖叫，重复报警相比只叫一声，预示着危险更为急迫。松鼠或鸟不断发出严厉的抱怨，并顺着低矮的树枝缓慢移动，很可能是因为一只狐狸或其他哺乳动物正在逼近。多年来我一直在研究如何打开耳朵，由此我发现，当耳朵适应这个音波网络后，可以看到许多之前看不见的动物：公园边上灌木丛里一只郊狼，杉树的枝丫深处一只鸺鹠，或是从林下层空隙穿过的鹰，一秒钟便倏忽不见。

惊呼示警创造了欺骗的机会。在没有危险时发出警报，能分散和转移竞争对手或捕食者的注意力。如果一只雄燕怀疑伴侣与邻居有私情，它会啾啾鸣叫，扰乱对方的好事。澳大利亚的雄性琴鸟有时会模仿鸟群的警告呼叫。这促使雌鸟停下来仔细查看雄鸟的领地，让雄鸟能与潜在的伴侣多待一会儿。有些毛毛虫遭遇啄食的时候，发出类似鸟类警告惊呼的声音，让攻击者大吃一惊，便能趁机逃走。灵长类动物和数十种鸟激烈争夺食物时也会发出虚假警报。它们尖声叫嚷，然后从惊慌失措的对手那里抢走食物。最擅长这套把戏的要数非洲叉尾卷尾，这种鸟能模仿另外 45 种鸟的警报呼叫。卷尾的叫声与受骗者群体中最典型的警报声一致，但仅适用于第一次抢劫。为了避免受骗者产生适应性，卷尾在第二次对同一种鸟下手时，会切换另一种警报呼叫。

警报呼叫打开了一扇窗，让我们窥见非人类动物声音的复杂性。与动物在觅食、繁殖和亲子交流中发出的声音不同，警报呼叫的背景相对简单，因此很容易研究。把一只猫头鹰标本用床单裹着带到树林里去，然后突然扯掉遮盖物。松鼠们会惊恐地大叫。在田野里拉一根绳子，用滑轮把填充的标本吊上去。这个伪造的捕食者猛扑过去，鸣禽会一边仓皇躲避，一边大喊“看见”“看见”警报。你还可以在树上安装扬声器，观察鸟和猴子在你突然播放预先录制的惊呼警报时有何表现。相比觅食和雌雄配对过程中无数微妙的社会与空间差异，这些实验都采取直接接触，很容易操作。继 20 世纪少量开创性的研究之后，直到过去 20 年，警报呼叫的内部复杂性才见载于科学文献。如果警报呼叫包含如此广泛的意义，未来几十年又会从其他社会信号蕴含丰富得多的声音中，发现哪些奥秘呢？有足够多的证据表明，鸟类和哺乳动物的歌声承载着有关鸣唱者身体大小、健康状况和身份属性的信息。这些声音包含的内容是否超越了鸣唱者的身体信息，像警报呼叫一样涉及其外部的物体，目前还不清楚。我们能否扩大范围，把昆虫、鱼和青蛙纳入有关声音微妙意义的研究中来？我们知道这些物种有一些也能发出独特的可辨识的声音，但这些变异是否隐含更多信息，就很难说了。

我所见到的热带雨林中声音的多样性，部分是受到捕食者和寄生虫严密关注的结果。如果没有它们，昆虫的颤音将会更加单调，鸟类和哺乳动物的声音将缺乏宽广的音域以及细微的变化。动物歌手面临的另一个威胁是“声学竞争”。在雨林这样喧闹而熙攘的地方，其他物种此起彼伏的鸣唱很可能带来严重的问题。这些竞争者虽然不会向你投掷成群扭动的寄生虫，也不会用钩状喙扯掉你的脑袋，但是如果你的歌声不能从喧闹声中脱颖而出，你的基因很可能面临湮灭。

雨林发声的物种有数百种，有时甚而达数千种，因此噪声遮蔽效应非常严重。在这里，动物面临着与其他气候条件下不同的挑战。在落基山脉，一年中大部分时间昆虫都寂然无声，盛夏时节也只发出微弱的唧啾。它们和其他山地动物几乎从不在声音上争高下。在山里，压倒声音的主要敌手是风。即使美国东南部郁郁葱葱的森林，或是世界上生物多样性最丰富的温带森林，一年大部分时间也没有激烈的声音竞争。春天鸟儿虽然爱闹，但不会喧哗得遮掩住其他声音。只有在仲夏炎热的日子，蝉噪震天，刺得耳膜嗡鸣——音量超出了工厂听觉保护法则规定的上限。到夏末夜间，这些森林里螽斯的合唱汇成低沉的脉冲音，吵闹得让人不得不提高嗓门交谈。这类合唱会在鸟类和青蛙的繁殖季之后到来。这时其他昆虫要想亮出自己的歌声，就面临着一道声音屏障。在温带地区这种挑战不过持续几周，在雨林里却无处不在。为解决这道难题，演化的应对方式多种多样，而其中多数促进了声音的多样化。

加大音量是在嘈杂环境中交流的方案之一。这种调整可以瞬时发生，也可以在漫长的时间中演化形成。喧闹场所里，鸟类、哺乳动物和青蛙都会大声鸣唱，与宏大的背景音相呼应。昆虫是否也这样，目前还不太清楚。若是周围环境一贯嘈杂，动物就会演化出始终响亮的声音。比较一下就知道了：洛杉矶蝉（*Platypedia putnami*）独栖于科罗拉多州山上疏朗而静谧的松林中，唧唧声轻柔和缓；周期蝉（*Magicicada*）成千上万簇拥在田纳西州林地里，爆破音震耳欲聋。前者柔和，听来像用指甲敲击干树枝；后者近距离内简直令人无法忍受，双耳嗡鸣，就像听摇滚音乐会的后遗症一样。雨林之所以如此吵闹，部分是因为动物们都在相互喊叫，音量经常将人推向生理忍耐极限。

喜欢安静用餐的人会告诉你，有时你可以通过改变作息时间来避免争端。预订下午 5 点或 10 点的晚餐，比晚上 7 点更安静一些。一天只有 24 个小时，数百种生物在抢排位，所以这种策略在生态群落中有局限。不过确实有些物种通过调整时间表来避开噪声。巴拿马有一种青牛螽斯（conehead katydid）通常在夜间鸣唱，但若同一地盘有另一种螽斯鸣声相似，它就改在白天鸣唱。在实验室里消除竞争对手，它又切换回夜间鸣唱模式。但这个例子并不常见。在日常的鸣唱周期表上，多数昆虫群落在时间安排上普遍存在重叠。不过，即使每天同一时间鸣唱，动物也有可能更精细地划分时间。有些鸟和青蛙通过鸣唱间隔来避免重叠。歌手们掐着时间点，将乐句插入其他物种乐句停歇的间隙，就避开了遮蔽。不过，这种策略需要各方都以大致相同的节奏演唱。因此，鸣声相似的鸟有时会倾听对方的歌声，见缝插针切入其中。但在喧闹的雨林中，其他动物，尤其是黄昏时分的昆虫，鸣唱的不是分散乐句，而是重叠的合唱或近乎连续的颤音。

时间是切分声音馅饼的途径之一。频率则是另一条路径。冠鸮低沉的咕哝明显区别于树蛙更高亢的聒噪和昆虫刺耳的哀鸣。通过不同的鸣唱频率，动物也可能避开声学竞争。

我起初听夜间亚马孙的雨林之声，觉得动物们确实划分了频谱，所有物种的声音各得其所。从猫头鹰到青蛙，再到螽斯和蟋蟀，我听到一系列频率范围极广的声音。这似乎表明演化产生的是一个连贯的整体，竞争被减少到了最低限度。这种观点由前卫的录音师伯尼·克劳斯（Bernie Krause）提出，但很难验证。动物声音频率变化可能出于多种原因，不单是竞争导致分异。在很多情况下，物种的声音频率确实会有重合。例如，频率很大程度上取决于动物体形大小。森林里频率广泛的叫声，所体现的可能不是声学竞争，而是为适应不同生态角色而产生的体形大小变化。猫头鹰的叫声比蜂鸟低，是因为它们有更大的发声膜。这两类动物的声音差异，反映的是它们各自的生态习性——猫头鹰捕食大型昆虫，蜂鸟吸食花蜜——而不是竞争所致的音谱划分。拂晓时分从树梢栖身处发出深沉咆哮的一只红吼猴，体重大约有 6 千克。它习惯食用从热带雨林冠层摘来的树叶和果实。河边潮湿的森林里，侏狨（pygmy marmoset）冲着彼此尖声叫嚷。它们是世界上最小的猴，体重只有 100 克左右。它们在树皮上抠出小洞，然后舔食渗出的汁液。侏狨在树上觅食的时候，以啁啾和咕噜声相互应答。正如小提琴拉不出贝斯的低音，侏狨的身体也发不出吼猴那样深沉的声音。

因此，雨林这类物种丰富的地方充满不同的声音，观察到这一点并不能证明声学竞争导致声音多样化。要想更严格地验证，需要弄清在同样的地方，物种鸣唱频率是否比随机状态下预期的更多样。

一项对亚马孙鸟类黎明大合唱的研究，就以这种验证方式，推翻了竞争导致鸣声差异的观念。研究者分析了在 90 多处录制的黎明大合唱样本，其中包括 300 多种鸟的鸣声。研究发现，亚马孙鸟类鸣唱的频率和速度，通常最有利于鸣声在茂密植被中传播。它们的歌声频率稍低于温带地区的鸟鸣声，节奏也稍慢。众多物种鸣声落在如此紧凑的声音范围内，我们可能会认为声学空间竞争激烈，一同歌唱的物种定然要区分各自的鸣声频率。如果确实如此，那么在相同的时间和地点鸣唱的鸟类，相比研究人员从数据库随机挑选的受惊扰鸟类“团体”，歌声重叠应当更少。然而，实情恰好相反。一同歌唱的几种鸟，相比我们预期中的随机状态，鸣声反而更为相似。从节奏、最高频率，以及呼叫的律动或带宽范围等声学结构来全面考量，情况也是如此。

亚马孙的鸣禽有时要逐秒调整歌唱时间，以避免重叠。但是在更大范围内，并没有证据表明竞争促使其鸣声结构分化。相反，鸟儿们的歌声似乎形式相近，结合为一个整体。这种声波集合可能由两个因素造成。首先，亲缘关系较近的物种通常对栖息地有共同的喜好，也拥有同样的鸣声结构。比如，小型霸鹟喜欢林中飞虫密集的小块空地。大型鹦鹉往果实丰富的森林里扎堆，蚁鵙在虫子多的地方刨食。亲缘关系相近的蜂鸟从同种树木的花朵中取食。血脉源出一系，挑选食物和栖居地的口味也一致。这样一来，血缘相近的物种，声音也趋同。其次，不同种类的鸟可能通过交流网络联系起来。相互竞争的物种，如果能分享并理解彼此的声音，就能迅速而明确地交流。由此，它们能有效地调解因食物和空间引起的争斗，并迅速发布警告，提防外敌入侵。共同的鸣声特征，反倒将竞争对手连接在一个合作网络中，这确实很诡异。在亚马孙地区，鸟类之间的领土竞争越激烈，鸟类声学信号的结构和时间安排似乎就越相近。竞争对手共享交流渠道，这种需求并非鸟类所独有。莫斯科和华盛顿的政府通过热线连接，商业竞争对手就品牌和零售空间形式的美学标准达成一致，行业内部竞争也采用共同的术语来居间调停。

除亚马孙的鸟类之外，我们已经统合了有关其他动物声学竞争的研究结果。巴拿马森林里数量最多的 18 种蟋蟀，似乎确实靠区分声音频率来避免重叠。一项研究调查了 8 种青蛙的合鸣，发现竞争促使其中 3 种产生了频率分化，另外 5 种则不然。温带森林鸟类的鸣唱频率广泛重叠，不过它们的歌声通过时间和间隔区分开来。因此，在我们从自然环境听到的多种声音频率中，声学竞争充其量是一种偶然因素。亚马孙雨林黎明鸟类的大合唱，毋庸置疑是地球上最喧嚷的，但是一同歌唱的物种相互间声音并未分异，反倒趋向一致。

不过，鸣唱只是交流的一部分。还有一个部分是倾听。面对嘈杂环境带来的挑战，演化的应对之策是打磨倾听者的耳朵和大脑。生活在嘈杂环境的动物非常善于重点听同类的声音，忽略其他声音。它们的耳朵能清除混乱的杂音，找到自己需要的声波。

对秘鲁亚马孙森林箭毒蛙的研究发现，每种蛙的听觉辨别力，都与其他发出类似声音的蛙类数量有关。这些小青蛙隐藏在落叶堆的繁殖地里，不断发出 *peep*[1] 音符。蛙卵孵化后，雄蛙把小蝌蚪背在背上，带到附近的水中。虽然每种蛙的鸣声节奏和频率各不一样，但也普遍存在重叠。歌声彼此非常近似的物种，相比叫声独特的物种，有着听辨力更强的耳朵。热带雨林里有些种类的蟋蟀也是如此。每种蟋蟀的听觉神经精确对应于自身歌声的频率。在充满几十种类似鸣声的雨林中，蟋蟀的听觉神经会对同种蟋蟀的歌声做出反应。相反，在西欧疏阔的草地上，蟋蟀听觉神经敏感范围更广泛，很多频率都会起到刺激作用。因此，声学竞争所塑造的，似乎不是鸣虫的叫声，而是听者的神经和行为。

同样，生活在嘈杂密集群体中的鸟类，也会从喧嚣中提取细微的声音。欧椋鸟能从鸟群中识别配偶的声音。在实验室里，它们可以从 4 只甚至更多鸟混乱的鸣声中挑出同伴的声音。企鹅雏鸟也有类似能力，哪怕其他成年企鹅的叫声更响亮，它们也能辨认出父母的叫声。这项技能无疑可确保雏鸟在数千成员组成的群体中生存下来。演化之功一箭双雕：首先，给每个个体一种声学标签；其次，让倾听者能从掩蔽性强、易于分散注意力的噪声风暴中提取微妙的声音模式。个性化的声音和敏锐的听觉辨别力，常见于社会性的鸟类以及哺乳动物群体，当然，其中也包括人类。例如婴儿在人群中听到父母的声音，成年人在喧嚷的鸡尾酒会上专心倾听特定的对话。扫描人类大脑可以看出，在嘈杂环境中认真倾听是

1　英文 peep 有偷看和窥视的意思，此处也是模拟蛙叫声。

非常耗神的。当我们在喧闹的场所倾听时，大脑多处注意力和控制中枢都被激活；而当我们在安静场所听演讲时，大脑网络只有极少部分发挥作用。

鸣唱的动物利用了森林的复杂构造。站在高处树枝上发声，比在地面上传播得更远。冠层的穹顶提供了良好的传播场所，在寂静的黎明时分尤其如此。森林的构造也让动物得以顺利解决歌声相似的歌唱者之间的社会竞争。动物疏密有间地分散在结构复杂的森林中，可以减少声音的掩蔽和竞争。在印度南部西高止山脉（Western Ghats）的热带森林中，傍晚蟋蟀和螽斯的合唱就采用了这种做法。那里有 14 种昆虫同时鸣叫，它们每年的繁殖周期重叠，而且每天都在日落时发声。然而仔细考察它们的空间分隔和听觉能力，可以看出，即便歌声频率和时间安排相似，个体声音之间的重叠度也很低。只要鸣唱的地点相距足够遥远，所有个体都能找到自己的声学空间。无数种声音，起初听起来似乎挤得密不透风，其实内部包含一种空间结构，一种声音的微观地理学。

人类的音乐大多将声音混成单一体验，音高和振幅随时间变化，但是通常与空间无关。森林和其他栖息地的声音却鲜活地存在于丰富的空间模式中。如果我们要转录和用符号书写这些声音，我们将需要使用六维的乐谱，记录围绕频率、音量、时间以及三条空间轴线的各种变化。

在蒂普提尼的小木屋里，我从夜间的振奋中渐渐坠入浅眠，直到拂晓前一个小时被闹钟惊醒。该起身出发了。蜿蜒的小径泥泞不堪，到处是松软的黏土和水坑，地面被拱起的树根弄得崎岖不平。头灯的光柱摇摇晃晃，照亮前行的道路。光滑油亮的叶片湿润的表面忽隐忽现，数十种形状扑面袭来，又倏忽不见。潮湿空气中含有各种芳香——浓烈的树根和落叶堆的气息、肥腻的泥土味儿，以及铺满地衣的潮湿叶片上藻类的气息。我穿过阵阵蛙声布下的“结界”，接着闯入一团遮天蔽日的虫鸣之中。蟋蟀的十几种纯音重叠在一起，将我团团包围，好似一口嗡鸣的大钟罩在头顶。几分钟后，昆虫的音色变了，先前纯净的音符增添了更多粗糙的嚓嚓声和嗡嗡声。

随着头灯光束的摇晃穿梭，前方小径上拳头大小的毛蜘蛛跃入视线。一只灌丛蟋蟀橙色的腹部在湿润空气中显得油光水滑。它咔嗒一声弹落在我的橡胶靴子上，然后匆忙跃起，逃回幽深的植被间。四周粗壮结实的藤蔓和精致帘幔般悬垂的气生根被灯光照亮，在黑暗中格外显眼。一条藤蔓盘旋缠绕，那是一条皮带蛇（blunthead tree snake，俗称“钝头树蛇”）。它比我的食指更细瘦，长度接近 1 米，正在交错的藤蔓间游走。它鼓胀的头上两只大眼睛光芒一闪，然后滑入暗处。继续往前走，两只更大的眼睛如幽深的潭水般，从一根低俯的树枝上，正面盯视着我。那是一只壁虎。它一边盯着我，一边吞咽，然后急速摆动头部。路边一棵大树的板根如拱形墙壁一般往上延伸，隐入暗处。头灯照亮两块板根之间的缝隙，五只鞭蛛呆立不动。其步足细长如线，从茶盅大小的背甲中伸出，有些步足末端有螯。虽然知道它们对我无害，但在灯光下，当它们陡然出现在我眼前时，体内的肾上腺素还是急速上涌。

最后，一声尖锐的喊叫让我吃了一惊。是一只金刚鹦鹉看到了夜幕退隐的第一丝迹象吗？接下来半个小时，随着黎明前的灰暗渗入最高处的树枝，森林上层交织出一张声音网。我站在下方幽暗的林中，听灯光激起吼猴的咆哮、鹦鹉清脆的扰攘、第一声蝉噪，以及霸鹟不断的啾鸣。

在黑暗中行走，我觉得自己缩小了，成了一只奋力穿越落叶堆的小老鼠。夜间森林用无数声音和气息包裹住我。兴奋和焦虑如影随形：应接不暇的感官多样性令人欣喜，当生物不期而至地跃入听觉和视觉范围时，又带来一丝恐惧。这是对雨林的敬畏。赞美与恐惧，两种观念并未分离，而是融合在感官体验之中。森林给了我当头棒喝。我沉醉于生命多样性的展现，也沉醉于我所体验到的生命持续不断的创造力。此处势不可挡的声音，以及其他感官体验，是演化最强大的创生力量。

性与美

我站在美国纽约州北部小镇伊萨卡的郊区，从千米之外听到它们的叫声。就像成千上万小铜铃的声音，经过寒冷的落叶林，变得柔和而圆润。这铃声穿透了小镇附近绕镇公路上交通的喧闹和一架小型飞机的轰鸣。时值 3 月底，我听到了第一波春季之声：春雨蛙（peeper tree frog）的合唱。

30 年前，最早到访这些树林时，我是个初到此处的北欧移民。冬季对我来说漫长得令人不安。我习惯于 1 月间鸟鸣加速、花园里花蕾初现，然后春天的步子一路加快，持续到 5 月。然而在这里，直到 3 月，寒冷、晦暗的日子依然死死围困住户外生活。鸣鸟迁徙和春天野花开放的季节，到 4 月底才真正开始。如果不是挥之不去的发动机噪声，冬末的声音等级可能堪称地球上最安静的声音。无风的日子里，只有山雀轻柔的啁啾或远处啄木鸟的敲击声带来一丝生气。

现在是 3 月底，一场不冷不热的雨过后，春雨蛙在一片欢腾中向空中呼喊出它们的欲望。我走近森林。从远处听来融为一体的声音，重又清晰起来，分解为成千上万个单独的声音。每只青蛙都发出尖锐的*peep*声，音调纯净，略微上扬，持续约四分之一秒。其中还夹杂着更悠长、刺耳的*reeep*声。我沿着木栈道在沼泽树林中穿行，脚步极慢，免得惊扰那些歌手，打断了它们的歌声。合唱团内部的声压级之大，相当于收音机音量调到最高的爆发音。对我而言，春季探访两栖动物的合唱，已经成了告别沮丧的冬季、重振士气的一项仪式。我沐浴在春雨蛙的声音中，身上每个细胞似乎都因它们的歌声而猛然惊醒。体内充盈着大地万物复苏的能量。我们战胜了寒冬。又一个冬季结束了。感谢上天。

也许是我的感官实在不适应北美的生态节律，以至于有时候蛙声让我如释重负，热泪盈眶。我内心深处几乎不敢相信漫长的寂寂冬日会过去。地理环境的变换使我焦虑倍增。如今，在北美大陆待了30个春季之后，每年仍会有那一刻令我欣然微笑。我学会了去听两栖动物合唱中更细微的差别。北美东部富饶的林地，是30多种青蛙和蟾蜍的家园。这些森林物产丰富，四处是可供青蛙捕食的昆虫，为青蛙们喧嚷的繁殖炫耀提供了足够的燃料。每种青蛙都有自己的栖息地和鸣唱节奏。从冰寒池塘里木蛙（*Lithobates sylvaticus*）的咯咯声，到夏日雨后灰树蛙（*Hyla versicolor*）震耳的喧嚣，蛙声揭示出许多个季节。蛙声标记的时间，比人类为计时而采用的“春天”和“夏天”这种粗略划分更精细，也为我们探究其他物种对“年”的体验搭建了桥梁。美国蟾蜍甜美的颤音中夹杂着一丝哨音，它们比春雨蛙开口稍晚，有时整个夏天都在歌唱。拟髭蟾（Eastern spadefoot toad，英文俗名直译为

“东部锄足蟾”）只在夏季暴风雨过后的一两个晚上才突然放声，共同发出 *waa* 音。

当我们聆听其他物种的鸣声时，还不单是时间体验变了。青蛙与蟾蜍、鸟类与鸣虫的声音各不一样，让旅行变成了一门复杂的生命地理学教育课程。我们人类似乎不遗余力想让大地变得规整，然而，从停车场后面或是统建住宅小区边上，总是传来树蛙与歌带鹀的叫声，昭示着我们极力要消除和压制的复杂结构。

当然，两栖动物的演化并不是为了取悦或是启迪人类。让我们觉得悦耳的是每个物种在社交和交配上表现出的活力。声音作为中介，协调动物的繁殖与领域行为以及社交网络中的联合与对抗关系。物种自身的生态特征和演化历史，造就了每个物种特有的行为和声音。因此，世界上丰富多变的声音，大多源于动物纷繁多样的社交生活。

我站在木板路上，打开一个小手电筒，用半透明红色塑料水杯罩住光源。青蛙有良好的夜视能力，一束昏暗的光，在我们看来不过是灰蒙蒙的一片，它们却能从中分辨出绿光和蓝光。不过，它们对红光不太敏感，当我手持暗淡的光源在周围潮湿的植被中穿行时，它们仍在不停地叫唤。周围几米范围内至少有 10 只青蛙在叫唤，但我只看到了 1 只。它停在一根露出水面的草秆上，细长的前肢支撑着，头部向上仰起。下巴下面的皮肤鼓胀起来，形成一个球，显得薄而呈现半透明状。这个颤颤巍巍的球，几乎和青蛙本身一样大。我一边打量，一边倾听。它的腹部侧面向内收缩，一瞬之后，气囊膨大，发出 *peep* 声。这只青蛙约莫有我的拇指指甲长，但近距离内，它的叫声震得我的耳朵嗡嗡作响。半米远处听春雨蛙的叫声，音量为 94 分贝，相当于热闹欢腾的鸟鸣。它再次腹侧用力，叫声又来了，每两秒律动一次。

春雨蛙从肺部急速呼出气流，带动气管内的声带振动，从而发出鸣叫。喉囊接收声波和气流，通过皮肤的伸缩将声音传播到四面八方。随后，气囊的弹性将空气压回肺部，使青蛙无需张开鼻孔吸气，就能再次鸣叫。两栖动物缺乏肋骨和横膈膜，所以它们利用身体的带状肌肉推动空气。在雄蛙身上，这些肌肉占体重的 15%。

为什么要如此努力呢？一只春雨蛙的叫声，至少隔 50 米都能听到，相当于 7800 平方米的范围。它的体长只有 2.5 厘米，仅占据 4 平方厘米的土地。可是凭借叫声，春雨蛙把它在森林里的存在感放大了 20 倍，这还不算声音在树上的纵向传播。声音让动物在复杂环境中找到彼此，从而帮助物种安然度过原本困苦的境遇。很多发声的动物，从蛙类、昆虫、陆地的鸟，到水中的鱼、甲壳类动物和海洋哺乳动物，它们之所以能扮演多种生态角色，都要间接归功于声音交流带来的好处。

春雨蛙的歌声不仅昭告它的存在和位置，而且揭示出身体大小、健康状况，甚或个体特征。这种信息使远程社交能顺利进行。相互竞争的雄蛙分隔在沼泽不同的空间，减少了身体接触。雌蛙不仅要寻找配偶，还要评估它们，但不会近距离接触，这样就不会面临受到伤害或感染疾病的风险。声音扩大了物理活动空间，使动物行为的意义更为微妙，避免了领域行为中的直接冲撞。相比肉身相搏，这也有利于更广泛、更细致地考察配偶。

当雌性春雨蛙从落叶堆下的冬季寓所露出头来，被充当防冻剂的糖分浸渍的身体慢慢舒缓时，它仔细听这钟声般的蛙鸣，判断沼泽繁殖地的位置。它可能还记得那片土地的轮廓和芳香，尽管它一直生活在森林里，捕食蜘蛛和昆虫，要等两年甚至更久后，才会进入繁殖期，变成成熟的个体。实验人员通过研究其他种类的青蛙，已经证实青蛙具有良好的空间记忆和导航能力——尤其是对繁殖地。春雨蛙可能也是如此。雌性春雨蛙出发前往湿地，也许是凭着记忆，但肯定要靠声音引导。在雌蛙这个阶段的旅程中，声音会指引它们找到潜在的配偶。在广阔环境中寻找伴侣，很可能是繁殖期鸣声最初的功能。对于森林里的小型动物来说，声音可以将搜寻配偶的时间缩减到几分钟，要是靠眼睛寻找，还得在森林里转悠好几周。气味也能帮助一些物种完成这项任务，鼻子敏锐的追求者会循着线索追踪。但声音传播得格外远，也容易追踪。物种特有的声音有助于精确配对，减少了被捕食的风险——进入交配距离，也就是进入被捕食距离。声音隔老远就能揭示物种身份，大大降低了寻爱之旅的风险。善于利用交尾信号的捕食者进一步增加了识人不清的危险性。例如，澳大利亚的食肉类螽斯会模拟雌蝉交尾时期的声音，诱惑多情的雄蝉落入死亡陷阱。

当春雨蛙长途跋涉，穿过森林林地前往湿地时，叫声的功能又变了。现在雌蛙开始听每只雄蛙鸣声包含的信息。雄蛙相互间隔 10 米到 100 米，因此雌蛙要在一系列蛙鸣和鼓动的喉囊之间跳跃、游动。雄蛙多数发出 *peep* 声，但是如果彼此挨得太近，就粗

声大气地发出 *reeep* 声来激斗。它们用叫声争夺领地。像所有青蛙一样，雌蛙内耳感受声音的毛细胞成簇分列为三组，不像人耳内只有一个耳膜。一簇毛细胞接收雄蛙的声音。第二簇接收的声音频率范围更广，可能是为了探测森林里各种不同的声音。第三簇仅接收低频振动。而雄蛙很奇怪，耳朵适合接收比其鸣声更高的频率，或许是便于忍受夜夜置身于群蛙聒噪中，抑或是为了倾听危险临近时频率更高的树叶沙沙声。也有可能，雄蛙要用耳朵寻找声音结构的细微差异，从中辨识邻居的身份。牛蛙能辨认出熟悉的蛙鸣，反应比听到陌生的声音更为热烈。雄春雨蛙知道它们的邻居好斗，一看到那些突然肆意横行的家伙，就会发出 *reeep* 声。它们也与邻居轮流吟唱，鸣唱的时间安排保持一致：一只蛙领头，另一只随即跟上，*peep-peep peep-peep*，叫个不停。这些步调一致的二重唱偶尔会扩展开来，多达 5 只鸣声律动极其相近的雄蛙形成一组。不过，目前还不知道春雨蛙是否能识别不同个体的声音。

雌春雨蛙更喜欢快速重复的响亮蛙声。蛙声的活力和呱嗒呱嗒的节奏，演化根源就在于这种偏好。嗓门大的雄蛙易于被发现，也方便定位。因此演化苦心孤诣，让雄蛙从约莫豌豆大小的肺部爆发出尽可能响亮的声音。温度刚过零度时，雄性每分钟大约鸣叫 20 次。在凉爽宜人的夜晚，鸣唱速度增加到每分钟 80 次。但夜间无论温度冷暖，有些雄蛙的鸣唱速度都高达其他蛙的两倍。雌蛙觉察到这些差异，就会投奔鸣唱更快速的歌手。它们以此挑选出沼泽中最健康的异性。

鸣叫非常耗费精力。有些雄蛙一晚上叫 1.3 万多声，每次都要靠肌肉强烈收缩来驱动。鸣叫所需的 90% 的能量由这些肌肉中储存的脂肪提供。无法为肌肉提供足够脂肪能量的雄蛙没什么耐力。与这些没精打采的邻居相比，声音急速的歌手通常体重更大、年纪更长，有更博大的心脏，血细胞中血红蛋白量更充足，肌肉也储备有丰富的燃脂酶。它们往往每晚露面，而不是春季隔三差五地出现。

雌蛙确定人选，靠近雄蛙，轻轻拍打它。然后雄蛙一顿乱踢乱打，爬到雌蛙背上，用前腿紧紧夹住雌蛙的颈部。雌蛙蹬腿划水，将胡椒籽大小的卵粘在水下植物上，由紧贴在它背上的雄蛙为每颗卵授精。很多蛙类的卵连成一簇，但春雨蛙的卵是单生的，可能是为了防止被捕食者发现后全军覆没。蛙父母产完卵，就任其自安天命了。蛙母亲留在卵黄里的营养和蛙父母的 DNA，就是小蝌蚪接受的全部遗产。雌蛙偏爱急速的鸣叫，这对后代产生了实际的影响——雌蛙把它的遗传物质同精力最旺盛的雄蛙基因融合起来。短期内雌蛙也能得到好处，至少不会让生病的雄蛙趴在它背上传播疾病。

雌蛙在整个繁殖期累计要产下约 1000 颗卵。它给每颗卵丰富的卵黄，耗干了自己辛辛苦苦储存的脂肪和营养。早春时节食物贫乏，因此只能在虫子四处飞舞的温暖秋日储备。卵黄为胚胎发育提供能量，在蝌蚪刚孵化出来时帮助生长。雄蛙鸣唱也很耗费精力，不单体内储存耗尽，还把自己暴露在捕食者面前。它的付出不能给后代带来食物或是其他生理上的好处，但是增进了雌雄两性之间开诚布公的交流。只有健康的雄蛙才能大声歌唱，唱得既快速且长久。任何雄蛙都能发出的懒散叫声，无法传递出体形大小和健康方面的可靠信息。

因此，代价高昂的鸣唱能确保春雨蛙的鸣声承载着有价值的信息。雌蛙通过声音择偶，选出有助于增强后代基因质量的配偶。鸣唱的成本，使雌蛙的偏好和雄蛙的歌声在春雨蛙生殖行为中占据核心地位。

成本对演化的影响通常不是这样的。春雨蛙全身上下——从趾上的附生物，即用于攀爬的吸盘，到具有黏性、用来捕捉昆虫的舌头——都不存在任何能量和物质浪费。而在春雨蛙鸣声发挥的信号功能中，成本是至关重要的一部分。如若不然，整个交流系统就会瓦解。

因此，鸣唱的成本产生了两种相反的效果。对行动缓慢、没有防守机制的物种来说，声音太大很可能导致死亡。对任何音波信号系统而言，无论声音能揭示多少有关鸣唱者健康状况的消息，若是以死亡为代价，成本都过于高昂。但是对那些能快速跳开或飞离危险的物种来说，发声的成本能保证鸣声有意义，因而受到演化的青睐。演化不会发出过于极端的指令，弄得春雨蛙必死无疑。但是它要那些青蛙付出足够的代价来彰显每位歌手的生命力。

在整个动物界的交流信号中，成本起到基础性的作用。鸟羽和蜥蜴喉部鲜艳的色泽、雄鹿头上沉重的鹿角，揭示了主体的健康和活力。这些结构带来的负担过于沉重，虚弱的动物根本无法承受。很多信号与动物的身体大小紧密相关。例如，青蛙和鹿的叫声，揭示出它们的肺部与喉部的大小。对小型个体来说，模仿大型动物的叫声风险太大，最好不要去尝试。当瞪羚逃离捕食者时，它们有时会突然停止奔跑，向上跃起。这种腾跃炫耀了自身的敏捷，告诉猎捕者，追逐很可能徒劳无功。在植物界，饱含色素的大花瓣和具有多种营养成分的果实，向传粉以及传播果实的动物传递了有关植物生长状况的信号。即便秋季最耗能量的红色树叶，也标志着树的品质。在色彩热烈的树木上，蚜虫捞不着什么好处，所以会尽可能避开。

对声音信号而言，成本以好几种形式呈现。春雨蛙在鸣叫中消耗能量储备，肌肉和肺部力量被推到极限，自身位置也暴露给了捕食者。在一只卡罗苇鹪鹩（Carolina wren）全部日常活动中，鸣唱要用到每日 10% 到 25% 的能量预算，只有飞行比鸣唱需要更多的能量。唱歌的鹪鹩还要支付机会成本，因为花时间唱歌，就没时间去觅食或梳洗打扮。像纹腹鹰（sharp-shinned hawk）这类捕食者会以鹪鹩的歌声为线索，从交错纠缠的草木之间找到那位隐蔽的歌手，就像寄蝇找到螽斯一样。从鸟巢里探出头朝亲鸟大声嚷嚷的雏鸟，也会引起捕食者的注意。当叶蝉将振动的声波信号顺着腿部传入植物茎秆时，它的能量消耗增加了 12 倍。云雀逃离灰背隼攻击时一边飞行一边歌唱，需要耗费宝贵的气息和时间。在每一阵鸣叫中，倾听者都能接收到关于发声者的信息。雌春雨蛙评估未来配偶的脂肪储备和肌肉状况。鹪鹩推断彼此的健康状况。亲鸟了解巢中雏鸟是否生龙活虎、是否饥饿。叶蝉相互交流身体状况。灰背隼深知云雀的速度，当它听到猎物歌喉中流淌出的歌声，就会主动放弃。

当我们在小区走动，听到周围各种动物的声音时，我们就参与到了一个流动的信息网络中。不用十分留意，我们就能听出一些声音包含的意义。在昆虫或青蛙的合唱中，最健康的动物声音最响亮或最持久。在繁殖期的鸟类中，曲调最丰富多变的个体将有更多后代存活下来。以北美各地常见的歌带鹀（song sparrow）为例，鸣啭啁啾声更丰富的雄鸟，比那些鸣声单调的雄鸟留下更多的子孙后代。

博物学家学会听音辨识动物种类，这项活动能让我们见识到周围多种多样的生物。当我最初学会听我家附近青蛙和鸟的声音时，我感觉感官范围都拓宽了。突然之间，我参与到数十种动物的交谈之中。可是一开始，我未能超越物种名称去关注每种声音内在的细微差异。弄清物种名称，我就止步不前了。然而，每种声音都承载着意义。有一些个体差异，比如歌带鹀歌声旋律和节奏的变化，听几分钟就能轻易分辨。还有一些更难辨认。比如乌鸦和渡鸦似乎无比复杂的叫声，抑或蛙声的细微差异。认真观察家附近不同的个体，我们可以弄清它们歌声中的很多含义。

未来研究中基本未知的一个区域，是发声与动物性别多样性的关系。几乎所有研究鸣唱的领域都以未经验证的二元论假设和异性恋假设来解释个体的性，认为一切动物的身体非雌即雄，一切伴侣都是雌雄配对。但这两种假设都不正确。很多物种具有非二元性别（non-binary）的个体，不是物种内部拥有三四种“性”，就是一只动物体内融合了雌雄两性的生殖细胞、身体形态和行为特征。在大多数脊椎动物中，双性个体出现的频率为 1% 到 50%

不等。例如，很多“雄”蛙睾丸里有生成卵的细胞。我看到那只春雨蛙的喉囊，以为它是雄蛙，但是从体内激素和细胞来说，它本质上很可能是雌雄混合体。一些种类的蛙中可能存在两类雄蛙：歌手和沉默的“附庸”。那些沉默的雄蛙通常体形更小，蹲踞在歌手附近。我在木板路上听春雨蛙的叫声时，大概 10% 的雄蛙歌手附近都有一位“附庸”。这类雄蛙并不努力去鸣叫。从人类视角来看，这种潜伏行为可能显得卑微而猥琐。但是雌春雨蛙有自身的审美，有时会选择与这类处于边缘的沉默者交好。就春雨蛙而言，歌手和“附庸”的关系很灵活，角色会随境况变化而转变。而就其他种类的蛙、一些昆虫和鸟类而言，动物个体会保持内在多种性别属性中的一种，整个繁殖期乃至终生不变。

不仅如此，有很多雌性动物也会鸣唱。而大量关于动物繁殖期鸣声的科学研究都集中于雄性。轻视对雌性声音的关注和研究，既是源于文化的偏见，也是源于地理的偏见。我们将成见投射到了“自然”之上。维多利亚时期博物学家在雌性动物身上看到安静的家庭生活，在雄性动物身上看到喧闹的、征服性的生命活力。20 世纪 80 年代，在“里根派”和“撒切尔派”交锋的时期，一些生物学家把鸣声描述成两性经济战争的结果：在个体自由竞争的市场中，沉默的雌性评估哪位饶舌的雄性最合它的意。如今，雌性大多天生沉默的观念已经被推翻。

直到最近，研究动物行为的科学家仍然大多生活在北欧和北美东北部温带地区。这些地方的动物特有的行为特征，助长了轻视研究雌性声音及其炫耀行为的偏见。在这里，雄鸟和雄蛙在公园和森林的声景中占据主导地位。但是在热带和南半球暖温带地区，雌鸟通常与雄鸟一样喧嚷。因此，欧洲和北美温带鸟类并不同于一般。一项世界各地鸟类调查表明，鸣禽家族中雌鸟鸣叫的占70%以上。重建鸣禽家族的演化树，也表明雌鸟的歌唱很可能在所有现代鸟类的共同祖先中就已出现。在胚胎期，雌鸟和雄鸟大脑的鸣唱中枢都会发育。因此，所有成鸟身上都存在源于演化和胚胎学的鸣唱基因。蛙类中，鸣声明显偏向雄性，但是雌性在社交往来中也会发声，有些鸣声似乎也能体现雌蛙的个体特征。在植物上依靠振动来交流的昆虫世界里，雌虫和雄虫常常形成二重唱，让颤动沿着植物的茎秆或叶片来回传递。雌雄小鼠在繁殖交往期间都会发出超声波，而这只是它们社交网络中范围更为广泛的声波交流的一部分。

达尔文在《物种起源》中写道，“伫立在旁边观看”的雌鸟，可能挑选出“旋律最动听或羽色最美丽的雄鸟”，促使雄鸟演化出更繁复的歌声和羽毛。他正确地指出，是演化塑造了“性炫耀”。然而受制于文化背景，他无法想到性的多样性以及背后的各种可能性。

我们这个时代所受的蒙蔽，无疑也束缚着今人的观念，让我们觉得没有必要去质疑有关性别角色的假定。我们可以拓宽达尔文的视野，认识到发声的物种无论是何种性别——雌性、雄性、非二元性别，都将声音作为社会交往的介质。这种更宽泛的视野既诱人又充满挑战。当我们倾听家园周围动物的声音时，我们能抛开成见，听出自然界丰富多变的性别形式吗？四周春雨蛙如雷声轰鸣的合唱，并不是在上演一个简单的雄性炫耀而雌性袖手旁观的故事。所有个体都有自身的性别属性——有很多是“雄性”和“雌性”的混合——也都在发挥自身的作用。这种让我一扫冬日沮丧之意的声音，在复杂的性别网络中充当信息含量丰富的媒介，引导着动物的行为。

***

关于动物繁殖之歌，有两个重要的谜题和耐人寻味之处。第一个是为什么任何动物都会耗费能量，不惜让捕食者知道自己的行踪也要发出响亮持续的声音？这种活动看起来既浪费体力又危险，但能让鸣唱者在广阔的区域内勾搭潜在的配偶，有时候还能可靠地传递健康状况信息。第二个谜题是繁殖炫耀中无比多样的音波形式。任何动物只要不断发出响亮的咕哝声，就足以昭告自己的位置和生命力。然而，即便在亲缘关系极近的物种之间，声音也有各种节奏、节拍和旋律模式，神奇的多样性超出了揭示鸣唱者位置和力量的需求。

例如，春雨蛙的近亲三锯拟蝗蛙[1]叫声刺耳，就像用指甲划拉塑料梳子的齿。另一种近亲太平洋树蛙（northern Pacific tree frog）的鸣声向上扬起，分成两个部分：*krek-ek*！关系更远的树蛙包括北蝗蛙（northern cricket frog），叫声酷似急速敲打燧

1 upland chorus frog，早先学名为 *Pseudacris feriarum*，近期变更为三锯拟蝗蛙（*Pseudacris triseriata*）的亚种。

石；无斑雨蛙（European tree frog，也译作“欧洲树蛙”）的哔哔声时断时续，就像一台疯狂运行的摩斯密码机；还有地中海雨蛙（Mediterranean tree frog）抱怨似的 *waar* 声。如果不同种类的蛙发出鸣声只是为了显示活力和脂肪储备，这些树蛙的叫声将听起来都是类似的 *peep* 声，大概仅因物种的大小差异而产生音高变化。这些蛙声都从相似的栖息地传来，因此不可能是因为声音传播上的不同需求造成一系列各不相同的蛙鸣。

再想想落基山脉的红交嘴雀和亚马孙雨林的那些动物。红交嘴雀的鸣声旋律复杂，曲折多变，间杂着嗡音和花腔。歌声打造得如此精致繁复，绝不单纯是为了不被云杉林中的风声遮蔽。夜间鸣虫的合唱、黎明鸟类的齐声喝彩，以及亚马孙雨林吼猴的叫声，实在神奇多变。这些物种适应了森林的声音传播特点。叫声也反映出它们与捕食者和竞争对手持续不断的斗争。然而它们声音的多样性，还有很多是无法用适应区域植被与生物环境，抑或传达肺部、血液和肌肉活力的需要来解释的。

动物之间的性活动，是促使声音分化的创造性力量。这种生成力主要通过三个方面发挥作用：第一是每种动物的感觉偏差，第二是避免近亲繁殖的需要，第三也是创造性最强的一个方面，即审美偏好。三个方面相互并不排斥。

每种听觉器官都适于接收特定的声波频率。这些频率通常能最可靠地传达危险或食物出现的信号。吻合这些最佳听音位置（sweet spot）的性炫耀，是最有可能被留意到并收到实效的。例如，水螨的听觉器官位于腿部，正好适于接收小型甲壳动物游动产生的声波频率。当水螨感觉到这种独特的嗡嗡声时，就会抓住猎物。雄虫以同样的声音频率给雌虫发送信号，利用这种感觉系统预先存在的偏差来求爱。

小型哺乳动物和昆虫通常生活在茂密的草木中，彼此相隔不远。它们的听觉范围延伸到了人类所说的“超声波”，是因为这些高频声波能揭示关乎周遭环境的重要信息。因此，这些动物在社交和繁殖中也采用超声波信号。例如，在人耳听来，大鼠和小鼠近乎完全不出声，但是这些动物具有丰富的语音库，包括耍闹的声音、幼崽呼唤母亲的声音、警告声和繁殖期的歌声。这些高频声波在空气中传播不佳，因此便于啮齿动物近距离交流，而不至于暴露所在位置。对于像鸟和人类这样在更大范围内交流的动物而言，低频声波能更好地远距离传播。这类动物的耳朵适于接收低频声波，繁殖期的歌声和鸣叫也与之相匹配。因而，多种多样的音波表达形式，反映了生物不同的生态学特征。

物种演化中必须避免与其他物种杂交，这可能也是促进分化的潜在力量。如果两类相近的物种或种群相互重叠，交叉繁殖的杂交后代有时会出现畸形，而且通常很难适应父母双方的栖息环境。在这种情况下，演化更倾向于能明显区分不同物种的繁殖炫耀，以免姻缘错配。

例如，我在美国纽约州北部沼泽地听到的春雨蛙鸣声，属于东部的春雨蛙种群。往西去，俄亥俄州和印第安纳州的春雨蛙个头更大，叫声更低，咕呱咕呱的速度更快。此外还有 4 个种群，1 个在中西部，3 个在墨西哥湾沿岸，体形大小和鸣叫风格各不一样。

春雨蛙这6个不同变种的血统，至少在300万年前就已经分化出来了，此后又出现了一些杂交和遗传混合。被我们的分类学家统称为“春雨蛙”的物种，其实是一个由6个遗传谱系组成的家族，每个谱系的繁殖期叫声都有细微差异。当不同氏族的春雨蛙相遇时，在相互重叠的区域，演化使蛙的鸣声和偏好变得格外独特，以便减缓种群间基因混合的速度。

因此，动物繁殖期的声音能巩固种群之间的边界。在此过程中，它们推动种群分化，彻底终止物种间的交流。这种割裂正是构建生物多样性的基础之一：物种一分为二。

千万不要将这些例子解读为支持人类种族主义法则和所谓“反种族通婚”文化偏见的证据。树蛙的不同谱系，至少在300万年里沿着不同的路径演化。而人类，就人种而言，并没有如此悠久广泛的基因分异。现代所有人类种群的共同祖先，最多只能追溯到几十万年前。与其他动物相比，人类种群之间存在的遗传差异和地理差异微乎其微。不仅如此，父母亲若是来自不同的地方，小孩也不会表现出更容易患遗传疾病的倾向。情况正好相反，当人类近亲结婚繁育后代时，反而会暴露出隐性的基因问题。最重要的是，我们应当相信全人类的平等和尊严，哪怕区别对待的背后有一些生物学模式作为基础，那也是不对的。其他物种的行为，并不能作为人类道德的参考。

为了避免交叉繁殖，有些物种繁殖期的鸣声产生了分化。但是这个过程绝不是普遍的。很多物种并没有出现杂交后代体弱多病的迹象，当血缘相近的物种生活在同一区域时，繁殖期鸣声也没有表现得格外不同。演化还有另一个技巧——通过性的美学塑造出无比精巧的结构。

1915 年，统计学家罗纳德·费希尔（Ronald Fisher）仔细思索了动物繁殖期的审美品位。达尔文曾提出，异性繁殖的动物演化出无用的装饰物，是为了迎合配偶的喜好。但是费希尔很不解，为什么动物对“看似无用的装饰”有如此强烈的欲望？为了回答这个问题，他首先指出，任何动物的演化成功与否，不仅取决于其后代能否存活，也取决于这些后代成熟后寻找配偶时的魅力大小。

费希尔推断，审美品位是基于区分健康配偶的需求。这些偏好由物种的生态习性塑造而成。他写道，腐蝇喜欢腐肉的气味，而哺乳动物呼吸中出现同样的气息，却表明牙龈脓肿。因此演化有利于物种形成特有的审美品位，使动物有一个标准（他称之为“粗略指数”）去评价潜在配偶的“总体活力和健康状况”。接着，费希尔提出他的关键见解：这类偏好一旦确立下来，就会进一步将求偶炫耀推向“华丽、完美”。吸引力推动其本身的演化。哪些动物的炫耀水平达到或是超过该物种的审美标准，就能留下众多后代，因为它们能吸引众多品质优良的配偶。审美偏好与浮夸的繁殖期炫耀通过演化连接起来，在自我成就的过程中相互促进。

即便炫耀“完全失去指示生命活力的意义”，浮夸的过程仍会继续。因此，繁殖期炫耀之所以受到演化的青睐，只是因为它的吸引力，而不是因为它代表健康。费希尔猜想，繁殖期炫耀会加剧浮夸的表现，直至捕食者或是生理极限终止其进一步增长。

费希尔给达尔文的孙子查尔斯·高尔顿·达尔文（Charles

Galton Darwin）写信，用数学方法概要阐释了他的观念。在没有证据支撑的情况下，他还提出了关于人类演化机制的假说。他认为就人类而言，性选择是从种族主义、优生学的视角来进行的。他断言，只有“更高等的人类种族”形成了与“道德品质”相应的美的标准。就像很多 20 世纪早期的科学家一样，费希尔深入解读了演化。他的见解为种族主义意识形态提供了不止一丝半点的支持，进而融合到他的白人至上观点中。现代理论学家已经推翻了种族主义，但证实了费希尔关于性选择和性炫耀协同演化的数学发现。尤其是 20 世纪 80 年代拉塞尔·兰德（Russell Lande）和马克·柯克帕特里克（Mark Kirkpatrick）的研究，以及 90 年代安德鲁·波米安科夫斯基（Andrew Pomiankowski）和约·伊瓦萨（Yoh Iwasa）的研究。这些生物学家断言，费希尔概述的奢华构造与协同演化过程具有坚实的数学和逻辑基础。他们认为，审美偏好和繁殖期炫耀的演化，确实能使最初朴素的交配信号膨胀成极端的炫耀。生物学家理查德·普鲁姆（Richard Prum）甚至提出，这一过程背后的理论“极其稳健”，应该视为性演化的“思想上恰当的零模型”（intellectually appropriate null model[1]），作为参照来验证其他观点。

费希尔和当代很多生物学家将这个过程描述为雌性的偏好驱动雄性的繁殖期炫耀。然而，演化超越了这种具有局限性的性

1 零模型是所有回归参数均为 0 的零假设。在多水平模型中，零模型是模型分析的前提，因为它能提供对组内相关系数的估计，从而判断是否有必要构建多水平模型。群落系统发育研究中的零模型是物种随机化的方法。

别角色观念。任何遗传性的炫耀都能与遗传性的偏好协同演化，这与性无关。如果是文化层面的遗传，动物的偏好从祖辈那里习得——正如在昆虫和脊椎动物中观察到的情况——那么费希尔所说的那种浮夸进程也会发生。无论如何，是偏好在触发并引导这个进程。动物声音的多样性源于听者的感官知觉和偏好，又通过偏好与炫耀的协同演化臻于精深繁复。

当代考察野外动物繁殖期炫耀的生物学家佐菲亚·普罗科普（Zofia Prokop）及其同事在一项调查中找到了证明费希尔进程的材料。此次调查的研究对象多样，包括蟋蟀、蛾类、鳕鱼、田鼠、蟾蜍、燕子……经过 99 次研究，研究人员发现，吸引力的遗传比身体活力的遗传更为普遍。如果研究结果适用于整个动物界，那么亲代发情期的偏好确实会使后代更具魅力，即便这种魅力除了有助于促成交配之外别无意义。

费希尔猜想，浮夸进程始于突出表现动物繁殖期健康状况的倾向性。但是发情期的任何偏好都可能成为这一进程的起因。如果感官系统适于接收特定频率或节拍的声音——也许是为了便于找到猎物——这个范围的鸣声就格外有魅力。小型种群中，偶然的改变也能触发这种品位与炫耀日益精进的协同演化。例如，当某种动物有少数成员因为移居到一座岛屿上，或是处于物种分布区边缘的偏远地带而与同类隔开时，它们发情期的偏好可能并不代表整个物种的偏好。从种群中挑选一个小的子集，这本身就具有随机性，因而这些小群体的非典型交配偏好，也是随机产生的。遗传漂变和代际之间基因频率的随机浮动，又加剧了偶然性——

这类波动在小型种群中尤其明显。漂移也会影响动物行为，比如，一些鸟的鸣唱形式不是通过基因代代相传，而是通过社会学习。任何怪癖都可以启动“费希尔进程”，使之沿着由动物最初独有的交配偏好决定的方向发展。

不出几代，遗传漂变就能使罕见的交配偏好在小型种群中占据主导地位。譬如，一小群雀移居加拉帕戈斯群岛一座岛屿之后，它们的鸣声很快从频率简单、稍下滑的连音，变成了更清晰的、分为两部分的扫频声。10 年内，移居者的鸣声几乎已经完全不同于生活在另一座岛上的原始鸟群。同样，澳大利亚西海岸的罗特内斯特岛上有一些常见鸟类，如红头鸲鹟、西噪刺莺和歌吸蜜鸟，鸣声明显不同于内陆地区的鸟类。内陆数千公里范围内很多鸟类种群的歌声如出一辙，岛上这些鸟却唱着自己的韵律和调子。栖居在岛上的鸲鹟和吸蜜鸟比内陆鸟类的鸣声更简单，岛上的噪刺莺则采用了内陆地区不曾出现的节奏，鸣唱类型更为多样。这些小群体被隔离在外围，因而逃离了迫使内陆地区保持一致的基因交流和文化交流。这类似于人类社会的文化交流。用记者、散文家丽贝卡·索尔尼特（Rebecca Solnit）的话来说，边缘是“权威力量消退、正统观念减弱的地方”。因此，岛屿和其他边缘栖息地，正是创新和改变的温床。

品位和炫耀的协同演化，对声音的分异与物种形成都是一种助推剂。微小的差异被放大，解释了动物发情期喧嚣浮华、五花八门的炫耀形式。尽管变化多端，繁殖期炫耀的差异也不是任意为之，它们反映出物种特定的历史和随时间推移而累积的生态习性。

“费希尔进程”具有一种即兴的性质。当音乐家即兴创作时，他们运用灵感和音乐元素，来回推敲，边听边思索，使乐曲更为完善、动听。演化以类似的方式工作，尽管它的乐曲是通过塑造DNA 脚本和动物的学习经验来创作的。每种动物都自带一组不同的倾向和小癖好，随后通过偏好与炫耀相辅相成的演化过程，逐渐变得复杂精细。

这种音波演化观念令人耳目一新地开启了新奇和不可预测的世界，与中规中矩用功利主义来解释声音多样性的成因形成鲜明对比。没错，森林或海岸的声音是有秩序的，揭示了世界的物理和生态规律。然而，演化运行中也存在不可预测的创造力。当我倾听多变的鸟鸣或不同的蛙声、虫声时，我听到了豪放盛大的混沌之声，演化沉醉于自身的美学能量。然而大部分人听到荒野之声，往往对其中的秩序和一致性感触更深，并将其比作交响乐和管弦乐——这类音乐形式的美和创造力，是从协调和层级关系中产生的。可预测的秩序和反复无常的奇想，共同创造了我们这个世界的音波奇迹。在人类演化道路上，美学伴随语言和音乐而产生，它似乎喜欢这些秩序与动荡、统一和多样之间的张力。

物理法则对动物声音的影响，比物种特有的即兴发挥史更容易测量和记录。“费希尔进程”如幽灵一般飘渺不定，其创造行为没有留下任何可以让我们去发掘的声音化石。然而，在近缘物种之间基因配置与声音模式的细微差异中，这个幽灵留下了行进的足迹。

在“费希尔进程”中，审美品位与炫耀的鸣唱形式协同演化。品位的改变促使炫耀更为绚丽繁复，反过来刺激品位进一步夸张，由此导致审美偏好与繁殖期炫耀形式的遗传相关性。具有极端炫耀基因的动物，同样具有极端的偏好基因。迄今通过研究不到 50 种生物得到有限的遗传学证据，表明对大多数物种而言，炫耀和交配偏好的基因确实彼此相关。研究对象多为昆虫和鱼类，这些动物繁殖期的声音都是相对方便考察的颤音、嗞嗞声和唧唧声。更复杂的声音，像隐夜鸫的音色——缓慢、丰富的小引，与后来快速的转调形成对比——还有座头鲸歌声的旋律形式，以及小鼠尖细的超声波叫声中细微的调子和节奏，其审美偏好的遗传学特征尚不为人知。我们还没有研究过那些自由生活于美学领域的动物的行为遗传。目前我们可以说，迄今所能获取的遗传学证据，是吻合费希尔观点的。

“费希尔进程”也留下一些更便于我们用日常感觉去体会，而不是用统计学上的基因相关性去分析的证据。听听周围动物的声音。我身边春雨蛙、拟蝗蛙、木蛙和蟾蜍的鸣声都从这片春日池塘中传来，然而它们发出的一系列声音：洪钟似的咕呱声、有节奏的刮擦声、勒住脖子似的咯咯声，以及甜美的颤音，远远超出了传递消息或通过植被传播声波的需要。亚马孙雨林螽斯的唧啾、啁啭、漫弹、嗡鸣和哨音采用了多个节拍，这些多样化的展示带有奢华审美的标志。鸟的鸣声变化之多令人吃惊，超越了单纯传递身体活力的功利需求。

这些日常体验可以采用由 DNA 推导出来的演化树来更正式

地分析。每棵树代表动物物种的起源和分化史，即我们所关注的物种的家族谱系。在树上标记出鸣声形式或其他繁殖期炫耀，我们就能追踪声音随时间的改变。从这些树上，我们既能读到预期中物理限制留下的痕迹，也能看到历史的变幻无常。从鸟喙的长度到啾啾鸣虫翅膀的面积，动物的体形大小明显受到鸣声频率和速度的影响。大型物种相比其体形娇小的近亲，通常鸣声较低，带有更缓慢的颤音和旋律。同样，环境和生物学背景，包括周围草木的疏密，捕食者和竞争者的出没，都会塑造鸣声的形式。但是除了这些因素，鸣声在节奏、旋律、转调、音色、响度、渐强和渐弱以及节拍上的演变（在人类语境中，我们管这些元素叫作音乐形式或音乐风格），都像精灵一般难以捉摸。

标记在演化树上，我们就能看到，鸣声随时间的扩展和收缩是不一定的。韵律和音色的改变似乎不受任何法则的控制或指引。生物学家在公布发现某个新种时，可能会借助演化树和有关动物身体大小以及栖息地的信息，尽可能猜想这种动物最普遍的鸣声特征，诸如频率，也可能提到节奏。但是他们无法猜测声音的其他特征。这些演化模式虽然不能证明“费希尔进程”促使声音更为繁复，然而与其观点是一致的。就目前来说，这些演化模式也无法用其他已知的演化进程来解释。

在周围的声音中，我们听到一大波演化力量，就像活泼的溪流一般，浩浩荡荡地汇聚起来。其中有费希尔灵活多变的进程，遗传中避免与其他物种杂交的必要性，如实传递身体健康信息的益处，动物身体的多种形态和大小，自然环境中不容打破的物理法则，以及动物在竞争者、合作者和捕食者组成的复杂社群中，给自己的声音找到立足之地的多种方式。

***

诚实的信号、感官的偏见、偏好与炫耀的协同演化：这些演化机制对现生动物意味着什么？

每种生物自有一套美学观念。春雨蛙内耳的接收频率与繁殖期炫耀使用的音频范围一致，这样才能听到邻居的 *peep* 声。在春雨蛙审美判断的道路上，听觉是第一扇门。所有靠听音来寻觅并选择配偶的动物都是如此。每种动物耳部的解剖学结构和敏感度，构建了通往审美体验的第一扇门。

第二扇门更为狭窄，那就是每种动物对鸣声的节奏、节拍和音量以及旋律结构特有的偏好。春雨蛙的耳朵会受到很多声音的感召，有时也包括近缘物种的声音。但是只有一种声音能让雌蛙主动去触碰那位鼓着喉咙的歌手，开启交配之旅。雌蛙对声音的辨识有多方面意义：挑选一位精力旺盛的配偶、远离传染性疾病、避免与其他种群杂交，或是在时机成熟时，确保后代唱出让其他青蛙觉得有吸引力的歌声。不过对青蛙来说，审美偏好背后的故事虽说来话长，但都归结于当下的体验。空气中的震动模式如果正好合适，就会激活潜藏在青蛙基因、神经系统和身体里的知识，让雌蛙听懂这叫声的内涵。

因此，审美体验是以所有动物自身具备的知识来迎合外部世界。结果是主观的，取决于每种动物以及个体的感知能力和偏好。只有一只春雨蛙能真正理解雄蛙的 *peep* 声。

我们并不清楚这种体验是如何呈现在蛙的主观体验中。即便在人群中，我们也不能以自身经验来揣度别人。我听到声音，既是耳部的感知，有时也是身体对光和运动的体验。对其他家庭成员和友人来说，同样的声音让人看到颜色，每个音高都有一种色彩。感觉是一张鲜活的关系网，这张网在我们每个人身上都有微妙的形态差异。因此，很难想象他人对声音的体验。想象其他物种的体验就更难了，最多也就是以温和的猜想去接近。春雨蛙庞大的嘴巴和鼻子对气味极其敏感，因此，它们体验到的声音，也许就是有气味的水汽或爆炸。或者，*peep* 声会在胸腔引起运动感，呼应发声者，就像我们有时听音乐会情不自禁地动起来一样。蛙的生理学研究表明，蛙声传到其内耳，不仅是通过鼓膜，还通过前肢和肺部。因此，蛙听声音，也许更像鱼儿整个身体浸在水里的感觉。我们生活在令人着迷的异己世界中。有如此多样的体验共存，足以滋养我们的想象力和谦卑之心。

人类可以凭借科学、共情和想象来接近其他物种，但是这些活动同样是主观的，是一种动物由自身感官偏差和品位出发来完成的，其中也包括我们对特定观念的审美偏好。性炫耀的科学研究史，对应于不同年代的价值观。我们听其他动物的歌声，也会经过我们所青睐的美丑观念过滤。

但是主观性并不意味着我们无法感知真相。当审美体验植根于和世界的深度交流时，它能让我们超越自我的局限，更全面地理解“他者”。外部世界和内部世界相遇了。主观获得了某种程度的客观见解。一次对美丑的体验，就是一个学习和拓展的机会。

生物学家很少讨论美学或美。即便谈到，也是在演化语境下，局限于特定的性炫耀，也就是我们人类觉得迷人的或是有趣的：刺耳的鸣唱和鲜艳的色彩。动物更安静的性感之美，不在生物学美学理论探讨的范围内。我们忽略雌鸟安静的 *chip* 音和不起眼的橄榄绿色羽毛，即便雄鸟会被这些性感的美深深吸引。不仅如此，所有动物都会对社会关系、食物、栖息地和它们跨越时空的活动节奏做出复杂的选择。每做一个选择，都需要神经系统整合内部知识和外部信息，由此产生动机，进而行动。每个物种都有自身的神经结构，然而所有物种的神经细胞和神经递质都是同样的。除非演化从人类的神经中打造出了一种完全不同于我们那些表亲的审美体验，否则在非人类动物对世界的理解和抉择方式中，美学就会起到核心作用。如若不然，我们就只能假设人类和其他动物之间隔着一堵经验之墙。然而并没有神经学或演化证据表明存在这种分歧。

思索一下我们生活中形形色色的美学体验吧。人类生活中每个重大决策和重要关系，几乎都要靠美学判断来仲裁。

我们要住在哪里？我们总想更换栖息地，无论是家还是周边环境。有些地方让我们觉得非常美，或是非常丑。还有一些地方给我们的美学感觉仅仅是“还行吧”。这些判断进而让我们不惜耗费大量心血，在我们所能选择的最美丽的地方定居。

如何判断环境的变化？我们通过美学反应（aesthetic response）

来评估周围环境。当我们在一个地方居住多年后，感知体验会格外深刻。有时候，我们会因河流、森林和社区环境被破坏得满目疮痍而痛心疾首。但是当一个地方出现契合其生物学特征的新生命时，我们又会觉得恰如其分。美学是环境伦理学的本源之一，具有强大的教育意义和激励作用。

是谁创造了美好的东西？美存在于手工、艺术、创新、勤奋和坚持不懈之中。我们从他人劳动中看到美，我们渴望在自己身上找到美，我们对工作过程和产品也有美学反应。

我们应该采取何种行为？我们生活在关系网络中，能随时意识到网络内部行为的美丑。我们对此深有体会，无论自身行为还是与他人交往，都受美学反应的指引。我们对人类行为的道德判断，与关系美学密切相关。

我们的茁壮成长呢？从新生婴儿的欢声笑语、长辈睿智友善的建议、儿童和年轻人令人吃惊的技能增长，以及对未来潜力的感知中，我们都能找到美。

在所有情况下，美学判断都源于感觉与我们思想、潜意识和情感的结合。深层的美感体验，由基因遗传、生活体验、文化教诲和当下的身体体验共同得出。在此过程中，美感体验可能更接近真相，更具激励性，比感觉、记忆、理性或情感作用单独的力量更强大。当我们体验到美时，大脑多个区域被“点亮”，不同神经中枢连接成网络。脑部与情感和动机相关的区域被激活，运动中枢也是如此——感觉和行为合二为一。无怪乎美的体验将人们维系在一起——形成配偶、家庭和文化——驱使我们的行为符合通过美学体验得到的认识。美激励我们去联系，去关注，去行动。

为什么要这样做呢？在《树木之歌》中我曾提到，通过深刻地体会美，我们可以像艾丽丝·默多克（Iris Murdoch）所说的那样，“消解自我”（unself）。我们将自身的内在经验与他者——包括其他人以及我们的非人类亲属——的共同经验连接起来。这种开放让我们得以部分超越自我的狭隘障壁。因为所有的生命都由联系和关系而来，要理解整个世界，就必须跳出我们的头脑和身体之外。因而，美是演化建立的奖励和指引机制，目的是帮助我们关注真正重要的东西。美的体验有多种形式，因为世间有太多东西需要去关注，而每个语境都需要自身的审美。

那些将基因传递给我们的人类先祖，在安全肥沃的土地上找到了美，在合适的伴侣关系中找到了美，在顺利完成的工作、具有创造性的成果，以及爱人的身体和婴儿咯咯的笑声中找到了美。这一切美的体验指引我们的先辈建立关系，采取行动，从而生存下来。当我们与人、动植物、土地和观念组成的“他者”世界联系时，美让我们的内心燃起一束光，从而滋养并建构主观经验，伸出卷须探入客观世界。美学——对感官知觉的鉴赏和考察——指引并激励我们超越自我去追寻真理。

在失去根基的工业化世界中，美也可能欺骗我们。我们往往将感觉与行为造成的后果分离开来，把虚幻的愉悦体验建立在别处的丑恶局面之上。如果我们能直接感受到那些丑陋的后果，本该停下来想一想。最明显的就是国际贸易。我们生活中美丽的货物和食品，有时候来自遭受剥削的地方。就连声景也可能误导我们。

在远郊地区，树上轻柔的虫鸣鸟叫令我们心旷神怡。然而我们能有这种体验，很可能只是因为有交通繁忙的高速路将我们连人带物送到这些声音“绿洲”中来；还有矿山和工厂的噪声，为了修建广泛的基础设施网络，创建并维护低密度郊区，这些都是必需的。吊诡的是，我们为了寻求耳目清净、亲近其他物种，反而增加了世界上人类噪声的总量。化石燃料改天换地的力量，很大程度上驱使我们的感官与行为后果分离。

这个时代面临的一个危险，就是我们能从隐藏着碎裂、毁灭和杂乱的体验中，找到让自己满足的美。演化的建构已经使我们受制于审美体验的力量。我们无法摆脱这种天性。我们也无法轻易逃离生活中无所不在的工业结构。然而我们可以努力去倾听，让我们的美学感觉植根于生命共同体，感受那些根系的发展壮大，从中去学习。这是何其快乐的事！

因此，我回到春雨蛙所在的那个阴冷沼泽去打开我的双耳。来这里听蛙声唤起春日复苏，成了一种仪式。我不单是想用森林之声来润泽冬日枯寂的耳朵。除了眼下这点乐趣，我也让其他动物的生活进入我的身体和灵魂深处——以何种方式，目前还说不清。以此为切入点，才有可能进一步了解和亲近。然而最重要的是，倾听让我乐在其中。这是演化馈赠的礼物。收集并整合知识，从事这项对动物的生存和繁衍壮大至关重要的工作，不亦乐乎？审美体验给我们带来即时的回报。在满足自己当下的渴望时，我们也在为演化的长期计划效力。在混乱嘈杂的世间，我们能否接受先祖的礼物，仔细倾听？

语音学习与语音文化

仲夏时节，阳光明亮。然而空气中有了一丝雪意。狂风和脚下滚落的石块让我跌跌撞撞。我极力保持呼吸。在稀薄空气下，无氧运动令大腿灼热而酸痛。接下来一小时，我将四步停下来呼吸一次，四步停下来呼吸一次——低地地区的人要想接近4000米高的山峰，就得依从大山的节奏。在落基山脉节节高耸的山脊上，这里就是一段脊椎骨。

科罗拉多山东部的高原上，褐色的草原植被已经撒下种子，羽翼初成的草地鹨一边追赶着父母，一边张着嘴尖声大叫。对草原上这些动植物来说，夏季育雏播种的时期已经到来。然而在高山上，春天才刚刚开始。有几处积雪尚未融化，其他地方却繁花盛开。冰雪覆盖9个月后，阳光和雨水浇灌出了石头地上的璀璨繁花。每朵花，都是对漫长冬季的公然挑战。

这片苔原上没有一种植物高过我的膝盖。山翁菊（*Hymenoxys grandiflora*）和无茎四脉菊（*Tetraneuris acaulis*）擎着巴掌大的金色和柠檬色花朵，茎秆仅有我的手指长。十步就能越过数百盏耀眼的金盘。其中间杂着垫状蝇子草（*Silene acaulis*），精雕细琢的窄小深绿色叶片形成海绵似的烟雾，捧出数十朵粉紫色花朵，每朵花有一大滴露珠那么大。钝裂米努草（*Minuartia obtusiloba*）也有大小相似的白色花朵，从1厘米高的垫状肉质小叶片中露出头来。相比这些贴地植物，苞蓼（*Eriogonum*）的花朵高高在上，数百朵微型小花簇拥成火炬状，在纤细的茎秆顶端摇曳。这种苞蓼是此地数十种野花中的巨人，能达到我的脚踝高度。微缩的路边青、紫菀、水叶草和福禄考，增添了更多不同色调的紫色。多数植物的茎上密被银毛。植物不单靠这层细毛防御风和紫外光的伤害，深色的叶片还能捕捉热量，在短暂的生长季加速植物内部的化学反应。花朵也善于捕捉热量，它们温暖的花蜜为来访的昆虫提供了可口的高山热甜酒。

如锦缎般铺开的小花之间，点缀着灌木状的高山柳树和雪地柳树。它们长在齐膝高的整齐土丘上，边缘光滑，就像从洼地流出，灌注到了小盆地中，紧贴着地势最低、最湿润的地段。与野花一样，柳树的茎和叶也是毛茸茸的。每株植物上都装点着绿色的刺状小饰品，里面裹着尚未成熟的种子。当冰雪初融时，柳树的花朵先于叶片出现，在暖和日子里，它用花粉和花蜜迎接一年中最早到来的蚂蚁、蜜蜂和苍蝇。

毛果冷杉（*Abies lasiocarpa*），一种在低海拔地区可长到20多米的乔木，在这里也是驻守前哨阵地的低矮抗风树种。每棵树都趴伏在地面上，从横向生长的树干上发出新枝。枝条密密围绕着横倚的主干，使每棵树都成了一片扁平、狭长的茂密灌丛，人靠四肢根本爬不过去。也有几株矮矮的树不甘心趴伏在地面生活，向上伸出几米高的旁枝，试探着往天上找出路——这些嫩枝全都呜呼哀哉，被凛冽的寒风冻死了。它们像孤零零的旗杆一般，枯黄斑驳的残桩指向下风口，标识出盛行风向。

不到一臂之遥，就有成千上万朵花。目之所及，更是无以计数。这是植物学上的高度烈酒，高山上的阿马罗酒[1]。令人称奇的花木结构浓缩为几厘米高的一层：莲座状的叶片、扇形的花瓣边缘、茎秆构造中优雅的节奏感，以及数十种叶片形态。眼睛看惯了大尺度风景，此刻需要我俯身近前去细看。五体投地难免压坏纤弱的花朵，嶙峋的山石也硌得难受，于是我蹲坐在山间的便道上，听任头脑因缺氧和苔原令人惊叹的春花而眩晕。这些小个子植物大多很古老，有些已达 200 岁高龄，它们坚韧的根系深埋在地底，年复一年地更新着地面上纤弱的绿色茎叶。

我们称这个地方为“树木生长线”。这是一道界线，但是没有明确的边界，只是几种能在树木生长上限蓬勃成长的花草织成的斑斓锦缎。少数植物种群能延伸到更高处，接近山顶，但是大多数停留在冷杉丛和柳树丛与开阔苔原混杂的地方。一直往山顶爬，最多需要一个小时，就能穿越这个世界。然而这段狭窄的海拔范围掩盖了栖息地范围的广阔。这里的植物沿落基山脉的高处分布，然后一路穿过北半球没有树木生长的巨大苔原。例如，山道上小片

---

1 amaro，一款鸡尾酒，用意大利语的“苦痛”命名的草本利口酒。尽管不同的地方有不同的配方，但最正宗的阿马罗要在意大利才能喝到。通过在白兰地、中性烈酒或葡萄酒中混入特定的草药、根、花和香料等材料，放入橡木桶或酒瓶里陈酿，最终制成酒精度数为 16%—40% 的酒。

区域才能见到的垫状蝇子草，在北美、欧洲和亚洲分布于高山地区，在环北极的开阔苔原却十分常见。

风是这里主要的声音，它要么沙沙、嗖嗖地刮过我耳边，要么带来海拔更低处冷杉、云杉和软叶五针松（*Pinus flexillis*）的呼啸。在狂风的间隙中，传来动物的声音：熊蜂的翅膀嗡嗡作响；渡鸦的呱呱声在山脊上随风盘旋；*ewk*！鼠兔从邻近的碎石堆发出叫喊；美洲鹨 *pitpitpit* 的鸣声在开阔苔原中回荡，它们在找虫子吃，为求爱和产卵提供能量。在这些相对简单的声音中，从杉树斑驳粗糙的树干顶上，又传来一阵更华丽的旋律。先是稳定的小引，较高的嗡鸣，一种颤音，然后三次向下扫弦，整个乐句展开，也不过短短两秒钟。歌曲重复，接着从 20 米外的柳树灌丛传来一声应答，从山下茂密的杉树林又传来一声。曲调复杂，但是并不杂乱。纯净的音调和精心打造的结构处处轻盈、雅致。它们的声音好比花样滑冰：两次长长的滑行，跳跃旋转再加速旋转，快速停步，平稳落地。控制、速度、优雅，与杂乱无章的风形成鲜明对比。

这几位歌手是白冠带鹀，它们会在高地乡野中建立领地，匆匆度过繁殖季。这些鸟全年大部分时间逗留在山上海拔较低的越冬地，也有一些待在新墨西哥州和得克萨斯州南部开阔的灌木丛中。它们背部的棕色和黑色条纹以及胸部的灰色与植被混合，但头部色彩突出。突兀的黑白条纹贯穿整个头部，在一片绿色和灰色中像灯塔一般耀眼。即使在我视觉分辨率的临界点，穿过 100 米的苔原，我也能在它们跳跃飞舞时看到那些带条纹的脑袋。

这里对鸣禽来说似乎是一种极端的环境，但是以它们的眼光来看，这片山坡综合了多种好处。短暂的夏日带来大批可供捕食的昆虫，竞争者却很少。野花野草很快就会结出大量的种子，足以将低海拔地区的金翅雀和灯草鹀吸引到这场夏日盛宴中。融雪形成的溪流边，很容易找到水，这在干旱大陆的内陆地带是难得的奢侈。此外，尽管它们站在高处鸣唱时十分显眼，但是一旦发现歌鹰觅食的危险迹象，它们就能飞落到如同低地最密的荆棘丛一般茂密的植被中。这里的植被也能保护它们的巢不被渡鸦发现。

人眼很难分辨雌雄白冠带鹀之间的区别。它们突兀的头部花纹，对雌雄两性而言都有传递社交和交配信号的作用。条纹宣告鸟的存在及其健康状况，此外，扬起的冠羽也能表明鸟类情绪的细微变化，从高高竖起显示焦躁，到压低冠羽提示报警，再到头顶鼓起表明放松。在繁殖季节，唱歌的多数是有领地的雄鸟，一些雌鸟也会以鸣唱来守护自己的觅食地，或是驱逐对手。

我坐在碎石路上静听鸟鸣，吃惊于每只鸟的歌声都有各自的音高和结构。个体特征一下子就显出来了。第一只鸟，爪子紧抓着杉树枯枝的那一位，起手就是高音，这个音调后来在我的录音器上飙到了4500赫兹，堪堪超过钢琴上的最高音。从纯净、稳定的序曲，又跳到频率相当的嗡鸣，接着是带有金属质感的颤音。最后三四个音符是 *Eee-bree-tree-tewtewtew*，从5000赫兹急速下降到3000赫兹。柳树上的歌手一开始则缓慢得多，这样就与第一位歌手区分开来。歌声中嗡鸣的频率跃升，接着直接进入两次扫弦，忽略了颤音，听起来就是 *Bee-bree-tewtew*。来自山下杉树林的第三只鸟又做了一次改编，起调介于另两位歌手之间，频率为 3500 赫兹，接着是一声更高的嗡鸣，一声硬朗的啁音，一声颤音，五次扫弦，听起来就是 *Eee-bree-chip-tree-tewtewtewtewtew*。接下来几分钟，几只鸟来回唱和，有时像是彼此应答，有时乐句也会相互重叠。每只鸟的歌声保持不变，独特的频率和各部分编配循环往复。

关注了短短几分钟，我就略微了解苔原这片区域的方言了。

***

加利福尼亚州的莫里角（Mori Point），就在旧金山的市中心以南。这座海岬撕碎了从太平洋涌来的浪涛，给那些畅通无阻奔袭数百公里的海浪划出一道坚硬的边界。伴随岸边悬崖激起的咆哮和在海滩卵石间默默消去怒火的浪花，海水的能量悄然散去。一行鹈鹕从雾中隐现，步调一致地拍打着翅膀，沿海岸方向朝北飞去。

一只白冠带鹀在大片齐腰深的小球花柳菀（*Baccharis pilularis*）灌丛中歌唱。我认识序曲的纯音以及紧随其后的嗡鸣和扫弦，但是这个模式跟我之前在山上听到的都不一样。序曲分成了两个音符，颤音消失了，尾声多了几个音符，以紧凑的重音收尾：*Eee-eee bree-tewtewtew-chuchuchu*。另一只鸟回应了，序曲也是两个音符。乐曲第二部分稍快一点，扫弦和结尾的啁音更少：*eee-EEE-bree-tewtew-chuchu*。像山上的鸟一样，每只鸟重复自己的歌，音高和乐句编配变化始终保持如一。这里的鸟在某些风格元素上似乎一致，比如开头的分隔和结尾的装饰音，除此以外仍然有个体差异。

那天晚些时候，就在莫里角北边，我在旧金山的金门公园听十字路口的车声。公园里有 6 条车道从中穿过。刺耳的刹车声、喇叭的轰鸣和无所不在的发动机转动声，界定了这里的声景。邻近主干道一处应急避难营地旁边的灌木丛中，一只白冠带鹀正在歌唱。一个长音符，接着是 7 次扫弦，没有装饰音，也没有嗡鸣声：*Eee-tewtewtewtewtewtewtew*。我沿步道向西漫步，离交通噪声远一些。又有两只白冠带鹀在荒草附近灌木丛中歌唱。像第一只鸟一样，它们以单独的音符开始，省掉了嗡鸣，发出多种扫弦音，每种 10 次或更多。它们还把扫弦一分为二，一部分是音调更高也更明显的 *Stee*，另一部分则是 *tew*。一只鸟重复发出更多的 *Stee*，另一只鸟则发出更多的 *tew*。

我回到家，打开笔记本电脑。无数挥舞着麦克风的观鸟人，将帮助我踏上一场探究北美各地白冠带鹀鸣声变化的想象之旅。我登录了两个网站。这两个网站收集的野外录音均由鸟类爱好者上传，汇集成了巨大的声音数据库。自 20 世纪 20 年代以来，康奈尔大学鸟类学实验室所属的麦考利图书馆（Macaulay Library）的科学家一直在做声音整理和归档。加上志愿者的贡献，如今野外录音已逾 17.5 万份。Xeno-canto 网站则由荷兰鸟类学家于 2005 年创办，收集世界各地观鸟人和科学家提供的录音。如今存档的条目超过 50 万条。每条记录中，声音的快照都由数十亿个微芯片电容器和晶体管的电荷保存下来。我点击一下鼠标，耳边就快速掠过保存在硅晶记忆中的生命对话。

麦考利图书馆网站给出的第一条搜索结果，来自阿拉斯加的德纳利高速公路（Denali Highway）。2015 年 6 月 14 日，鲍勃·麦圭尔（Bob McGuire）录到一只白冠带鹀的鸣声，序曲分为两声，紧随其后的音符围绕中间稳定的音调出现两次快速波动，结尾三次嗡鸣的频率先升后降：*Eee-ee-diddle-Wee-Bee-Too*。没有扫弦，没有颤音。相比科罗拉多和加利福尼亚的鸟，调整体现在 *diddle* 的创新上。我又登录 Xeno-canto 网站，放大阿拉斯加的地图，点击有颜色标记显示数据库中有声音记录的地点。我想象录音师们是如何伫立在阿拉斯加夏日凉爽的空气中，一边闻着柳树、冷杉和云杉的气息，一边听鸟的叫声。每一段录音都捕捉和分享了人类试着去理解并尊重其他物种的一个特定时刻。里面记录的鸟鸣都是麦圭尔录制的那首乐曲的变体，序曲音调和嗡音的频率各不一样，但整体模式都一样。我将鼠标向西移动到阿拉斯加的诺姆镇（Nome），又向东移动到加拿大育空地区，一抬手就越过了连绵的山脉，听到的鸣唱风格都大同小异，只是在诺姆有些鸟把第二个音符变成了颤音。

接着往南移动到俄勒冈州。*Eee-diddle-buzz-tew*，又是一种混音版本。歌曲中的嗡音来得更早，快速扫弦加到了结尾部分。俄勒冈州的其他鸟类保持着这个框架，但是增加了更多的扫弦。稍往北，靠近西雅图，鸟儿们发出了第二声嗡音和一些曲折悦耳的扫弦，比俄勒冈州的鸟鸣更为花哨。

白冠带鹀的繁殖地见于北美最北边各个地方，既包括苔原和北方森林边缘的灌木丛，也包括西部山脉更靠近南边的低矮植被与杂草混合的地方，以及太平洋沿岸一带。白冠带鹀的栖息范围广泛，共计 300 多万平方公里，个体数量约有 8000 万只。歌声多样性显示出它们生活中的一些复杂特征，也揭示出庞大种群内部的层次和纹理。

当我倾听旅行留下的声音记忆以及其他人在漫步中留下的电子礼包时，我感觉到，人类文化和个体生命中如此丰富的声音，也不过是物种音波创造成果的一种体现。

***

在美国南部，冬季是白冠带鹀迁徙的季节。这些候鸟给田纳西州的田野和花园带来了一丝苔原与北方森林的味道。在休耕的棉花地、玉米地边的灌木丛中，它们四处搜寻夏天残留的草和草本植物的种子，翻找土壤中的昆虫。候鸟们只在这里度过更阴暗的几个月，就会返回北方的繁殖地。它们的亲戚白喉带鹀也在这里越冬。白喉带鹀的喉部像戴着白色的围兜，眼睛上方有几抹黄色，头部条纹不像白冠带鹀那么清晰，区别一目了然。白冠带鹀喜欢田野，白喉带鹀则青睐乡村花园和森林边缘更茂密的植被。这些偏好也反映在它们繁殖期的栖息地上：白冠带鹀选择灌木丛生的开阔土地，包括北极圈没有树木生长的北部地区；白喉带鹀选择北方灌木丛、沼泽和森林边缘。田纳西州的冬天通常半心半意，温度大多停留在零度以上，因此昆虫很少完全蛰伏不动。2 月下旬，田野里出现第一批开花的宝盖草和碎米芥，可食的种子很快随之而来。对过惯北方苦寒日子的鸟儿来说，这里的生活舒适而惬意。

随着白昼增长，鸣唱开始了。光线渗入鸟类的头骨，浸泡埋藏在脑部的感受器。感受器一旦焕发光彩，就会使血液中激素含量剧增，并向大脑“节点”发送信号，激活肺部和鸣管。鸟儿们感觉到春天奔涌的活力，昂首唱起歌来。冬季，白冠带鹀至少用 9 种短促的叫声来交流，每种叫声适用于不同的语境——独自栖息或飞行时发出 *pink* 声，遇到其他鸟时发出简短的颤音，相互追赶时尖声叫喊——只有偶尔才会爆发出歌声。春季，雄鸟创作歌曲的热情尤其高涨。

听白冠带鹀唱歌或许是一件很有趣的事情。我常在花园里停止挖土，或是在乡间小路上停下脚步，情不自禁地微笑。雏鸟练习唱歌，就像人类的婴儿牙牙学语一样可爱。它们乱试一气，唤起一种新奇感，又像是在玩耍。

一只白冠带鹀雏鸟发出两声哨音，类似成鸟序曲的音符，但是每一声都在颤动，似乎无法保持稳定。另一只鸟仅发出一声哨音，也是颤颤巍巍的，接着是三次粗糙的扫弦，*Te-e-rew*，不像成鸟发出的 *tew*。第三只鸟开场是稳定的哨音，接着五次扫弦，起初清晰，随后就断开来，结结巴巴的。这些鸟儿反复唱它们的乐句，只是节奏稍稍改变一下，要么在哨音后暂停，要么收尾的扫弦音符缩短。从每只鸟的声音都可以马上辨认出它是白冠带鹀，但是与成鸟相比，幼鸟发出的声音元素编排混乱，音色不稳定，而且每次反复都不一致。

白喉带鹀雏鸟的叫声同样含混而飘摇不定。成鸟的歌声是音色干净的一连串丁零，两声长，接着三声分解为三连音：*Ohhh-sweeeet-canada-canada*。通常第一个音符较低，但是有些鸟的起音高，然后再下降。第二个音符由稳定变为略显磕巴。白喉带鹀在北美东部的北方森林营巢，在美国南部各州越冬。地理分布范围相当广泛，鸣声又音色纯净。因此白喉带鹀是这一片最著名的鸣禽，它的声音也成了南方冬末和北方夏初的标记。

Can-a cana ca，白喉带鹀雏鸟在第一个春天唱出的，是成鸟歌声不稳定的"拖奏"[1]版。它们的犹豫、创新和犯的错误，都和人类婴儿咿呀学语的情形极其相似。*O-sw-swee*，*Sweet-cana*，我听见它们在学习、玩耍、试验，也在逐渐成熟。我喜欢听这些声音：*Ohhh-swee-ee-eet*，它们既标志着眼下的安康，也预示着未来的潜能。

在田纳西州，我们听到的只是雏鸟声乐发展的后期阶段。当它们还待在北方的繁殖地，离巢不久时，它们只发出极零碎的轻柔细语，即便近距离也很难听清。在这种呢喃中，鸟儿陷入了恍惚。它们眼皮低垂，身体萎靡，好似沉沉睡去了。在这种状态下，体内会分泌出一种让它们感觉良好的激素——催产素。研究表明，这种化学物质能促进并协助鸟类和哺乳动物学习发声。几个月后，最

1 原文为 shuffle。这种节奏起源于乡村布鲁斯音乐，将三连音中第二个拍点去掉不弹，整体听起来很有力量，有顿挫的感觉。

初萌生的歌声变得更加响亮、更加连贯。恍惚状态从它们的生活中消失了，也许在成鸟睡眠期间，这种甜蜜的童年回忆还会短暂重现。

像人类一样，白冠带鹀通过听其他成员的歌声来学习发声。它们的歌声代代相传，不是通过 DNA 编码，而是通过雏鸟全神贯注竖起耳朵倾听前辈的歌声。落基山的白冠带鹀与加利福尼亚的白冠带鹀鸣声不同，不是它们在基因上演化出了不同的歌声，而是因为鸣声形式在学习和传承中的分异。

从社群学习发声在动物中极为少见。很多昆虫的幼虫在成熟之前，成虫已经停止鸣唱，或是早已死去。还有一些物种，比如在开阔水域产卵的鱼类，或是将卵产在土壤中的昆虫，后代的生长发育都远离父母鸣唱的地方。然而即使代际有重叠的物种，声音也主要由基因塑造。蟾鱼孵化出来后，最初几周在父辈的巢穴中度过，潜移默化地接受雄鱼的咕呱声。而在实验室中由卵孵化的蟾鱼，虽然没有父亲，也能长成鸣声正常的个体。小公鸡从小没有老师，也和那些在大公鸡身边长大的小鸡一样善于打鸣。实验室笼养的蝇霸鹟只接触到其他物种的声音，却能完美演绎它们从未听过的同类的歌声。即便养鸟人刺穿鸟儿的耳膜，情况也是如此。失聪的松鼠猴仍能正常发声。昆虫发声特征的遗传性早已为人所知，而周期蝉是个极端的例子：它们会在父母亲的歌声从空中消失 17 年后，无师自通地学会鸣唱。一些生物能学会区分其他生物的声音——例如，青蛙靠耳朵认出对手，灵长类动物擅长学习声音的含义——但是它们很少通过倾听和模仿来学习发声。

迄今为止我们所知的例外只有鸟类和哺乳动物。蜂鸟、鹦鹉和其他鸣禽都会学习唱歌。在鸟类系统发育演化树上，这些分支被隔开了数千万年，因此它们代表三次具有创新意义的语音学习。就大多数哺乳动物而言，社会学习的重点在于躲避敌害、觅食、调解社会冲突和选择配偶。这些物种的声音大多是天生的，尽管也有很多学会了在不同社会语境下改变与生俱来的叫声所发挥的作用。例外的情况包括蝙蝠、大象、某些海豹、鲸，以及一种类人猿——人类。我们的近亲黑猩猩、倭黑猩猩和大猩猩拥有复杂的文化，但都不是建立在声音交流的基础上。后天学习发声的哺乳动物群体并不都是近亲。每个群体学习发声，可能都是独立演化出来的。因为鸟类更便于野外研究，在实验室内也比鲸、大象和海豹更好掌控，所以有关非人类动物学习发声的情况，我们多数是从白冠带鹀这类物种身上了解到的。

很多鸟类和一些哺乳动物是语音学习高手，但是包括其近亲在内，很多动物大多用自然天成的声音来交流，尽管这些动物在其他行为上有广泛的学习能力。其中的原因仍然成谜。可能只有当不同世代通过声音透露的信息发生一定程度的变化时，学习才会受到青睐。这仅限于少数具有复杂社会网络的物种。在这类情况下，声音能表明个体身份，揭示家族或是其他社会群体不断改变的性质，学习发声会有助于动物更有效地协调社会活动。而其他物种发出的各种声音，比如守护领域的鸣声，表示发现食物的叫声，以及看见捕食者时的警报声，含义都是相对固定的。在这种情况下，学习发声没什么好处，相反只可能成为一种负担，耽误后代学习本领。

因此，我觉得雏鸟饶舌像婴儿学语，其实只是一种类比，并不存在直接的同源关系。鸟类和人类在具体学习方式上的差异，凸显了我们走向语音学习的不同演化路径。然而，尽管历史分野，其中仍有某些惊人的相似和统一的进程。

我听到鸟儿们在花园和田野里尝试发声。它们最初听到这种鸣声，是在去年夏天，6 个多月以前。它们还在巢里嗷嗷待哺时和不久前初学飞行时，曾听过父母和邻居的歌声。它们只在恍惚状态中轻声歌唱，尽管也曾大叫乞食，发出各种形式的唧唧声和颤音。去年夏天倾听成鸟歌唱的记忆，如今成了它们在试验中调整自己歌声的基准。几个星期里，鸟儿们尝试不同的组合，融合成最终版本。从此它们将开始用自己的声音歌唱。这项凭借记忆取得的成就，有别于人类学习发声的方式。我们的听与说是同时进行的，一边发声一边来回调整，尽管婴儿在学会重复之前，也能听懂很多声音。

看看人类的父母教孩子说话的情景：孩子用可爱的语气学一遍，父母微笑着用大人的语言重复一遍。孩子坚持自己的说法。父母再重复一遍。如此反复数月、数年，婴儿期的表达消失了，慢慢变成了大人说的话。对白冠带鹀来说，听音与鸣唱在时间和空间上总体是分开的。6 月间在魁北克北部听到的鸣唱，会穿越冬季停留在白冠带鹀幼鸟的脑中，与这只鸟下半年在田纳西州试探着发出的声音交汇。持续数月的记忆，是白冠带鹀在歌声日渐娴熟的过程中主要的老师。

白冠带鹀的听觉与鸣唱广泛分离，但也有一些例外。加利福尼亚海岸的白冠带鹀并不迁徙，而是生活在稳定密集的群落中，终年守护自己的领域。在这些种群中，白冠带鹀幼鸟一旦确立领域，就会学习邻居的歌声，让自己的歌声与新家园保持一致，而不是与刚孵出来时听到的声音一致。学习能力延续到成年期早期，这在长期定居的鸣禽中十分常见。幼鸟由此可以更好地融入周围的声学环境。邻近的鸟儿常以相应的乐句往返应答争鸣，解决领土争端。这似乎有助于增进每只鸟对当地歌声变化形式的了解。如果你的声音与众不同，你就无法参与竞争。

在所有语音学习者身上，基因都间接引导学习进程，让大脑渴望学习，也能够学习，并使物种倾向于发出自己同类的声音。这种倾向是通过社会联系激活的。实验室内与外界隔绝的白冠带鹀通过扩音器学习鸣唱，但是只在刚孵出来的几周具有学习能力。而置身于群体丰富的社会生活中的白冠带鹀，则一连数月都在聆听和学习。

睾酮关闭了学习进程。在白冠带鹀度过第一个春季时，血液中渗透的激素让幼鸟兴致勃勃的尝试稳固下来，发出成鸟的歌声。采用人为手段，或通过物理阉割，或通过化学反应，消除睾酮，就能延长学习期。由睾酮驱使的领域行为，构成了一道压制创造力的沉重枷锁。

每只白冠带鹀和白喉带鹀都只演唱一种变体，一生中重复数万次。每次重复会因重音落在歌曲的不同部分而稍有差异，穿插其间的各种叫声也会随语境而变，但是按照人耳对声音的区分，基本形式是单一不变的。这种一致性有助于交流。每只鸟都熟悉所有邻居的声音。如果每只鸟都在自己的地盘上唱歌，那么万事大吉。如果突然响起一阵陌生的歌声，或者熟悉的歌声从截然不同的领域传来，鸟儿就会愤怒地发动攻击。

还有一些鸟类不是只学习一种变体，而是学习多种变体。北美各地郊区和乡间常见的歌带鹀能调整重音和颤音，将轻松活泼的曲调唱出 8 到 10 种的变体。每种变体重复数次，再切换到另一种。每只鸟都有自己的曲目表。仔细倾听，我们可以建构一张鸟儿用稍纵即逝的歌声在空气中描绘的社区雀鸟声音地图。它们的曲目极其丰富，足以挑战人类的记忆。从田纳西州的花园一角，我可以听到 5 只雄鸟唱出约 40 种歌曲变体。我努力去关注每位歌唱家的歌声，把它们收藏在脑海中，心中无限欢喜。

褐弯嘴嘲鸫却让人类的耳朵甘拜下风。每位歌手的颤鸣包含多达 2000 个乐句。一连几个小时，它连珠炮似的射出那些音符。褐弯嘴嘲鸫在接近配偶或羽翼未丰的雏鸟时，也会更轻柔、更低缓地吟唱。鸣声中有些变体是对其他生物的模仿，表明学习在整个生命界展开，不过大多数是鸟儿们的创作。鹦鹉和灰椋鸟以终生学习发声著称。这种灵活性大概有助于寿命较长的鸟类协调复杂的社会生活。虽然数千年来人类一直在教笼养鸟说话，但是我们对这些鸟在野外学习声音的意义及其中很多细微差异，几乎还一无所知。

***

社会学习是通向文化的入口。动物倾听和观察其他成员，然后运用这种知识来塑造自身行为。父母将基因传递给子女，这种遗传的节奏取决于每个物种的世代长度，也就是胚胎发育成具有生殖力的成体所需的时间。文化传承则不受血统限制，可以朝各方传递，至于速度，则只需要看动物要用多久去关注并临摹对方的行为。因此，学习发声的动物摆脱了基因遗传的死板与乏味，获得更多发挥创造力的机会，使声音更加繁复精妙、细致和多样。

当一只白冠带鹀成年期的歌声确定下来时，它并没有准确复制从前辈那里听来的歌声。相反，它找到了一种既符合社区准则又带有自身印记的歌声。它的歌声也许具有特有的变音或者开场频率。这种个体性与一致性的平衡，对于白冠带鹀鸣声的作用至关重要。离经叛道的歌声无法吸引潜在的配偶，也很难威慑争夺领域的对手。但是完全效仿另一只鸟，又会导致社会秩序混乱。

即便微小的遗传改变，也会开启演化之门。在遗传演化中，变化是通过突变以及生殖细胞分裂与融合配对中 DNA 的重组出现的。这些遗传变化随后在种群内部涨落，要么是随机的，要么是通过“达尔文选择”。当白冠带鹀在倾听、记忆的基础上，不去精准复制所听到的鸣声而是进行二次创作时，它们就推动了文化演化。

文化改变的速度，取决于学习的保守或创新程度。白冠带鹀可能是传统主义者。在加利福尼亚海岸一些留鸟种群中，鸟儿们至少 60 年唱着类型不变的歌曲。如果目前这种文化改变的速率继续保持下去，北美的沼泽带鹀鸣唱的某些歌曲变体，将会持续数百年不变。与之相对，美国东部森林边缘的靛蓝彩鹀鸣声更不稳定，几乎总在变化。靛蓝彩鹀在鸣唱中会循环出现六种不同类型的鸣声。年轻的雄鸟在建立领域时，从驻守此地的雄鸟那里习得某些类型的鸣声，再用这类鸣声来与前辈们唱和。然而，新来者也给鸣声添加了新的修饰。随着旧的守护者消亡，新的队伍到来，创新元素逐年累积。短短 10 年，任何指定地点的鸣声类型都会彻底改变。文化改变速度更快的，要数巴拿马的黄腰酋长鹂。这些喧闹的小鸟体色黄黑相间，有着匕首般的乳白色喙。它们集群营巢，数十只宿于同一棵树上。同一聚落内的鸟共计能唱出五到八种曲目，虽然彼此参照对方的鸣声，但也有别出心裁的变化。繁殖季初期盛行的歌曲类型，有四分之三不出一年就消失了。黄腰酋长鹂有自创的哨音、叮当声和嘟嘟声，也会模仿青蛙、昆虫以及其他鸟类的声音。驱使文化急速演变的，是那些倾听社会语境、复制聚落成员的歌声和周围诸多声音的动物心灵。细致的聆听推动了声音的变革。

语音学习不仅能让声音随时间改变而无需 DNA 变化，而且创造了地理上的多样性。每个聚落的黄腰酋长鹂都有一组声音，由聚落成员依照自身喜好积极挑选出来。聚落成员吵吵嚷嚷地交换共有曲目，从而建立联盟、解决争端。当一只鸟告别出生地，加入邻近群体时，它就抛弃自己的“家乡话”，迅速采纳了新家的声音。对这些鸟来说，它们栖居的每一棵树都是一个独特的文化单元。

聚落中所有成员都必须学习和使用同样的声音，由此创建文化单元的边界。

就白冠带鹀而言，歌曲产生地域变化的程度取决于鸟的迁徙行为。加利福尼亚海岸的鸟终年生活在稳定的领地上，鸣声结构以小社群来划分，这些社群有时仅包括区区几个领地。社群内部所有的鸟都有类似的哨声、嗡鸣和扫弦模式，尽管每只雄鸟的鸣声又多了自身的特征。声音精细区分出的地理宗派——类似黄腰酋长鹂那种以树为中心的文化世界——是外来者行为的产物，而外来者行为本身是雌鸟生殖偏好和雄性遵循的领域法则造成的结果。当年轻的雄鸟首次确立领域时，它的歌声风格必须与社群准则一致——非如此不可。每个社群得以建立，可能都是在山火焚烧林地、赶走原来的白冠带鹀之后。当草木重生，栖息地复苏的时候，移居此地的白冠带鹀带来了别具一格的鸣唱。在传承中，每个小区域又产生了特定的文化变体。因此，海岸边面积更小的文化单元，是小范围的动荡造成的结果——干扰促成了几种混杂的歌曲类型。在没有山火或其他灾难的岁月里，每个小区域的歌声差异，都通过白冠带鹀社群内部循规蹈矩的语音学习延续下来。

来自山区或北方森林边缘的白冠带鹀每年冬季向南迁徙，并不生活在高度稳定的群落中。它们的鸣声随地点而变，不过不是以数十米为单位，而是以数十万米为单位。这在分布范围广泛的迁徙性鸟类中，是一种典型的模式。旅途中一大乐事就是聆听每种鸟在不同区域的鸣声变体。当我们偏离熟悉的道路时，在家听惯的鸣声，又出现了新的变音或多了独特的元素。声音地理学的尺度和纹理变化因物种而异，取决于每个物种在创造性与一致性上特有的平衡。地理分布范围紧凑狭小的，通常是那些宅在家里不爱动，后代也在附近定居的物种。我们早上在旧金山湾区散步，就会穿过好几个白冠带鹀社群。如果要听歌带鹀的鸣声，则必须驱车几百公里才能找到不同的社群。白冠带鹀没有明显的区域性方言，尽管有一种新的歌曲变体将 *Ohhh-sweet-canada-canada* 变成了 *Ohhh-sweet-cana-cana*。这种变体近 20 年来席卷了美洲各地，传播速度也得益于这些鸟广泛的迁徙。

鸟类鸣声的地理变种，无论变化尺度大小，通常统称为“方言”。但是这个词或许承载了太多人类的意义，无助于我们去倾听鸟类鸣声中多层次的文化变异。黄腰酋长鹂的歌声每周都在更新和变换，鸟类聚居的每棵树上盛行的声音也变动不息，与其说是方言，毋宁说是音乐排行榜前 40 名。加利福尼亚白冠带鹀在小范围内的“土语”密集程度，比分化程度最高的人类语言更甚。白喉带鹀在各个分布区的鸣唱保持一致，新的变体或许只是类似于传播一个念头或是口头语。

因此，文化可以使声音分化，产生物种特有的形式。在此过程中，文化的力量结合了遗传演化的力量。以白冠带鹀为例，颤鸣的占比一部分是文化产物，一部分是喙部大小遗传演变的结果。鸟儿在这类装饰音盛行的地方发出颤音，在其他地方则继续发出哨音和扫弦音，这是后天习得的行为。有些鸟具有硕大的喙，这种对当地食物的遗传适应性，使其无法快速发出颤音。因而鸣声部分也反映了喙部的大小，而这种特征主要由基因塑造。

声乐文化也能反过来融合到基因演变中。加利福尼亚海岸的白冠带鹀从第一个秋季开始就建立了稳定的社群。它们很可能要在这里度过终生，因此它们需要迅速打入这个家园的声音内部。然而，山上的白冠带鹀从父母筑巢的地方迁徙，春季也不回归出生地，而是另觅一处繁殖地。这个地点是幼鸟不可能预测到的。它们会突发奇想或是完全随机地，在白冠带鹀广阔的繁殖范围内大面积的处所里选择一处定居下来。每个种群的白冠带鹀，大脑都演化出了适应其生命周期需求的学习机制。沿海鸟类相对较晚才开始学习鸣唱，延续到秋季鸣声适应新领域的时期为止。它们的学习集中而且精准，单挑出对它们的社会语境而言最好的选项。山上的鸟更早学习鸣唱，从幼鸟孵化到迁徙，这段时期只有短短几周可供它们采集各种潜在的歌声。它们记住一系列不同的歌声，等到时机成熟，再练习各种变体，等它们到达繁殖领地时，成鸟的歌声才固定下来。在实验室笼养鸟中，也能看到学习鸣唱延续的时间以及范围差异。由此可见，演化塑造了每只鸟的神经系统，使之适应于发出鸣声的社会语境。来自不同种群的白冠带鹀有关注和学习本区域鸣声的遗传倾向。养成这种偏好，可能有助于它们重点听取最相关、最有用的声音。基因提供了一种基因模型，让动物的身体能够学习、热爱学习，从而使文化成为可能。文化一旦形成，又会偏向那些与文化背景最相宜的蓝图，反过来塑造基因。

文化影响遗传演化，最激烈的方式就是导致物种分化。繁殖期歌声既能聚拢具有类似鸣声与偏好的动物，也能隔开声音特征和口味不同的动物。如同遗传演化的情况一样，如果具有相似鸣声和偏好的动物固守在一起，交配活动也会使种群分裂，形成两个或多个基因库。时间一长，这些差异就能创造出新的物种。鸣声和偏好是通过基因还是文化遗传都无关紧要，重点在于，繁殖期鸣声的形式是否与异性对这些形式的偏好相关。如果确有关联，种群就可能分裂成小团体，小团体内部成员相互交配，而不与其他成员交配。

半个多世纪以来，科学家一直在讨论语音学习能否促使物种形成。研究表明，鸟的鸣声类型存在普遍的文化差异，而这些差异只偶尔与种群之间的基因差异相关。白冠带鹀就是最明显的例子。在加利福尼亚北部和俄勒冈南部，加利福尼亚海岸的留鸟种群与太平洋西北部的候鸟种群交会。两类群体都有自己的“方言”，北方的鸟鸣唱的哨音更长，扫弦和颤音更短。重现实验（playback experiment）显示，鸟儿们听到自己的方言反应更为热烈，这表明每个种群都靠共同的鸣声维系，并与其他种群区分。但是，在两个种群混合的边界区域，行为差异更小一些。这表明，尽管鸣声的文化差异看起来确实将种群分隔开来，但是在种群相互间广泛接触的地方，这种力量会削弱。

语音学习也提供了一定程度的灵活性，让不同种群建立联系，推迟了物种形成。雌鸟有时更喜欢自己家乡的歌曲类型，但是这种偏爱并不普遍，也可能因为接触其他歌曲变体而减弱。旧金山附近的鸟群鸣唱类型一致，因此雌鸟可能更喜欢熟悉的歌声，进一步增强了一致性。更往北去，在俄勒冈州的边界，雌鸟听过多种鸣唱类型，口味更加灵活多变，也可能选中来自其他区域的雄鸟。对雄鸟来说，文化同样能消除地域差异。年轻的雄鸟在第一次建立领域时，按照社区风格来打造自己的歌声，就能部分摆脱父母亲的遗传影响。它的基因保持不变，但是通过学习，却能找到一种新的发声特点。

声乐文化除了有促进或减缓种群演化分裂的作用，还有可能使濒危物种更容易灭绝。如果种群密度降到太低，动物就更难找到彼此，幼鸟也无法完整地学习本属类的歌声。澳大利亚的蓝山有一种黑金相间的吸蜜鸟——王吸蜜鸟，种群数量减少到了仅几百只。近年来，种群中很多鸟开始演奏非典型的歌曲，包括其他物种的歌声。与前几十年的记录相比，现在鸟鸣声变得更简单了。幼鸟缺乏合适的引导者，只能胡乱抓取其他鸟类的声音，或是自行创作。雄鸟唱着这类不伦不类、通常也不健全的歌，对雌鸟的吸引力大为减弱。因此，当动物濒临灭绝时，声音的社会学习成了一种障碍。在夏威夷考爱岛（Kaua'i）上，随着管舌鸟数量的减少，它们歌声的多样性剧减。这很可能是因为丧失了先前维持丰富的歌声学习文化的社会联系。濒危的鲸也是如此，当种群数量减少时，文化多样性似乎就丧失了。从濒临灭绝而且数量还在持续减少的抹香鲸和虎鲸身上，我们已经听出这种多样性的丧失。然而我们并没有记录过 20 世纪之前鲸类声音的多样性，因此无从知道究竟损失有多大。声音多样性衰减最严重的，可能是那些数量锐减至从前的 10% 甚至更少的物种。

在所有非人类的动物中，我们对白冠带鹀的语音学习和语音文化演化了解最深。这种鸟鸣声的地理变异，即便是不习惯剖析鸟类鸣声具体特征的人，也能听得一清二楚。它打开了一扇窗，让我们尽情发挥想象去探究一切学习发声的动物可能具有的文化形态——大部分都是科学尚未了解的。无论在何处，只要动物学习发声，文化演变就会徐徐展开，要么由动物思想中的创造力驱动，要么单纯通过一代代复制前辈声音的过程中累积的错误。这些文化变化使声音随时间流逝而变，在纹理丰富的地理环境中发散，展开。

鸟类提供了研究最深入的案例，然而地理变异在诸如海洋哺乳动物之类的语音学习者中也很常见。譬如，座头鲸新的歌曲变体，不出数月就能传遍整个海洋盆地。澳大利亚海岸附近有一片创新区，堪称孕育鲸类声音多样性的温床。新的变体通常从这里发源，随后传播到世界各地。目前还不清楚为什么这片海域会成为如许众多鲸类歌声的源头，特定歌曲变体突然在鲸类歌手中间传开的原因也不得而知。抹香鲸、虎鲸等齿鲸类和海豚声音的文化变异，揭示了物种内部亲属关系的微妙层级，从亲子到宗族，再到更大的区域。例如，抹香鲸生活在分布范围超出数千公里的母系族群中。这些母系族群数十年来保持稳定，很可能是因为每个群体中的后辈向前辈学习，具有共同的发声模式，所以聚在一起。抹香鲸爆发出短促而响亮的咔嗒声来相互交流。当它们靠拢时，那一阵阵咔嗒声就好像好朋友周末聚会聊天，兴奋激动得忍不住盖过对方的声音。每头鲸似乎都有独特的声音，或者说口音——运用咔嗒声组合的特有方式。这种个性包含于更大的空间和社会结构中。母系族群的咔嗒声具有自身的风格，这本身又是区域“方言”的一部分。在太平洋上，不同方言群体的分布范围重叠，但是各群体的鲸相互并无关系，似乎不屑与那些咔嗒声“不对”的鲸为伍。在大西洋上，每个方言群体的鲸都待在自己的“子区域”内，相互间绝不重叠。当一只抹香鲸发出咔嗒声时，其他的鲸大概能立即分辨出它的区域、家族和个体特征，正如我们人类听人说话，就能推测其身份和家庭出身。

有时候，文化演化会跨越物种界限。鹦鹉、琴鸟、嘲鸫等多种鸟类能捕捉其他物种的声音，编织到自己的音乐创作中。在澳大利亚琴鸟的案例中，这些声音作为文化代代相传。1934 年，当琴鸟由人类引入塔斯马尼亚时，新的家园里并没有啸冠鸫的身影，但琴鸟还记得啸冠鸫的歌声，并在模仿表演中学它们鸣唱。30 年后，移居此地的琴鸟后裔仍然唱着啸冠鸫的歌，那是早先的琴鸟一代代传下来的。

动物的声音也会打破界限，一举进入人类文化。当座头鲸的录音激励一代生态活动家时，当从西贝柳斯（Sibelius）到平克·弗洛伊德（Pink Floyd）等音乐家将鸟鸣声编织到音乐创作中时，当我们用各种拟声词来形容沙哑的声音、嘁嘁喳喳声和痛苦的吼叫声时，当警笛器如同狼嚎一般鸣响时，其他动物的声音碎片就掩藏在人类想象空间的深处，散布于我们的听觉、回忆和行动网络之中。

文化演化在动物之间——无论是物种内部还是物种之间——建立起比亲子遗传范围更为广泛的学习网络。这种网络状的信息流动，唤醒了脊椎动物的 DNA 已经丧失的演化活力。数十亿年前，我们的细菌祖先在水域环境中杂乱地交换基因，在细胞之间来回传递DNA。这些运动不受生殖细胞分裂、亲子遗传等后来控制着复杂生物遗传学的条条框框束缚。文化演化突破基因遗传法则，重新获得了丧失已久的迅疾与灵动，让动物行为得以通过学习跨越物种界限。当然，这种跨越是有限度的。基因与解剖学特征限定了动物关注和临摹的边界。白冠带鹀学不会渡鸦的叫声，鲸也模仿不了蟾鱼。在边界以内，文化演化抽取样本、重新混音并建立物种之间的联系，由此多少恢复了我们的细菌祖先在演化上的灵活性。

***

鸣禽和人类最后拥有共同的祖先是在25亿年前。自这次分裂之后，鸟类和哺乳动物的大脑走向各自的演化道路，形成平行的感知世界和经验世界。鸟类头骨中的神经比哺乳动物更密集，因此它们小脑袋里细胞的数量与形体大得多的哺乳动物不相上下。前脑褶皱和皮层形状也不一样，哺乳动物的皮层分为好几层，鸟类的只是聚集成节点。这两个支系虽然分隔已久，但我们在语音学习上有某些趋向一致的相似进程。社会学习具有某种普遍性。

听听婴儿和幼鸟学语，第一个相似之处就很明显了。据我父母说，50年前，我说*cat*（猫）和*chocolate*（巧克力）时，舌头和嘴唇无法完成那种复杂的操作，所以在儿时的我口中，猫科动物成了*vuff*，请人吃东西就是吃*clockluck*（字面意思是“钟表幸运”）。

同样，白冠带鹀的颤音超出了幼鸟的能力范围，因此幼鸟会发出吱吱的和抖动的声音，然后逐渐娴熟。不过，力度控制并非成熟的唯一体现。在声音的秩序、节奏以及形式上，幼年个体与成年个体的差别更为明显。幼年个体发出的是不受限制的语流，而语音只有遵照规则才能传达意义。在成长过程中，百无禁忌的童言童语会变成准确规范的语言形式。而鸟类和人类随着年龄的增长，学习发声变得更难。年老的白冠带鹀学不会新歌。成年人要从头学习新的语言也是万分艰难，而我们在婴儿期听到任何语言都很容易学会。

鸟类和哺乳动物学习发声时经历的这种甄别与削减，在其他时间尺度上，也塑造着其他生物的成长与发育形式。一棵树上有千万条嫩枝朝着各个方向生长。只有少数嫩枝能茁壮成长，变成粗壮的枝干，其余的则掉落下来，任由虫子啃噬。动物身体的发育，部分也是在早期恣意生长，随后通过细胞的有序死亡变得规整。演化也是如此，当遗传变化因交配和突变而增多时，自然选择先是泛泛地，随后重点关注可能的变化，逐渐缩小范围，由自然环境和社会环境挑选出优胜者。书页上的文字，同样是删改无数语句后留下的寥寥数语，这里的叙述和类比也经过了数百次调整。阿瑟·奎勒－库奇（Arthur Quiller-Couch）有一句给作家的忠告，要“忍痛割爱”（Murder your darlings），这句名言无意间说出了诸多生命创造进程的要旨。

无论鸟类和人类，声音感知能力和记忆能力都由大脑不同的区域控制。听觉、记忆和行为分隔于不同的空间中，活动方式在鸟类和人类身上都是类似的。大脑感知中枢适于接收与每个物种关系最密切的声音，具体通过哪些途径目前还不清楚。这些中枢向大脑控制肌肉和神经的区域输送声音信息。在大脑反馈循环的背后，发挥作用的是构建大脑的基因。对人类语言能力至关重要的 *FOXP2* 基因，在鸣禽大脑语音学习通道的早期发育中，同样十分重要。

当我们听到幼鸟和婴儿咿呀学语时，就能体会到深藏其中的统一性。同样的基因构建了人类和鸣禽学习发声所需的部分神经网络，尽管大脑成熟后的形态截然不同。学习的模式和过程也是类似的。我们在听鸟儿抖抖索索的稚嫩歌声时微笑，并不仅是感情丰富。内心洋溢的欢乐，能让我们想起跨越物种差距的亲缘关系。

亲缘关系是有的，但也有特殊性。我们是一个独特的物种。在我们的灵长类近亲中，没有哪一种像我们这样善于学习发声。其他灵长类动物也有复杂的行为和文化，但都是基于视觉和触觉观察，并不需要学习发声。它们的大脑功能似乎也与我们不同。脑部那些对人类学习发声至关重要的区域，在其他灵长类动物的发声机制中只起到很小的作用。这点独特性，常被那些极力想证明人类在自然秩序中占据特殊地位的人抓住不放。然而鸟类、鲸类以及其他语音学习者的歌声之文化演化，表明人类的语音学习与其说是独一无二的，毋宁说是同类事物中的一种。动物界有多种学习发声的路径，也有多种声音文化。

正如蝙蝠、鸟类和昆虫演化出翅膀一样，学习发声的能力也是通过身体不同构造演化出来的。在此类趋同演化中，我们可以预料到，每种动物的创新都具有自身的特征。单单抬高某一种似乎很荒谬。然而，人类乐于把“语言”视为禁脔。其他动物发出声音，而只有我们有语言——就好像蝙蝠会飞，而鸟类和昆虫只是在乱拍翅膀、振动羽翼上蹿下跳。我们在何种基础上做出这种区分？人类各方面都不是独特的，无论是学习能力、意向性和声音文化，还是文化随时间演化、声音编码传递意义，抑或在言谈中呈现外部对象或内在状态。每种生物发出的声音都有一套逻辑、一种语法。不明白为什么只有一种语法有资格成为语言。也不清楚应当将哪个方面的语法优化奉为准则。例如，鸟类比人类更善于分辨个体声音的细微差异，它们似乎更关注音节的规则和句法，而不是一串音节的排列方式。如果以这种能力来衡量语言，我们将排在白冠带鹀后面。用狨猴和欧椋鸟做实验，结果表明，就连一向以为独属人类的句法的递推——从有限元素创造众多乃至无限种表达，以及理解这些表达的能力，也并非我们这个物种所独有。

我们只是粗略了解其他生物发声和学习声音的情况，浮光掠影地瞥见动物复杂的声音生活的一隅。然而，即便在这种蒙昧的状态下，我们也能清楚地看到，人类这个物种只是众多会说话、有文化的生物之一。或许，我们的特殊性并不在于达到其他生物所不及的一种状态——语言或文化——而在于融合各种能力。很多动物用学来的声音帮助自己在社群世界顺利发展：寻觅配偶、缓解矛盾，以及传达身份、归属和需求。很多动物也会学习在自然和生态环境中生存所需的实践技能。这种知识通常不是通过复杂的声音代代相传，而是通过近距离观察。脊椎动物幼年期常要跟随前辈学习好几年，学会如何觅食和捕猎、如何迁徙到何方、如何搭建栖所、如何应对捕食者的到来，以及如何在充满合作与竞争的社群世界左右逢源。没有这类知识，它们就迷失了方向。文化的两个方面——声音交流和学习实用技能——在多数动物身上是分开的。而在人类身上，声音和其他知识形式的文化演变是一体的。对我们来说，学习发声是一种审美体验，一种维系社会关系的手段，也是有关为人处世之道的具体信息的来源。其他物种也以各种方式来运用文化，但是我们融合了所有的方式，迄今为止，这在其他动物身上还不曾见到。

在过去 5500 年中，我们又往前进了一步。我们通过雕刻泥板、印刷图书、敲击电脑，捕捉住从前转瞬即逝的声音，并提供可以长久保存的物资材料，让语音凝固下来。文字书写的发明，打破了从前语音交流所受的限制。当我读古代诗歌时，先人的思想在我脑海中重现，与我对话。当我沉浸在另一片大陆出版的一本书中时，我穿越时空，听到了作者的声音。知识累积和相互关联的可能性急剧增长，远远超出口头语言的力量。乐谱之于音乐也是如此。摆在乐谱架上的曲谱，能让旋律传承数百年。

文本是声音的结晶。相比呼出的二氧化碳气体，文本是钻石，一块美丽的宝石。但是就其赋予我们的力量而言，文本也是沉重的。面对书面文字带来的某些产物——机械、大气变化、人类索取和掌控的欲望——其他动物的文化日渐式微。例如，自 20 世纪 60 年代以来，白冠带鹀种群数量已经减少约三分之一。这种变化并不均匀，加利福尼亚州和科罗拉多州的种群数量明显下降，可能主要是因为栖息地破碎以及白冠带鹀偏好的灌木丛缩减，而落基山脉北部和纽芬兰地区的种群却不知为何数量增加。

在其他拥有文化的物种中，栖息地丧失、污染和狩猎造成的损失更为惨重。全球范围内所有鹦鹉中有一半的种类数量日益减少。过去 50 年来，北美鸟类数量减少了三分之一，约 30 万只鸣禽消失。这种趋势也见于其他大陆，尤其是在农业区。鲸和海豚有三分之一的种类面临灭绝威胁。任何一片土地上，只要人类活动——农业、毁林造地、采矿——抢占了先机，鸣禽数量就急剧减少。森林大火和荒漠化更是雪上加霜。

至少 5500 万年前，当鸣禽和鹦鹉还拥有共同的祖先时，鸟类可能就开始学习鸣唱了。哺乳动物大概也可追溯到同一时期，也就是蝙蝠和鲸类起源的时期。在悠久的岁月中，语音学习和文化演化既是声音多样性发展与繁荣昌盛的土壤，也是催化剂。然而在人类身上，这些进程转而开始削弱生命的多样性——相比先前学习和文化的促进作用，形势陡转急变。从繁盛转向毁灭，部分或许在于我们的冷漠。我们被新发现的力量弄得心神不宁，一心想着自己，而忘了如何学习倾听其他生物的声音。如果确实如此，那么只要我们再度觉醒，躬身去听其他物种的声音，就能减少毁灭性冲击，重现倾听与学习的创造力。

幽深岁月的印记

在引导学生们仔细倾听时，我让他们安静地坐着，把耳朵“发送”到周围世界中去搜寻听觉体验，全神贯注体察周围细微的声音变化。我们学到的部分内容是：现代人疲乏的心灵要关注某种知觉体验而不受内心干扰，到底有多难。然而反复训练打开了一个空间，心灵的喧扰安静下来，丰富的尘世之声如繁花盛放。短短 15 分钟，我们每个人都能听到数十种声音，有时甚至是数百种，而且还是在我们通常最多能注意到几种声音的地方。一连数月在同一地点倾听，我们发现，这些简短的练习不单挖掘出大量不同的声音，其中还有各种模式和关系，尘世音乐的片段包含诸多层次和拍子。

这种微妙的复杂性突出地表明，以寥寥数语来总结一个地方的声景是多么不完备。如果完整地记录下每一种音色、节奏和空间变化，一个小时就能写满一本书。然而即便只是勾勒，无论多么不完整，或许也能瞥见声音在当下的存在，以及历史对声音的塑造。

当声音源于不同的自然能量或是人类噪声时，我们最容易听出声景之间的差距。我们自然而然地感觉海浪拍岸不同于林地山谷，郊区街道的声学特点与机场大不一样。而生物的声音差异却不那么显而易见。耳朵没有听惯昆虫、鸟类和其他生物鸣声的人，很容易忽略那些变化。

正如海浪或机械发动机的声音让人一听就知道源自何处，动物的声音也是如此。生物多种叫声和歌声的最显著差异，反映出宽泛的分类关系。蝉的波纹状鼓室发出刮擦声和嘈嘈声，蟋蟀摩擦双翅发出嘁喳声，鸟胸腔的膜发出哨声和颤音。在这些不同类别的声音内部，借助一些 DNA 和化石，我们也能摸清各类物种的演化史：它们来自何处，与哪些物种是近亲。在任何处所的声景中，我们都听到很多物种的声音，进而了解很多动物的生平传记。这就好比在生物王国的繁华都市里漫游，能听到多种不同的语言和口音。从声音可以分辨出本地人和外地人，有些人是新来的，还有一些人世代祖居，可上溯几万年。从其他生物身上，我们甚至听出更久远的过去，有时达数亿年。

当我们坐下来听这些动物表亲的声音时，我们打开了视野，不仅体验到当下，也体验到地球板块构造留下的痕迹、动物迁移变动的历史，以及演化变革的回响。

***

三个不同的大陆，三片森林的边缘。每个地方偏离赤道的纬度都不到 32 度。从三个地方声景的不同纹理、节奏和韵律，我们听出幽深岁月的印记。

斯科普斯山（Mt. Scopus）位于耶路撒冷老城外，地中海海岸以东 50 公里。希伯来大学就坐落在山上。我在学校的植物园里漫步，石灰岩铺成的人行道从园中蜿蜒穿过，两旁的植被依据栖息地类型划分，代表当地可见的多种生态区域中的 22 种。时值 7 月，夏初的雨水已经停歇，植被却依然郁郁葱葱。这既是因为这条石灰岩山脊上的温度适宜，也多亏了灌溉管道的滴灌维护。乔木和灌木似乎直接生长在斑驳的象牙色石头上。人行道周围堆满大小石块。崖壁上凿出一组有 2000 年历史的坟墓，使山峰显得更加突兀。这里土壤贫瘠，如果没有园艺师照料，多数植物大概都会枯萎。周围全是建筑、道路，在大学里，而且是在一片如此干涸的土地上见到灌溉草坪，实在令人吃惊。这片花园是日益壮大的都市海洋中一座岛屿避难所。精心养护的各种本土植物荟萃云集，令鸟类和昆虫如鱼得水。

从一棵叙利亚梣（*Fraxinus syriaca*）锯齿形的叶片间，传来一阵吱吱声，就像软木塞旋进酒瓶的瓶颈中一般。我看不见鸣唱者，但是这种紧凑的摩擦音很可能出自一种罕见的灌丛蟋蟀（*Zeuneriana marmorata*，英文俗名译作“大理石纹灌丛蟋蟀”）。地面上，在柏树、松树和加拿大紫荆树基部的石堆里，双斑蟋（*Gryllus bimaculatus*）喊喊喳喳地发出甜美有力的音符，每秒涌动两三次。这两种昆虫主要在夜间鸣唱，但在盛夏的繁殖高峰期，它们的鸣声会延续到早上。橄榄和栎树的枝干上，第一批白天鸣唱的蝉醒来了，像每秒钟转动一圈的棘轮或发条钟一样，发出比其他昆虫音调更低的吱啦声。它们的声音属于尘土飞扬的空气和火辣辣的太阳。午后的炎热令人不堪忍受时，它们通常是唯一发声的活物。此刻是早上，天渐渐暖和起来，昆虫们带来了三维立体的声景：蟋蟀的啾啾声如闪亮的云彩一般笼盖地面，灌丛蟋蟀在树上鸣唱，围绕树木更高处的空间划分出一个独特的圈子。蝉声密集，在树梢交织成一片，让整个冠层响声不绝。

鸟鸣声游走于昆虫的声音组合之中。一只金翅雀金黄的翅缘在松树虬枝盘绕形成的幽深凹陷处熠熠生辉。它发出高亢的颤音，随即转为一系列快速的哨音，再回到颤音，接着是一连串欢快的叫声和恢弘的哨音。就像它的近亲金丝雀一样，音符在甜美的连音与尖锐的震颤音之间交替，无论是每个乐句内部还是乐句间的快速滑动，都带有一种受到咖啡因刺激似的节奏。

那棵松树上还有一只家麻雀，它一边用结实的喙部啄食松果，一边发出一连串单音节的啁啾，回应着地面上的亲戚。从考古遗址发现的麻雀骨骼表明，这种鸟在此地已经伴随人类生活了几千年。随着中东地区的农业兴起，第一批城市出现后，家麻雀定居下来。它们以多余的谷物为食，在房屋罅隙间筑巢，此后跟随人类散布到世界各地的城市。我们在全球各地的城市街道上听到的啁啾，就像这个园子里家麻雀的叫声一样，都是起始于中东石墙的这段关系的延续。

欧亚乌鸫圆润的鸣啭，在旋律和调性上与麻雀喋喋不休的断奏形成鲜明对比。它的鸣声是一种清晰的波动，有时是滑动的音符，略带一点抑郁寡欢的小颤音，类似一曲忧伤的民歌调。这是鸫科鸟类典型的叫声。它们吹笛似的鸣唱在欧亚大陆、非洲和美洲各处的林地十分常见。我习惯在北欧的城市和花园里听欧亚乌鸫的鸣叫，但是在这里，它站在橄榄树的枝丫间，张开橘黄色的嘴巴啼鸣。等到秋末，乌鸫会将注意力转向橄榄富含油料的果实。无论在哪里，乌鸫和其他鸫科鸟类都会为周围的植物传播果实，它们是好伙伴。这种协作关系维持着鸟类的生活，也能保证植物群落的生命力。在地中海，欧亚乌鸫及其他鸫科鸟类是野生橄榄树最初的传播者。然而过去 8000 年以来，这种角色被人类剥夺了。人类培植出更丰腴的果实，虽然对人类有利，却对鸟类食道构成了挑战。

四只白眶鹟簇拥成群，一路飞过树林。它们的音色更尖锐，鸣唱中短小的乐句间杂着喊喳，显得其乐融融，不像乌鸫那种庄严的独奏。从它们的声音，我能听出这个社群焕发的活力。每只鸟都在不断清点飞行队伍中同伴的数量。它们是一张流动的网络，灿烂的歌声恰如无形的丝线，将成员维系在一起。

斑鹟从栎树枝条上跃出，攫住一只小蜻蜓，兜了一圈飞回原地。这只鸟撕扯掉受害者的翅膀，吞下躯干部位，随后恢复虎视眈眈的状态。它在枝头站得笔直，头朝两侧急速摆动，企图搜寻更多的飞虫。这只斑鹟朝四下观看时发出柔和的 *zeep* 音，听起来像灌丛蟋蟀的鸣声。这种轻快而宽广的声音是鹟科鸟类典型的鸣声。鹟科鸟类以昆虫为食，遍布欧洲、亚洲和非洲各地。

冠小嘴乌鸦叽叽咕咕地在植物园的小路边啄食。乌鸦和它的近亲渡鸦、松鸦都属于鸦科，以喧嚷吵闹闻名全球。即便如此，它们也有丰富的曲目：柔和的哨声、短促的尖叫、轻微的咯咯声以及咕哝声。有时候，这些叫声是伴侣或家庭内部成员之间互动的媒介。但是正如眼下这只乌鸦一样，它在我们看来似乎是独处的时候，也会发出声音。对鸦科鸟类来说，声音似乎既用来交流，也用于沉思。

干枯的栎树枝上，一只叙利亚啄木鸟为禽类的声景增加了打击乐元素。它用喙部反复敲击木头，像击鼓一样发出咚咚的回响。木头的震动起初明亮而清晰，继而消散。啄木鸟广泛分布于非洲、亚洲、欧洲和美洲。它们善于听辨领地上的木头等固体材料的音响效果。不像其他鸟类完全靠身体条件鸣唱，啄木鸟借用中空树干、房屋侧壁、排水管道和烟囱盖来放大并传播它们在领地内击鼓似的信号声。它们调查周围材料的性质，然后使用回声共振效果最好的那些材料，精心挑选出辅助发声的鼓室。在斯科普斯山上，受园艺管理的限制，可供选择的枯木不多，但是恣意生长的植被足以提供一些备选的枯枝丫。

我春季到访斯科普斯山时，耳边听到的声音与夏季类似，只不过昆虫还没开始鸣唱。随着树上的嫩叶舒展开来，黑顶林莺抑扬顿挫的鸣声中交织着北非橙簇花蜜鸟的咔嗒和啼啭、大山雀欢快的音符、棕斑鸠如竹笛般舒缓的鸣声。整个声景轻缓柔和，至少在人耳听来是这样。蟋蟀甜美的唧唧声也使鸟的呱嗒和啁啾鸣啭增色不少。蝉声模糊了边界，尤其是在夏末，它们的嘶鸣撕裂空气，如红领绿鹦鹉和松鸦的聒噪。我到过这里三四次，从未听到两栖动物的声音。远离城区的湿地上有绿蟾蜍（*Anaxyrus debilis*）和树蛙咕呱鸣叫，但很少出现大合唱。

圣凯瑟琳岛在美国东南部佐治亚州海岸附近，位于耶路撒冷以西1.3万公里，往南则仅16公里。我曾在清晨站在码头上，把水下听音器浸入水底去听鼓虾和蟾鱼的噼啪声与咕哝声。此刻是仲夏，后颈上的汗珠已经开始往下淌。空气湿度接近100%，到下午3点，温度会达到38摄氏度，令人喘不过气来。

温室气候使植物生长迅速。在充沛的水汽中，叶片上的气孔张开了。沐浴着闷热的空气，再加上阳光与二氧化碳充足，植物的化学反应激烈，生长速度比中东和欧洲南部未经人工灌溉的植物要快4到10倍。每年，这一带的海岸雨水比斯科普斯山多两三倍，降水全年都有，不像地中海地区大多集中在冬季。我站在码头上，透过岛屿外围的菜棕，能看到一片弗吉尼亚栎，松萝凤梨缠绕其间。林中间杂着高耸的火炬松（*Pinus taeda*）和长叶松（*Pinus palustris*）。尽管沙质土壤相比靠近内陆的地区更贫瘠，但这些树木都很繁茂。在不受竞争者影响的情况下，一株凤梨每年能往上蹿1米以上。

动物轰隆隆的声音是这种旺盛生命力的成果之一。对未曾习惯这类沃土的人听起来，此地昆虫、青蛙和鸟的活力惊人。得益于丰富的雨露滋养，佐治亚州的湿地和大小水坑中，31种不同的青蛙和蟾蜍放声歌唱。

每种青蛙都有自己喜欢的季节和栖息环境。它们在一年中每个月、每个地方，都会创造出特色鲜明的合奏曲。弗吉尼亚栎树林的边上、灌木丛生的沼泽地里，我能听到海岸湿地7月的信号。其中组合了多种节奏和音调：美国青蛙（*Rana grylio*，英文俗名译为“猪蛙”）无规律的咆哮式咕哝、东部狭口蟾蜍（*Gastrophryne carolinensis*）如泣如诉的哀嚎、蝗蛙的阵阵丁零声，以及美国树蛙（*Hyla cinerea*）吹喇叭似的 *enk enk* 声。树蛙的声音渐强，直到盖过所有其他的声音，随后在看到我移动时突然沉寂。我一面耸肩弓背地忍受蚊子密集的叮咬，一面等待，树蛙便又加大了力度。像斯科普斯山上的蟋蟀一样，这些青蛙通常夜间活动，但是碰上天气暖和，合唱也会延续到早上几个时辰。

昨天晚上，螽斯嘤嘤嗡嗡得像瀑布一样响亮。它们的声音以树螽（*Pterophylla camellifolia*）整齐一致的 *cha-cha-cha* 为主，伴随着“角翼螽斯”（*Microcentrum rhombifolium*）含混的刮擦音，以及名副其实的“演奏家螽斯”（*Amblycorypha longinicta*）旋转到极高的咔嗒音和颤音。此时太阳已经升上树梢，蝉用嘶鸣和吱吱啦啦声建起了一堵墙。与螽斯不同，蝉错落地分布在森林里。我走到郁郁葱葱的森林里更静谧的角落，发现这些地方蟋蟀响亮的啁啾和唧唧声取代了蝉噪，人耳听起来更舒坦一些。此地昆虫的音色和节奏与斯科普斯山上的昆虫相似，不过这片繁茂的美洲森林物种多样性更高，数量也更丰富。

在散发着硫黄味、泥泞不堪的沼泽与陆地相交处，宽尾拟八哥，一种羽毛闪烁着彩虹色光晕的紫黑色鸟儿，在棕榈和栎树之间喧嚷。它们用声音来维系群体，传达有关新的食物来源和捕食者的消息，听起来就像从金属飞轮刺耳的噪声中浮现的电流嗡嗡声。红翅黑鹂栖息在芦苇丛生的水边，一边鼓起羽翼上的“红色肩章”，一边发射领域信号：*conk-a-ree*。一首听起来气势昂扬的曲调，以甜美的颤音收尾。拟八哥和黑鹂高亢的叮当声与带喉音的啁啾，是拟黄鹂科典型的歌声。拟黄鹂科包括黑鹂、酋长鹂、拟八哥和牛鹂。除此以外还有100多种鸟，鸣声都极其复杂，通常兼有滑音、哨音和刺耳的叫声，花哨无比。

弗吉尼亚栎树向下方伸展的枝条上，一只北森莺鸣唱的频率升到最高，随后以急速下降的连音收尾。它的巢穴大概就隐藏在如帘栊低垂的松萝凤梨中。这种鸟属于拟黄鹂科的亚科——森莺科或林莺科。北森莺大概是所有鸟类中最名不副实的了。森莺科共有100多种，鸣声为紧凑而又富含激情的咬舌音和嗡嗡声，通常编排成反复出现的简短乐句，但是并没有鸣啭的“莺”声。迁徙季有30多种森莺在这座岛上筑巢、越冬或途经此地。它们多变的声音是此地四季流转的首要标志：春季的领域性鸣唱，随后是迁徙季节觅食时轻柔的 *chip* 音。

一只褐弯嘴嘲鸫伫立在小松树的梢头，发出一连串喧闹的原创音和从当地声景中学来的片段。褐弯嘴嘲鸫像它的近亲嘲鸫一样，既是倾听者也是创新者，迅速组合形成一种大杂烩。嘲鸫科的种加词 *mimids*（有“模拟演唱”之义）掩盖了它们的复杂技艺——它们并不是模仿，而是要采样、重新混音并增加新的元素，这个过程比简单的重复更有创造性。长叶松树上啄木鸟凿出的一处洞穴附近，传来一只大冠蝇霸鹟喧闹的 *wheep* 声。蹲在松树低矮枝条上的绿纹霸鹟加入进来，发出打喷嚏似的 *pit-ZA*！这两种鸟都属于霸鹟科。它们的歌声简单，音调强烈，是美洲多种霸鹟科鸟类典型的鸣声。

附近一棵栎树上，旅鸫用柔和的颤音吟唱着抑扬顿挫的乐句，四五个哨音构成一组。两只鱼鸦掠过头顶，同时朝对方啼鸣。家燕一面俯冲急转追逐昆虫，一面啾啾而鸣。这些声音标志着它们找到了食物丰沛的区域。一只卡罗苇鹪鹩潜伏在齐膝深的锯棕榈中，来来回回地唱着 *tea-keetle-tea-kettle*。它的配偶则回以一种斥责似的叫声：*tssk-tssk*。与这里很多其他的鸣禽不一样，鹪鹩的二重唱可能是为了维持伴侣关系，而且终年都唱出一堆明亮而杂乱的音符。

这种混杂交错的声音是北美东部潮湿森林的特色，其中有很多能让我们在美洲热带地区体会到一种北方的感觉。尤其是远离了有飞机喷洒毒雾的农田和被除草剂处理得干干净净的人工种植林，这里的森林就像南美和中美热带雨林一样热闹。任何温带森林都无法媲美热带令人惊诧的物种数量，但是夏日声音的欢欣同样振奋人心。这里的音色和韵律既包含在欧亚大陆也可以听到的声音——蝉、蟾蜍、树蛙、鸫和鹪鹩的鸣声——也包括北美大陆所独有的声音，尤其是对鸟类而言。美洲的霸鹟和莺都是禽类中的极简主义者，它们的歌声短小而紧凑，能量和意义压缩进了反复的惊叹和乐句之中。拟黄鹂科就像实验性的电子音乐家，将鸟鸣声发展成了颤动声、嗡嗡声和叮当声的转调。博物学家立即就能认出这种美洲的声学标志。在人耳听起来，这些声音结合了电子音乐的频率与音色之间狂野的跳跃——脑海中浮现出米尔顿·巴比特（Milton Babbit）的《为合成器作曲》（*Composition for Synthesizer*），还有电子舞曲的重复和跳跃。例如，褐头牛鹂在不到一秒钟的时间里扫弦范围高达 1 万赫兹（约为钢琴琴键频率范围的两倍），鸟儿们要花两年时间才能学会这项了不起的本事。其他拟黄鹂科，如拟椋鸟、酋长鹂和拟八哥等，发出的是类似的扫弦音，间杂刺耳的啁啾或铃声似的音符。一旦掌握了要领，鸟儿们一生中就会反复演唱数万次。

澳大利亚新南威尔士州的克劳迪湾（Crowdy Bay）位于斯科普斯山以东 1.03 万公里、圣凯瑟琳岛以西距离大致相当的位置。纬度与耶路撒冷和圣凯瑟琳岛差不多，但是转向了南边。天刚破晓，我从太平洋海滩向内陆方向行走，穿过高大的桉树林与开阔荒原交错的地带。现在虽然是 8 月，澳大利亚的冬天，我却穿着短裤。这里的气候在温暖和炎热之间循环。雨水基本上全年都有，夏末达到顶峰，然而干旱和洪水常常打破这种节律。植被四季常青，多数植物具有革质叶片，以适应夏季的炎热、养分不足的土壤和无法预测的干旱。

黑喉钟鹊一家四口聚集在弹丸桉（*Eucalyptus pilularis*）枝丫上。它们黑色的羽冠与翅膀和白色背腹部对比鲜明，衬着大树深绿色的叶片，形成视觉冲击力极强的标志。一只鸟悠然发出三声缓慢的音调，丰富得异乎寻常，流光溢彩，如同有温暖的光自内而外照亮了一般。它重唱一遍，从最高音下行，随后末尾增加一个纯粹、稳定的音符。一位同伴如奏长笛一般，以更高的音符作答，同样疏懒而清晰。两只鸟唱和着，第三只鸟加入进来，用反复的五声音调构成飘忽不定的旋律，与那一对儿的歌声交叠。如此持续数分钟。这种叫声有助于它们保持联系，或许是为了交流危险信号、食物的位置以及群体内部持续不断的动态变化。随后，第四只鸟发出尖锐刺耳的叫声，就像人用手指捏着一片厚厚的草叶放在嘴边吹响一般。鸟群扑啦啦散入附近的荒原，消失在灌木丛中。

黑喉钟鹊的歌声音调丰富，华丽无比。节奏也很圆润柔和，足以让人耳捕捉到每一个音符和转调。鸟儿们击鼓传花一般，用主题的转折和繁复回应彼此，旋律随之有了一种开放性。我的大脑审美进程进入红炽状态，因音调的音质、旋律的创造性，以及声音透露的鸟儿之间鲜活而机巧的关系网络而运行爆表。对于鸟儿来说，这些声音无疑能调节它们的家庭生活，增进邻里互动，就像世界各地其他鸟类发出的声音一样。而对我的耳朵来说，这令人惊叹的声音也是这片大陆的标志，其音色和动态，不同于我在美洲、中东或欧洲所曾有过的任何体验。

我走在一条沙质的土路上，渐渐远离弹丸桉，进入荒原茂密的斑克木（*Banksia*）灌丛中。斑克木属植物有着革质的叶片。这里的鸟鸣声音调变化较小，但也毫不逊色。一对如装饰着白色管道纹的巧克力蛋糕一般的灰颊垂蜜鸟，像旋转门上的旧铰链那样吱呀作响。在这些摩擦声中，它们也间或发出嘎嘎的鹅叫，混成一种刺耳的喧嚷。一只白颊澳蜜鸟飞入灌丛，垂蜜鸟的嘴巴发出啪嗒声，大概是感觉受到了威胁。澳蜜鸟跳到灌木丛顶上不远处的树枝上，遽然发出一连串 *tew tew* 的声音，就像小孩玩具激光枪的射击一般。黑色与金色相间的翅膀忽闪一下，它又飞走了。

一只噪吮蜜鸟从我身后急速穿出，展开翅膀，落在同一片灌木丛中。它红色的眼睛在裸露的黑脑袋上熠熠闪光。这只鸟似乎更热衷于用匕首般的喙刺穿树叶，而不是歌唱。不过它一边工作也一边叽喳不休，发出一连串声音，从尖叫，跳跃到刺耳的咕哝声，

再到悠扬响亮的 *ak* 声。四只黑凤头鹦鹉飞过头顶。它们奋力鼓翅时发出咯咯声，随后是 *wee-ar wee-ar* 的哀鸣。在我前方的小路上，一只精致的黑白扇尾鹟正扑腾着捕捉昆虫，尾巴朝两侧拍打，同时不断发出由低至高的急迫鸣声，听起来就像手指在清洁的湿玻璃上蹭动。它将嘎嘎声演变为极高的短促尖叫，好似相机按动快门时一连串的咔嚓咔嚓声。

我在克劳迪湾所见到的，正是澳大利亚东部典型的灌木带和温带森林。夜里开着窗，你会被黑背钟鹊空灵的颂歌惊醒，等到太阳升上树梢，则是数十种吸蜜鸟争吵斗嘴的声音。吸蜜鹦鹉和鹦鹉令人痛苦的刺耳叫声充斥着整个天空，足以淹没人的对话。数十只裸眼鹂成群结队地聚集在果树上，它们相互尖叫，随后突然发出丰富的哨声。温带雨林更高处的地面上，啸冠鸫在表演二重唱：一只鸟唱出单个音符，非常平稳地持续两秒，随后以震耳欲聋的声音收尾，频率陡然由高到低；它的配偶马上以甜美的 *chew chew* 声回应。绿园丁鸟的歌声像是堵住鼻子发出的颤音，就跟极度痛苦的猫或人类婴儿的声音一样。

琴鸟大概是世间歌声最复杂、音色最丰富的鸟类。它既模仿其他物种的声音，又加入了自身独有的吹笛声、哨声、噼啪声和颤音。这种表演有时持续好几个小时，而且声音极大，能传送到 3000 多米以外。法国作曲家奥利维尔·梅西安（Olivier Messiaen）曾花费数十年时间来聆听和思索鸟鸣之音，他写道，琴鸟节奏和音色的 *nouveauté*（新奇感或陌生感），*absolument stupéfiante*（实在令人震惊）。他在欧洲从未听到过这样的声音。琴鸟与吸蜜鸟和钟鹊的声音，激发他创作出最后一部管弦乐作品《灵界之光》(*Éclairs sur l'au-delà*)。1992 年，作曲家去世 6 个月后，这部乐曲由纽约爱乐乐团首演。琴鸟的歌声足以打动人心，将歌曲从法国带到林肯中心的舞台。

在克劳迪湾行走，我没有听到蛙鸣，只有一种蟋蟀从灌木丛深处发出微弱的唧啾声。不过在夏季，蝉声能赛过最喧闹的鸟鸣声，此外还有螽斯和更多蟋蟀的声音。从森林更潮湿的地段，雨水汇集成的水洼和沟渠里，传来假雨滨蛙（*Litoria fallax*）和条纹沼蛙（*Limnodynastes peronii*）的鸣声。与斯科普斯山和圣凯瑟琳岛相对照，克劳迪湾的昆虫具有相似的音色和节奏，让人马上就能分辨是蟋蟀的嘁喳声还是蝉刺耳的哀鸣。这里的青蛙也会吹拉弹唱，声音与其他大陆上的类似，但是没有美洲的蛙声合唱那种震耳欲聋的活力。

此地声景的能量与质地，是由鸟类主导的。少数物种——灰胸绣眼鸟和华丽细尾鹩莺——发出轻柔的啁啾和轻微的颤鸣，但是这些都汇入了一片喧嚣、壮阔的洪流之中。钟鹊、喜鹊、吸蜜鸟等其他鸟类灵活多变地跃动于丰富的和声与不和谐、不成调的波动和爆发之间，汇成一场音波大杂烩。天使们演奏着木管乐器，伴随着具象音乐[1]和工业之声（industrial found sound）的呈现。

1 musique concrète，也叫具体音乐。1948 年由皮埃尔・谢弗（Pierre Schaeffer）提出。他对具象音乐的诠释是："以往的非具象的音乐是指作曲家将音乐转换成作曲符号，写在乐谱上，由音乐家识谱后演奏才产生音乐。可是乐谱不能发声，只是传达音乐的载体，对音乐的诠释是抽象的符号，而不是音乐本身。具象音乐直接录制声音，直接在声音上进行创作，听到的便是声音的全部面貌，不再需要符号等抽象的工具来过渡，创作手法本身便是具象的。"

Absolument stupéfiante——绝对令人惊叹！

澳大利亚鸟类的活力和音调多样性令 19 世纪的许多殖民者震惊。1854 年，博物学家威廉·亨利·哈维（William Henry Harvey）曾提到“数种鸟发出啁啾，少许发出哨声，诸多发出大叫、尖叫和呼号声，但无一能鸣唱”。依据人类学家安德鲁·怀特豪斯（Andrew Whitehouse）对近代移民的调查，听惯欧洲鸟声的人认为，澳大利亚的鸟类是“奇异的”“不守规矩的”，甚或“丑陋的”。一些人被迫返回欧洲，因为实在无法忍受鸟儿们“令人崩溃”的不和谐噪音。这些反应部分源于我们对早年周遭声音的亲近感。心理学家埃莉诺·拉特克利夫（Eleanor Ratcliffe）和她的同事们发现，我们对音色和旋律的熟悉度，决定了我们能从鸟鸣声中得到多少抚慰。安德鲁·怀特豪斯调查发现，生活在英国的澳大利亚人渴望听到故乡的声音，有时甚至会播放录音来唤醒听觉记忆。鸟鸣声唤起疏离感或归属感的力量，部分反映了不同大陆的声音有多么不同。这些感觉也提醒我们，其他物种的声音隐藏在我们的内心深处，它们在我们的潜意识中，就像一枚听觉指南针一样，为我们指示家的方向。

***

刻绘和比较整个地区甚或整片大陆的声音，可能是一种以偏概全的荒谬之举。概述掩盖了内在的复杂性。毕竟，每个栖息地的声音都有诸多变化和纹理。在任何森林里走一两公里，你的耳朵都会遇到各种音调与节奏，有时可能由数百种生物的声音交错组合形成。然而，伴随这种精密的局部纹理，地球之声在大陆尺度上也有所不同。

有一些多样性来自世界不同的物理属性。地球上具有多种形式的风雨、山川、波浪、河流和海滩。亚马孙地区比北美天空落下的雨点更大。北部海岸线保留着冰川侵蚀的痕迹，那里的岩石海岬相比未经冰川覆盖的亚热带海岸的泥沙，发出更为坚定的声音。蜿蜒流过大陆腹地的河流，比山坡上一泻千里的水流更为疲软、松弛。地球的地质史创造了不同的地表形态和河流，任永恒不变的物理法则去挑战。

演化为全球声音的变化增加了两种更有创造性的力量。历史上的大事件，让生命树的各个枝干在不同区域铺展开来。每个枝干都有自身的起源、迁徙、物种多样化和灭绝的历史。这些历史共同促成了多变的声音地理。在此基础上，每个物种又历经独特的美学创新和声音环境适应性路径。因为引导演化路径的力量往往变化无常而且喜欢即兴发挥，所以物种的声音变化是不可预测的。在数百万年的时间里，差异扩大，使得整个区域产生截然不同的音波特征。这些进程与水声、风声和石头之声的塑造形成了对比：一定大小的雨滴无论落在美洲、以色列还是澳大利亚的岩石上，都发出同样的声音。而各地的动物，即便是大小和生态特征都极其相似的物种，其歌声也无法以物理法则来推断。历史以及动物交流中的种种怪癖，为生命之声增添了一些偶然和任性的滋味。

在地球上任何地方，我们都能听到本土动物和外来动物的声音。有一些混合是近期形成的，例如在北美大部分地方，欧椋鸟与原产美洲的短嘴鸦一同歌唱。然而生物地理学上还有很多故事具有更深的根源。我们回望数千万年或数亿年前，就会发现现代每种动物群体的分布，都是一些物种在本土分化，而另一些物种开拓新领地的结果。每种类型中都有少数分化出新的物种，造成地理和分类上的极大混乱。

最古老的动物鸣唱者——蟋蟀及其如今已经灭绝的近亲，是在超级大陆泛古陆上演化出来的。单一的大陆随后分裂，蟋蟀在各地延续下来。因而，如今各大陆的蟋蟀鸣声如此相似，也就不足为奇了。不过蟋蟀生命力也很强，它们能附在植物上漂洋过海。我们听到蟋蟀的鸣声一致，有一些是源于更晚近的扩散。田野、花园和停车场上熟悉的啾喳声——蟋蟀亚科（Gryllinae）——可见于除南极洲之外的各大陆，而且已经散布到很多海洋岛屿。

古老的一致性再加上更晚近的扩散，这种类似模式也可以用来解释其他鸣虫的分布。螽斯或灌丛蟋蟀可能起源于泛古陆解体形成的两块大陆之一——南部的冈瓦纳大陆。此后它们在陆地之间来回跳跃，形成家族树，在不同大陆上都有近亲。我在耶路撒冷遇到的大理石纹灌丛蟋蟀就属于其中一支，它们从澳大利亚入侵欧洲温带地区，随后到达北美。圣凯瑟琳岛响彻夜空的螽斯，属于这个家族树上从非洲扩散到美洲的另一分支。蝉也分布于全球，它们现在的形态至少可以追溯到泛古陆解体的时候。从那时起，它们多次跳跃于大陆之间，在广泛分离的陆地上都有近亲。例如，从分类学上来说，北美的周期蝉是澳大利亚一些蝉的表亲。

很多现生蛙类的祖先也源于冈瓦纳大陆。它们在那里形成了两个主要分支。其中一支生活在后来冈瓦纳大陆分裂后变成非洲的部分，从中产生了水栖蛙类，以及澳大利亚的树蛙和狭口蟾蜍。另一支则在南美，衍生出了所有的美洲和欧洲树蛙、蟾蜍，以及澳大利亚的汀蟾（Limnodynastidae)。如今，分类学上蛙类家族大部分成员分布于南美和非洲，这是它们起源的中心地带。而在远离中心的地区，我们通常只能听到极少数穿越重洋扩散到新领地的蛙类鸣声。目前还不清楚它们是如何穿越远古海洋的，但是成功穿越的只有极少数——在南美和非洲丰富多样的蛙类中约占十分之一，这表明漂流穿越咸水海域是件稀罕事。

鸣禽最初的家园在南太平洋地区（Australo-Pacific)。这个区域如今划分成了澳大利亚、新几内亚、新西兰和印度尼西亚东部岛屿。约5500万年前，鸟类的祖先群体分化为两支。一支产生了现代的鹦鹉，另一支产生了现代的鸣禽。这两类都极其善于鸣叫，也包含一些具备高度完善的声音学习能力和声音文化的种类。鸟类家族树上这两个分支合起来，构成了近1万种现生鸟类中一半以上的种类。在许多声景中，它们是与昆虫合唱的主要歌手。

因此，我在克劳迪湾听到的那些不可思议的声音，都发源于鸣禽演化的故园。澳大利亚各地常见的鸟类——凤头鹦鹉和鹦鹉，自其祖先同鸣禽分隔开来，便生活在这里。钟鹊、黑背钟鹊和黑白扇尾鹟都属于南太平洋鸣禽家族树上一个悠远的分支，它们的古代近亲离开这片区域并演化成了现代的乌鸦。家族树上琴鸟这一脉可以追溯到近3000万年前，它复杂的歌声表明，古代鸣禽是技艺高超的歌手。垂蜜鸟、吮蜜鸟和吸蜜鸟属于另一个悠远的分支，其后裔只生活在南太平洋地区，如今也是这片区域最喧闹、最多样的鸟类。

从系谱来说，世界上其他地方的鸣禽，都是南太平洋地区这组多变的鸟类的一个子集。我们在这个地区以外听到的声音，是由小群移居者留下的遗产所衍生出来的。这些鸟类扩散开去，其后裔在世界各地制造出无比多样的声景。然而在我听来，没有哪片大陆的鸣禽具有像南太平洋地区这样丰富多变的音色、节奏模式和活力。

鸣禽曾多次从南太平洋地区向外迁徙，而其中有两波迁徙浪潮对全球鸟类分布起到格外深远的影响。第一波扩散到了亚洲，随后到达美洲，但是在中东和欧洲并没有留下它们的现生后裔。圣凯瑟琳岛上的大冠蝇霸鹟和绿纹霸鹟，就属于第一波迁徙的成员。第二波所建立的系谱包含现生鸣禽一半以上的种类。亚非洲和中东地区多数为人熟知的鸣禽都属于这支移民队伍，其中有鸫、鹨、燕、雀、织巢鸟、欧亚麻雀和非洲麻雀、椋鸟，以及“旧大陆”莺和蝇霸鹟。也有一些鸟类家族来到美洲。然而美洲独特的声景，很大程度上单单归功于第二波浪潮中一个支流的壮大。美洲的黑鹂、莺、唐纳雀、麻雀和主红雀都是这个家族的后裔。

澳大利亚被视为世界鸣禽多样性的熔炉和输出国，是基于最新的鸟类 DNA 分析。这颠覆了一些传统的演化观念。长久以来，生物学家断定澳大利亚的动植物最初源于亚洲，在他们看来，演化的故事在欧亚大陆源远流长，澳大利亚不过是一个小分支。澳大利亚生物学家、作家蒂姆·洛（Tim Low）简洁有力的作品《歌声起始处》（*Where Song Began*）对澳大利亚鸟类做出了开创性的研究。他在书中说，19、20世纪的生物学家，包括达尔文和恩斯特·迈尔在内，都认为这里是“无主之地，北方来的各种好东西填补了这片空地”。这种生物地理学的殖民思想如今依然留存在分类学语言中，比如“旧大陆”“新大陆”“东方的”和“与欧洲正相对的”（Antipodean，指澳大利亚和新西兰），就好像地质时间和生命树的根源都在北欧。

鸣鸟之声并不是禽类声景中唯一的声音。蜂鸟斗志昂扬的喊喳声和疯狂拍翅的呼呼声是美洲特有的。但是来自德国的化石证明，3000万年前蜂鸟曾出现在欧洲。这个古老的支系随后扩展到南美。后来欧洲蜂鸟灭绝了，而在南美，这些鸟儿找到了合适的家园。它们与开花植物协同演化，多样性快速增加。

嗜糖可能对蜂鸟和鸣禽的演化繁盛都起到了推动作用。这两类鸟儿的味觉感受器都在演化初期产生基因变化，将一种鲜味感受器改换了功能，用来品尝糖。尝到甜头的鸟儿四处搜寻并大快朵颐花蜜和以汁液为食的昆虫排泄的含糖分泌物。正如显花植物的兴起促使诸多鸣虫及其他动物多样性激增从而永久改变了地球之声，鸣禽的多样性，部分也是基于鸟类与南太平洋地区植物糖分的关系。鸣禽、蜂鸟和鹦鹉都很善于发声，其中有很多不单学习鸣唱，而且拥有自己的声乐文化。在鸟类丰富的鸣声中，我们听到花朵和汁液甜蜜的馈赠。

在远古的扩散中，每次一小群鸟类祖先的到来，都孕育出了后来的繁华。当我们倾听时，听到的正是数百万年前的偶然事件留下的遗物。如果有另一群鸟从新几内亚北部海岸乘风飞到亚洲，或是穿过白令陆桥漫游到了美洲，那么鸟类声景将会具有截然不同的地理结构。在历史的机缘巧合之外，又叠加了数百万年的物种分化，以及每个物种后裔种群对环境的适应。物种各自经历了繁复精致的性选择和环境适应的故事。合并起来，这就是具有创造性的演化工厂中音波多样化的故事。

有关扩散和亲缘关系的故事来自对现代鸟类的DNA分析，也有化石补充的信息。这些研究还能揭示有关人类感官和天性的一些奥秘。我们从鸟类身上获得的遗传信息，比从昆虫身上获得的几乎多100倍。因此重建禽类的过去，相比昆虫，基础更广泛，也更坚实。昆虫并不缺乏DNA，缺少的是研究资金和科学界的关注。

鸟类成为炙手可热的科学研究对象，部分是因为它们引人注目。鸟的羽色令人着迷，个头也不小，足以令观者遐想联翩。古希腊神话中，伊卡洛斯用鸟羽粘成的翅膀飞行，而不是使用昆虫的外骨骼。基督教圣灵化身为鸽子从天而降，而不是变成蝉。鸟鸣更接近人类语声和音乐的频率、音色、节奏，使其更进一步与我们的感官相连，从而更投合我们的审美倾向。如果昆虫也如鸟类这般声音婉转、羽色动人，我们应该会更热衷于研究它们吧？

正如动物的繁殖炫耀通常契合其配偶先天的感知偏差，我们对鸟类的喜爱也揭示了我们的感官偏差，这是由灵长类系谱的生态学决定的——喜欢红色，以便看到成熟的果实和红润健康的肤色；热爱优雅的动作，从而判断对方的活力；耳朵则渴望听到人类声音承载的信息。鸟类作为诗歌、宗教和国家的显著象征，正是人的眼耳特殊适应性的产物。如果我们像大鼠一样通过超声波交流，或是像很多蝶螈一样靠气味交流，我们的货币和圣书上就会出现啮齿动物和有尾目[1]。我们的感官倾向也给很多鸟类带来了危害。全球五分之一的脊椎动物被人捕获并作为商品交易，有羽毛、歌声悦耳的物种尤其受欢迎。有些种类的昆虫也被人抓来豢养，尤其是亚洲部分地区的蟋蟀。但是野生生物贸易对多数昆虫的威胁微乎其微，不像有些鸟类因为演化得过于惹人喜爱而走上不归之路。然而，伴随危险而来的是引发改变的力量。人类的美学反应促生了伦理关注。“知更鸟儿笼中囚／天堂怒火不停休。”[2]我们的感官既激起消费占有的欲望，又唤起保护关注之心。当我们领悟到那些给我们带来欢乐的奇迹之起源及其脆弱时，或许能扭转自身的欲望和行为，尽力去保护野生生物之美？

斯科普斯山、圣凯瑟琳岛和克劳迪湾的声音，似乎都极其短暂而轻淡，甫一出现便已飘散。然而即便一闪而逝，也是对历史的层层记录。每种声音都带有其家族起源和扩散的印记。因此，声景是数亿年累积而成的。当我倾听时，我常陷入声景瞬间的旋律与音调层次中：鸟儿啁啾的顿挫、虫鸣的神韵、物种此起彼落的不

1 主要包括蝶螈、大鲵和小鲵。

2 原文为“A Robin Red breast in a Cage / Puts all Heaven in a Rage”，出自英国诗人威廉·布莱克的《纯真预言》(*Auguries of Innocence*)。这里的知更鸟即欧亚鸲，属鹟科鸟类。

同节奏和音色，以及竞争对手或配偶之间的轮唱应答。伴随这些瞬息的快乐，声音也引人去听过往的演化故事。动物迁移和板块构造留下的遗物，通常比我脚下的大地更古老。圣凯瑟琳岛由更新世的沙子和更晚近的沙丘沉积物组成，最多不过5万年历史。克劳迪湾的沙石与凯瑟琳岛一样年轻，再往下则是2亿年前的熔岩。斯科普斯山的石灰岩由海底岩床抬升形成，是6500万年的咸质软泥留下的遗迹。而这些土壤和石头上面的声音，通常比它们悠久几千万年或几亿年。

声音源于呼吸，消失于刹那，却可能比石头还古老。

听周围动物的声音，我们听到由空气振动构成，因板块构造和古代动物在各大陆之间的迁徙而变得多样的音波地质学留存的遗迹。不像石头，声音的多种形态，无法凭借永恒的物理材质在岁月中流传。相反，动物声音的形式在脆弱的DNA链中流传，每代重新生成，而那些学习鸣唱的物种，则通过一代代永无间断的纽带来维系。

第四部分

人类音乐及其归属

骨骼，象牙，呼吸

4万年前，在相当于如今德国南部的地区，冰河时代的一处洞穴中，一种新的声音诞生了。这种声音很简单，只是一串哨音，与洞穴外繁复多样的虫鸣鸟唱相比似乎不值一提。然而这是一项变革。顷刻之间，在文化演化的推动下，地球的创造力向前跃进了一大步。

你听，灵长类动物在用嘴吹奏塑造成形的鸟骨和猛犸象象牙。奇怪的组合登场了：猎人的气息赋予猎物骨骼以生气。这种带有旋律和音色的空气振动，源于此前全球任何地方都未曾见过的东西：乐器。

***

骨骼和象牙的白，因年久日深而泛黄了。千百年来掩埋在尘埃和废墟中，也使其染上了松木的色泽。幽暗的屋子里，这些东西静静地躺在玻璃匣子里的黑布上，在微弱的聚光灯照射下泛着光芒。这里是德国南部的布劳博伊伦史前博物馆（Blaubeuren Museum of Prehistory)，我正在端详近 4 万年前用鸟的翼骨和猛犸象象牙制作的长笛。

长笛的脆弱令我震惊。为此次参观做准备时，我详细了解了学术论文和图像资料。从论文材料中看起来，这些物件非常坚实，就像动物园实验室或是餐盘里司空见惯的粗硬骨头一样。然而见到实物，我困惑不已地发现它们居然显得那么古旧，那么易碎。岁月磨损的痕迹，薄如纸片的骨壁，还有微小的裂纹，让我从各方面体会到文物的意义。我的躯体和情感，最终理解了我极力用思想去求索的东西。

我体悟到了人类深厚的文化根源。这些物件是已知最早的人造乐器的实物证据，它们比人类的农业古老 3 倍，比汽油和石油时代古老 240 倍。除人类以外别无其他物种制造乐器，尽管有少数已经比较接近了。一些树蟋在叶片上挖出孔洞，以放大它们翅膀发出的颤音。蝼蛄把巢穴修整成喇叭状，起到扩音的作用。然而这两个例子都只是放大了原初的声音，并没有形成新的声音。猩猩有时候把叶片贴在嘴巴上吹出呜呜的声音，但是据我们所知，它们并不会为此特意重塑叶子的形状。

一根兀鹫的翼骨：一端有 V 形切槽，就像现代末端有吹孔的竖吹竹笛或木笛一样。骨骼呈平缓弯曲，沿拱起的一侧有四个小孔。第五孔还有部分可见，位于残缺的无切槽端。五孔间隔恰到好处，人十指张开，便能方便地按住指孔。每个孔都是斜向切割的，凹槽内石器留下的精准刻痕依然清晰可辨。斜面形成的小窝正好吻合人指尖的体积大小。每个切口都表明了用意。这根骨头是专为人的手和嘴而打造的。

制作者使用了鸟的桡骨，也就是兀鹫前翼两块骨头中较细长的一根，因此笛子像树枝一样细，直径仅 8 毫米，但是几乎与我的前臂上端等长。兀鹫每日要巡视四周寻找腐肉，它们体形巨大，翼展比鹰还宽大，因此，它们的翼骨成了旧石器时代长笛制作者首选的长管来源。

细微的裂纹将骨骼光滑的表面分成了十多片。这些碎片是由图宾根大学的考古学家尼古拉斯·科纳德（Nicholas Conard）、玛丽亚·玛丽娜（Maria Malina）、苏珊娜·蒙泽尔（Susanne Münzel）及其同事从洞穴沉积物中挖掘出来，然后重新组装、演绎出来的。长笛右侧有一道深深的切口，正好就在一个指孔的上面。可见这薄薄的骨壁是何等脆弱，这根长笛能从旧石器时代流传至今，又是多么不可思议。

这是这片区域洞穴出土的四根鸟骨笛之一。四根骨笛都是从奥瑞纳文化（Aurignacian）早期的沉积物中发掘出来的。就在这个时期之前，解剖学意义上的现代人首次出现在我们现在所说的西欧地区。除这根长笛之外，还有两根只能通过带有指孔痕迹的零碎断片来辨认，第三根由天鹅桡骨制成，通过 23 块碎片复原后，虽然残缺不齐，但有 3 个清晰的指孔。

布劳博伊伦史前博物馆里，靠近兀鹫骨笛的位置，陈列着一根构造更坚实的长笛。弯曲形成的凹面有 3 个斜向切割的指孔。一端似乎特意切割成了深 U 字形。从第三孔还有一块碎片向下延伸，表明这根长笛原本还要长一些。与鸟骨不同，这根笛子上有两条纵向的接缝。每条接缝都与数条横向的短线交叉，就像一条长长的切口上缝合的痕迹。

这根笛子是用猛犸象的象牙制成的。对现代人来说，这种材料并不常见。兀鹫的桡骨很容易看出是鸟骨，就像巨大版的鸡骨和火鸡骨。而猛犸象的象牙，在现代日常生活中根本找不到类比物。其表面给人破旧皮革的感觉，薄薄的管壁看起来就像鞣酸处理过的动物皮毛，这进一步加深了旧皮革的印象。而指孔和末端的开口却像是切进了坚硬的骨骼中。这种物品在我看来很奇异，但对旧石器时代的人来说，猛犸象既是主要的食物，也是手工制品的主要来源。他们的洞穴里散落着猛犸象的象牙和骨骼：工具、装饰品、烤熟的骨头，象牙制作的半成品部件。猛犸象象牙具有多种用途，而从洞穴遗留的残迹来看，人们常将其弃置或扔掉。在旧石器时代，象牙或许就像塑料一样，只不过是源于本土自由放养的动物。

鸟骨是中空的，便于人手抓握，很适合用来制作笛子。而猛犸象的象牙坚硬无比，难以雕刻。制作这根猛犸象象牙笛的人，想必花了好几天工夫。

现代考古学家和复原专家细致研究这根笛子上的刻痕，并用实验揭示了冰河时代的工匠可能采用的工序。首先，他们用尖锐的石制切割器从巨大的象牙上截取一段，打磨成桩，或者叫坯。洞穴中残留的无数工具表明，他们也采用这项技术将驯鹿鹿角雕刻成狩猎用的抛射器。象牙不太容易塑造成管状，工匠们也没有钻头。因此，他们把桩削切成圆柱体，纵向对半剖开，挖空里面的部分，再重新拼合，于是就成了一根管。在此过程中，他们利用了象牙的生长形式。猛犸象象牙外面有一层牙骨质，包裹着内部更厚实的牙本质。从不同层次的结合处细心雕刻，制造者能刻出一根一半牙骨质一半牙本质的桩。结合处是薄弱点，可用石叶和小楔形器轻易地剥离，由此将圆柱体沿纵轴一分为二。掏空这两部分很费精力，从成品来看，将一根实心柱制作成两根薄壁的半管也需要高超的技艺。

劈开象牙之前，他们沿两侧切割出规则的深凹槽，与柱体的轴线垂直。等到两部分掏空，便能依照切痕重新拼合。黏合很可能用到了树脂和动物肌腱。这样天衣无缝地贴合住，下一步就能雕琢斜向切割的指孔和末端的吹孔。

这根笛子虽然已经破碎而且埋藏了4万年，构造却无比精准，两部分严丝合缝，切口整齐一致。薄薄的管壁看起来如鸟骨一般浑然天成，掩盖了塑造中耗费的人工。博物馆展出的这根笛子，是这个区域出土的4根猛犸象象牙笛中最完整的一根。从其他几根笛子的碎片上残留的雕琢痕迹，也能看出类似的制造方法。

那些最早期的乐器制作者，无疑过着艰难的生活。他们生活在冰川笼盖的阿尔卑斯山和冰雪覆盖的欧洲北部以南。这个时期留存下来的动物遗骸都是一些苔原、寒冷草原和高山上的生物：披毛犀、野马、羱羊、旱獭、北极狐、北极兔和旅鼠。花粉和洞穴中残留的木材表明，当时的植被以禾草、蒿以及一些北方灌木和乔木为主。每一口食物、每一根木材燃料、每一件衣物，都要辛辛苦苦地从多数时候白雪皑皑的寒冷大地上获取。然而，这些人将最高超的技艺献给了音乐。这些笛子，尤其是猛犸象象牙笛，很可能源于当时最复杂的工艺。这些作品体现了工匠们对材料属性的深入理解和对工具的运用自如。无声的实心象牙，由人类的双手和想象力改造成了多音调的中空管乐器。精准运用石器雕琢出空洞，人朝这些开口吹气，便能令死去的动物焕发生机。

因此，乐器起初并不是供养尊处优的唯美主义者茶余饭后作为消遣和点缀的。世界上已知最早的乐器，反倒出自那些生活困苦、朝不保夕的人之手。如今当我们的学校砍掉音乐课程时，当正反两方辩论家争论艺术是否颓废堕落抑或多余无用时，当学者们认为音乐在根本上对人类文化无足轻重时，或许都应当回顾冰河时代洞穴出土的制作精良的长笛，再好好思量一番。

我在博物馆的长笛边待了几个小时。20 个人从旁边经过，有 3 个人看了看这些笛子。其他人径直走向墙上的按钮，按动一个按钮，扬声器就会传来一段由复原的长笛吹奏出的简短旋律。让我错愕的是，文物本身竟丝毫未能引起明显的惊奇或兴趣。

平心而论，除了长笛还有其他可看的。博物馆里也陈列着数十种精巧的小雕像。鼻翼张大的野马、双翅合拢潜入水中的鸟、直立的狮子人，诸如此类，都被古代人用双手唤醒了——他们深知如何将拇指大的牙齿或骨骼塑造成栩栩如生的动物。器乐并非洞穴保存的唯一一种人类艺术。考古学家耐心地清理并细致地探查，挖掘出数十种动物以及人狮混合形态的雕刻品。洞穴沉积物中也包含人工饰品，比如象牙和鹿角制作的吊坠以及珠子。洞穴居民极具创造力，他们将日常可见的骨骼和象牙变成了如今我们所说的艺术。

最著名的雕塑品，摆放在博物馆陈列长笛的展厅南边。这是一间单独的展室，环境幽暗，仅中间有一个发光体。参观此地的每个人，可能都从报纸或博物馆视频、海报和网站上见过它的图片。无怪乎参观者无暇顾及长笛。这家博物馆介绍上首推的是一件神圣的物品。

基座上立着一尊极其丰满的女性塑像。不过，这尊象牙雕刻品用一个雕刻精巧的小环代替了头部，圆环大概是用来穿绳子的。这尊巴掌大、6厘米高的小雕像，被用作吊坠或是护身符。小环的孔眼还能看出绳子磨出的痕迹。雕像的四肢短小，左臂有部分缺失。胸部、臀部和外阴隆起，两边稍稍有点不对称。腰部瘦削，腹部扁平。双手修饰得很细致，摆放在髋部上方。雕像上面刻有一些波浪线，可能表示裹在身上的衣物之类，不过这一时期的动物雕塑表面通常也有类似的装饰花纹。

这件展品在博物馆和科学技术文献中被命名为“维纳斯”，就像其他洞穴的小雕像，比如1908年出土的著名裸女雕像“维伦多夫的维纳斯”一样。其他被称作“维纳斯”的旧石器时代女性雕像至少要晚5000年，因此同这家博物馆的雕像充其量有遥远的联系。在现代人看来，这尊雕像似乎强调了性别特征。然而这对旧石器时代的人意味着什么，就不得而知了。宗教、抗议、色情、幽默、自拍、游戏作品、玩具、塑像、手工练习、祈愿抑或献礼？我们没有足够的背景材料来做判断。用2000年前古罗马女神的名字“维纳斯”来指称将近4万年前的雕像，更多的是在展示我们的文化，而不是古人的意图。

人群簇拥在暗处，围观中间被照亮的雕像。这件猛犸象象牙雕塑是世界上已知最古老的雕塑。在 2019 年于加里曼丹岛（婆罗洲）以东印度尼西亚的苏拉威西岛发现一幅近 4.4 万年前的洞穴壁画之前，这尊雕像也是已知最古老的具象艺术。

洞穴中这尊小雕像被埋藏在如今地表下方 3 米处，与兀鹫骨笛相距不过一臂之遥。两者出现在洞穴沉积物的同一地层。在考古学中，沉积物地层记录着岁月流逝，每过去一个世纪，都会增加一层灰尘和碎屑。灰尘的层叠告诉我们：长笛和小雕像似乎是同时期的作品。

长笛的历史有多古老？依据放射性碳定年法（又称碳测年法），兀鹫骨笛和破损更严重的猛犸象象牙笛至少有 3.5 万年的历史。保存更完好的象牙笛和天鹅骨笛可能有 3.9 万年的历史。最下层包含人类定居点残迹的地层则有 4.2 万多年的历史。碳的放射性衰变，以及卡在被掩埋的象牙内部的晶体随时间的变化，也证实了以上年份测定。未来新技术或许能使年份进一步精确。地球上最早期飘扬的器乐之声，可能不只出现在德国这些洞穴里。木头或苇秆制造的乐器可能因为腐烂而久已被人遗忘了。也可能，它们埋藏在某个地方等着人们去发掘。然而就眼下来说，德国这些洞穴里出现了最早的实物证据。

人类的音乐比任何乐器都更古老。早在雕刻象牙或骨骼之前，我们无疑就会运用旋律、和声和节奏。当代社会各个民族都会唱歌、奏乐、跳舞。这种普遍性表明，早在有人发明乐器之前，我们的祖先就有了音乐。纵观目前已知的人类文化，音乐总是在类似场景中出现：爱、摇篮曲、治疗和舞蹈。对人来说，社会行为通常由音乐来调节。

化石证据表明，50万年前的动物祖先也拥有让现代人得以说话和歌唱的舌骨。因此，在我们制造乐器的几十万年前，人类的喉咙就具备了说话和唱歌的能力。

演说和音乐孰先孰后，目前尚不可知。其他物种在神经系统上也具备感知演说和音乐的先决条件，这说明我们的语言和音乐能力只是先前已有属性的精密复杂化。就像人类听人说话时一样，其他哺乳动物处理同类的声音，主要也靠大脑的左半球。其他声音归右半球——人脑处理音乐的主要位置——或是由两个半球共同处理。左脑利用声音在调速上的微妙差异来理解语义和句法。右脑利用频谱差异来把握旋律和音色的成分。但是分工并不绝对，表明语言和音乐之间并没有明确的界限。语言的声调和韵律激活了右脑，而歌曲的语义成分也会点亮左脑。因此，歌曲和诗意的语言，让大脑两个半球交织运行。在人类文化的音乐形式中，我们听到所有歌词都融入了曲调中，而所有言语的意义，部分都源于其中的音乐属性。孩提时，我们通过母亲声音的节奏和音高来辨识她的声音。成年后，我们通过音高、调速、强度、音色和音调的改变来表达情感与意义。我们的文化用音乐结合语言来传递最宝贵的知识，例如澳大利亚原住民以歌曲形式流传的故事（Australian songline，也译作“梦之路”）、中东和欧洲吟诵的祈祷文、赞美诗和诗篇、迷幻舞蹈仪式中圣者的“呼叫讲述”（calling narrative），以及全球各个社会群体的多种吟唱形式。

因此，器乐的特定属性使之既不同于歌曲，也不同于言语。这是一种完全脱离语言的音乐形式。最早期的制笛人或许发现了如何制作出超越语言特性的音乐。在此过程中，他们可能在其他动物身上寻找亲近感——昆虫、鸟类、青蛙等的发声形式，自然都是存在于人类语言框架之外的，尽管每个物种都有自身的语法和句法形式。如果器乐确实能让我们体验到人类语言之外的声音，那么这是一种很矛盾的体验。通过使用工具——制造乐器是一种晚近的、独属于人类的活动——我们感受到充满意义和微妙差异的听觉体验。如今的动物亲属依然生活在这种体验中，人类远古的祖先无疑也曾生活在其中。这种体验既超越人类的言词，又早于人类的言词。器乐，无疑让我们回到了工具和语言出现之前的感官体验世界。

打击乐可能也比语言和歌曲更古老。鉴于制鼓常采用皮革或木头一类脆弱而易腐的常见材料，考古学证据十分罕见。已知最早的鼓出土于中国，仅有6000年历史，但是人类发明鼓应该还要早得多。非洲的野生黑猩猩、倭黑猩猩和大猩猩都用击鼓声作为社会信号。这些猿猴表亲用手足和石头敲击身体其他部位、大地或大树墩。这表明我们的祖先可能也曾经击鼓，或为表明身份，或为守护领地，同时也使社会群体凝聚成有序合作的整体。与其他类人猿相比，人类的鼓声节拍更有规律、更为精准。有趣的是，对很多黑猩猩种群来说，用石头敲击树干包含仪式性的成分。它们特别留意特定的树木，在这些特定的树周围堆积一堆石头。黑猩猩不光堆石头，还会往树上扔石头、砸石头，弄出砰的一声或是啪嗒响。它们用石头敲树的时候，通常还会发出响亮的“喘嘘”声，并用手足砰砰地拍打树干。因此无论黑猩猩还是人类，都将打击乐、发声、社会展示和仪式融合起来。这表明人类音乐的要素，早在人类起源之前就已存在了。

人类音乐最深层的根源究竟于何时萌发，目前还是个谜。不过器乐和其他艺术形式之间的联系较为清晰。世界上已知最古老的乐器，正好就埋藏在已知最古老的具象雕塑旁边。两者都出自洞穴人类遗址几乎最下面的地层。再往下，沉积物中就没有人类的痕迹了，更深处则是尼安德特人的工具。在世界上这片区域，当解剖学意义上的现代人最早登上冰雪覆盖的欧洲大地时，器乐和具象艺术一同出现了。

器乐与具象雕塑承载着同一种理念：物质材料的三维变化产生具有流动性的对象，激发我们的感官、思想和情感，这就是如今我们所说的艺术体验。长笛和小雕像并存，表明在奥瑞纳文化中，人的创造力并非只投注于一种活动或功能之中。手工技艺、音乐创新和具象艺术相互关联。

从最早期的人类艺术中，也能找到不同形式的创造力相互关联的证据。我们发现最早期的绘画是抽象的，而非具象的。它出自南非布隆伯斯洞穴（Blombos Cave）7.3万年前的地层。在那里，有人用赭石画笔在易碎的石头上画了一幅网纹状图形。出土这幅图的地层也含有其他创造性成果的证据：贝壳做的珠子、骨锥和矛尖，以及雕刻的赭石碎片。

然而迄今为止记录显示，德国南部三维艺术品的制作，与使用颜料的具象艺术并不是同步发展的。长笛和小雕像都没有专门上色的痕迹。这些物品所在的洞穴并没有壁画装饰。在这个地区，要到更晚以后的马格德林期（Magdalenian），也就是长笛出现之后2万年，石头上才明显有赭石颜料装饰的痕迹。欧洲另一处奥瑞纳遗址——西班牙北部的卡斯蒂略洞穴（Cave of El Castillo）显示出截然不同的轨迹。一幅壁画上绘有圆盘，年代可追溯到4万年前。同一面墙上还有一个手印，年代超过3.7万年。然而，在这个地区并未发现这一时期的三维艺术品。同样，苏拉威西（Sulawesi）洞穴内壁的具象绘画也没有任何已知的雕塑与之相关。这些差异或许只能说明考古记录还不完备，而不能告诉我们更多有关人类艺术的事实。但就目前来说，小雕像和长笛，这些三维艺术品最初形成的时间和地点，似乎都不同于绘画。

这段悠久的历史重塑了我们对近现代艺术的经验。我凝视着旧石器时代的长笛和小雕像，想到大英博物馆、大都会艺术博物馆和卢浮宫拥挤的人群。我们常常排好几个小时的队，就为了匆匆一瞥人类艺术和文化史的重大时刻。然而在这家不起眼的德国乡村博物馆，我们体验到了艺术最深层的根源。

我伸出胳膊。如果我们对人类音乐和具象艺术已知的范围有这么大，那么冰河时代的长笛和雕塑就处在我左手指尖的位置，苏拉威西洞穴的壁画也在此处。各大博物馆的典藏艺术品，多数处在我右手伸开的手指处，这是最后一个世纪的产物。这并未削弱过去数千年艺术作品的重要性。相反，这些野外遗址和博物馆记录了早期人类艺术的丰硕成果，它们既是近现代作品的补充，也是人类创造活动的根源。艺术诞生于动物与区域物理空间的关联，新石器时代人类的技术实力和想象力又使其得到了提升。

***

我拿着两根鹫的骨骼，打算仿造古代兀鹫骨笛的式样制作笛子。这两根骨头属于北美一只死在路上的红头美洲鹫。它的尸首被捡回来，成了田纳西州西沃恩南方大学动物标本室馆藏的一部分。对奥瑞纳时期的匠人来说，兀鹫骨头可能唾手可得。这些鸟以猎人杀戮的猎物残骸为食，在洞穴附近筑巢。它们的骨头在洞穴沉积物中寻常可见。天鹅则不然。天鹅骨头是特意获取的，大概来自远离洞穴的湿地。

在实验室里，我从装殓红头美洲鹫尸骨的硬纸箱中剥离出了这两块前翼骨：桡骨和尺骨。古代兀鹫的翼展宽大，这两块骨骼都比其翼骨短三分之一，但形态和结构大致相当，长度为我拇指的两倍，比铅笔稍细一些。

用温水浸泡一整夜之后——要知道骨头已经在干燥的屋子里搁置了十年——我抓紧桡骨，把粗糙的燧石小刀摁在上面，想把两头的骨节锯掉。我的小石器是自制的：我用一块坚硬的鹅卵石去砸燧石结核，剥离出了一个石片。成品十分锋利，但是刀刃在我笨拙的手上几乎派不上用场。我费了半天劲，也不过在骨头表面刮出一些模糊的划痕。鸟骨硬得出奇，表面又滑。哪怕我用指甲牢牢扣住，刀片也总是左右滑动。

太尴尬了。身为那些石器大师的后代，我竟然连砍掉鸟骨末端这种简单工作都搞不定。我不熟悉工具，笨手笨脚，这是原因之一。另一个原因是，我制造工具的天性没有得到开发。出土长笛的洞穴沉积物中含有数百件石头、鹿角和骨头制作的工具：匕首、刮刀、锥子、手术刀似的刀片、錾子、小刀、钎子和刻刀。这些工具制作精良，从其创作的艺术品来看，当时的人使用工具的技艺也相当高超。我用原始的石片笨拙地摸索了一两个小时，总算明白了他们的手艺何其精湛，而我的尝试又是何其莽撞。

我放弃了，转而拿起一件更熟悉的工具：现代弓锯的锯条。利用矿山和炼钢厂出品的铁齿钢牙，我切开了鸟骨。先切一端，再切另一端，切断了连接肘部与肩部的球状膨大端。骨头出奇地棘手，我不得不紧压在锯条上切割。砍掉笨重的骨节后，骨头拿在手上的感觉顿时不一样了。骨头轻了，平衡性很好。沉甸甸的骨节不再占据主体，重量均匀分布在各处，我可以随意摆弄，好好研究一番。

骨骼吸收了我手指上的热量，泛出一种温润惬意的光芒。死去的美洲鹫的骸骨同时吸收和释放着温度，这份热切让我感到一种生命活力[1]的吊诡。骨骼表面光滑，但又存在起伏变化。有一侧略粗糙，就像撒了一点细沙。沿纵向有一些细细的脊。其中一道脊分为两道，形成一个刻面。骨骼欣然向我的手掌述说，迅速揭开了

---

1 英文为 animacy，此处应指生物的生命活力，也译作“生命度”。“生命度”由生物学领域引入语言学研究，成为语言学的重要范畴之一。

我的眼睛所忽略的细节。最令人满意的是骨骼的弯曲度，整体略显S形，肘端比腕端更弯。两端截面也不一样。肘端为不规则五角形，腕端则呈清晰的马蹄形。

我用手捻弄、抚摸这根骨头，把它穿插在手指间，先轻后重地按压。感觉有一点弹性，但是看不出脆度。我把骨头搁在掌心，上下掂量一下，感觉轻若无物。手上的触感令我不禁想到这只美洲鹫的飞行。我们都是有骨有肉的生物，能切身体会什么是运动，地面与空气又施加着何种作用。这种同感，是我的双手所能理解的共同语言。然而从中了解到的，却陌生得令人吃惊。鸟骨轻得不可思议，让我这副终日在地面活动的哺乳动物身躯吃惊不已。重量几近于无，这令双手感到讶异的奇妙身体特征，正是飞行所需要的。此刻当我重温记忆，描述当时的体验时，我退缩了，不敢相信在狂喜中单凭双手触摸得出的知识主张。我始终认为，思想位于更高处，在头骨中。然而我穿过房间，打开了装美洲鹫的纸盒。骨头就在里面，我再次欣喜若狂地拿起它们。双手再次体悟到那些蓝天精灵飞行的秘诀。

但当我举起骨头放到嘴唇边时，却没有欣喜若狂。

一开始，我只感觉一股粗大的气流陡然遇阻，好似吹一根铅笔头。我缩拢唇部，在唇边变换鸟骨开口端的角度，努力寻找最佳听音位置（sweet spot）。在这个位置，气流能顺着笛子的边缘走，消解为一种清晰的声音。美洲鹫的骨头单薄得要命，比饮料吸管还细瘦，贴在窄窄的吹口上，嘴唇就像粗笨的厚垫子。我只听到吹气声，并没有召唤出器乐的黎明时代动人的乐声。

次日我再次尝试，这次找准了点。一种呼哧呼哧的高亢哨声。声音尖锐，集中且连贯。

我也炮制了第二根长笛，是用红头美洲鹫的尺骨制作的。长度一样，但是直径达到两倍，几乎跟我的食指一样粗。沿一侧有 10 个骨节，是鹫的部分飞羽着生的位置。这根骨头放在唇部感觉更好一些，我很快找到了一个音调。我从嘴里吹出一股强大的气流，随之出现响亮高亢的单音调。音太高，我调整了一下，又找到一个音调。这次气流微弱一些，吹出的声音稍低，不过是一个滑音，很难听清，也很难把握。这两个音的音高类似现代笛子的高八度音。吹不出任何圆润的低音。

这是可以预料到的。笛子发声的原理是一种看似矛盾的驻波（stationary wave）现象。笛管内部的空气压力波就像被时间冻结的海浪，以停驻不变的波峰和波谷形式向海洋其他地方传送。在笛子里，波峰和波谷由笛尾振荡的空气分子形成，而在声腔的中心位置，是一个静止不动的点，笛子两端传来的气体压强在这里达到完美平衡。只要演奏者持续吹气，声波就会保持稳定。笛管末端律动的空气分子推动外围空气，将声波传送到外界。笛子的长度决定这段封闭声波的波长，进而决定频率。像我这根红头美洲鹫骨头这样粗短的笛子，就会产生短波，也就是我们听到的高音音符。

因此，每根笛子都是一条管道，捕捉并固定住了通常稍纵即逝的人类气息和空气中的声波。依照很多文化的理解，呼吸是生命的基础。最初发现笛子的属性无疑令人震惊：灵魂暂时被固着、塑形并传送到了世间。在机器出现之前的那个时代，洞穴埋藏的笛箫之声，很可能也是奥瑞纳时期的人听到的最响亮的声音，其力量令人生畏。

我的红头美洲鹫骨笛约有一根短小的钢笔那么长，仅 13 厘米。西方管弦乐队的长笛比它长 5 倍，短笛也超过它的两倍。按照同等长度的乐器来推算，我的骨笛发出的最低音，应该在 1200 赫兹左右。西洋长笛发出的最低音频率为 222 赫兹，即“中央 C”。红头美洲鹫骨笛吹出的声音极其尖锐。

然而，管乐器并不符合简单的对应推算，尤其不能仅仅当成管子来推算。旋转、律动的气流因乐器的具体形式和演奏方式而不同。笛子接触气息的边缘角度和灵敏度，都会改变声音的清晰度与音高。笛子两端的开口、声腔的曲率，或是内部的缺陷，都能阻塞、挤压或扩大内部声波。指孔边缘的敏锐性和指孔本身的分布会重新调整声音。吹奏者身体的形态和技艺也参与乐器演奏。笛子末端和侧面都没有像哨笛[1]、直笛[2]那样的音栓来将气流由嘴部导入乐器。相反，吹奏者不仅要用唇、舌、面部肌肉和牙齿将一股细小的气流准确地吹向笛尾，而且要通过口型的微妙变化来塑造声音。吹奏口型与吹奏者肺部和膈的节奏及活力相互作用，产生音乐。如果笛子只是基础物理学教科书所描述的管子，那音乐家们大概也不需要花费数年来磨练技艺了。

---

1 penny whistle，又名锡笛，便士笛。

2 recorder，又名鸟鸣笛。

我不是吹笛手。我朝亲手制作的骨笛边缘吹气的口型和气息，都没有经过专业训练。职业吹笛手拿到旧石器时代的乐器又将如何呢？

论及研究古代长笛复制品的缘起，安娜·弗里德里克·波滕戈夫斯基（Anna Friederike Potengowski）说，她觉得当代音乐迷失了一点东西。她想寻找根源的体验、最初的体验。借助旧石器时代复原专家弗里德里希·塞伯格（Friedrich Seeberger）和伍尔夫·海恩（Wulf Hein）制作的骨质和象牙复制品，她开始探索古生代骨骼和象牙可能发出的声音。塞伯格和海恩的研究及手工复原，让我们了解到这些笛子制作工序中的绝大部分知识。波滕戈夫斯基将实验带入了声学领域。

我戴上耳机，进入想象的声音空间。我们不知道古代笛子确切的发声方式，但是这些录音能让我们用感官体会到可能的情况。声音发挥了力量，将观念和情感从一个意识个体传递给另一个意识个体。波滕戈夫斯基的演奏不是时间旅行，而是通过实验跨越界限，让我们与古代人建立联系。她的几十种声音样本和作曲都是现代人的想象，然而有一些无疑抓住了很久以前音乐创新的边缘。

这些手工制品不会对眼睛透露它们的演奏方式，但是嘴巴、面部肌肉和肺部的经验，能告诉我们眼睛无法发现的东西。波滕戈夫斯基认为有两种可能的演奏方式。第一种方式，她紧紧地缩拢嘴唇，从切割下来的骨骼顶端横向吹出一口紧密的气流，笛尾发出的声音近乎哨声。为了不让嘴唇妨碍气流，她以一定角度倾斜握笛，类似于吹奏中东的奈伊笛[1]。第二种方式只适用于有切槽的笛箫。她竖向持笛，将末端无切槽处贴靠下唇，朝笛子顶端横向吹气。气息冲击切槽时，双唇微启，向两边拉伸，呈微笑状。这种口型类似于吹奏有切槽的木笛和竹笛，诸如印第安盖纳笛（quena）所采用的口型。

考虑到现代长笛广泛存在切槽，她估计第二种方法可能更为便利。切槽形成一个尖锐的边缘，将窄窄的气流切分开来，促使气流快速颤动，边缘两边的气流迅速改变。这种空气与边缘相撞产生的“边棱音”，也是管风琴、直笛等诸多管乐器采用的原理。但波滕戈夫斯基发现，用旧石器时代长笛上的切槽奏出的声音，充其量是含混不清的。象牙笛上的切槽发出温暖而模糊的声音。尽管颇费了一番精力，兀鹫骨笛上的切槽也无法形成清晰的声音，只有呼呼的吹气声。因此，笛子上的切槽可能是文物破损所致。碎片状态或许也会使我们对笛子最初的形态判断失误。

不过，斜吹法适用于所有的笛箫。波滕戈夫斯基第一次将天鹅桡骨放到唇边时，就采用了这种方法。她用这种乐器同时吹出两个音调。两股同样强烈的声波并存于笛腔内部，一股声波是另一股的谐波。由此产生的声音非常饱满，带有一种和声的意味，而不是单独的音调。这对笛子来说很不同寻常，因为这种乐器通常每次只奏出一个主要音调。波滕戈夫斯基以为这种声音肯定表明她的方法存在一个“错误”。不过她很快改变思路，开始认识到双

1 ney flute，中东地区最古老的乐器之一，一种专门演奏阿拉伯、波斯音乐的芦笛。

音调“美妙无比，是音乐表达的工具”。多音调可能是旧石器时代音乐的基础之一。

这些乐器演奏的单音调也具有奇特的属性。天鹅桡骨发出很脆的哨音。波滕戈夫斯基让哨音整整上升一个八度，然后降下来，音高平稳下降。有点像现代活塞哨子吹出的声音，急速上升，急速下降。但是这些笛子并没有用任何滑块来改变音高。她只用到了舌头、面部肌肉和唇部形态的变化，她称这项技术为“口腔滑奏”。这种滑奏仅适用于斜吹法，笛子末端要靠在紧缩的嘴唇上。波滕戈夫斯基发现，相比长笛的指孔，滑奏能更好地改变音高。

吹奏猛犸象象牙笛的切槽，声音令人难以忍受，是一种尖锐的吱吱声。我发现很难把 32 秒的曲目全部听完而不赶紧调低音量。不过，当她以斜吹法演奏这件乐器时，音调十分华美。低音就像远处火车的鸣笛声，较高的音则像鸟儿甜美的歌声。

像所有的管乐器一样，这些笛子也能更猛烈地吹奏，通过增强气息来达到更高的音域。波滕戈夫斯基发现，她能轻而易举地让这三根笛子产生这种飞跃，音域范围大致都能提高两个八度外加一个四度。最高的音符可能接近钢琴键盘的最高音，这也是她最难吹奏出来的。在她用气息将这种乐器推向高音极限时，这种刺耳而令人不适的声音变得飘忽不定。

波滕戈夫斯基的研究表明，我们在探究中必须抛开现代的先入之见。在我们看来，鸟骨笛和猛犸象象牙笛可能近似于当代的木笛和锡笛，但这种视觉上的相似性具有欺骗性。现代这些类似物的音高变化主要来自指法的变化。气息决定声音的强度和形态，但是并非旋律的主要来源。而对旧石器时代的复制品而言，波滕戈夫斯基发现情况正好相反。指法只对音调起到一定的作用，而通过改变嘴型和气息，她能吹奏出乐器音域范围内的任何音调，因此能在任何音阶上演奏。

如果进一步用旧石器时代长笛的复制品做实验，我们能学到什么？在阅读海恩和波滕戈夫斯基的著作并收听声音样本之后，我联系了他们。我们一致认为，复原一支猛犸象象牙笛，这种新的尝试将是很有趣的研究路径。海恩制作、波滕戈夫斯基吹奏的复制品，是洞穴出土的古代长笛的仿品。但是旧石器时代的长笛看起来有一端破损了，这表明原物要更长一些。从出土长笛的洞穴沉积物中，也发掘出了一根尚未雕刻的桩，看起来像是用来制作长笛的原料。这根桩比那支古代长笛更长——桩长 30 厘米，而长笛只有 13 厘米——再次表明洞穴出土的文物是残破的部分，原物要更长一些。海恩参与过欧洲各地博物馆的考古复原项目，手头有一枚从之前项目中得到的猛犸象象牙。他同意按照旧石器时代这根桩的长度打造一支新的猛犸象象牙笛。

海恩拍摄的制作过程，揭示了猛犸象象牙的材料属性。象牙拿在手上坚硬无比，连刮出一道划痕都不可能，更不用说切进去。但是燧石工具的刃能轻易切开象牙，削刮表面或是一片片刨下来，就像用金属刨子刨软木一样。看着他的双手运作，我意识到石器不仅让旧石器时代人们的工作更迅速、更精准，而且能让他们打造出原本完全超出能力范围的物件。我们赤手空拳的祖先与那些石器发明者之间的技术差距，似乎比旧石器与现代金属工具之间的鸿沟还要广阔得多。

海恩为这件乐器制作了 7 个指孔，间隔与更长的鸟骨笛上的指孔一致。工作还不止于按照假想中更长的猛犸象象牙笛的形式制作仿品。长笛打造完毕，海恩马上将其寄送给波滕戈夫斯基，让她去进一步探索发声情况。像其他象牙笛一样，采用斜吹法效果最好，能将一股窄窄的气流吹向笛子顶部边缘。音色和频率范围与其他笛箫类似，但是向低音区略有扩展。最让我吃惊的是听她描述吹奏这种乐器有多难：身体或精神上的紧张都会干扰笛声；凉爽、湿润的日子更难吹响；有几日突然能发出声音，过几日又怎么都无动于衷。后来当我尝试吹奏这支笛子时，我只能偶尔吹出哨音。我吹不出声倒是无足为奇，可波滕戈夫斯基大半生都在吹奏笛子。

或许奥瑞纳时期的人已经有了高超的音乐才能。在冰河时代的洞穴中，漫长的冬日让人们有充足的时间去练习。或者，那时候人们吹奏的口型不同，更容易吹出声。狩猎采集者具有整齐咬合的结实门齿，不像农业时代的人因为吃软食而牙齿过度咬合。也许这让旧石器时代的吹奏者能更好地控制面部肌肉和气息流动？也有可能，我们从洞穴中发掘的象牙只是乐器的一部分。草叶或树皮或许能充当簧片。如果是这样，那么这件乐器就不是笛箫，而是单簧管或双簧管了。片状的植物材料不可能留存数万年，因此洞穴中的文物记录无法答复我们是否使用了簧片。即便在没什么技巧的人手上，簧片也能让管子里发出声音，比捉摸不透的笛子更容易吹奏出乐曲音调。当我把现代双簧管的簧片放在乐器切割成斜角的顶端时，效果立竿见影，我马上听到一声响亮的哨音。如果旧石器时代的孩童像现代的年轻人一样热衷于用草茎吹出吱吱声，那么只需要跃出一小步，就能想到将这些能产生振动的片状植物材料放置到中空的管道上。

这些实验以及海恩和波滕戈夫斯基早先的工作告诉我们，必须靠“身体的交会”（bodily engagement）来理解古代音乐。吹奏古代乐器的口型要求、多音调的品质、口腔滑奏以及吹奏过猛的效果，都只有通过参与才能体会。这些实验开启了我们对过去音乐的想象空间。

奇怪的是，来自旧石器时代的发现并没有对当代音乐的创作产生多大的影响。与之形成鲜明对比，20 世纪早期旧石器时代视觉艺术的发现，却给艺术家和艺术策划人带来了灵感。1937 年，纽约现代艺术博物馆举办了一次“欧洲和非洲旧石器时代岩画”展览，岩画的照片和水彩复制品与保罗·克利（Paul Klee）、汉斯·阿普（Hans Arp）、琼·米罗（Joan Miró）等当代艺术家的作品同时展出。1948 年，伦敦当代艺术学院又推出了“4 万年现代艺术”。据悉，旧石器时代的艺术给当下带来一些创造力，与当代作品建立了重要的关联。这些联系在 2019 年巴黎蓬皮杜中心举办的“史前：现代之谜”（Préhistoire，Une Énigme Moderne）展览中得到了生动的展示。此次展出的保罗·塞赞（Paul Cézanne）、巴勃罗·毕加索（Pablo Picasso）、马克斯·恩斯特（Max Ernst）等数十人的作品，堪称现代艺术受旧石器时代文物影响的丰硕成果。我去参观的时候，很吃惊地看到古代象牙雕刻直接与亨利·摩尔（Henry Moore）、琼·米罗、亨利·马蒂斯（Henri Matisse）的雕刻作品并排摆放在一起。形式之相似令人震惊。

旧石器时代声音的缺失同样令人震惊。来自远古的视觉艺术，与当下展开鲜活生动的对话。而在我们主流的文化机构中，远古的事物大多沉寂无声。

部分原因在于这些都是比较晚近的发现。德国南部旧石器时代的长笛，比最早的小雕像和洞穴绘画晚一千多年才出现。然而，法国西南部伊斯里兹（Isturitz）洞穴旧石器时代地层中的笛子碎片，出土于 20 世纪 20 年代。或许因为发现的只是碎片，所以未能激发当代作曲家和音乐家的兴趣?

音乐也很难穿越悠久的岁月旅行。千年之后，我们一眼就能看出，象牙雕刻的小雕像是视觉艺术。雕塑家见到旧石器时代的雕刻，马上能与当代作品联系起来。尤其 20 世纪的现代主义者，很容易看出旧石器时代艺术与立体主义、极简主义和抒情抽象主义之间的相似之处。尽管早期艺术家的文化背景遗失了，艺术品依然能直接对我们讲述。然而洞穴出土的象牙笛缄默不语。器乐需要乐师来赋予艺术生命。音乐始终是转瞬即逝的、相对的，需要由乐器与演奏者的相互关联来唤醒。音乐的本质和形式，无法在文物藏品中捕捉和展示。书面乐谱本身并非传递声音微妙变化的完美方式，而且相对晚近才出现，已知最早的例子可见于公元前 14 世纪乌加里特[1]的黏土碑。20 世纪电子音乐的兴起，很可能也促

1 Ugaritic，也译作乌迦利特、乌旮瑞特，叙利亚古城。绝大多数乌加里特语文献是 1929 年从一个叫作 Ras-Shamra（阿拉伯语，意为“茴香之首”）的土丘中发掘出来的。

成了作曲家和演奏家对旧石器时代乐器的漠视。新型的电子音乐给了音乐家巨大的能量。相比之下，表面看来类似世界各地笛箫类乐器的骨笛现身于世，充其量只能轻微刺激一下想象力。

然而，旧石器时代的乐器带来种种奇妙的可能，让人得以穿越时间去建立鲜活的联系。音乐的短暂，使现生艺术家处在探索发现的中心位置。音乐需要艺术家积极参与，用身体去与逝去已久的先人留下的物质和观念对话。关于新石器时代音乐制作的实验，将始终是形式上并不完美的模仿——我们永远无法知道古乐准确的音调和旋律——但确实会唤醒在洞穴遗址中沉睡数千年的创作过程。

共鸣空间

德国南部的春天已经到来，山坡上树木扶疏。我脸朝太阳，背对着石灰岩悬崖的一处洞穴口。前方是陡峭的斜坡，充满了复苏的野花、槭树和山毛榉树叶片以及禾草的清香。树冠稀疏，透出午后柔和的阳光。从我坐的山坡往下，一条小河蜿蜒绕过田野、树林和零零落落坐落在平坦山谷地带的建筑物。

这个洞穴位于石灰岩壁脚下，呈现为袋状，大小相当于一间天花板很高的大房间。考古学家正是从这个洞穴沉积物中复原出三根长笛：两根天鹅骨笛，以及保存最完好的猛犸象象牙笛。发掘时挖出的坑如今已用粗糙的石块填上，从洞顶悬挂下来的铅垂线标定了其坐标，固定位置并绘制下来以备将来研究。一道不锈钢网格栅栏将游客拦在外面。

当我坐在洞穴入口处的白垩土上时，一只黑顶林莺给我上了一堂声学课。这只小鸟振翅飞到几米远处低低的树枝上，悠然唱出一段旋律。急速而清晰的 10 个音符连成一串，每个音符都有高低起伏。停歇一阵儿，它又来了一段变奏曲，这次多了两个刮奏音。接下来 5 分钟，它打散了这些乐句和停歇，在不同变奏之间切换。

它的歌声音色丰富，音调如笛声般快速流畅，难怪在野外观鸟手册上被誉为欧洲最动听的鸟鸣。然而今天最让我吃惊的，是鸟鸣声在这个空间中飞扬的方式。

黑顶林莺选择栖息在天然的碗状洞口边缘，这对声音来说是得天独厚的封闭空间。石灰岩柱朝洞口两侧延伸，露出风雨剥蚀的嶙峋筋骨。上方崖壁也形成高大开阔的屋顶。洞穴本身是石灰岩壁上一个不深不浅的凹痕。它的前场是高墙耸立的石灰岩场地。这种封闭的形状很可能就是如今洞穴名称的由来：盖森科略斯特勒（Geißenklösterle），意思是“山羊圈”，牧人可以把牲畜关在里面。通过岩柱的一道缝隙可以看到山谷。这种天然的封闭环境，无疑能为冰河时代的居民阻挡风雨和不速之客。与此同时，也形成了声音繁盛的空间条件。这种空间将黑顶林莺歌声中的每个音符聚拢，使其萦绕不去，更显圆润浑厚。

黑顶林莺的音符从石灰岩墙反射回来，回声大约在声音直接从鸟喙进入我耳中 15 毫秒后传来。反射极其迅速，因此在我的大脑感知中成了原声的一部分，而不是单独的回声。回声反射带来一种强烈的清晰感和丰富感。建筑师和声学工程师在设计用于独奏演出的现代音乐厅时，特别关注这些所谓的“早期反射声”[1]。舞台上方和侧面巨大的隔板直接向观众投射早期反射声，即便在更宏大的空间内，也能产生亲密感和激情澎湃的感觉。一些天然场所

1 早期反射声（early reflections），又称近次反射声，是声源发出的声音经周围界面（墙壁及天花板、地面）反射后到达听众耳朵的声音，比直达声晚 50 毫秒以内到达的反射声都属于这个范围。

也能起到同样的效果，美国丹佛附近落基山脚下的红石露天剧场就十分有名。那里旧石器时代的沉积岩形成环形剧场和侧面高大的石壁，整体构建出一个壮观的演出空间，相当于德国这处洞穴入口的扩大版。鞋盒式音乐厅在独奏表演中起到类似效果，声音从狭窄“盒子”一端的演奏台一路反弹，传送到大厅另一端的观众席。盖森科略斯特勒洞穴及其岩柱对黑顶林莺的歌声起到反射作用，或许，很久很久以前，对天鹅骨笛或猛犸象象牙笛的笛声也是如此。

封闭也能添加混响效果，从而增强声音的纵深感和丰富度，喜欢在浴室唱歌的人都知道这一点。浴室墙上光滑的瓷砖能极好地反射声音，每个音符都会在里面来回跳跃。回声融合形成混响，延长了每个音符持续的时间。洞穴口的效果比浴室更微妙，大概只有半秒钟的轻微混响。但这足以为鸟鸣声增添一点金子般辉煌明亮的感觉。

盖森科略斯特勒洞穴以南半小时的路程，又有一处洞穴——霍赫勒·菲尔斯（Hohle Fels），意思是“空心岩”。洞穴入口如同斜坡基部张开的黑洞洞的大嘴，宽度和高度都足以让一辆小型卡车通行。过去农民们在里面储存干草，第二次世界大战期间，军用车辆也存放于此。如今，入口有一扇金属大门把守，上面悬挂的标牌上写明了参观时间。洞穴前方，狭窄的河流蜿蜒穿过一片开着无数蒲公英花的草甸。洞穴入口位于一面光滑的石灰岩悬崖底部，岩墙约有 6 层楼高。

洞口内部，越过入口处陈列的一排图纸和文物，沿一条通道能直接返回山麓。我往里走，两边的岩墙和洞顶聚拢过来。潮湿的石灰粉尘和藻类的气味取代了树木和草甸的清香。步行一分钟之后，洞穴地面陡然下降，一条金属步道引导我向前走。脚下是一条约 4 米深的坑道，稀稀拉拉亮着几盏灯，四面有沙袋堆成的护坡。这是自 20 世纪 70 年代开挖的考古挖掘遗址。沙袋保护着底下未发掘的地层，准备晚些时候重新开工。

我站在金属步道上向下看。沙袋上摆放着一些塑封的纸标签，标明了沉积物地层对应的文化名称及年代。最深处是"尼安德特文化，距今 55,000—65,000 年前"；接着，沿洞穴侧壁往上，是"奥瑞纳文化，距今 32,000—42,500 年前"，"格拉维特文化，据今 28,000—32,000 年前"，以及"马格德林文化，据今 13,000 年前"。缓慢堆积的沉积物捕获并保留了6.5 万年以来家居生活的遗物。首先是尼安德特人，然后是冰河时代解剖学意义上现代人类的文化变迁。记忆的碎片，分层掩藏于大地中。自人类出现以来最古老、最深处的地层，也就是奥瑞纳时期的地层中现身的女性小雕像和兀鹫骨笛，如今就陈列在布劳博伊伦史前博物馆，距此地仅 10 分钟车程。

我脚踏着钢丝网，在洞穴上徘徊，凝视人类过往生活的记录。很奇怪，我并未体验到敬畏或暂时的眩晕——我在阅读旧石器时代或古代其他时期的文献时常伴随有这种感觉——反而是一种宁静感。我在体会人类漫长的史前历史时，内心深处隐藏的焦虑涣然冰释。我的生活几乎完全被现代的节奏所裹挟，我生活在分秒中，只关注小时，偶尔会想到年月，我所居住的房子，很可能会在本世纪崩塌，我所用的电子产品，也将不出十年就被淘汰。按照目前的趋势，我们的文化乃至大半个地球，到本世纪末都将彻底改变。几乎没有什么能吸引我们的感官、想象力和灵感超出几年的时间。即便考虑到千万年的时间尺度，我们也很难设想现在的人类故事与遥远的未来之间有任何延续性。过往的岁月同样太陌生，超出感官范围，因而也无法感同身受。然而人类数千万年的物理存在告诉我：还有另一种更漫长的叙事。

我们这个物种在地球上的绝大部分时间，都由像我们一样有身体、有大脑的人来度过。他们的生活和在某个时刻的繁荣，同彼此以及大地都有着千丝万缕的关系。这些关系的形式在不同大陆上有所不同，但无论是在非洲、欧亚大陆、澳大利亚还是后来的美洲，历史记录都讲述出广阔时间跨度中的永续性（persistence），那是我凭日常生活体验绝对无法领会到的。人类曾经是狩猎者、采集者和农耕者，这段漫长的生活，虽然如今几乎完全被技术和对当下的关注掩盖，却依然是我们身份和遗传特征的一部分。有那么一会儿，我惬意地呼吸着古老土地的气息，如同重回故园。这并不是怀旧。我并不渴望重返虚幻的伊甸园。相反，土坑让我重新去体会人之为人的意义。我们的大部分历史，潜藏在悠长得几乎被遗忘的数千年中。关于人类身份真相的碎片将从中显露出来。当然，我能意识到这一点，但是我们这个物种的过去似乎很抽象，只是一组虚无缥缈的观念。而这个土坑，这种对时间的挖掘，不仅讲述着观念，也讲述着人类具体的生活体验。

我流连许久，痴痴地看着如此丰富的人类生活史浓缩于一处。

随后，我走向洞穴更深处。脚踩在金属格栅上叮当作响，回声从通道两侧的墙壁上反射回来，听起来刺耳而逼仄。然而头顶传来更柔和、空灵的声音，吸引了我的耳朵。我弓着身子急速走到走道尽头，从狭窄的石壁中间穿过，踩着灰尘和砾石，走出发掘现场，踏在洞穴的地面上。

我抬起头，抽了一口气：我步入了一个巨大的山洞。壁上悬挂着一些指示方向的灯光，大致能看出山洞的大小，但是真正体现其空旷的是水滴声。水滴从洞顶高处掉落到水坑和潮湿的石头上，每一滴水落地的“滴答”声都充满整个空间，静谧的回响超出了一秒钟。就连我的双脚在洞穴地面上走动的摩擦声和嘎吱声，也被放大了。洞穴的声音效果就像罗马式教堂或一间巨大而简陋的圆形建筑。

这里没有鸣禽来证实哨音的呈现效果，因此我用自己的语声和双手去探索。我拍拍手，返回的声波在绵延中逐渐减弱，起初洪亮，随后在一两秒内越来越细微。后来当我在外面拍手时，声音听起来更急促，马上就消失了。我在洞穴中吹口哨时，气息停止一两秒后，每个音调依然清晰有力。这是一种音速动画效果，就好像洞穴让声音获得了来生。

这种拉长的回声，在有着坚硬墙壁的宽敞空间里是十分典型的声音特征，例如大教堂、空旷厂房或巨大的蓄水池。墙壁反射声波，使声音在封闭空间的各个面来回碰撞，形成持续的回响。然而即便像石头这样理想的反射器，也会吸收部分声波能量。在宽敞空间里，一些声音在空气中来回传播的间隔较长，与墙壁碰撞时损耗的能量极少。因此巨大的空间能使声音停留在空气中，声波从一堵墙远远地传播到另一堵墙面，有时要好几秒。如果空间中没有厚重的帘幕之类吸收声波的材料，效果会尤其明显。霍赫勒·菲尔斯洞穴有 6000 平方米，相当于一间大教堂。

相比盖森科略斯特勒洞穴，这个洞穴里的回声拉得更长。这样一来，非常急速且变化微妙的声音很快就变得含混不清。如果我距离其他参观者仅几米远，他们说话的声音也会混成一片。在这个地方举办讲座太可怕了。同样，繁复的小提琴曲在这里听起来也会很恐怖，迅速变换的音调会融在一起。然而更简单的旋律听起来会很美妙。我从来没听过自己的口哨吹得如此动听。出了洞穴，在草甸上，我拍掌和吹口哨的声音都像扁平干巴的面包片。而在洞穴里，声音充实膨胀成了香甜可口的大蛋糕。笛音在这里也会美妙无比。

在洞穴里部分地方，我的回声碰到了最佳听音位置并引起共鸣，放大了那些声波长度与空间大小相应的声音。尤其在侧面更小的起居室里，我嗓音中最低的频率成分陡然增强。这种共鸣是封闭空间共有的声音特点。从酒瓶到浴室，再到音乐厅，这些空间维度都能增强特定的声音频率。在洞穴中，共鸣与回声结合，形成一种音色璀璨、波澜壮阔的感觉。

旧石器时代的人选择在霍赫勒·菲尔斯和盖森科略斯特勒洞穴中栖身，无疑是从基本需求出发，而不是因为洞穴的声音特点。但是除了用作起居空间，这两处都能呈现丰富的声音效果。那天我在霍赫勒·菲尔斯待了一下午，看到数十名参观者进出里面的大山洞。成年人一走进来，立马压低嗓门悄声说话。小孩们的尖叫和惊呼显得活泼无比，异常热闹。在这些地方，声音的独特性立马显现出来。

已知最早的乐器，出现在正好适合呈现其乐声的地方——或者，在现代人听起来是这样。如今，很多笛子的现场表演和录音都使用电子元素来增加混响，使声音处于模拟的洞穴或居室环境。洞穴的混音效果是否以某种方式促使最早的笛子出现？我想象有一个小孩在从鸟骨中吸食骨髓时，惊喜地发现洞穴中出现了美妙的声音。接着，心灵手巧的父母可能会拿起熟悉的工具，开始尝试制作。鸟骨笛或许给了人们灵感，随后催生了制作象牙乐器所需的复杂工艺。

这都是一些猜想。我们所能确定的只是，音效丰富的空间和器乐最早的实物证据，出现在同一个洞穴。当我们把来自南欧其他旧石器时代洞穴的证据考虑进来时，这就不单是巧合，而更像是一种常规模式了。

20 世纪 80 年代，在法国，音乐学家兼考古学家伊戈尔·雷兹尼科夫（Iégor Reznikoff）和米歇尔·多沃斯（Michel Dauvois）用声音探究了以发现旧石器时代壁画著称的洞穴。他们通过唱简单的音调、吹口哨，一点点摸索洞穴的音效特点。他们发现，绘画通常出现在共鸣格外强烈的地方。在共鸣室和沿着洞壁产生强烈混响的地方，动物绘画十分普遍。当他们在狭窄的通道慢慢前行时，他们发现红点正好绘制在共鸣最强烈的地方。通道入口处也有绘画作为标记。壁上产生共鸣的凹槽，格外浓墨重彩。

2017 年的一项研究中，十多位声学家、考古学家和音乐家评估了西班牙北部洞穴内部的音效。这支团队由声学科学家布鲁诺·法赞达（Bruno Fazenda）带领，采用扬声器、计算机和麦克风阵列[1]来评估在洞穴内精准校音的行为。他们研究的洞穴包含旧石器时代大部分时期的壁画艺术，年代约在 15 万年前到 4 万年前。这类艺术包含手印画、抽象的点和线条画，以及旧石器时代的奇珍异兽图，包括鸟、鱼、马、牛、驯鹿、熊、羱羊、鲸类和人形生物。经过数百次标准化量度，研究团队发现，洞壁内最古老的标记——那些红点和线条画，都与洞穴里特定位置的特征相关。在这些地方，低频共鸣和音波清晰度高度符合适度的混响效果。在这里举办演讲和更复杂的音乐形式应该十分理想，不会因为回声太大而声音模糊。动物绘画和手印，可能也出现在清晰度最高、整体回声低，但低频反射良好的地方。这正是现代演出空间所寻求的品质。

洞穴内的视觉艺术与音波特征融合，表明当时的人关注和考量洞穴，不仅是作为栖身之所和用于绘画创作的山洞，也是作为声学空间。如果确实如此，那么就像其他动物的声音被塑造成家园特有的形态一样——角蝉的鸣声与寄主植物相适应，鸣禽在山风中歌唱，鲸朝着深海声道呼叫——人类的音乐形式，部分也是声音环境的产物。

---

1 microphone arrays，由一定数目的声学传感器（一般是麦克风）组成，用来对声场的空间特性进行采样并处理的系统。可按布局形状分为线性陈列、平面阵列和立体阵列。

最早的乐器与其故园相得益彰。无论是精心设计还是幸运的巧合，骨笛和象牙笛的发声特点，都正好吻合出土这些雕刻品的石灰岩洞穴。

笛子吻合洞穴的特征，而不是洞穴吻合笛子。没有证据表明旧石器时代的人为了得到满意的声音效果而特意改变了洞穴的形状。几乎就像所有其他物种一样，人类的声音，是在既定空间环境提供的制约与机会下形成的。然而这种单向的关系有可能改变。我们是已知能特意打造音效空间的极少数物种之一。在这点创新上，欧洲巨蝼蛄（*Gryllotalpa major*）与我们不谋而合。欧洲巨蝼蛄是北美草原的受威胁物种，每到交尾期，雄蝼蛄会在地下挖一个球形巢室，通往地面开阔地带。雄虫蹲在巢室内，双翅摩擦不断发出低沉沙哑的声音。它们朝向远离通道的方向，使声音进入共鸣室，再经由通道传到地面上。雄虫在草地上成群聚集，鸣声混合在一起直冲云霄，这种节肢动物嘹亮的歌声，就通过草原土壤形成的喇叭释放出来。雄虫不会飞，但是雌虫有翅膀，能循声而来。在目前残存的适于欧洲巨蝼蛄生活的小块草原栖息地上，它们的合唱有时极其响亮，400 米外都能听到。

人类是大尺度上的蝼蛄。我们构建的不是小小的洞穴，而是音乐厅、礼拜堂、演讲厅，还有耳机，每一种都特意为其容纳的声音的需求而打造。这种调整声音生成空间的能力，激发了一种具有创造性的三角关系：人类谱写的乐曲、乐器的形式，以及制作和聆听音乐的空间。在乐曲创作、音乐制作和空间的三重组合中，没有任何一方占据主导。相反，主次关系随时间而变化。这个故事虽然始于旧石器时代，但是依然生动鲜活地存在于现代音乐厅、耳塞和音乐在线播放服务[1]之中，而且还在加速推进。

***

壁画家伊莱·苏德布拉克（Eli Sudbrack）用色彩绘制的火焰和漩涡，在大楼的砖砌立面上飞舞。街道下方，东河（East River）反射的光在新公寓楼的玻璃和金属上闪烁。附近其他建筑大多被脚手架包围，或是升级改造成了昂贵的办公室和零售大厦。而这座建筑在布鲁克林的大规模拆建中幸存下来，成了过去工业时代遗存的“钉子户”。色彩鲜艳的新壁画上方挂着一块白色的木牌：National Sawdust Co.（美国国家锯末厂）。20 世纪 30 年代，木材在这里被粉碎并装袋，送去吸收肉店的血迹、酒吧泼溅的酒水，包装储存的冰块。锯木机的刀片和吹风机早已远去，如今锯末厂成了表演场地，通过驻留演出和节目编排催生新的音乐。我来这里，是想听听声学空间与音乐的古老关系如何呈现出新的形式。

那是 2019 年 9 月，锯末厂第五届音乐会的开幕之夜。节目单上有十多场表演，从室内乐到实验电子音乐，从独奏到大型合唱，从古典钢琴到当代乐器演奏，多种风格交叉。然而这个夜晚的活力不仅来自多变的节目内容。演奏室也为每场表演呈现了不同的音效形式，从宽敞变为适度的亲密，再到紧凑、喧闹。我们能体会

1 streaming online music services，又称流媒体音乐服务。

到，一种在空间中塑造声音的新方法横空出世。

我们头顶悬挂着16个麦克风组成的阵列。墙壁和天花板上，102个扬声器围绕着整个屋子，有的明显，有的隐蔽。这个系统——几周前由一家名叫“迈耶声音”（Meyer Sound）的音响公司安装——塑造了场地的声音，让音乐家、声学空间和乐器这一古老而富有创造力的三重组合进入下一个迭代。

这个声音系统并不仅为了放大音量，尽管对笔记本电脑上创建的音乐或非常静谧的乐器而言，确实也起到这方面的作用。这个系统能让表演者和声音设计师决定声音在场地内的呈现方式，为作曲和表演开辟新的空间。通过触摸电子平板上的按钮，演出空间可以听起来像洞穴、独奏音乐厅或是目前想象不到的空间。墙体推拉移动。声音的声源点在屋子里不断变化。回声忽而增强，忽而减弱。

听音乐会的时候，我的身体被从一处带到了另一处。当女高音歌手娜奥米·路易莎·奥康奈尔（Naomi Louisa O’Connell）的声音在上空萦绕时，天空绽出光芒。我们在阳光和煦的中庭，眺望开阔的远景。当纽约青年合唱团沿着墙壁排列，环绕在我们周围时，每个声音都清晰而突出，与此同时又融合而饱满。墙壁似乎都因其高涨的、充满希望的能量而颤抖。明明是拉菲克·巴蒂亚（Rafiq Bhatia）和伊恩·张（Ian Chang）在舞台上，我们却不知为何处在吉他、打击乐和电子样本的声音中，沉浸在他们千回百转、暗流涌动的故事中。笛子演奏家埃琳娜·平德休斯（Elena Pinderhuges）吹奏的旋律，鲜活地浮现于她的唇上和笛子上，随后飞过房间，鸟儿拍翅的动作在刹那间以声音形式出现。锯末厂乐团的音乐直接出自他们的乐器，但会在空中延迟片刻，正如在古典音乐厅的情形一般。接着，一则简短的通告传来，屋子里又有了大学演讲厅的清晰度。

实现这种传输，是通过将舞台表演回放到屋子里，使声音产生微妙的变化：增加和改变回声持续的时间，增减音调明亮度，同时改换空间中声源的方位。系统起到类似音乐厅反射器、隔板和幕帘的功能，但是回声通过麦克风和扬声器传来，而不是靠木板、石头或布匹反射。

采用电子装置塑造场馆声音，这个理念至少有70年了。1951年，伦敦的皇家节日大厅落成后，人们发现回声效果和低音反应太弱，音乐感觉活力不足，虽然清晰，但音调不够丰富。工程师没有拆毁内部装修来弥补消声效果过强的问题，而是在大厅安装了麦克风和扬声器，这样就增强了回响和低频声波，同时又没有明显的放大感。这种“辅助共鸣”系统是补救措施，并非为了设计繁复的声音特意采用的设备。20世纪后期，世界各地音乐厅都安装了类似的声音强化系统，既改善室内声学，也作为语音或插电乐器的放大系统。如今，有了更精良的麦克风和扬声器，再加上声音建模和操作软件，锯末厂的系统本身成了一种具有创造力的乐器系统。

这类电子音乐是否以欺骗手法玷污了大提琴或笛子一类“声学”乐器？我们是否会因为在室内声音中添加电音而败坏纯净的音乐体验？《纽约时报》的音乐评论人安东尼·汤姆马西

尼（Anthony Tommasini）曾写道："自然声一直是古典音乐的荣耀。"1999 年美国纽约州立剧院（当时是纽约城市歌剧院和纽约城市芭蕾舞团的总部）增设电子控制系统，汤姆马西尼对此深感"失望"，并写道："这已经越界了，我担心情况还会更糟。"1991 年，俄勒冈州尤金市席尔瓦厅采用早期版本的电子化增强音乐排练空间，指挥家马林·奥尔索普（Marin Alsop）评论："依靠音响技师来调整声音，完全背离了指挥家这个角色的宗旨。"

然而，一切音乐都是背景的产物。我们在音乐厅听到的人语声或小提琴声，并不是无需媒介传播就能直接体验的声带振动或弦弓作用。相反，声音部分是由数千年来"技师们"对内部空间声学效果的分析和试验构建出来的。如果我们在大型现代音乐厅里聆听，我们听到的就是耗资数十万美元打造的巧妙建筑结构带给我们的听觉体验。譬如，纽约爱乐乐团的演出场所——林肯中心的音乐厅，建于 1962 年，随后 25 年为改进声学效果翻修了五六次。最近一次大规模重建，花费超过了 5 亿美元。某种程度上，这将彻底改变其声学效果。在这些空间中，"自然声"是一种昂贵的设计作品。

迈耶系统及其他公司的类似产品，正是建基于塑造音乐与声学空间关系的古老传统。虽然 20 世纪晚期的批评家汤姆马西尼和奥尔索普等人心存疑虑，但说句公道话，相比今天所能达到的水平，早期版本确实粗糙得很。2015 年，《纽约客》的音乐评论人亚历克斯·罗斯（Alex Ross）称赞这些电子系统的潜力，断言"虽然无论多么庞大的数字魔法都无法匹敌贝多芬或马勒交响乐队在大厅引起和谐共振时金色雷霆般的效果，但是迈耶系统可能比历史上任何音频材料更接近真实”。无论电子化增强的声音是否比音乐厅中其他声音更“真实”，这些新系统都颠覆了音乐和空间关系的演变方式，以迅速更新换代的电子产品，为旷日持久的建筑结构改造工程做了补充。如今，从维也纳到上海，再到旧金山的音乐厅，到处都安装了这类电子系统，目的主要是细微地调整混响。20世纪90年代的抱怨声已经平息下来。主动引入电子增强系统，被认可为改造音乐厅建筑结构的另一种形式。

这些电子系统最明显、最直接的好处，是显著提高了空间的多功能性，可满足社区的多种需求，增加场馆财政收入的稳定性。专门的歌剧院或其他单一用途大厅的“自然声”，是仅限富人聚居区消遣的奢侈品，大多设在大城市。而电子调整演奏大厅的声学效果使可能性增多，声音艺术可以走向更广大的听众；之前因音响效果差且不灵活而受到限制的空间，也能成为当地文化网络的多元中枢。

单单一周内，锯末厂就要举办歌剧表演、爵士乐、电影和讲座、古典乐团演出、钢琴独奏和电子摇滚。每种表演都有自身的音响需求，其中有一些是单一空间无法兼容的。就歌剧而言，我们需要混响和清晰度的平衡。古典乐团需要墙壁来增添一点活力。中世纪教堂音乐是为洞穴般的环境里悠长的回响而创作的。对电影来说，绝对的死寂是理想环境，电影配音在进入影院时，反射要减到最小。摇滚音乐需要放大音量，室内只有轻微混响，声音从墙壁反弹到舞台麦克风上时，不会出现奇频尖峰信号或声反馈。讲座中有一点混响有助于声音丰富饱满，但混响过多就会损失清晰度。

电子调整能让同一空间满足所有需求。音乐场馆还给人其他方面的感官体验，比如歌剧院展现的宏大场景，大教堂的旧石头与焚香的气味，沿圆形剧场拾阶而上时双腿拉伸的愉悦感，酒吧里泼洒在脚下的啤酒的黏稠感，所有这些，当然无法靠麦克风和扬声器来塑造。然而精心打造的电子设备能让空间音效特征更开放、更多样。

音乐会开幕几个月后，我趁白天去参观锯末厂，想进一步弄清，新的声音系统是如何依照主办方的任务来调整的。演出空间空空荡荡，中央摆着一张小桌子。我坐在那里，旁边是音乐会联合发起人兼艺术总监保拉·普雷斯蒂尼（Paola Prestini）、技术总监兼首席音频工程师加思·麦克阿雷维（Garth MacAleavey），以及艺术家驻地项目总监霍利·亨特（Holly Hunter）。

谈话中，加思触摸小型电子平板，点击屏幕。我们在举办独奏表演的音乐厅谈话，声音听起来清晰而饱满。点击屏幕。回声能持续 5 秒多，就像伫立在一艘巨大的空油轮里。点击屏幕。一片死寂。语声中的温度下降。我们突然很难听到自己的声音。系统混响关闭。隐藏在构成房间外壳的镶板后面的幕帘吸收声波，吞掉了我们的声音。点击屏幕。演讲大厅出现，我们的声音陡然清晰生动起来。我们神经质地大笑。这种突然的反转让人觉得惊惶。我们并没有丝毫不自然，然而点击一下按钮，就能改变说话和聆听的感觉。这给我上了一课：我们的声音来自喉部，然而声音和感觉的产生，都与周围环境相关。点击屏幕。一条小溪从房间一侧流过，4 只鸣禽栖息在我们头顶的天花板上。点击、滑动。小溪移到了中心。点击屏幕。我们回到了死寂的空间。更令人吃惊的大笑。

数千年来，音乐随同空间演化。如今这种密切的关系之所以几乎隐匿了，是因为我们在精心设计的理想空间中听音乐：在歌剧院听歌剧，在电影院看电影，在酒吧间或是戴上耳塞听摇滚，在石壁环绕的教堂听格里高利圣歌。依次对应，换掉一种，音乐就会变得模糊、出现杂音或是失去感染力。

这些密切的关系揭示了空间与人类音乐创新之间的某种互动。旧石器时代晚期洞穴中出现的乐器——笛子、音锉、吼板[1]，非常适合一二十人的聚会。当人类社会发展壮大，声音需要传播更远时，更响亮的乐器出现了。鼓和号角召集人们去征战、狩猎和参加宗教集会。最早有记录的鼓，来自约公元前 4000 年中国山东以种植稻和粟为主的大汶口文化。已知最早的小号，来自约公元前 1500 年古埃及强盛的第十八王朝。当社会壮大并形成等级，政治和宗教统治者有足够能力去建造大型空间时，多种乐器的协奏曲便充满了这些建筑。公元前 3000 年，竖琴和里拉琴[2]出现在美索不达米亚的皇陵中。古埃及皇陵常保存有足以组成乐团的大量乐器。在陵墓和庙宇壁画中，可以看到数十名乐师成群演奏管弦乐器的场景。在中国公元前 5 世纪曾侯乙墓的出土文物中，有一件乐器格外宏伟：65 个盛大华美的青铜钟，按半音音阶排列，悬挂在 3 层钟架上。乐声辉煌壮丽，标志着墓主人的富贵显赫。中国古代

1 bullroarer，澳大利亚等地原住民用于宗教仪式的一种木板，旋转时能发出吼声。

2 Lyre，又译为莱雅琴，亦称诗琴。

伟大的哲学家墨子，曾经反对统治阶级为“钟鼓之乐和竽瑟之乐”而劳民伤财。最早的管风琴于公元前3世纪在希腊出现，很快传入古代希腊、罗马和亚历山大港的富人家庭以及公共表演空间。

人类通过乐器探索声音的创造力，被新的材料和技术激发出来。例如陶瓷、弦、黄铜、波纹管、活栓等，音调和音色各不相同。每种人类文化都采用最高超的技艺来打造新的乐器，就像旧石器时代的象牙笛一样。响亮的声音日渐增多，正是这些技术的一大成果。

如今丰富多样的乐器，反映出声学空间引领文化和技术的重要性。最明显的是，空间改变时，会给乐器带来新的潜力和新的需求。19世纪欧洲出现大型的公共音乐厅，相比贵族阶层适于独奏的小型音乐厅，需要更响亮的乐声。乐器也相应地演进。与16世纪最早期的钢琴相比，现代钢琴声如雷鸣。随着音乐厅扩大、新型冶金技术制造出更坚韧的金属线，声音的强度增大。现代钢琴金属线的张力为早期乐器的10倍，是因为19世纪增加了钢琴内部金属框架的硬度。从17世纪后期开始，缠绕更紧密的金属线使小提琴的音色更为响亮。到19世纪，小提琴的琴弦张力太大，以至于先前乐器上的低音梁、琴马和指板都不得不调整。小提琴的琴弓也更新换代了，变得更长，形成内凹的弧形，马尾毛绷得更紧，便于演奏者控制。19世纪的音乐会长笛得到全面修改，主要是德国长笛演奏家西奥博尔德·博姆（Theobald Boehm）的成就。他设计出更大的调音孔、更理想的按键，重新塑造了笛头和吹口的构造。尽管理查德·瓦格纳（Richard Wagner）抱怨这种新型长笛的声音强烈得像“铳炮”，但博姆的工作确立了长笛在现代管弦乐队中的地位。活栓和按键的改良也让其他木管乐器与铜管乐器的声音更响亮、稳定。交响乐音乐厅规模的宏大，充分体现在舞台乐器形式上。管弦乐队壮大起来，从巴洛克时期的几十人，发展到19世纪末瓦格纳和马勒时期，共计有100多名演奏者一起登场。

电声放大也改变了乐器和空间的关系。吉他这种乐器，之前适合在客厅、篝火晚会和其他小型聚会上演奏，现在只要用手轻轻扫弦，声音就能充满一座体育场。由此，原本极少在大型公共场所露面的吉他，发展到如今，几乎横扫一切西方流行音乐。电声放大也改变了人类歌声的性质。如今，对着麦克风低语或哼唱就足够了，根本不需要靠膈来发力或推动。这与数千年来单靠肺部力量让声音遍及祭祀场所、宫殿和音乐厅，不啻天壤之别。正如现代钢琴声部分源于宏大的交响乐厅，当代流行乐的呼吸音和低沉喉音，也是从电声系统的熔炉中锻造出来的。

每当我们在家里按下智能手机或CD机上的“播放”键时，我们都在创造音乐空间。我们有大量选择，各种音乐、专辑和音轨排成一列，争先吸引着我们的注意力。最响亮的声音通常会获胜——哪怕我们并不认为自己喜欢响亮的声音。大脑总是认定更响亮的音乐“更好”。不仅如此，大脑也青睐将安静乐段的响度调高了的音乐。这种心理学上的怪癖引发了“响度战”。这场战斗始于20世纪90年代的CD光盘，一直持续至今。音乐制作人加大了音乐各部分的音量，将一段响度多变的乐曲调试成他们所谓的

“砖墙”（brick wall），最终产品的各部分音轨，都尽可能加到了最高水平。由此，声音文件在电脑屏幕上显示的强度为一堵一成不变的高墙，而不像大多数现场音乐的音量那样高低起伏。音乐整体印象更响亮，现场感更强。但是这种处理消除了小鼓一类砰砰的打击效应，产生一种密闭的紧凑感，在极端情况下，产生的白噪声还会使音乐变得模糊。

音乐制作人往往不屑于对专辑采用砖墙式处理，但是音乐家和市场迫使他们去提高响度。有两个臭名昭著的案例，分别是美国红辣椒摇滚乐团的专辑《加州淘金梦》（*Californication*）和美国殿堂级重金属乐团“Metallica”的专辑《致命诱惑力》（*Death Magnetic*）。两部专辑都有粉丝发起请愿，要求重新灌录，消除极端的砖墙式处理。如今，另一种新的声音空间——数字流媒体服务——缓解了部分压力。这些平台自动调整音量，避免不同音轨之间急剧的响度变化。这样就避开了录音时调高音量的部分动因。现在很多专辑以两种方式制作，一种用于数字流媒体，一种用于CD。数字版通常制作得“酷似黑胶唱片”，让人回到从前世界中，听录制音乐随着工业钻石在旋转塑料盘上的物理运动而传出。黑胶盘的切割设备无法处理砖墙式的声音，因此需要制作人更细微的调整。

耳塞和轻质耳机也制作出了新的音乐空间形式。正如物理空间与声学乐器一样，耳塞与便携式音乐系统共同发展。证据就在我办公桌的抽屉里。一根细薄的金属头带，连接着两个由泡沫包裹的迷你扬声器，与 20 世纪 80 年代一台袖珍盒式磁带播放器相连。白色电线上晃悠的耳塞，插在 2005 年出厂的一款火柴盒大小的 MP3 播放器上。黑色头戴式耳机与一组红黑色塑料耳塞的电线缠在一起，这些都是过时的三代智能手机配备的收听设备。每个系统都是便携式的，使用方便，过去几十年来，我就靠它们沉浸在私人的音乐和语声体验中。这些耳机质量都很差，能传递音乐的轮廓，但是体现不出细微之处。低频和高频大多消失了。外界噪声透过薄薄的泡沫或是塑料，淹没了更安静的声音。因此，在我 20 世纪 80 年代那副脆弱的耳机上，友人赠送的磁带传出的音乐，经过多次复制后，依然像原版磁带一样好。后来换了 MP3 和智能手机，用廉价耳塞也听不出 CD 音质和高清压缩数字声音文件有什么明显的差别。

盒式磁带的盗版文化——高清压缩数字音像文件流行初期，也出现过很多盗版——部分正是因为耳塞和小型耳机质量差才有可能出现。我们的耳塞式或入耳式耳机创造了一种新的音乐空间，一如既往地，音乐依据空间的潜力和特定需求而变化。这种关系由技术来调节，就像在模拟世界中一样。如今，随着降噪耳机和更好的耳塞改良了“个人”收听空间，更丰富的音乐流入我们耳中，而更廉价、更迅速的数据传输也起到了帮助。

耳机的私密性改变了音乐和听众之间的关系。歌手直接通过我们的耳塞和耳机低声轻唱。对比一下 2020 年的格莱美年度最佳歌曲和 1970 年的最佳歌曲：比莉·艾利什（Billie Eilish）的《坏小子》（*Bad Guy*）是一种秘而不宣的私语，她就在那里，嘴唇贴近我们的耳朵；乔·索思（Joe South）的《游戏人间》（*Games People*

Play）听起来洪亮而遥远，他和他的乐队伫立在舞台上，声音如潮水般涌向听众。在我硬币大小的笔记本电脑扬声器上，艾利什声音后面乐器发出的咔嗒和闪动听起来很棒。用同样的扬声器播放索思的歌，小提琴、管风琴和鼓的音色变化模糊不清，深度降低了。2020 年的音乐在廉价的便携式扬声器上听起来也很棒，而 1970 年的录音只有用更精密的音频设备播放才好听。我们耳道里的塑料塞子改变了音乐的形式。

采用电音塑造场馆声音，就像锯末厂这种，将数字革命带入了人群聚集起来收听音乐的三维空间。技术动摇了空间形式与音乐品质的关系，这在漫长的音乐变革史上还是第一次。

一个效果是，听众、音乐家和作曲家的关系将会更近。当演奏者在不合适的空间中奏乐时，他们在与房间的音效特征对抗，就好像试图顶风发出他们的声音，进而传递他们的情感和观念。因此，按照音乐的特定需要来调试房间，能激活艺术家和听众之间的关系。

场馆的声音原本是固定的，而空间灵活多变的音效特征，将其变成了作曲家用以塑造声音的乐器系统的一部分。这是立体声、四声道或“5.1”声道（使用两个、四个或六个扬声器来构建沉浸式听觉体验的系统）向空间立体声场的扩展。在这些声场中，声音具有精确的空间结构，位置和运行都可以通过电子平板实时操控。我听到埃琳娜·平德胡奇斯飞扬的笛声，就是一个例子。她在舞台上吹笛，而笛声顺着演奏空间飘浮、回荡，以符合叙事和情感的需要。

作曲家、电子音乐先锋苏珊·希雅妮（Suzanne Ciani）在美国穆格音乐会（Moogfest）上使用了迈耶系统。在随后的采访中，她结合时代背景剖析了电子音乐的潜力。她说，20 世纪 70 年代最初采用四声道立体声时“并没有这些成分，没有真正要用的理由”，但是今天，“我们新一代的孩子们玩电子音乐，只是想让音乐在整个屋子里飞行，被塑造、被移动”。她强调音乐空间设计中情感的分量：“非常有力……只有当你感觉到了，你才会真正知道那是什么。”

空间音响技术与舞蹈天然具有亲和性。舞蹈从本质上来说，就是空间三维上的移动。无论在哪里，舞蹈都是参与性的，而不是坐在观众席上观看。这些新的音响系统将能让音乐随着人的身体一同移动。从舞厅到酒吧，如今作曲家和表演者可以创作真正的“音乐舞蹈”了。再加上捆绑式触觉设备让低频声波涌入我们的皮肤和身体组织，身体运动与音乐之间的界限被混淆了。这是基于数亿年前建立的联系——那时候，我们的鱼类祖先最早演化出同时觉察运动和声音的内耳，而如今，我们和所有其他脊椎动物都继承了这种构造。

这些方法在电子舞曲中的运用十分明显。身体运动是收听电子舞曲体验的一部分，表演者和参与者都很乐意接纳这些新技术。不过，空间化声音技术也提供了一个机会，让我们得以从新的角度理解传统乐器。当我们听小提琴、吉他或双簧管演奏时，我们听到的是从乐器整个表面和腔体流出的声音整体。这就是乐器的用意：让空气运动呈现出连贯的音调和纹理。但是当你将耳朵贴近乐器时，你会意识到声音分布在不同的位置。我们是否可以作为乐器某个零件的部分叙事，穿越小提琴面板、长笛声腔或钢琴表面的不同位置？那样我们就可以将乐器作为充满对立与和谐的三维对象来体验，就像乐谱一样。如今，乐器和音乐形式的融合，不仅是通过单一维度的时间，而且体现在空间三维之中。

我们的耳朵也能拥有现场表演的音乐家在舞台上的位置。我们可以坐在小提琴边上，可以在恰当的时候飞到铜管乐器上，可以在蓝草音乐会的贝斯和班卓琴之间暂停，然后依照音乐的需要迅速扫过提琴，再散入整个乐队。

这类创作能使听音乐会的感觉有些类似于行走于森林中，或是通过艺术画廊的声音装置所体验的那种空间动态。在生态群落中行走，能体验到空间内部声音的形式和纹理。当声音被作为画廊空间或户外的一种雕塑形式时，情况也是如此。以纽约现代艺术博物馆为例，大卫·都铎（David Tudor）的电声作品《热带雨林五号》（*Rainforest V*），源自悬挂在一间大屋子里的日常物品——一个木头盒子、一个油桶和管道零件。当我们在空间中移动时，声音呈现出不同的节奏和色调。然而，不同于热带雨林中生活的物种，都铎的那些物品缺乏漫长的演化史，物品的声音之间没有折冲樽俎的共同演化。相反，他安装的这些人工制造品的物理状态是由电力激发的，当内部传感器探测到参观者的声音并做出反馈时，效应就会增强。借助电子设备，如今这类空间感微妙的作品也能进入音乐厅。

我们体验到的人类音乐，大多是瞬时的，从声音场域内部某一点流淌出来。不管我们是坐在音乐厅里，还是戴着头戴式耳机，甚至是戴着耳塞散步，声音都不会跟随我们行动，而是以一种对任何生物来说都前所未知的方式出现：从看似静止的声源，抵达行动的身体。如今作曲家可以在创作中引入空间动力学，将声音和运动融为一体。这项工作是对传统作曲和表演形式的拓展。行军曲和进行曲也建构空间叙事，就像分布在大厅和祭祀空间中的器乐和语声一样。

音乐是关系。它将人们联系在一起，也让我们融入我们所处空间的物理属性。每种乐器，每种音乐形式，部分都来自其声学环境。从这点来说，人类音乐无异于其他物种用来交流的声音。每个物种都通过演化和学习，找到了自己在地球声场中的位置。

不过，人类主动塑造声学空间的方式，是所有其他物种都可望而不可即的。鸣禽无法调整森林混响效果。鼓虾不会转动旋钮来让咔嗒作响的合唱更明亮。热带雨林的螽斯无法调节周围十余种鸣虫的音量或频率。就连蝼蛄，也不能改建洞穴来让歌声更悦耳动听。而人类匠心独运，让乐曲、乐器和空间的声学属性相得益彰。这一进程从旧石器时代回声响亮的洞穴延续至今，已然成果丰硕。而我们耳朵里和音乐场馆中的电声，又将带来新的天地。

音乐，森林，身体

纽约林肯中心的广场已经消除了一切非人类生物的迹象。对比鲜明的黑色和黄褐色石块铺设成几何形状，中心是 317 个喷泉喷嘴，水泵和灯光都安装在地下。这种建筑叙事的主旨在于赞颂和推举高雅艺术，但同时也意味着排斥，有力地宣告此处一切均在人类力量和智慧掌控之下。生命共同体的其他部分被抹去了，只留下 30 棵悬铃木，种植在远离中心广场的位置，像士兵一般排列在表面铺有砾石的混凝土矩形中。20 世纪 50 年代，为了修建这处场所，原来的社区被夷为平地，小区居民为此抗争的记忆也已湮灭——7000 个有色人种和拉丁种族家庭没有拿到任何拆迁补助。这个地方，似乎是为那些以主宰者[1]自居的人而建造的。这里呈现出诸多美、技艺和意味深长的联系，却也是一个碎片化的、被清空了的场所。

我们走进音乐大厅——美国最古老的交响乐团纽约爱乐乐团的基地。在这里，空间同样传递出仅由人类的建筑设计主导的信

1 maestro 或 master 来自拉丁语 *magister*，意思是“大师、高人一等的人”。

息。人群聚集品尝文化成果的所有地方——表演场馆、演讲大厅、博物馆、电影院，以及祭祀场所——几乎莫不如是。这里有家居装修、金属围栏，木头镶板光滑闪亮得像塑料制品一样。音乐厅的门关着，隔绝了外界的声音。舞台上，音乐家的身体由统一的黑衬衫、裤子和裙子遮盖。审美是官方的，象征着财富。

观众置身于音乐厅，这整个旅程的各个部分，都让他们感觉自己摆脱了城市和社群生活，甚至摆脱了人类肉身的混乱与特殊性。观众坐在与音乐家隔开的幽暗空间中，肌肉和神经都在抗拒被音乐携裹以及参与音乐创作的冲动。在这里，声音体验似乎超越了此时此地，让我们全神贯注于一种具有超尘脱俗之美、创造力和艺术感染力的听觉感受。这种放松允许人在神圣的音乐中体验到神性，或进入人类观念与情感的领域。

然而，这种逃离是一种幻觉。我们可以在富含生命力的土壤上铺设石砖，迁走活生生的人和其他生物，用衣饰遮盖住人的身体，在隔音的拱顶建筑内关闭门窗，然而兜兜转转，仍不得不正视人的肉身和生命世界的多样性。音乐厅传达的那种对鲜活生命的强烈体验，人类世界与超凡俗世界的统一，就其与身体的亲密度以及生态关系的丰富度而言，几乎是无与伦比的。在我们的文化中，鲜有其他地方如此彻底地消除了“人”与“非人”的界限——即便我们在公开表述中通常也不会赞许两者的融合。或许，正是因为在这里体验到万物交融[1]的那种感知力，所以我们必须用石板铺

1 原文为 interbeing，也译作“互即互入”。

路，将房间紧闭、身体束裹起来？音乐厅的外部装饰有助于音乐的世俗力量进入我们的身心，使这种统一缓和下来，要不然，原始的开放、脆弱和生命力会令人不安。

灯光暗下来。纸质节目单沙沙作响，好似一股劲风吹动干枯的栎树叶。随着观众陆续面向舞台方向就位，谈话声安静下来。今晚的首席小提琴手谢里尔·斯特普尔斯（Sheryl Staples）走上舞台，手里拿着一把18世纪的瓜奈利[1]小提琴。她从指挥台下方的位置向本次音乐会的首席双簧管手谢利·西拉（Sherry Sylar）示意，后者举起黄檀木材质的乐器，吹出一个“A”音。音符从双簧管的喇叭口滑出，驶入大厅，引领其他乐器的音调像舰队一样陆续入场。随后安静下来：今晚最受人期待和关注的时刻到了，2700人一起屏住呼吸。随着掌声突然响起，指挥贾普·范·兹韦登（Jaap van Zweden）大步走上台，手臂在观众和乐队上方一挥，随后就位。又是一段满怀期待的沉默，指挥棒落下。打击乐发出颤音，渐强，铜管和弦乐如浪潮般涌起，史蒂文·斯塔基[2]的《挽歌》（*Elegy*）开始了。

双簧管音调响起的片刻，森林和湿地浮现在舞台上。在这个展现高等人类文化的地方，我们某种程度上由其他生物的声音带入惊喜与美的世界，感官沉醉于动植物的物理属性。

双簧管的声音源于生长在西班牙和法国海岸湿地的植物。随

1 意大利著名的提琴制作师。

2 Steven Stucky，国际著名作曲家，美国普利策作曲奖获得者。

音乐家气息颤动的簧片，是从原产于地中海西部沙质咸水海岸的一种大型芦苇上剥下来的。这种草本植物高可达 6 米，茎中空，只能长到 2—3 厘米粗。植株比房屋还高，茎秆却比我的拇指还细，这种貌似不合理的构造，成就了芦苇的声学特质。植物细胞壁相互连接形成粗纤维，沿芦苇秆纵向分布。微小的纤维排列整齐、致密，使芦苇秆极其坚韧，在强风下也只会略略下弯。用芦苇秆制作管乐器，需要使用外科手术刀一样锋利的工具剥出细细的条状。只有当刀片将芦苇秆削刮成半透明薄片时，拿在手里或放在唇边才能感觉到一点弹性。因此，在双簧管、单簧管、大管（又名巴松管）、萨克斯管等管乐器的音调中，我们能听出一种极端的植物构造——这种细瘦的“大个子”，产出的材料轻得不同寻常，却又极其刚硬、坚韧。印度、东南亚和中国的簧管乐器，都采用具有类似性质的植物，或是高大的芦苇、棕榈叶，或是竹子。用更小的禾草或削刮木片制成的簧片，能断断续续发出柔和或粗糙的音调。例如，北欧的惠特霍恩（whithorn）和布拉梅瓦克（bramevac）等地将柳树皮用作簧片，可使木制锥形号角发出尖锐的声音，但相比芦苇簧片和竹簧片的乐器，缺乏精准控制和可预测性。双簧管手采用最精良的簧片来演奏。我同谢利·西拉谈到她的研究时，她告诉我，双簧管手与簧片的关系，就像木工做活一样，是一门操纵植物材料的精细技术。双簧管手既是音乐家，也是善于利用簧片的乐器制作者。

双簧管的声腔和指孔塑造乐器内部的压力波，空气波动随后将声音推进大厅。声腔的平滑度和粗细变化、喇叭口的幅度，以及指孔诸多开口和边缘的尺寸与敏锐度，再加上木质管身的共鸣特征，赋予乐器主体部分独有的声学特征。任何扭曲、凹坑、裂缝、表面不平或比例失调都会有损音质。因此，即便沐浴着人呼出的湿热气息，双簧管之类管乐器也需要保持固定的形状、表面光泽、边缘和比例。这就需要致密、颗粒光滑的木材。现代双簧管和单簧管的前身——肖姆管和高音双簧箫，均由黄杨木或苹果木和梨木等果木，以及纹理密实的槭木制成。这些树生长缓慢，每年只增长薄薄的一层木质。同样致密光滑的杏木，是西方和中亚唢呐制作所青睐的材料，日式筚篥则使用竹子。

19 世纪之前，簧片乐器之声出自本土木材。如今，我们常听说从其他大陆运来的材料。例如，专业音乐家使用的双簧管和单簧管，多数用东非黑黄檀（*Dalbergia melanoxylon*，俗称乌木、黑檀木）或微凹黄檀（*Dalbergia retusa*）、交趾黄檀（*Dalbergia cochinchinensis*，俗称大红酸枝、红木）等热带木材制成。欧洲占领美洲和亚洲殖民地之后，这些材料便运到了欧洲。这类木料坚固、致密而光滑，品质上乘，是制作乐器的理想材料。人反复吹奏，使管腔湿润后再干燥，若是别的木头，在此过程中就会炸裂或变形。伴随 19 世纪金属音孔按键和半音键的创新，以及从热带森林运往欧洲的林木，产生了很多如今盛行的乐器制作传统。

从林肯中心穿过中央公园，走一小段路，就到了美国大都会艺术博物馆的乐器收藏馆。在这里，可以看到区域生态经济、殖民贸易和乐器制作技术三者的复杂关系。初看起来，这个展馆就好像声音的陵墓。玻璃片后面被灯光照亮的乐器静默无声，就像遗骨匣，里面盛装着音乐的残骸，而灵魂已经流逝。玻璃、抛光的木地板，还有展厅悠长狭窄的走道，让脚步声和人语声有了一种熙攘、喧嚣感，不像宽敞的音乐厅里那么温暖，更加重了远离乐声的感觉。然而当我放弃将这里作为直接体验声音的空间时，这些最初的印象消失了。在这里，我们倒是可以惊叹有关物质属性、人类匠心以及文化关系的故事。

像旧石器时代依靠当时最先进的技术打造出猛犸象牙笛一样，大都会艺术博物馆陈列的乐器，也展示了在不同的文化和时空，人们是如何用最高超的技术形式来创造音乐的。出自南美洲前殖民时期莫切（Moche，又称莫奇卡）文明的喇叭和口哨瓶，揭示了当时的制陶工艺。数世纪以来，管风琴一直是西欧最精妙的机器。阿尔及利亚形似弓形鲁特琴的拉巴布[1]和乌干达的八弦竖琴，展示出加工木头、皮革和弦的高超技艺。中国的古琴是一种放在桌上或膝上弹奏的狭长型弦乐器，融合了缫丝、木雕、刷漆和装饰镶嵌工艺。20 世纪则出现了新的工业发明，从电吉他一直到塑料的“呜呜祖拉”号角[2]。

前殖民时期的乐器常采用本土材料。在展室内穿行，无异于修习一门课程，从中可以学到人类利用周围物质材料发声的多种方

---

1 rebab，也译作列巴布、雷贝琴，音箱基本是长方形，只有一根弦，用马尾弓拉奏。鲁特琴（lute）也称琉特琴，是一种曲颈拨弦乐器，常用来统称中世纪到巴洛克时期欧洲使用的一类古乐器。下文所说的古琵琶，也被视为鲁特琴的一种。

2 呜呜祖拉（vuvuzela，在茨瓦纳语中又称“lepatata”），是一种长约 1 米的号角。南非球迷常在足球比赛上吹奏这种号角。

式。黏土烧制成型，将人吹出的气流和唇部的颤动转变成放大的音调。矿石变成了钟和弦，揭示出冶金与大地的联系。植物材料在雕刻成形的木头、展开的棕榈叶和纺织纤维中发出声音。各类动物通过绷紧的皮革和雕制的牙齿与象牙歌唱。每种乐器都植根于当地的生态背景。南美管乐器使用安第斯神鹫的羽毛。非洲鼓、竖琴和鲁特琴使用吉贝树木材、蛇皮、羚羊角与豪猪刺。欧洲双簧管使用黄杨木和黄铜。中国古代的打击乐器与弦乐器，如石磬、云锣和瑟，分别使用了石头、青铜和木头与丝弦。音乐源于人与非人世界的关系，世界各地音乐的不同变化，不仅表明了人类文化的多种形态，而且揭示了岩石、土壤和生命体共鸣的属性。

人类音乐有着宏伟而且通常极其细腻的生态与文化根源，却并未受到地域限制。音乐的连接力量伸展得更远，远远超出了对当前听众的凝聚作用。音乐制作将看似遥远的人类文化中的生态史、创造史和技术史维系在一起。自器乐形成之初，观念和物质便在不同的地方转移。旧石器时代工匠制作骨笛的材料来源——那只天鹅，并不属于洞穴周围苔原带的动物群。运输或是贸易将天鹅翼骨带到这里，变成了乐器。从那时起，人类欲望就在推动为乐器制作展开的贸易。听者追寻美妙动人的歌声。音乐家渴求乐器的稳定性和连贯性。我们喜欢看乐器的形式、色泽和表面装饰，这是对声音之美的视觉补充。这些品质都需要最好的材料，由此刺激了贸易。

公元 1000 年广泛连接中国、印度、西亚、北非和欧洲的贸易网络“丝绸之路”，将象牙从非洲往东带到亚洲，丝弦从中国往西传到波斯，南亚的热带木材传到温带地区。关于乐器形式的理念，伴随着乐器制作采用的材料一同传播。双簧乐器和弓形弦乐器从非洲以及西亚传到欧洲。琵琶、鼓、竖琴和喇叭由中亚与西亚来到中国。

18、19 世纪对殖民地土地和劳工的征用，以及铁路和航海运输网络，为欧洲的乐器制造者带来了新的材料。当现代管弦乐队、民谣乐团或摇滚乐队登上舞台时，动植物某些部位颤动发出的声音浮现在空中，森林与田野之声通过人类的艺术再现。然而，我们也听出历史上的强征暴敛和资源掠夺——那正是现代全球贸易的前身。双簧管和单簧管的中空黑檀木管传出的旋律，是来自东非草原的声音。电吉他手臂部紧贴着桃花心木制作的吉他腔体，手指拂过马达加斯加黄檀木制作的指板，演奏所用的这些木片都来自热带雨林的参天巨木。弦乐演奏者用绷在南美巴西苏木[1]上的马鬃作为琴弓。很多琴弓弓尖采用象牙或海龟壳（玳瑁）。在前殖民时期漫长的历史中，这些欧洲乐器的制作一直基于本土材料，后来被改造成现代的形式，部分正是由于从殖民地运往欧洲的材料。殖民主义带来的变化，使大都会艺术博物馆收藏的欧洲不同时期的乐器之间产生了惊人的视觉差异。18、19 世纪，深色热带木材和大量的象牙，取代了早期欧洲乐器大多采用的浅色黄杨木、槭木和黄铜。

18、19 世纪的欧洲殖民者挑选出在他们听来最悦耳和对乐器

---

1 pernambuco，琴弓制作者也常称之为伯南布哥。

作坊最有用的材料。虽然“异域”木材和动物皮毛变得更易于获取，但是欧洲也有一些材料脱颖而出，沿用下来。尤其杉木和槭木，依然是制作弦乐腔体和钢琴音板所青睐的材料。定音鼓以小牛皮为鼓皮。在这些欧洲材料之外，又加入了因加工性能和稳定性而受到青睐的象牙。热带木材则是因其密度、平滑度和弹性，音色也符合乐器需要：黑檀木纹理紧密、丝滑；巴西苏木强度、弹性和敏感性非同一般；黄檀木具有温度和稳定性；紫檀木有极佳的共振效果。这些热带木材在分类学上同属一科，都是豆类的乔木表亲。其木质之所以紧凑而致密，是因为生长缓慢，多数要 70 多年才能生长成熟。因此在音乐会的舞台上，我们听到的是树木中的长者之声。

产业经济继续沿着同样的道路发展，从全球各地搜刮材料和能源。埋藏许久的藻类从油井中被开采出来，蒸馏聚合成塑料琴键。放大器接入的电网，其能量来自矿物煤炭的燃烧、拦河大坝上冲下来的水流，或是铀矿石的衰变。

乐器制作最青睐的热带木材和象牙，如今大多濒危或面临威胁。19 世纪的掠夺已经变成 21 世纪的毁灭。然而，乐器的材料需求还不是造成众多损失的主要原因。虽然 19 世纪末 20 世纪初为制作钢琴琴键消耗了数十万磅[1]象牙，但是小提琴琴弓和大管管环所用的象牙数量，相比作为餐具把手、台球、宗教雕塑和装饰品的出口量就相形见绌了。巴西苏木从大部分地区消失，不是因为小提

1 10 万磅 ≈ 45.36 吨。

琴琴弓制造者，而是因为从深红色心材提取染料导致的过度开采。巴西国名 Brazil 源于葡萄牙语的 *brasa*，意思是“余烬”，就是指巴西苏木如炭火般闪亮的颜色。这种木材贸易，在巴西的建国过程中起到了极其重要的作用。

黑檀木作为乐器和地板出口，同时也被当地人用于雕刻，林地数量因此减少。使过度开发问题更为复杂的，是黑檀木树干扭曲、多节瘤的形态。用这种木材雕琢出笔直的双簧管和单簧管坯料极具挑战性，切割下来的原木可用部分通常不到 10%。黄檀木常用于制作吉他指板，但大多用作家具出口，一个床架或储物柜，用到的木材就多过任何一家吉他作坊。尽管许多种类的黄檀木贸易受到国际法规限制，但如今这种木材极其珍贵，以至于金融投机者和奢侈品制造商推动了一个非法市场，每年价值达数十亿美元。

因此，当代的音乐之声，是过去殖民主义和当今贸易的产物。但是也有极少数例外并不会促使物种灭绝。确实，音乐家和乐器的关系——通常建基于数十年如一日的身体接触——可以作为典范，启发我们去思索如何更好地与森林和谐共处。双簧管或小提琴占用的木头并不比一把椅子或一摞杂志更多，然而这件乐器能带来美感，而且能使用数十年，有时甚至是数世纪。相比之下，在我们与物质对象及其源头的关系中，往往充斥着过度开发和用完即扔的文化。例如，2018 年美国人扔掉的家具超过 1200 万吨，其中 80% 作为垃圾填埋，其余的大部分被焚烧，仅三分之一被回收利用。这些家具木材多数来自热带森林，通常由亚洲的加工中心提供给美国。这种贸易正日益增加，世界野生动物基金会指出："世界天然林不可能持续满足全球对木材产品高速增长的需求。"如果其他经济产业也像音乐家对待乐器一样精心爱护木材产品，森林遭遇过度砍伐的危机将大大缓解。

音乐家和乐器制作师敬重他们手中的材料，这种愿望驱使他们去行动。他们中间有些人正率先去寻找替代材料，避免过度开发木材、象牙以及其他攸关物种生存的资源。这项工作尤为重要，因为如今乐器数量远多于过去几个世纪。每年吉他产量超过1000万，小提琴也有数十万把。如此高额的贸易，不可能单纯依赖那些珍稀的木材。因此，寻觅一下，如今有可能发现，一些乐器采用的木材是经过可持续砍伐利用认证的。例如，美国森林管理委员会（The Forest Stewardship Council）针对乐器准入出台了一些新方针。坦桑尼亚东南部的黑檀木保护和发展倡议会（Mpingo Conservation and Development Initiative）倡导基于社区来管理森林，让当地居民成为黑檀木和林地其他物种的管理者与受惠者，从而以可持续的方式管理森林，助益当地经济。乐器制作者也正在引入新的材料，缓解濒危木材的压力。直到20世纪晚期，欧洲吉他、小提琴、中提琴、大提琴、曼陀林等弦乐器所用的木料，多数仅来自20种树木。如今，用于制作乐器的木材资源，已经增加到100多种。除了天然产品多样化，碳纤维和木材层压板等人工材料也正在替代实木。

未来几十年，除非我们改弦易辙，否则乐器制作所需的木材和动物资源面临的挑战，将不仅是格外珍稀的物种遭到过度砍伐和捕捞而已。相反，整个森林生态系统的破坏，会彻底改变人类音乐与大地的关系。我们大部分珍贵的乐器原材料都来自森林，而如今森林面积正在缩减。21 世纪头十几年，森林流失面积比扩展面积多近三倍，全球净减 150 万平方公里。热带森林首当其冲，其次是云杉林和其他北方森林。接下来几十年，山火渐增、伐林造地种植商品作物，以及气候变化，都很可能加速这种变化。未来，音乐将继续给地球带来声音，一如既往。它会讲述生态系统与人类技艺之间的古老纽带，同时也会讲述灭绝、技术变化和人类出于贪欲对森林的征服。

受到音乐家精心照料的一些古老乐器，如今让我们忆起那些逝去或退化的森林。在林肯中心的舞台上，我们听到来自过去数十年、数百年的森林之声。谢利 · 西拉吹奏的双簧管木料来自数十年前（20 世纪早期)。每支乐器上都有“证件”标明木材的来源，表明不是近期砍伐现已濒临灭绝的树木获取的。交谈中她提及，有些同行四处求购年头更久的双簧管，希望能找到陈年佳木制造的乐器。与西拉一同登台的小提琴手谢里尔 · 斯特普尔斯演奏的是一把瓜奈利小提琴。这把琴的木头至少有 300 年了，出自前工业时代生长的云杉和槭树林。尽管以前为瓜奈利和斯特拉迪瓦里家族供应制作乐器木料的意大利北部费耶美山谷（Fiemme Valley）的森林仍在出产原料，但相比前几个世纪，如今那里的春季来得更早，夏季更热，冬季积雪变少。由此导致木质松散，音色不如以前致密的木材响亮。再过 100 年，炎热、干旱和降雨改变很可能将高山森林逼退到山坡以下。音乐讲述的往往是地球过去的模样，而不是现在的模样。那是木头纹理中携带的记忆。

我坐在林肯中心的观众席上，近距离接触全球森林的过去和未来，以及人类贸易的历史。乐队的声音是全球性的，让我沉浸于生物多样性和人类历史的美，也让我为其破碎而心痛。音乐不是超离世俗的，也不是抽象的，而是遍及世界、包含其中。在森林处于危机、生命共同体面临大规模灭绝的时代，展示并尊崇令音乐繁盛的幕后关系，或许正当其时。

***

我到四五十岁时，才第一次拿起小提琴。我把它搁在下巴下，很不恭敬地吐出一句脏话——这种乐器与哺乳动物演化的关联令我惊叹。出于无知，我一直没有意识到，小提琴手不单把乐器靠在脖子上，而且轻轻压在下颌骨上。25 年的生物学教学让我第一时间想到——或许也让我产生了一种怪癖——拿这种乐器来体验动物学的奥秘。我们下颌下方的骨头上只有一层皮肤。脸颊的肉和颌部的咀嚼肌着生的位置更往上，使底部边缘空出来。固然，声音在空气中传播，但是声波也从小提琴腔体流出，通过面缘的腮托，直接进入颌骨，进而进入我们的颅骨和内耳。

乐器传出的音乐挤压进我们的颌部：这些声音将我们直接带回了哺乳动物听觉诞生之初，甚至更早。小提琴手和中提琴手的身体——听众也跟随他们一起——穿越到我们作为哺乳动物存在的古老岁月。这是演化的返祖再现。

最早爬上陆地的脊椎动物，是现代肺鱼的亲属。从 3.75 亿年前开始，这些动物在 3000 多万年中，将肉质鳍变成了有趾的肢，吸入空气的鳔变成了肺。在水中，鱼类皮肤上的侧线管系统和内耳能探测水压与水分子运动。然而在陆地上，侧线管系统毫无用处。空气中的声波碰到动物躯体会反弹回去，不像在水下那样流入动物体内。在水中，这些动物沉浸在声音中。在陆地上，它们基本失去了听觉。

基本失去听觉，但不是完全。最早的陆地脊椎动物从鱼类祖先那里继承了内耳——充满液体的小囊或小管，上面遍布敏感的毛细胞，起到平衡和听觉功能。不像现代人的内耳那么长且卷曲成涡状，早期的内耳粗短，而且只有一些对低频声波敏感的毛细胞。空中巨大的声响，如雷鸣或树木轰然倒下，力度可能足以穿透颅骨，刺激内耳。更轻微的声音，如脚步声、风吹树木、同伴的行动，却不是从空气中传来，而是通过骨骼从地面传来。这些早期陆生脊椎动物的颌部和鳍状肢，充当了声音由外界传到内耳的通道。

有一块骨骼变成了格外有用的听觉器官：舌颌骨，这原本是鱼身上用来控制鳃和鳃瓣的一根支柱。在最早的陆生脊椎动物身上，这块骨头向下突出，伸向地面，上方延伸到头部深处，与耳朵外部的软骨相连。随着时间的推移，舌颌骨脱离调节鱼鳃的功能，获得传导声音的新功能，演化成了镫骨。这块中耳骨可见于如今所有的陆生脊椎动物（除去一些蛙类后来又失去了镫骨）。镫骨起初是一根结实的轴，既能将地面产生的振动传到耳朵里，也能支撑颅骨。

后来，镫骨与新演化出来的鼓膜相连，变成了一根细长的杆。我们现在之所以能听到，部分正是借助于改换了功能的鱼鳃骨。

镫骨演化出来之后，听觉创新在多种脊椎动物类群中独立展开，虽然路径不一，但都采用某种形式的鼓膜和中耳骨将空气中的声音传入充满液体的内耳。两栖动物、龟、蜥蜴和鸟类有自己的安排，它们只采用一根镫骨作为中耳骨。哺乳动物采取的路线更为复杂。下颌两根骨头移到中耳处，与镫骨相连，三根骨头相互衔接，形成听骨链。相比很多其他陆生脊椎动物，听骨链使哺乳动物的听力格外敏感，特别是对高频声波。2 亿年前到 1 亿年前的早期哺乳动物，是一些巴掌大的动物。对于它们来说，对高频声波敏感，就能听到蟋蟀鸣唱和其他小猎物爬动的沙沙声，有利于它们觅食。但是在此之前，从哺乳动物登上陆地到演化出中耳的 1500 万年间，我们的祖先始终无法听到昆虫的声音和其他高频声音，正如今天我们无法听到蝙蝠、鼠和鸣虫用“超声波”发出的鸣叫。

早期爬行动物的下颌演变为现代哺乳动物的中耳，这个过程记录在一系列化石骨骼中——数亿年来留存于石头的记忆。我们每个人在胚胎期都会重温这段历程。发育过程中，下颌最初出现时，是一连串相互连接的小骨头。但是这些骨骼并没有融合成水生爬行类或古生爬行类那样的单一下颌骨。相反，骨骼之间的联系消失了。一块骨骼变成了中耳的锤骨，另一块变成将锤骨与镫骨连接起来的砧骨。第三块骨骼弯曲成环形，支撑着我们的鼓膜。还有一块变长，形成我们的下颌骨。

当我将小提琴举到颈部，用下颌去感受它时，我满脑子都在想着古生脊椎动物。那些远古祖先通过下颌去听地面传来的振动，声波传到颌骨和腮骨，再传到内耳。虽然我的技艺不怎么样，但小提琴带我重回了听觉演化的关键时刻。高等艺术遭遇远古时代？在我手上不能，但在音乐家卓越的技艺中肯定能。

骨骼传导声音，让小提琴手拥有不同于听众的听觉体验。声音大多通过空气传播，演奏者和观众都能听到。但是声波也顺着颌骨向上流动，将头部骨骼变成了共鸣器，使体验更为丰满。低音音符尤其明显。振动还顺着肩部向下流动，进入胸腔。演奏小提琴时如果没有此类身体接触——肩部垫一块海绵，下颌也不接触——听起来就会很乏味。即便耳边声音听起来很大，也会感觉乐器离得很远。

小提琴的形式使它与人类演化最深处的奥秘有了特殊的联系，但这只是人类身体与乐器物质材料亲密接触的众多方式之一。

我们坐在异常安静的观众席上，一边听，一边看指尖在弦上轻扫、按压和滑动。大提琴振动大腿内侧的皮肤和肌肉。簧片在湿润的双唇间颤动。吹出的气流通过笛子开口处。手、胳膊和肩部的力量撞击定音鼓，震颤通过沙球传出。肺部通过颤抖的双唇发出喊叫，高涨的情绪由被吹入的热气打湿的黄铜盘管塑造成声音并放大。

通过管弦乐队，我们体验到一种直接的联系，不仅是与远古的耳骨演化故事，也是与当下呈现的“性”[1]。摇滚音乐家顶胯和抱

1 英文原文为“sensuality”，社会学中译为“性存在”。

着吉他亲吻抚摸的动作是最不隐晦的例子，但是相比管弦乐音乐会上展示的各种亲密的身体接触，这些滑稽的举止就显得逊色了。音乐作品通常讲述欲望、激情、心碎、故事或情感，这些生命中更强烈的元素不是作为抽象概念被唤起，而是真实地出自翕动的嘴唇、奔涌的血液、激动的神经和热切的呼吸，出自躯体内部爱与情色欲望的渊薮。

然而，音乐与人类身体的关系远不止于此。音乐家的身体与乐器声相连的诸多方式之所以显得猥亵，部分是因为，在我们的文化中，“性”常被等同为性欲。然而，音乐发出的声音，体现了身体让我们体验到“性”的不同方式。当然，有时候也有性欲。但是身体也会悲伤、狂喜、牵挂、探索、奋斗、饥饿、积累和休息。有造诣的音乐家——通过与乐器或声音的密切关系，通过多年肌肉、感官、思想和美学训练的积累——邀请我们去进入这些体验。每个音符都是身体动作的延伸，从一个人的内心通往另一个人内心。我们的神经相互连接，声音像电线一样将我们与“他者”相连。就连乐曲的拍子也是对身体的体现，节拍通常反映出双足“一二一”行走的节奏，范围准确涵盖了人体心脏跳动的节律。

你如果演奏乐器，就会明白这一点。我只是业余玩小提琴和吉他，但也能与身体重新建立联系。吉他产生的声波跃入我的胸腔，沿中轴流动，向上进入咽喉。吉他弹唱则是声带颤动与木头颤音的统一，歌声由呼吸、肉体和森林共同发出。小提琴能带我进入更深层的融合。每一块肌肉的张力，都通过琴弓和打过松香的弓毛与弦的摩擦传递出来。手指接触指板的位置和角度有一丝半点的差异，也会使音调升高、降低或变得模糊迟疑。我放松颈部和肩部，声音便澄澈如水，如同阳光在清澈的河面上闪烁。然而我的体验相比那些深谙器乐之道的音乐家还十分浅薄。谢利·西拉告诉我："吹双簧管让我着迷。吹奏的时候我觉得很踏实，声音在整个身体里共鸣。这是一种整体体验，没有任何东西能够替代。"现场音乐会能将观众吸引进来，让数十或数百人的身体同时兴奋起来，形成一种统一的体验。

因此，音乐体验让我们不仅融入全球生态与历史中，也融入了人体的特定属性。人的特殊属性之一，是具有使用工具将象牙、木头、金属等源于尘世的材料雕刻成乐器的能力。另一个属性，则是音乐家通过声音让这种融合在听众身体内部重现的能力。音乐使我们具象化，从字面意思来说，就是"让我们有血有肉"。

***

人类对音乐内在的、主观的体验，是否也让我们扎根于大地，与其他物种的体验统一起来呢？我们的文化通常会说，不，音乐是独属于人类的。例如，音乐哲学家安德鲁·卡尼亚（Andrew Kania）告诉我们，"非人类动物"发出的声音，是"有组织而非音乐的声音典范"。不仅如此，因为鸟和鲸等生物的鸣唱"并没有能力即兴发挥或创作新的旋律"，"充其量类似于猫的号叫，不应视其为音乐"。音乐学家欧文·戈特（Irwin Godt）持同样观点，他写道："鸟和蜜蜂的声音可能听起来不错……但是即便诗人极力渲染，这些声音也不能定义为音乐……没必要用非人类动物的声音来把问题复杂化。这是一条基本准则。”

在演出大厅或研讨室的围墙内，将超出人类世界的感官体验拒之门外，是“基本准则”。但是走出这些空间，在我看来就很难为此类观点辩护了。

如果音乐是对世间振动能量的敏锐感知和反馈作用，那么它可以追溯到将近40亿年前最早的细胞。当声音将我们环绕时，我们也与细胞和原生生物达成了统一。的确，人类听觉的细胞基础，植根于众多单细胞生物共同拥有的结构——纤毛，这也是大多数细胞生命的基本属性。

如果音乐是生物相互间采用有序、重复的元素形成的声音交流，那么音乐始于3亿年前的昆虫，随后在其他动物类群，尤其是其他节肢动物和脊椎动物中繁盛，变得丰富多彩。从城市公园响彻夜空的螽斯，到黎明前欢唱的鸟、海洋中发出拍击声的鱼和唱着颂歌的鲸，再到人类音乐作品，动物声音综合了多种主题和变化、重复以及层级结构。像哲学家杰罗德·莱文森（Jerrold Levinson）那样，声称音乐不是源于“没有思想的自然”，而只能是由“人”组织起来的声音，就近乎断言工具是人类出于特定目的而加工改造的物质对象，从而将黑猩猩和乌鸦等非人类动物的技术成就排除在外。如果以人格或者思维能力作为判断音乐的标准，那么音乐就有多种风格，包含生命界众多个性和认知形式。那种以人的标准围绕音乐设立的障碍是人为的，并不能反映世间生物的智慧和声音形成的多种方式。

如果音乐是有组织的声音，就像戈特等人所说，其全部或者部分目的在于唤起听者的美学或情感反应，那么就必须将非人类动物的声音排除在外。这个标准某种程度上是为了将音乐同演说或富于情感的呼喊区分开来，然而即便就人而言，划定界限也极具挑战性：一边是抒情散文和诗歌使界限模糊，在另一边，高度智能化的音乐形式也在瓦解边界。所有动物都生活在自身主观体验的世界中。

神经系统多种多样，作为主观经验成分的审美和情感，在整个动物界中无疑也呈现出多种样态。否认其他动物有这类主观体验，既违背我们从生活经验中得来的直觉（我们知道我们的爱犬不是笛卡尔所说的机器），也无视了最近 50 年的神经生物学研究。如今我们已经能绘制出非人类动物大脑内部产生意图、动机、思想、情感甚至感知意识的区域。实验室和田野研究表明，从昆虫到鸟类，非人类动物能将感知信息与记忆、激素水平、遗传倾向相结合，有些物种甚至能结合文化偏好，促成自身生理和行为变化。在人类身上，这种丰富的融合体现为美学、情感和思想。目前所有的生物学证据都表明非人类生物亦是如此，只是各自路径不一。因此对猫来说，“号叫”也是音乐，只要它能激发听到叫声的猫咪的审美反应。其他猫的主观反应，是判断猫叫声音乐属性的关键标准。我们现在觉得很难获知猫的知觉体验，其实只体现了人类技术的局限和想象力的贫乏，而不代表猫的号叫中不存在音乐。不仅如此，目前动物交流方式的演化模式有力地表明，审美和声音炫耀的共同演化，很大程度上解释了我们听到的物种声音多样性。如果没有审美体验，声音的演化就不会产生分化的力量。因此，音乐的美学定义在生物学上是多元的，除非我们毫无证据、违背常理地断言美的体验独属于人类。

如果音乐是从文化中获得意义和美学价值的声音，其形式变化因创造革新而随时间变化，那么音乐就是我们与其他学习发声的动物，尤其是鲸和鸟类所共有的。在这些物种中，正如在人群中一样，个体对声音的反应大体上受社会学习和文化的调节。当一只麻雀听见配偶或竞争对手歌唱时，这只鸟的反应取决于它所学到的、通过文化流传下来的区域声音传统。当一头鲸呼叫时，它向外界表明自己的身份和所属的族类，有些种类还会揭示它所吟唱的是否为最新的歌曲变体。这些反应是美学意义上的：在文化语境中对感官体验做出主观评估。这通常导致物种分布范围内出现纹理丰富的声音变体模式。这些物种的文化演变也会使声音随时间变化，有些物种的声音变化速度快，另一些物种则慢慢悠悠，具体取决于物种的社群动态。新的声音变体通过不同的方式形成：选择与变化中的社群及物理背景最相宜的声音，模仿和窜改其他个体乃至其他物种的声音，以及彻底翻新旧有声音模式，创造出新的声音。这些不同形式的动物音乐结合了传统和创新，正如人类的音乐一样。

如果音乐是通过改造物质材料制造出乐器和演出空间，进而产生声音，那么人类就近乎独一无二了。其他动物也采用身体外部材料，譬如啃食过的叶片或挖掘成一定形状的洞穴，来制造或放大声音。但是没有哪种动物借助特意改造过的工具发声，即便最擅长制造工具的灵长类和鸟类也不例外。因此，音乐将我们与其他生物区分开来，仅在于我们有复杂的工具和建筑形式，而不在于其他。我们像其他动物一样，都是有感知、感觉、思考和创新能力的生物，然而我们在无与伦比地复杂化与专门化的建筑环境中，用工具制造出了我们的音乐。

随着人类的音乐流入我们体内、环绕在我们周围，我们陷入层层嵌套的音乐形式：乐曲中主题与变奏带来的体验；我们听到的音乐流派内部传统与创新之间的张力；我们听到的音乐风格展现的文化独特性和相互关联性；还有人类特有的音乐形式，一种源于其他物种丰富多样的音乐，而且始终与之密不可分的艺术形式。

***

步入林肯中心庄严的空间，我感觉到，时代的主流叙事迫使我去接受一个使人异化的谎言：我们的生活与地球上所有其他生物分离，我们的生命凌驾于它们之上。然而当管弦乐充满整个大厅，我又被拉回了现实：一次快乐的回归。

性，联系，归属，难怪我们对音乐的感觉如此深切。我们回到了故园。我们从感官存在上，从演化史上，找到了身体本质的源头。我们找到了赋予我们生机的生态联系之源。我们也找到了美的源头，找到了我们同其他文化、土地以及物种的关系开始断裂的地方。

那天晚上的节目单上，有三首曲子分别讲述了归属、联系和破裂：史蒂文·斯塔基的《挽歌》，出自长曲《1964 年 8 月 4 日》(*August 4, 1964*)；亚伦·科普兰（Aaron Copland）的《单簧管协奏曲》(*Clarinet Concerto*)；以及茱莉亚·沃尔夫（Julia Wolfe）的《我嘴里的火》(*Fire in My Mouth*)。科普兰这首乐曲将北美爵士乐和南美流行音乐吸纳到了20 世纪的北美管弦乐中。这部作品并没有回过头去重现 18、19 世纪欧洲音乐厅的声音，而是试图将美国的音乐理念与欧洲的管弦乐传统交织在一起。斯塔基和沃尔夫探索了美国战争史以及公民与工人权利史上的关键时刻。沃尔夫也将我们的想象力带到了乐器和日常物品的物理世界中。她在召唤出当年令许多工人葬身大火的三角衬衫厂（Triangle Shirtwaist Factory）的声音时，用小提琴琴弓在空中发出呼啸声，用指甲在木制乐器漆面上刮挠，将书扔到地上，此外还配有数百把剪刀协调一致的咔嚓声。这种美丽、令人不安而又开放的音乐，让我们能更深切地体会过去和当下的种种不公正，理解悲痛是如何转化为抗议和社会变革的力量，引导我们将过去的伤痛与现实的问题联系起来。在这里，艺术不是令人醉生梦死的消遣娱乐，而是人类追寻意义的一种途径。我走出隔音大厅，满怀着感动和激情步入广场。

音乐唤醒了我们潜藏在深处的能力，让我们通过与他者的联系去体验美。数亿年来，这一直是声音在动物界中的作用，如今它在人类身上体现出来，促成了我们对自身以及他者身体、情感、思想最深刻的体验。这就是为什么我们总在生活中最重要的时刻和发生重大转变的时期，在公民和宗教集会上，在社区生活中举行婚礼和埋葬死者的时刻奏乐。

我们的力量、贪欲、无知和冷漠，已经引发了种种全球危机：物种大灭绝、气候变化，以及不公正现象。我们比以往任何时候都更需要用我们的身体、情感和心灵去倾听他者的声音。我们是否能扩大这个通过音乐去了解的“他者”所包含的范围？因为音乐既是全然属于人类的，也是完全属于整个地球的，所以音乐包含相互联系和一切类似物。即便我们用宣告隔绝和优越感的建筑与文化将自身包裹起来时，真相依然如此。关于 *maestro*（主宰者）的信念，将被音乐的融合力消解。体验音乐之美，能重新将我们维系在生命共同体中。然而，首先我们要选择去倾听。

第五部分

物种减少、危机和不公正

森林

在栎树树冠下大步行走时，周围弥漫着一股划破的檫木树叶发出的芳香。多刺的菝葜扎破了腿。我不得不避开林下层缠绕成团的藤蔓，但还是尽量沿着直线行走。挂在臀部的计步器显示步数为 260 步，相当于从上一个计数点走了 200 米。我把背包丢到地上，掏出带夹写字板。一只蜱虫在胶带上费力地爬动——我之前把裤腿扎进袜口，用胶带封上了袜口，这道防线每天要为我抵御吸血小虫们数十次、有时甚至是数百次的进攻。一把抓下来，掐死，弹开。万事大吉。

我按下秒表，全神贯注于双耳，眼睛盯着森林冠层。

深沉嘶哑的声音，乐句由四声高低起伏的音调组成。猩红丽唐纳雀，20 米远。

Chippy-chup，一阵急促高亢的鸣声。两只北美金翅雀，25 米远。

含混而明亮的乐句，音调高低交替，一问一答。雄鸟在唱：你在哪儿呢？你在那儿啊。这只红眼莺雀离得很近，仅 5 米远，就在我头顶的槭树树枝上。

caw caw-CAW，两只乌鸦飞过。

远处，50 米开外，传来音调迅速变化的哨声，尾声逐渐加重：*we-a-we-a-WEE-TEE-EE*。灰头柳莺的声音。

咔嗒。5 分钟时间到了。草草记录在数据表上：样带 V，第 2 处。时间：6 点 10 分。风力：蒲福风级 2 级。温度：25℃。植被：栎树和红花槭树冠；酸木、蓝莓和檫木林下层。我拿出测距仪，双眼注视目镜，转动表盘，核实目测距离。收好装备。啜一口水。260 步后进行下一次 5 分钟计时。如此重复 500 次。

两年多来，从 5 月中旬到 6 月中旬，我就在这条调查线上穿行，跨越田纳西州坎伯兰高原南部的森林、树木种植园和农村居民区。这条路线，正是 19 世纪 30 年代切罗基人被迫迁徙的“血泪之路”[1]。如今该区域的卫星图显示，在原本以农田和城区为主的大地上，一长条郁郁葱葱的树冠从肯塔基州一直绵延到亚拉巴马州。这里是美国东部面积最大的一块林地。不像东边的国家森林和国家公园用地，这片森林主要归私人所有。作为世界上森林覆盖面积最大的温带高原，这里是生物多样性的热点地区，蝾螈、候鸟、蜗牛和显花植物种类尤其多样。美国自然资源保护委员会称这片区域是面临威胁的“生物瑰宝”。美国开放空间研究学会（Open Space Institute）专门为该区域的土地保护设立了三个基金会。

从 2000 年到 2001 年，在我调查的这段时间，当地种类丰富

1 1838 年最后一批佐治亚州的切罗基人含泪离开家乡来到西部，这些移民经过的路线就是美国西部开发史上著名的“血泪之路”。6 年间共有 9 万印第安人被迫移居到西部，很多人死在“血泪之路”上。

的栎树和山核桃林遭到砍伐，变成了单一种植的落叶松。这种原产地在更南边的树木，因生长迅速而备受纸浆业青睐。当时木材公司和州立机构要么矢口否认毁林植树，要么声称植被变化不会对生物多样性造成多大影响，并指认住房发展才是当地森林面临的主要威胁。航拍图驳斥了这一否认，可以看到，平林植树正在加速进行。森林破坏对生物多样性的影响更难确定。从航拍图上看不出端倪。然而这些变化是可以听出来的。因此我带着写字板深入林中来倾听。

完整记录任何一处景观的全部物种都是不可能的。大多数原生生物，还有很多小型无脊椎动物的身份，都是我们所不知道的。就已知物种而言，逐一列举下来也能占用数十名科学家好几年的时间。因此，生物保护主义者将注意力集中于少数物种，希望能以此为样本，揭示出关乎所有物种的模式。在森林里，鸟类调查是快速评估生物多样性最常用的技术手段。鸟类对植被、昆虫数量和栖息地物理环境的变化十分敏感。鸟类种群就像探针一样，能探测出栖息地隐秘的属性。很多物种都有这种功能，但是鸟类具有独特的优势：它们会歌唱。倾听几分钟，就能弄清鸟类群落的整体构成。不像对其他物种采样，需要一连几个小时在土壤中筛查、设置陷阱、把样本抓在手上或放在显微镜下细细审查，或是测定 DNA 序列。不仅如此，鸟鸣声令人心荡神驰，有很多博物学家花费数年来了解和鉴赏它们的声音。相比训练有素的线虫、真菌、植物或昆虫分类学家，我们更容易找到有经验的观鸟人。鸟类也比很多其他动物更能引人关注。相比不那么有魅力的生物，研究鸟类所得的信息更能直接唤起人内心的美感和道德感。鸣唱的演化，是为了调节物种内部的社会互动，如今也成了人类跨越物种界限去倾听的渠道。

清理林地种植落叶松是一场野蛮的攻击。首先，每棵树都被砍掉。有时候，栎树、山核桃树、槭树等十几种树木被运到加工厂，磨碎，压成硬纸板；若是较大的原木，则锯成木材。多数林木被摞成教堂那么高大的一堆，放火焚烧。随后，剩下的树苗或林下植被被铲平。卡车或直升机喷洒除草剂，完成"镇压"工作。如果不使用药剂，很多森林植被就会卷土重来。几千年的山火和风暴已经教会了植物逆境重生的本领。然而种植园不需要先前森林的韧性，而是几乎要赶尽杀绝。河流和森林湿地通常随着森林一同被摧毁。在下游河段，从前清澈的山泉水现在如同巧克力牛奶一般浑浊，掬起一捧水，透过河水居然看不清手的颜色。

清理工作完成了，移民劳工——大多是青少年和年轻人——将苗圃运来的松树苗一排排种植下去。根据2003年亚拉巴马州一项研究报告，每种一棵树，报酬在0.015美元到0.06美元之间。种得快的人每天能挣80美元，比在墨西哥种地收入高10倍。这项工作很辛苦，中间也没有休息时间。亚拉巴马州一位种植承包商如是说道："我们把工资提高到每小时9美元，也没有一个美国工人能连着干3天……这不是个轻松的活。要是没有外来打工人，美国的农业和林业都完蛋了。"这些种植园输出的报纸和卫生纸，给土地和人的身体都带来了极大的损害，对当地经济也并无助益。当地政府机关抱怨，运输原木的卡车就连燃油都不向种植园所在的地区购买。

除了再铺一层沥青，很难想象森林还能有更彻底的改变。这种改变无论对居民还是游客来说都很明显。然而从这片土地上，很难找到人类的证词。木材厂拥有数万英亩[1]的林地。这片土地上没有居民点，很少有公共道路通往伐木活动的核心地带，周围农业村镇也人烟稀少。森林的故事极少从这里传出去。科学测量可能就像一封从无人听说的大地寄来的信函。科学不仅是研究和发现的过程，也是一种寻求见证的方式，哪怕只是通过人耳去听森林群落众多栖居者中一小部分的声音。

在本土栎树林中，我在每个调查点平均听到 6 种鸟的声音。当我从一个点走到另一个点时，鸟的种类变化显示出栖息地的改变。我在林中一共碰到 43 种鸟。有些极为常见，我几乎在每个点都能听到红眼莺雀的啁啾。还有一些，譬如灰蓝蚋莺喋喋不休的斥责声，只是偶然才能听到。但是总体上，鸟类群落都由数量相当的鸟类混合而成，鸟群中充满多种声音，而不是少数几种鸟占据主导地位。在老龄松树种植园中，此类多样编织的声音被磨损得只剩下细薄的一条。每个调查点平均有 4 种鸟。我在各处调查点一共找到 20 种。在不同地点，鸟的种类趋向一致，以红眼莺雀和松莺为主。幼龄松树种植园的树木刚生长几年，高度只到脚踝至肩部之间，这里的鸟类群落同样结构简单，但栖息着一些喜欢灌木和林缘地带的鸟，比如靛蓝彩鹀和田雀鹀。

1　1 英亩 = 4046.86 平方米。

我的调查结果不仅表明种植园是鸟类多样性水平低下的地方，也表明乡村大地上其他地方生活着物种丰富的鸟类群落——这一点与种植园辩护者的主张恰好相反。不管是乡村居民区，还是遭到砍伐后没有使用除草剂赶尽杀绝或彻底铲平的重生森林，鸟类多样性都不逊于成熟的栎树林，甚至水平更高。这些土地保留了大片森林，从而拥有多种鸟类，同时也有部分灌木区和田野地带吸引来麻雀、彩鹀和鶺鴒等。在这些草木茂盛的地方，从屋前门廊就能同时听到10多种鸟鸣唱。根据我的调查，乡村居民区总计生活着60多种鸟。

我能开展这项调查，完全是因为鸟会鸣唱。我记录到的鸟类中，至少有90%是我只闻其声而未见其形的。固然，这项调查忽略了所有静寂无声的鸟——巢中孵蛋的、在我到访时正忙于觅食的，或是春季更早些时候达到鸣唱高峰期的——但是无论如何，听觉调查提供了一个比较栖息地的参数。我在500处调查点共计记录到4700只鸟。绘制成图表进行统计分析，我对这些动物的直观体验便由科学语言赋予了合法性，有了放在人类研究机构交流的权利。我的调查结果，以及十多位同事对栖息地的大量测绘和分析，最终说服一家国家自然保护组织向木材企业施压，阻止他们将本土森林改造成种植园，并与州立机构合作设立保护区域。这算是某种胜利，尽管到那时为止，多数为企业所有的土地已经被改造，而且随着整个美洲范围内土地所有权的剥离，很快就会分拆给私人投资的公司。时至今日，当地经济几乎没有从这些森林和种植园获得任何收益。

勘测图阐明了森林变化的幅度——从1981年到2000年，14%的栎树林被人为改造，主要变成了松树种植园。鸟类调查分析则表明了这些变化对当地野生生物的影响。这类图表和统计数据有助于我们理解和交流。但在决策者手上，图表也会成为生活体验的替代品。在曼哈顿的律师事务所，西装革履的公司首席执政官、森林管理员、科学家和生物保护倡导者会聚一堂，召开了一次决定森林命运的会议。然而他们中间几乎没人在那片由他们掌控的土地上逗留过几小时以上。会议没有安排当地社区代表出席。闻不见大树芬芳，听不见婉转鸟鸣，看不见河水流淌，感觉不到指间土壤和树根的质感，也只能用几张图表凑合了。

持续的直接感知体验，乃是人类美感、理解力和道德感的根源，在我们的企业结构中却几乎无立足之地。对大型商业和非营利机构而言，甚至对很多政府部门而言，倾听，都只以高度媒介化的形式出现。

***

我调查的那些松树种植园并不是寂静无声的，但是与被它们取代的森林相比，这些地方的声景都极其贫乏。种植，然后采收木浆，这种方式直接抑制了声音的多样性。而地球上多数地方莫不如是。世界范围内，人类的需求与欲望正在消减和扑灭其他物种的声音。在我们生活的这个时代，声音多样性的急速减少，不仅直接源于其他物种的灭绝，也通过栖息地的萎缩进行。

人类，尤其是我们这些工业社会中的人，如今耗用了世界各地植物攫获的全部能量的25%，相比20世纪，这个比例翻了一番，而且还将继续增长。人类只是数百万种生物之一，却占用了食物链底端提供的四分之一的能量和物质。在以农业为主的地区，我们占用的份额还要更高。

不受人类管辖的土地面积正在缩减。2019年，全球森林覆盖面积丧失近1200万公顷，其中近400万是热带原始林。这种模式已经延续数十年之久。然而森林损失在全球的分布并不均匀，主要集中于热带地区，很多温带地区反倒有所增长，例如东欧有农业用地弃耕后恢复为林地。而在北美和欧洲等地，即便某些区域的树木覆盖面积增加，古老的成熟林依然在被砍伐，例如太平洋西北部和波兰的比亚沃韦扎森林[1]。世界范围内，其他陆地栖息地也在减少。人工牧场面积增大，但天然草场减少达8%。全球范围内，海岸和内陆天然湿地面积减半。我们正在缩减生物圈其他部分的基地，无怪乎生物多样性在基因、物种、声音、文化和群落等各个形式上都在衰减。

声音的减退，是生物多样性丧失的表征。然而声音消失还不单意味着这种损失。声音连接当下的动物，让它们联合起来，形成富有成效的传播网络，从而维持生命活力。生态系统的沉寂，使个体孤立无援、社群分崩离析，也削弱了生态恢复力和生命演化的

---

1 Białowieża Forest，也叫作别洛韦日原始森林。横跨白俄罗斯和波兰边界，是欧洲仅有的原始森林。

创造力。

声音或许也能指引我们更好地成为生命共同体的成员。倾听让我们与地球生命群落直接相连，也奠定了我们的伦理和行为基础。不久前，我们的耳朵已经得到计算机录音设备的技术帮助。不像我在田纳西州的调查，这些电子耳朵听到的是整个声景，能从巨大的声波数据宝库中分辨出各种模式。这将能让我们更深入地了解成千上万种动物的声音，或许也能引领更有效的保护行动。

***

一辆没熄火的柴油运货车停在外面街道上，薄薄的黑烟从围栏上飘过，穿过郊区的小草坪。突突的声音透过房屋，停滞在我的胸腔。空气干燥，夹杂着一丝落基山脉野火的烟味，以及交通与石油钻井带来的臭氧味。脚下路面凹凸不平，到处露出一簇簇塑料纤维的毛刺，显露出经年磨损的痕迹。因新型冠状病毒封锁的三个多月里，那棵矗立在混凝土车道与草坪之间的美国皂荚树，就是我春夏两季的森林。这棵树是从东部森林移来的，与奥地利黑松、鸡爪槭和本土棉白杨一同混植在先前的矮草草原上。如今，这里已经成为横跨科罗拉多州弗兰特山脉的庞大的郊区溢出区域。这里通常没有鸟鸣或虫声，或者说只有极少数发声的动物：屋顶天沟上筑巢的家朱雀，灌溉喷嘴周围草丛里嘁嘁喳喳的蟋蟀。相反，大地上充斥着鼎沸的车声、嗡嗡的供暖和空调系统、草坪喷淋喷嘴嗞嗞喷溅的水声、割草机和落叶清扫机的喧嚣，以及从丹佛飞往西海岸的航班笼罩天空的飞机噪声。城镇边缘，在市镇规划留出来的保护区域中，往来车声淹没了本土动物之声：草地鹨的哨声、草原犬鼠的吠声，以及巡视的渡鸦粗声粗气的喊叫。

戴上耳机。加里曼丹岛：印度尼西亚东加里曼丹省的森林，赤道以北仅 200 公里。这里有一片从没听说被砍伐过的低地雨林，我在里面选取一个点，连续录制了两天。麦克风放置在挂在树上的防水箱里。研究人员除了把设备放上去和取回来，再没有干涉过。拾音器将森林每分每秒的生活转变成了内存芯片累积的数据。随后，无数 0 和 1 组成的“沉积物”被复制到现场一部手提电脑上，然后上传至昆士兰实验室的服务器。我在科罗拉多州按下播放键，热带雨林的声音就从耳机微型磁线圈和锥形纸盆中浮现出来。这声音是个驯顺的幻影，人类用技术将它从森林鲜活的躯体中剥离，听从我们的意愿重现。

声音脱离了实体，却依然有感染力。我将数字声音文件切换到森林夜间时分，陷入闪烁的虫鸣声中。至少有 15 种鸣虫在歌唱，除了极低极低的频率，它们的声音几乎涵盖了人耳可听到的全部频段。鸣虫的声音特质各不一样，有的柔滑，有的刺耳或尖锐。但是所有声音紧密地裹成一团，让我恍若置身于光滑密实的云朵中。水珠落在蜡质叶片上，增添了一种不规则的节拍。这不是雨水，而是倾盆大雨后从树冠滴落的树脂。低音区传来远处的呱呱声，大概是树冠上的一只树蛙。我在声音中飘荡，听任昆虫带我漫游加里曼丹岛的夜晚。有几声稳定的声音，明亮的嗡嗡声。有的逐秒发声，或是短时间陡然爆发。还有的如海潮般跌宕起伏，每 15 秒高涨一次，随后消退。

我在加里曼丹岛时间凌晨1∶30醒来，从开始播放到此时，已经过去了90分钟。森林之声使我堕入了梦乡。也许是耳朵苦于贫瘠的郊区环境，渴望听到林中生灵丰富多样的声音，因而探入我的内心，切换了我的意识。我的睡眠具有一种类似的性质，不是昏昏沉沉或是迷迷糊糊的，而是非常清楚，就像沉浸在水的倒影中。另有几次我体验到这种睡眠方式，是我远足途中在树下小憩或在林中扎营的时候。1400万年前以来，我们的类人猿祖先就睡在树巢里。在林中堕入梦乡，大概也是由耳朵唤起的一种对悠久血统的依稀记忆。

我清醒过来，回到加里曼丹岛森林的声景中。随着夜晚的推进，昆虫继续占据主场，间或传来一些咚咚和砰砰的声音，我觉得应该是青蛙。鸟类和灵长类哑然无声。凌晨3点，肥厚的、均匀交织的颤音和呼呼声已经扭成了两股颤鸣的粗绳。多数午夜昆虫已经退场，五六种生物的声音占据了天空。到凌晨4∶45，新的虫鸣声嘁嘁喳喳，取代了那些稳定的颤鸣声。一只螽斯的刮擦声柔和低沉，如泣如诉。接着，6分钟后，传来第一声鸟叫：*tut*，快速重复，像水龙头上急速溅落的水滴。那是加里曼丹拟鴷的报晓之声。这种鸟与松鸦一般大小，生活在森林冠层中。当它捕食小动物或吞吃果实时，绿色的羽毛能完全融入树叶间。这片森林里很多树木都依靠拟鴷及其近亲来传播种子。远处啁啾的鸟儿分钟后随之鸣叫起来。接着，在靠近麦克风的位置，传来粗哑而有力的呱呱声，先是单独的一声，然后是两声、三声：*crac crac-CRAca cra-CRA*。马来犀鸟——原始森林中以果实为食的一种巨鸟——醒来了，开始同大伙儿一起分享清晨的欢乐。接下来 10 分钟，五六种鸟类的啁啾和鸣啭之声汇集起来。太阳渐渐升起，白昼到来，蝉登场了，嗡鸣声一如我所熟悉的温带森林里的蝉鸣。有几声吱嘎声，像电钻的呜呜，又像小刀在磨刀石上刮擦。天色渐晚，黎明时分渐强的鸟鸣声再次出现，随后让位给蟋蟀和螽斯。

我沉醉于这些声音，想象茂密的森林就在身边。然而我也忐忑不安地体会到一种错位感，尤其当我一连听好几分钟的时候，我的耳朵完全沉浸于地球上已知变化最丰富的地方，但是身体别的部位，连同其他一切感官，都置身于北美郊区的一间出租屋。雨林洋溢着成千上万叶片、真菌和微生物的气味。每棵树都有独特的香味，土壤让善于探索的鼻腔体验到惊人的气息变化。而我只能闻到卡车的尾气和房屋内部的浊气，所处的背景是市镇东边和北边数万口使用液压破碎法开采石油的油井喷出的烟雾，以及致密繁忙的道路网络。林地上涌动着蚂蚁、甲虫和水蛭，必须隔一阵就把它们从脚踝和腿上拽下来。而现在，我的双脚只能感觉到地毯纤维刮蹭裸露的脚趾。雨林空气的湿度和温度，模糊了森林与人的界限。在那里，人的汗液和树叶上汇集的水滴——就像人的血液和树的汁液一样——是一体的。而在郊区，从柏油马路上升起的热量是无生命的，室内外由墙壁隔开来。坐在书桌旁，我的眼睛能看到三种植物，如果幸运的话，还能看到两只鸟——不像在雨林里，能看到几百只。就连我肠道内的感观世界也不同于耳朵听到的那个世界，营养虽然丰富，却远离了森林及其周围地区传统食物的风味和质感。

人类音乐家第一次用蜡质圆筒[1]回放音乐时，就是这种感觉吗？音乐被忠实记录下来，却脱离了处所、感官存在和生活关联等语境。当原本只存在于瞬息之中的语言被记录在书卷上时，最早期的读者看到书写文字，就是这种感觉吗？我一辈子沉迷于音乐记录和文字书写。而在长时间倾听雨林之声时，我产生了晕动症（motion-sickness），那种恶心感是我在现实的森林中从未感受到的。我们为书卷和唱片而抛弃了听觉文化，这是否就是我所品尝到的恶果？对我们的祖先来说，听和说完全内化于所有的感官中，而且属于单一时空。如今，音乐和文字仅通过耳朵或眼睛传来——耳朵佩戴耳机，眼睛盯着书本——背离了源起之处。我热爱我的唱片，当然，还有书。但是我很疑惑，这些抽象（英文 abstraction，源于拉丁语的 *abstrahere*，本义是拉开或转移）的东西会对我产生何种影响。

我重新沉入声海。尽管心底涌起不安的浪潮，我还是沉醉于这些不可思议的录音中呈现的地球上最多样、最惊人的声景。我点击进去，再次听犀鸟报晓和蟋蟀嚯嚯振翅。随后我上传了那几片森林其他地点的声音文件。这些森林有些从未被砍伐，还有一些在选择性商业砍伐后恢复过来。制作这些录音属于调查研究工作的一部分。这项研究由美国威斯康星大学教授祖扎娜·布里瓦

1 wax cylinder，在唱片出现之前用于存储声音的介质。上面的“蜡”并不是真的蜡，而是一种金属皂类。

洛娃（Zuzana Burivalova）发起，团队的同事们来自印度尼西亚和澳大利亚各高校与保护组织。通过在 75 个不同的地点多次录音，他们希望能评估森林里动物的多样性状况，为该地区未来的保护工作提出建议。

这些录音的变化异常丰富。每个地点 24 小时里陆续出现数百种声音。当我在数字声音文件中来回跳跃时，每一次选定地点，耳边都听到截然不同的声音世界。这些声音模式绝不同于城市和温带森林。纽约的午夜时分比凌晨 2 点稍喧嚷一些，但是声音类型一般无二，无非是警笛、飞机、汽车以及街道上的人语。田纳西州老龄林里，黎明时分声音远多于午间，但大体包括同样的鸣唱者。在这些地方，声音的音色和节奏昼夜循环，然而间隔尺度不同于加里曼丹岛的森林。热带森林的时间比其他地方更紧凑，纹理更细腻。空间也是如此。当我从一处切换到另一处时，所听到的声音对比之强烈，只有温带地区最极端的差异可以比拟，就好像我正从郁郁葱葱的森林走进一片沼泽或开阔草地，抑或从繁华的大街走进城市公园。在这些录音中，每个地点都具有独特的活力，由多层次的虫鸣和数百种不同鸟类、蛙类和哺乳动物的叫声界定出来。

当我考虑到那些研究者时，一想到要量化不同地点的声音差异，就感到一阵焦虑。这些录音包括 300 多个小时的数字声音文件。单单是听完每一条录音，而且每天专门做这件事，也需要一年多。

登录：声音大数据。多亏昆士兰理工大学一个团队开发的软件和布里瓦洛娃编写的代码与统计分析，我们能听到大段录音中的声学模式。软件将每条录音分隔为 1 分钟的片段，再将每个 1

分钟片段细分成 200 多个频率片段。通过这种方式，持续的声音流被切割成可数的乐段。软件随后寻找贯穿整个声景的模式。例如，不同地点之间声音的响度和频率差异如何?是否某些地点的声音饱和，各个频率和每一分钟都是丰满的，而其他地点空洞、稀薄?这些模式有怎样的昼夜变化?

正如我们通过经验得出的预期一样，计算机发现，黎明和黄昏时分森林的声景饱和度达到巅峰。在世界各地，鸟类、蛙类、灵长类和昆虫喧嚷的合唱，都是日出与日落时的典型特征。无论是采伐林分还是未采伐林分，都呈现出这种巅峰。夜间，未采伐林分的声音饱和度比采伐林分更低，可能是因为夜间鸣唱的动物，如蟋蟀和某些蛙类，在选择性砍伐后留下的空地里数量格外丰富。白天，未采伐林分声音饱和度更高，反映出这些森林具有更富于多样性的动物群落。这类模式都是人类很容易观察到的，几十年来，一笔一画记录的田野调查也对此进行了量化。选择性砍伐过的林中栖居着很多生物，然而里面的生物群落通常没有未被砍伐过的森林那么丰富多样。

传统调查在时间上存在局限性，而数据分析能发现很可能被其忽视的模式。尤其是，砍伐过的森林比未被砍伐的区域声音同质化更严重。我单单听一小部分录音，就能听出所有地点的声音千差万别。但是软件能超出人类听觉的限度，精确测量不同地点之间的相似程度。

这项工作处于研究前沿，科学家正在改变倾听世界的方式。2000 年和 2001 年，我穿越森林，记录下听到的每一声鸟叫，就像世界各地无数其他田野生物学家那样，努力去测量、理解并减轻人类给其他物种带来的多种影响。然而这些调查很耗时间，而且采样只是针对声景中的一小部分。

大段的录音通过计算机分析，能为更传统的田野研究形式提供补充。除了更庞大的时间样本和更强大的统计能力，录音还能解决依赖田野观察所固有的一些问题。我们每个人的听觉能力和辨识技巧都不一样，这使观察的性质有了更多的变数。博物学家和科学家也持有分类学上的偏见。能列举本地所有鸟鸣声的人不难找到，但是几乎没人能靠耳朵分辨所有昆虫的叫声，尤其是在热带地区。除此以外，热带地区的所有物种也不会像温带地区的物种那样，同时在时间紧凑的繁殖季鸣唱。这需要好几个月的调查。科学研究很快就达到了人类能力和知识的极限。

通过处理巨大的数字声音文件宝库，算法提取出传统科学方法所不知道的模式和趋势。过去 10 年，内存极高的录音设备价格已经下降。例如，AudioMoth 比一堆卡片要小，但可以连续录制好几天，如果设置为每天只录几个小时，时长可以超过一个月。这款设备及其支持的软件都是开源的，框架和代码对所有人免费开放，对于那些不愿自己“焊接”装备的人来说，预制也只需要 70 美元。

这些技术进步促成的成千上万项目通常属于两大范畴，分别代表两种不同类型的软件分析。一些软件编程是为了筛选录音，挑选出特定的声音。喀麦隆科鲁普国家公园（Cameroon’s Korup National Park）的管理员采用一组网格录音设备来测量枪声并评估反盗猎巡逻的成效。马萨诸塞湾放置的水下听音器使用鱼类交配时的“大合唱”录音来追踪鳕鱼产卵聚集地，确定产量最高的地点并揭示出鳕鱼数量在下降。对于一些面临威胁的珍稀物种，例如非洲茂密雨林的大象、热带湿地的鱼类和波多黎各森林的鸟类，目前研究也都借助于部署在其栖息地各处的电子耳朵。蝙蝠和昆虫等声音频率太高，人耳无法听到，用电子录音设备却很容易追踪。来自多个录音设备的声音一旦经过软件算法的检测和分类，就可以用来评估行为和种群规模的变化，或对照其他录音设备上的数据，预测动物所在的位置。

布里瓦洛娃及其同事采取了另一条进路。他们所用的软件没有针对单个物种，而是扫描和分析整个声音背景，测量饱和度、响度和频率，以寻找跨时空的模式。

目前还没有任何软件能辨识一个地方所有物种的歌声，进而剖析声景的全部组成部分，虽然有些能同时挑选出一二十种声音。当我站在田纳西州的森林，列举周围一切鸟类、蛙类、松鼠和昆虫的歌声，与此同时辨认同伴们说话的意义以及包含的情感时，我的表现超出了最强大的“人工智能”。或许未来的技术会超越我们，但是就目前而言，在辨识声音模式的竞赛中，人类依然能打败计算机。这提醒我们去注意通过计算机倾听的潜在成本。我们生活中很多方面都是如此，我们的时间和注意力，都被这些新科技吸引，我们向内关注人类的电子世界，而不是向外以感官去直接体验鲜活的地球。就连这项新技术的名字——“被动声学监测”，也暗示着人类放弃了主动的感官体验。

除了对当今研究者和管理者的潜在用处，声景录制还能为未来创制一份档案，用数字记住如今地球声音的形态。

未来几代人将会带着我们无法想象到的问题去倾听。每份录音储备，都是送给明天的礼物。

未来几年，地球声景中的一些声音将会消失。因此，我们的记录，部分也是灭绝的序曲。数字声音文件将帮助我们去缅怀。它们也会预先提醒我们考虑“基准线变化”的问题：当每代人习惯了声音渐渐减少的世界时，预期标准也会逐渐降低。我的祖父告诉我，他十分想念年轻时代英格兰北部充满鸟语虫声的田野和城镇。如果没有他的故事，我会坦然接受“正常的”现代声景。在遗忘的浪潮中，每条录音都是一个坚定不移的锚。

迄今为止自动录制声景大多是短期项目，主要针对特定的问题和区域。然而规模更大的档案工作也已开始。例如，澳大利亚声学天文台（Australian Acoustic Observatory）在澳大利亚大陆各处 100 个地点安装了录音设备，旨在持续记录——一开始为期 5 年——并让所有人都能免费获取储存的声音。这些电子记忆只是技术上的补充，那些故事还必须靠我们彼此去讲述。数据需要与叙述相伴。如果现在采取行动，但愿我们留给后代的不仅是损失，也有未来数年再次兴盛的迹象。

这些技术虽然能用作未来的时间胶囊，但我很怀疑对森林保护是否有帮助。我原本以为这又是一个新花样，博物学家和学术界大可从中探寻新课题，但它与减缓森林砍伐没多大关系。毕竟，我们知道问题究竟出在哪里：每年有数百万公顷热带森林丧失于山火、电锯和推土机之下。一个鲜血淋漓、气息奄奄的病人需要实际救助，而不是依靠更精密的仪器来做更细致的诊断。

与项目负责人布里瓦洛娃及其合作作者、美国自然保护协会亚太地区首席科学家埃迪·加姆（Eddie Game）交谈，我发现事实并非如此。他们向我解释，大规模田野记录和计算机分析庞大的声学数据集，既能指导实地保护，又可以为这项工作引来更多资助。与其他研究人员一起，布里瓦洛娃和加姆也采用记录设备来帮助巴布亚新几内亚居民追踪森林与农业区的生物多样性，这些信息将进而影响未来当地的土地使用决策。

“结果比我原来想的要好，”加姆告诉我，“在加里曼丹岛，录音设备对森林的差异性比我预想中更敏感……我们从之前的工作和其他人的研究中了解到，被砍伐森林如果管理得好，生物多样性大体上跟受保护森林差不多。但是这掩盖了局部差异和受保护森林的独特性。之前的研究多数采用对鸟类和哺乳动物的田野调查，忽视了这些细微差异。在巴布亚新几内亚，录制声音能让当地人以一种有用而且相当低廉的方式去监测他们的森林。”

“我们这个组织最引以为傲的是，有证据表明我们所做的事情是有效的。我们跟学术界谈这项工作，他们觉得是无聊的科学研究，但是这对我们来说非常有意义，我们需要知道，我们所认为的优良的土地管理实践，能带来更丰富的声景。”他解释道，未采伐林分具有丰富多变的声音纹理和局部差异，表明将采伐分散在好几块小区域，相比集中在一个大区域，影响会更小，局部差异可以保存下来。

“我们能做些什么来让伐木业对生物多样性更友好呢？”布里

瓦洛娃说，“就连那些更关注环境友好的公司，也没法做太多的生物多样性监测工作。成本太高，也挺难的。声音录制能让他们用一种更简单的方式来衡量自己的行为。”

在对某些环保运动提出的反伐木言论深信不疑的人看来，环保主义者与加里曼丹岛的木材公司合作，似乎是执迷不悟。美国木材行业的乱砍滥伐已经引起激烈的反对意见。例如，塞拉俱乐部（Sierra Club）反对在联邦所有的土地上采伐商用木材，哪怕那些土地是为了支持公众监管森林而特意开辟的。在有关北美森林的小说和非虚构作品中，伐木者总是妥妥的反派。

然而矛盾的是，采伐也可能拯救森林。在加里曼丹岛，选择性伐木清除了具有商业价值的大树。余下的留在原地，要么是因为太小，要么是没有价值，或是受到法律保护。这些通常被采伐过两三次的“次生”林中，栖居着很多与原始林一般无二的物种。这种采伐无疑带来生态成本。有些物种消失了，尤其是那些专门栖居在高大树木上的啄木鸟和食果鸟类。伐木道路会加大侵蚀面积，形成一条通道，引来寻找土地置办小产业的人。然而如果采伐得当，森林就能再生。4 亿年的演化塑造了森林的韧性。只要有机会，生物多样性就会再次激增。在美国田纳西州，选择性采伐林具有高度的鸟类多样性，单一栽培的种植园则不然。在加里曼丹岛，次生林相比油棕和纸浆木材商业种植园，堪称本土物种的天堂。例如，在马来西亚的加里曼丹岛反复做过鸟类调查，发现油棕种植园中受威胁鸟种的数量只有选择性伐木林里的二百分之一；即便有些种植园号称“野生生物友好型”，包含残存的碎片化森林，林中鸟种的数量也只能达到其六十分之一。种植园对蛙类和昆虫来说，也不是理想的栖居地。

在交谈中，布里瓦洛娃和加姆都强调，周边土地构成的广阔背景也非常重要。次生林周围如果环绕着种植园，相比在森林景观环抱中，生物多样性会更贫瘠。原始林处在一片次生林的海洋之中，相比被种植园包围，生态群落也会更繁荣昌盛。

伐木为当地社区提供生计、工作和收入，都是植根于土壤和树木的再生能力。油棕种植园和矿山也能带来收入，然而需要这片大地在生产力和多样性上付出更高昂的代价。

我们并不是摆脱了衣食住行需求的生物。木材是再生能源，化石燃料、钢铁、塑料和混凝土却不是。因此，将大片森林封锁在不被人类使用的“保护区域”内，就是把我们从生命共同体中驱逐出去，迫使我们去使用合成材料或从其他地方运输来的林产品，将消费成本强加给我们感知范围之外的人和森林，由此更深地陷入不可持续关系之中。问题不在于我们是否砍树，而在于我们应该在何处，以及以何种方式采伐。我们当然需要留出一大片区域，不拿链锯去干扰它。我们也需要政策和落到实处的措施去阻止导致土地退化的乱砍滥伐。但是，未来的繁荣也需要我们像所有其他物种一样，作为消费者参与到森林共同体中。这是生态和经济上的现实问题。我们的生计来自地球。人们需要工作。为避免过度开发林产品，常被提及的替代产业——国外有钱人从海外飞来形成的生态旅游——对有些区域有帮助，在有些地方反倒加速了森林砍伐。对多数热带地区的居民来说，生态旅游并不是可行的收入来源，而且其背后预设了一条假定：富人阶层日渐增多的国际旅行是可持续的。

未来，声音记录将有助于加强监管，政府、当地社区、公司和组织都在试图监管和“认证”木材与其他产品的生态合理性。

目前的森林认证方案采用粗略估算的“可持续性”和“负责性”。督察员待在土地上的时间有限，仅仅检测相对容易观察到的指征：道路修建是否尽可能减少侵蚀？工人是否穿戴安全装备？主管办公室墙壁上张贴的图纸是否与管理规划一致？土地使用权是否明晰？已知的河流和湿地等特定区域是否保护到了？书面规划是否在寻求森林的长期稳定发展？这些问题都很重要，但是并没有评估森林大多数物种的存在，更不用说考虑物种的利益或未来命运的改变。声景记录能通过技术和统计学的介入，提升地球生命共同体的声音。雨林中雷鸣般的多种声音，将与一堆堆沉寂的人类文书交会。从这种格格不入的联合中，将会产生总体而言更富有生机的未来。

除了在土地管理中的实际作用，声音记录还能让森林之声越过加里曼丹岛森林的冠层——向南穿过爪哇海，向北穿过中国南海，向东穿过太平洋——进入每个需要倾听的人耳朵里。捐助者、政策制定者和资助方听到这些被挖掘出来的声音，受内心的驱使而去行动。我们其他人，虽然没有难以想象的财富，没有滔天的政治权力，但也能通过这些声音了解到：我们与外界有关联。陆地上维持生命的植物光合作用，有三分之一产生于热带森林中。我们盖房子、造家具和造纸用的木材，通常源于东南亚地区。化妆品、加工食品、生物柴油和农场饲料所用的棕榈油，都是从先前属于雨林的土地上生产出来的。然而我们断开了与生养我们的森林之间一切直接的感官联系。声音能让我们迷途知返，回到具体化的感官理解。这样我们就能更明智地抉择，应当如何使用，或者说要不要使用那些远在地平线之外的林产品，而不选用身边的材料和能源。

加姆向前探身："大家确实很清楚，声音跟生物多样性有关联。我谈得最多的实质性话题，就是用声音数据来监测森林。大家都能体验到森林，让他们吃惊的是森林里如此喧闹，而且一向如此。"

他停下来，眼睛往上瞥了一下，同时斟酌着词句：

"通过声音，他们能接近这种几乎没法定义的属性——生物多样性，比任何指标、图表或者照片都更接近。"

***

能"处理"上万个小时森林变化"数据"的，还有另一种"算法"：人类活生生的体验。几乎所有热带地区居民的祖先都曾在森林里生活数百年甚或数千年。其中很多地区的文化如今都处于困境。因此，森林保护是人权问题。

在西方传统中，森林通常被视为黑暗的地方，强盗和流亡者的家园。各种狼群出没。文明的边缘。森林是阴暗的，充满了混乱。但丁在一片"黑暗野蛮的森林"中迷失了方向。格林童话中的小孩在森林里迷路。自新石器时代的农业革命开始，我们就在清理树木，为牧场、农田和市镇开路。甚至当西方文化希望通过管理土地来保护树木和森林时，他们的丰功伟业，通常也只是将人群从土地上赶走。例如，美国建立国家森林和国家公园，都是通过将边界内所有的居民驱逐出去，只留下那些保留着“国家公园界内私有土地”的人，或是公园住宅区的员工。当代美国以税务优惠来鼓励人们保留“森林”用地，但如果是生活在森林里的人，就拿不到这笔补贴了。在美国政府和联合国粮农组织的官方统计数据中，但凡有人在林中盖房屋或是种粮食，这些森林就算是“流失”了，而树木种植园和被砍伐一空的光秃地面，却被算作“森林”。

当这种西方思维方式遇上热带森林时，人类的灾难通常随之而来。政府声称森林是“空地”（*terra nullius*），由此打开了土地殖民的“边界”——这里原本是人们的家园，他们的文化在这里延续了数百年甚或数千年。公司——无论是以营利为目的的采掘业还是非营利保护组织——获得土地所有权，赶走了这里的居民。这不仅是昔日发生在木船、火枪和瘟疫横行时代的不公正事件。如今原住民文化持续遭受攻击，武力和谋杀、民族国家法制和全球经济的暴力，正在掠夺着他们的土地与生命。

在加里曼丹，也就是加里曼丹岛属于印度尼西亚的部分，15个原住民社区代表组织形成联盟，于2020年向联合国消除种族歧视委员会提出紧急申诉，声明“原住民土地被大量侵占和夺取，用于修路、种植和采矿”，“这一切进程可能对达雅克人和其他原住民造成迫在眉睫、严重且不可弥补的伤害”。同样在2020年，巴西几十个原住民团体派出代表，强烈反对可能进一步“放开原住民土地开发”的新法规。此前几年，巴西森林砍伐速率减缓，可如今又迅速加快，在2020年达到十年来的最高水平，损失面积超过1.1万平方公里。巴西原住民领袖西莉亚·泽克利亚巴（Célia Xakriabá）说道："现在我能听到鸟的歌声，但也只是痛苦、悲伤的歌，因为它们多数孤孤单单。它们失去了伴侣……我们这些原住民也越来越孤单，因为他们（矿场主、伐木者和牧场主）把我们的人带走了。”在刚果民主共和国，英国雨林基金会（Rainforest Foundation UK）于2019年发现，“中非最大的国家公园附近”的居民“一直受到公园巡逻队的谋杀、轮奸和残忍折磨”。“‘生态保安’广泛施加身体虐待和性虐待的现象”，就发生在最初通过驱逐林中本土居民建立的保护区公园里。

非营利组织“全球见证”（Global Witness）记录到，2019年有212名土地捍卫者被害，其中绝大部分暴力都是针对原住民的。而这个数据还被低估了，因为有很多人死在媒体的视线之外。在哥伦比亚、菲律宾和巴西，热带森林土地引发的冲突最为突出。《亚马孙观察》（*Amazon Watch*）报道了2019年一波“前所未有的暴力和恐吓浪潮”：20多起谋杀案；7名原住民首领遭到暗杀；那些捍卫森林土地，抵制采矿、伐木和农业开垦的人，也多次受到有针对性的人身攻击和财产侵害。2020年哥伦比亚200多名公民领袖被害，为了抗议这股日益高涨的暴力浪潮，原住民首领埃尔姆斯·皮特（Ermes Pete）说道：“如果我们不站出来向全世界指认眼下发生的事情，我们会被赶尽杀绝。”

不仅热带森林原住民的声音通常被置若罔闻，在很多地方，他们还会遭到赤裸裸的镇压。闭目塞听，完全无视这些人民以及他们对森林的认知，不单单是工业活动与土地殖民日益扩张带来的副产物。抑制他们发声是主动策略。只要倾听，就会承认原住民的存在及其权利，进而为多种存在方式打开大门，并且吓止住目光短浅的掠夺经济、土地盗用和控制权向外界的转移。

因此，听与说，是可以转化为行动的对抗行为。倾听能恢复人与人之间、人与生命共同体之间富有生气的知识传播。然而并非所有形式的倾听，都能平等地开放被压制的声音。我们的倾听模式，必须改正不公正，而不是助纣为虐。

随着科学越来越有能力在森林评估中将当地人的耳朵清除出去——最初是国外田野博物学家飞过去“抽样调查”生物多样性的传统，如今则是通过与“人工智能”相连的电子耳朵——我们常常绕开当地人的感觉和智慧，而这些人不仅数世纪以来都在倾听和理解森林的多种旋律与节奏，而且他们的文化诞生于森林生态，如今仍归属其中。森林的土壤和生物多样性，部分是数千年来原住民精心照料的结果。如今很多收听技术避开了人类感官的需求，因而随之带来一种危险：在科学与政策制定进程中，人类在森林中的生活体验将变成无关紧要的部分。

科学技术和方法并不必然导致不公正，但是会让我们远离主观、具体化的知识，毫无阻力地滑进压迫者不人道的工具包中。加里曼丹的原住民社群向联合国求助，公开反对近期取消“将环境和社会影响评估作为获得商业许可的先决条件”，因为这些法规变化将允许木材和油棕公司进一步侵占原住民社群的土地并破坏森林。多数情况下，“环境和社会影响评估”需要科学的方法和见解。例如，埃迪·加姆在巴布亚新几内亚的声景录制计划，如今已通过与美国国际开发署合作获得资助，其主旨并不在于夺取控制权，而是给当地人一个入口，让他们能搜索到有利于他们管理土地的信息。

收听技术最有可能取得的积极成果，就是调整权利不对等。目前，森林控制权主要落在采伐资源的企业和政府手上，在有些地方，则由大型援助机构和保护组织掌控。如果森林里的多种声音——包括人类的和人类之外的声音——能渗透到这些组织中，所有人都会受益。尤其要避免让倾听流于形式，表面上在咨询当地社群的意见，实际执行的规划却来自别处。然而，要矫正人与森林的关系，更可靠的路线是让原住民重新获得对土地和未来的控制权，由此改变最深层的权力动态。

我们距离这样的公正还长路漫漫。权利与资源倡议组织（Rights and Resources Initiative）2015 年的一项研究，在调查了 64 个国家后发现，其中半数国家的原住民社群无法通过法律途径获取土地所有权。在印度尼西亚，由社群所有或管控的土地不到 0.25%。不过印度尼西亚宪法法院的立法有利于社群惯用的林权制度，因此占比有望上升。在美国，原住民社群拥有或管控着 2% 的土地。在澳大利亚为 20%。在哥伦比亚、秘鲁和玻利维亚，约为三分之一。在巴布亚新几内亚为 97%。这些数据阐明了不同国家之间的巨大差异，但是也掩盖了原住民社群在土地所有权上的诸多细微差别和不完善之处，包括政府和企业为寻求矿产与木材资源而造成的侵害。不过随着数十个国家对森林采取分散控制和去中心化，总体占比都在增长。当地社群组织的运动、来自国外捐助者和机构的压力，以及中央政府有限的行政能力的限制，已经推动了这些变化。

在土地所有权和管控权回归原住民社群的地方，森林砍伐率通常都下降了。以秘鲁亚马孙地区为例，自 20 世纪 70 年代以来，1100 万公顷土地就属于 1000 多个原住民社群。从 21 世纪头十年的卫星监测来评估，这些土地上的毁林造地率下降了四分之三。在厄瓜多尔北部亚马孙地区，20 世纪 90 年代毁林造地的高峰期，与保护区域重合的原住民领地森林砍伐率最低。然而在缺乏官方保护的原住民领地，森林丧失率要高得多。部分是因为当地社群无法阻止采矿和伐木的入侵，部分是因为有些社群选择毁林种地。2021 年联合国的一份报告发现，拉丁美洲由原住民管控的森林比其他地方保护得更好，但是因为这些森林提供的碳储量和生物多样性等益处，当地社群也亟需得到补偿。在尼泊尔，由当地社群负责管理森林的地方，贫困人口和森林砍伐都减少了，社群管理已开展了一段时间的大型森林尤其如此。尊重当地社群的需求和权利，这本身就是目标，也是栖息地保护和恢复工作必不可少的先决条件。

布里瓦洛娃及其同事声学监测研究中的“未采伐”区域，位于一片 3.8 万公顷的森林中。这片森林属于维赫阿（Wehea）地区，是达雅克文化的原生地。维赫阿的首领莱德杰·塔奇（Ledjie

Taq）2017 年接受记者穆阿拉·瓦豪·优万达（Muara Wahau Yovanda）采访时，曾谈到 20 世纪七八十年代的非法伐木以及随后的油棕种植园是如何使大片森林陷入贫瘠，如何将人们从土地上赶走，让他们别无选择，只能变成这些产业的劳工。但是，他说道："达雅克人绝对不能远离森林。森林是生命的仓库……我们集结力量，竖立了我们祖先的雕像。我们要宣布维赫阿是属于原住民的森林。我们为所有人制定规则，尤其是为当地人。" 这些规则制约着狩猎、伐木、农业开垦以及外来人口的进入。

2004 年，在穆拉瓦曼大学（Mulawarman University）研究人员、大自然保护协会（Nature Conservancy）和区域政府的帮助下，维赫阿森林成为印度尼西亚最大的森林，也是极少数由原住民社群管控的森林之一。在布里瓦洛娃及其同事的出版物中，维赫阿森林被称为"未采伐区"（unlogged），以前发生过商业性木材采伐的区域则被称为"绝对禁止乱砍滥伐区"（never logged）。还有一种分类方式可能将这些地点命名为"原住民社群管控的土地"和"中央政府和企业管控的土地"（由印度尼西亚政府授予伐木特许权）。

在维赫阿被保护的森林周围，油棕农场、木材种植园和矿场仍在以牺牲森林为代价继续扩张，供应全球经济。山火也造成了影响，气候变化，再加上在加里曼丹岛泥炭森林湿润土壤上开掘的 45 万公里长的排水渠，都起到了推动作用。2015 年是最糟糕的年度，这一年加里曼丹岛有 2.2 万平方公里森林被焚毁。一连几周，东南亚 4000 万人在污水般浓稠的烟雾中游走。数百公里以外的城市里，每呼一口气，体内都会吸入空气中蒸腾的有毒气体，那是被焚毁的森林及林中居民的幽灵。烟雾中碳的化学分析显示，被烧掉的森林泥炭已经在土壤中埋藏了1000多年。森林遭受着商品经济和山火双重的惨重打击，而城市化进程更是雪上加霜。接下来10年，100多万人将离开下沉的雅加达，搬到印度尼西亚行将建成的新都。这个新的首都位于东加里曼丹，距离维赫阿森林约200公里。

雨林恢弘壮丽的声音多样性，不仅是过去数百万年生物演化的产物，也呈现出传统土地管理者的成就，那些人自身的语言虽然如今大多濒危，但也属于这种声音多样性的一部分。在这些人的人权得到尊重的地方，生命和声音通常极其繁盛。地球上这些最丰富的声景未来有多大的生命活力，很大程度上取决于我们是否恢复林中居民的权利和作用。这并非重提西欧浪漫主义运动所谓的“高尚的野蛮人”——依照那种观念的假定，原住民及其文化是原始的，不曾受到文明的玷污，像孩子一般天真地与“自然”和谐相处。我们倒是要反躬自问：殖民文化中的我们，能否意识到世界各地产生了多种文明形式，而每种文明都有权不被谋杀，不被盗用土地，不被剥夺公民权？

全球各地，在殖民文化和工业文化明显未能保护好地球生命之基础——森林、海洋和空气——的地方，似乎都格外需要那些有良好履历的文化，最不济，也要允许他们管控自己祖祖辈辈生活数千年的土地。这些土地并不是“处女地”。没有任何人类文化能不对其他物种产生影响。当人类扩散到世界各地时，随着我们的到来，味道最可口、最易于捕捉的动物迅速减少或灭绝。但是有些文化已经找到更有效、成果更显著的方式来引导和节制人类的欲望，从而成为生命共同体中负责任的成员。在生态崩溃的时期，应该让这些声音来引导我们、规劝我们。然而，那些人大多正在为生存呼吁，因为殖民主义和资源开采仍在继续展开掠夺、杀戮和驱逐。2019 年，将近 400 万公顷原始热带森林从地球上消失。过去 20 年，我们差不多每年都要损失这么多。这些森林是数百种本土文化的家园。热带森林也安置着世界上多数陆地生物和大量的碳储备。目前的管理和贸易系统并未实现其最基本的任务：保护人们的权利和家园，保证我们能将生命地球上纷繁变化的奇迹和生生不息的属性毫无减损地留给后人。

"文化和自然是维赫阿的达雅克人拥有的主要财富，"莱德杰·塔奇说，"如果我们不好好照看，在子孙后代很小的时候就把这些传给他们，那我们就什么都给不了他们了。"

人类文化的尊严和价值，丰饶的大自然，我们要照看它们，并传给后世。为此，我们需要通过调查鸟类和录制森林动物共同的声音来倾听我们的动物表亲。但是除了这些植根于西方科学的研究，我们也需要听听人类兄弟姊妹的声音。他们能告诉我们有关森林家园的消息。倾听就是尊重那些讲话的人。我们不可能在倾听的同时否认他们的作用、剥夺他们的生活来源——森林。在热带森林中倾听，就是听人们对公正的需要。

热带森林正陷入大规模的沉寂。当森林消失或退化时，林中各种声音，无论是人类的还是非人类的，也未能幸免。在陷入危机的森林中，急剧减少的不光是昆虫、鸟类、两栖类和非人类哺乳动物的声音，还有人类本身语声的丰富性。因为热带雨林中语言的多样性格外丰富，所以森林毁灭是人类语言灭绝的首要原因。由此，热带森林中声音的命运，揭示出人类与非人类生命的困苦枯竭和同质化。

***

我摘下耳机。窗外，一只欧椋鸟嘈杂地发出一连串哨声和咔嚓声，混杂着几声 *ki-ki-ki*，是在模仿郊区街道上巡视的红隼。为邻近房屋照料草皮的五家草坪服务公司之一，在扫除混凝土步道上的落叶，剪除杂草。一辆垃圾车伸出抓取垃圾桶的抓手，酷似锹甲的上颚，发出呼哧和咔嗒的声音。不过，屋子里总体上很安静，冰箱压缩机和笔记本电脑风扇构成一成不变的声景。

这些声音将郊区统一起来。在嘈杂的世界中，我们的感官正是从这种相似性和可预测性中得到抚慰。人类的普遍愿望就是建立一个家，将我们同外界极端和变幻莫测的感官体验隔开。从旧石器时代的洞穴，到现代的公寓大楼，人类的居所把我们包裹在里面，让我们不受威胁，避开风雪、寒冷、噪声或他人的攻击。如今工业的力量让这层防护层变得如此彻底，以至于造成一种割裂，削弱了感官体验与人类伦理之间强有力的关系。

如今，我们很多人几乎完全生活在隔绝的世界中，无论与人、其他物种，还是与供养我们的大地，都没有任何感官联系。建筑的墙壁将我们隔开，但造成更严重割裂的，是物质产品供应链、输送能量的管道和电线，以及将本土居民从郊区和城市大部分区域驱逐出去的土地使用规划。“点击—派送”的网购形式，让我们远离了与小商小贩富于生活感的感官接触。送到家门口的硬纸箱，堪称殖民贸易的典范：商品与人或土地之间任何现实关系的痕迹，都被抹去了。

很多人像我一样，用着来自松树种植园的纸浆，或是来自加里曼丹岛森林的木材，却几乎永远不知道我们的商品来自何处。我环顾屋子里的物品，除了一些园艺植物，我拥有的一切东西，出处都与我的身体和感官毫无关系。这种无知和隔绝并不仅是全球贸易的产物，它们也是维持破坏性经济所需的感官异化之来源。当我们的感官与那些支撑并指引着伦理的信息和关系断开时，我们就会飘浮无根。生态掠夺与人类的不公正，便会继续不受生活关系的制约。而在殖民和工业时代之前，人类的环境伦理正是依赖这些感官联系促成。

当我首次在郊区的房间里听加里曼丹岛森林之声时，我感觉自己从一个世界挣脱到了另一个世界。然而两者是同样的世界，联系在深处。郊区波澜不惊的和平，是森林和其他栖息地风云变幻的必然结果。从毁坏生态到毁灭人类社会，我们开采资源，去建造并维持平静的氛围。刻意制造的安静与可预测性，为地平线以外不为感官所知的持续掠夺提供了必需的条件。

海洋

我将黑胶唱片专辑放在电唱机上，落下唱针。工业钻石邂逅了禁锢在聚氯乙烯中的声音。电唱机的唱针沿着螺旋形的声槽抓挠。宝石唱头顺着波浪线的塑料纹槽滑动，每个微小的左右晃动，都传递了给唱针唱头上的磁体和线圈。煤和甲烷气体燃烧产生的能量，通过天空中鳞次栉比的电线传送过来，为我的放大器提供电力。

工厂、油井和矿场的力量汇聚起来。一头座头鲸的歌声醒来了，跃出海洋进入天空，突破 20 世纪 50 年代的界限，进入当下的体验。

拖长的两声叫喊作为引子，停顿一会儿，随后是一连串轰隆声和有节奏的跳动声。第一声叫喊延续 3 秒多，数十种频率相互重叠，每种频率以不同的步调涨落。较高的音域向下滑落，渐成微吟。较低的音调保持稳定，嗡嗡作响，随后盘旋上升，尾音加重。回声从海底峡谷壁或海洋表面传来，增加了混响。第二声叫喊声略短，更简单一些。叠合起来的频率运行一致，由下行转调变为稳定的哀号，接着是上下碰撞声 *weeEEow*，然后消散在回声中。一声咆哮形成这些声音的基础，气势渐增，随后分解为一串咚咚的打击音，一种低低的、浑厚的鼻音构成的颤声，随着音高和节奏的变换蜿蜒蛇行。

“冷战”时期人们捕获了这头鲸的歌声。随后，在动物学家和音乐家的推动下，它进入公众的想象空间，唤醒了人类对海洋亲属的伦理关注。不久，歌声以捕鲸禁令的形式重回海洋。这张专辑是物种间倾听的胜利。

然而，这张在我的唱机转盘上旋转的黑胶唱片，也记录下了在我们有生之年海洋声景的严重退化。20 世纪 50 年代的海洋，比现在要安静好多个等级。如果说存在一个声学的地狱，那就是今天的海洋了。海洋动物对声音的感觉是最复杂、最敏感的，然而我们将它们的家园变得一片混乱，到哪里都避不开人类的喧嚣。

这张专辑开头那首座头鲸的曲目，由弗朗西斯·沃特林顿（Francis Watlington）录制。他的祖上是 17 世纪初期从英国移民到百慕大的捕鲸人。20 世纪 50 年代和 60 年代，沃特林顿在百慕大为美国海军工作，发明、安装和监测水下听音器，窃听大西洋的水底。有好几项水下监听设备的专利以他的名字命名。从档案照片上能看到他待在狭小的屋子里，四周到处是电线和显示器，很符合一位有创造力的电子工程师的身份。

沃特林顿及其同事从岸上的实验室拉了一根电缆，连到水下听音器上，放置于离海岸 3000 米远、水下 700 米深处的海床。在这个深度，他们碰到了深海声道。这个由压力和温度梯度形成的通道，能让声音在海洋中传播数千公里。电子耳朵会搜寻敌舰或潜艇传来的发动机嗡嗡声和声呐信号的尖叫声。除了这些军事情报之外，水下听音器还捕捉到了座头鲸的声音——春季它们会从加勒比海迁徙到北部海域觅食。在岸上，沃特林顿能看到鲸在水下吹气，破坏他的水下听音器。传输到实验室的信号显示出鲸的声音。以前极少有人听到过深海之声，更不用说录音了。沃特林顿对他听到的声音深感好奇，他把磁带保留下来，磁带上的氧化铁小颗粒包含着鲸歌的记录，采集的时间跨度为1953年到1964年。1968年，动物学家佩恩夫妇凯瑟琳（Katherine Payne）和罗杰（Roger Payne）前往百慕大录制座头鲸的声音时，沃特林顿同他们分享了当时已经解密的磁带。

佩恩夫妇与麦克维夫妇赫拉和斯科特（Hella and Scott McVay，分别为数学家和科学家）合作，将磁带灌进声谱仪打印机（sonograph printer），这项技术出现于第二次世界大战期间，能将录音变成打印在长条纸带上的图形文字。每条纸带上，时间沿纵轴推进，声音频率呈现为上下波动的线段，以及沿纸带较窄的纵向维度分布的墨迹。鲸的叫声就像爪子抓挠的痕迹，平行条纹显示出多层次的和声。叫声消解为嗡鸣或哨声时，只剩下一条可见的线，表明频率单一。砰砰声是炭笔留下的竖直粗纹。咔嗒声是钢笔轻轻的笔触。纸带像乐谱一样，一目了然地揭示出每种声音的形式，以及一连串叫喊、哨声、砰砰声和嘎嘎声之间的关系。

在纸带上，鲸声的内在结构变得清晰。长长的声音序列每隔几分钟重复一次。佩恩夫妇和麦克维夫妇辨识出，声音的组合和重复有5个不同层次：单独的鼓点或声调；更复杂的叫喊或哨声；

一些较短成分的集合，近似于乐句；一连串的乐句；最后则是连绵不绝的长长的伴奏音。最短的成分仅持续几秒钟。一些伴奏能持续好几个小时。由于这些声音包含重复的结构，就像人和鸟类的声音一样，所以他们称之为歌。

1970 年，罗杰·佩恩采集了一些效果最好的录音，推出《座头鲸之歌》（*Songs of the Humpback Whale*）专辑。如今我的唱机转盘上播放的就是那张专辑。这些鲸声，很可能是所有非人类的动物之声中被最广泛收听的。专辑销量超过了 100 万张。1979 年《美国国家地理》杂志附带的一份塑料软磁盘中收入的专辑片段，销量达到 1000 万以上，创下唱片业历史上最高销售纪录。今天，数字下载、CD 唱片和盗版光盘仍在继续将这些鲸的歌声传送到数百万人的耳中。

20 世纪 70 年代，这段录音登上《科学》杂志页面，混入美国歌手朱迪·柯林斯（Judy Collins）改编自传统捕鲸歌曲的《永别了，塔瓦提》（*Farewell to Tarwathie*），启发了阿兰·霍夫哈奈斯（Alan Hovhaness）的创作。乐曲由纽约爱乐乐团演奏，美国国家航空航天局将其刻录在镀金铜制唱片上，由“旅行者”系列探测器带上天空。探测器上还配备了唱头和唱针，以防万一唱机转盘和黑胶唱片的复兴还没有延伸到太阳系之外。这些乐曲也在绿色和平组织驱逐捕鲸船的船上播放，并在美国国会关于鲸类保护的论辩上作为证据出示。鲸的歌声既成为日益高涨的环保运动的战斗口号，也成了人类想象海洋奥秘和鲸类人格属性的桥梁。

沃特林顿的祖上捕鲸，随后将鲸体内大量的鲸油送往欧洲和北美的城市。鲸肉和鲸油用于食物、照明和润滑，供养日益增长的人口及其工业设备。提到捕鲸，我们常常会通过美国作家赫尔曼·麦尔维尔（Herman Melville）的视角，想起他笔下的帆船和人力追捕的情景。然而从1900年到1960年，有近30万头抹香鲸被捕杀，相当于过去两个世纪总的捕捞量。20世纪60年代，又有30万头抹香鲸遭到杀戮。20世纪的工业化进程——快速轮船、捕鲸炮和海上移动工厂以及岸上工厂——将捕鲸活动变得与其说是捕鱼，毋宁说是战争。20世纪头10年，捕鲸人杀死了5.2万头鲸。60年代，10年间捕杀数量增加到70万以上。20世纪捕鲸人总计捕杀300万头鲸。一些鲸类种群，例如南极地区的蓝鲸，数量减少到只剩下从前的千分之一（如今略微回升到约百分之一）。其他种群大多减少90%甚至更多。这些唱歌的生物，成千上万地从海洋上消失了。

到20世纪70年代，随着鲸种群的衰微和塑料、工业化养殖以及合成润滑剂的兴起，鲸骨、鲸肉和鲸油大多被淘汰了。我们生理上的饥饿从其他来源得到了满足，我们不再需要鲸提供物资材料。沃特林顿变成了另一种形式的"捕鲸人"，他捕捉并储存的不是鲸的身体，而是声音。他捕获的成果，也来到了他的先辈们所供应的那个市场。沃特林顿与佩恩的录音同样用于充饥、照明和润滑——投喂人们的同情心，点亮人们的好奇心，使伦理观的缓慢变化更为顺畅。在为数代人提供果腹的物资之后，20世纪70年代，鲸变成了伦理上的刺激、灵感源泉和隐喻象征。

在满怀渴望的人听来，座头鲸之歌感情充沛，既表达了面对毁灭的绝望，也表达了对未来的期许。多年的环保运动取得了成效，美国环境保护署和地球日在专辑发行的同一年建立。同一时间，联合国正在策划首次环境会议。正好座头鲸的声音在人耳听来很悲伤，如泣，如诉，如哀号，如同海浪下传来的挽歌和哀悼。美国民歌歌手皮特·西格（Pete Seeger）唱道："富于激情的哀号/来自世间最后的鲸/心底的呼唤。"如果佩恩用其他鲸的声音录制专辑，这次策划可能会打水漂，唱片会堆在仓库里卖不掉。抹香鲸不仅用成串成片的咔嗒声相互交流，而且通过回声定位探索周围世界。它们的咯吱声像破旧的门窗铰链，啪嗒声像节拍器，成群聚集时的敲打和啄击声，则像数十只疯狂的啄木鸟。以适当的音量播放，它们也能刺破你的耳膜，堪称已知最响亮的动物声音。小须鲸发出弹跳声、击打声、噗噗和砰砰声，叫喊富含弹性且有冲击力。长须鲸的 *oop* 和咕哝声通常低到人耳听不见。北大西洋露脊鲸的呻吟好像从一条长长的排水管传来，听起来十分洪亮。它们还会"鸣枪"，就像一把大口径步枪。灰鲸飘忽不定的抱怨，是沙哑的喊叫和痛苦的咆哮，就像恼怒的公牛，又像疯狂嚎叫的猫。这些声音多数错过了人类声音感知与情感反应的"最佳听音点"。它们之所以显得复杂，是因为形式与我们的耳朵和神经传导格格不入。例如，抹香鲸的咔嗒声蕴含丰富的意义，传达出个体属性、血统传承和家族身份，还有似乎一直在改变的社交和行为意图。然而我们人类只听出机械的噼啪声。座头鲸声音的节拍、频率、韵律及音色，都与人的语声和音乐有足够多的重叠，因此会引起共鸣。

感觉偏差使我们更容易亲近那些交流之声最近似人类语声和

音乐的物种。因为关注紧随共情联系而来，感觉决定了我们的伦理观。没有感官联系，我们就无法建立切身关联，而这种关系是伦理思考和恰当行为的基础。但是，感觉也能误导和减少我们对他者的重视，抬高某些物种的地位而掩盖其他物种。

鉴于人类行为是塑造地球未来的主要力量，我们的感觉偏差和身体欲望将会改变世界的形态。我们会保存吸引我们感觉注意的部分，其他部分则往往弃之不理或是肆意滥用。

在海洋这方面，我们的感觉，进而我们的伦理观，如今都面临两大挑战。其一，海洋生命几乎完全处在我们感觉范围之外。海边浮光掠影的一游，根本无法看到海底生物。早期录制鲸类的声音，部分突破了这堵障壁。其二，我们与海底世界一星半点的感官联系，并不能如实反映目前海洋的状况。

20 世纪 50 年代和 60 年代录制的鲸歌是从另一个世界来到我们身边的。那时海底噪声才刚刚开始。当代“鲸声”专辑和自然纪录片发行的音带，都经过精心的录制和剪辑，以避免和消除噪声。从在线音乐库搜索“鲸声”，能找出几百张专辑，号称使人放松、催眠、心神宁静，还有助于缓解耳鸣、减轻压力，达到“整体”治愈效果。不足为奇，座头鲸是明星——很少有人用抹香鲸砰砰的回声定位脉冲来缓解身体损伤和肌肉麻痹。这些专辑发行的所谓“真实自然之声”，忽略了鲸类真实生活中体验到的响亮而刺耳的不和谐声。当“9·11”袭击使芬迪湾来往的大型船只减少时，北大西洋露脊鲸体内的应激激素水平下降了。激素样本是从鲸类粪便提取出来的。训练有素的嗅探犬在小舰的船头发现这些粪便，它们用鼻子指引科学家找到了这些漂浮在水上的鲸类压力记录。要说真实，鲸的声音伴奏本该让我们血液中充满警报化合物，让我们陷入焦虑、恐慌和痛苦的情绪——这根植于我们灌输到鲸类世界中的地狱般的噪声。相反，我们用类似人造镇静剂的声学产物来滋养自己，人为制造感觉安慰剂，以及道德辨别和行为的催眠药。

20 世纪 70 年代和 80 年代，环保运动者成功阻止了鲸的全面灭绝。有些种类数量已经回升。少数种群，例如北太平洋的灰鲸和座头鲸，如今可能已经恢复到捕杀之前的水平，甚至更高。但是多数鲸类种群依然远低于捕杀前的数量。这是衡量整个种群状况的标准。对其中一些种群来说，生存前景有所好转。对另一些种群来说，灾难依然迫在眉睫。不过，对鲸类个体来说，目前状况严重退化。很多鲸被塑料卡住或是划伤，也有一些被废弃的绳子缠住。它们无法再睡眠或安然在水面巡游，因为撞船成了鲸类的主要死因。即便在捕鲸的高峰时期，海洋之声也大体一如数百万年来鲸类祖先经历的世界。那个世界，如今已经远去。

***

啊，大海的气息。散发着硫黄味的海藻。海鸥栖息地带有氨的恶臭。酸得令肺部紧缩的柴油尾气。船底污水的油光泛上鼻腔。林中吹来一股清新的寒意，来自簇拥在船坞背后岩石嶙峋的低矮山丘上的花旗松，还有一股苔藓和潮湿蕨类幽深的气息。

全体登船！我们沿金属舷梯往上走，踩得嘎吱响，背包、散热器和摄像机砰砰地碰撞着栏杆。这次行程安排的时间是 6 个小时，但是我们带了管够好几天的旅行物资。船的载重没问题。我挤到一张塑料长椅上，面朝左舷栏杆。另外 24 位乘客一字排开，或独坐在长椅上，或倚着小驾驶室。当我们安顿下来时，袋装薯片的咯吱声和酸酸的果香，便与发动机尾气混在一起。

船上发动机的振动在我们的胸腔敲击。这声音极低沉，大部分不为人耳接收，反倒是通过肌肉和器官的神经感知到。嗡鸣声起初让人觉得安静，大约是身体还保留着对子宫中血液流动与心跳嗡嗡声的记忆。等这一天慢慢过去，身体内部无休止的颤动将使这份安宁变为疲倦。

当我们启程时，我感觉到一阵欣喜：我在海上，远离了会议室和计算机。我们顺着水道航行，看见圣胡安岛低矮的土丘从旁边掠过。船头切开灰蓝色的大海，惊起成群在海面低飞的崖海鸦和海鸽。水中漂浮的成团巨藻和大叶藻从两旁滑过。扒开缠结物，有些上面还有螃蟹。海雾在岛上流连不去。船的速度激起浓烈的海水气息、海藻中的碘以及咸咸的泥土味，直冲鼻腔。

我们用摄像机“捕捉”鲸。与我们一同组成小型船队的，还有从萨利希海[1]各处港口驶来的 10 多艘船。船上无线电的嗡嗡声和哔哔声在水上缝缀成一张网，是对鲸本身范围广泛的联络声波

1 萨利希海（Salish Sea）为太平洋的边缘海，位于加拿大不列颠哥伦比亚省和美国华盛顿州。这里的冷水水域包含许多美丽多彩的海洋生物，堪称地球上多样性最丰富的地区之一。

不甚明晰的复制。每位船长都能通过电磁波的传送来收听其他人的声音。猎物是逃不掉的。岸上广告牌打出了口号:“保证看到鲸。”(*WHALES GUARANTEED.*)

我们继续前行,开出一条弯弯曲曲的道路,绕过岛屿岬角。看见了……不远处……圣胡安岛的西南海岸外。透过双筒望远镜看去:一个背鳍露出水面,然后沉入水中。还有一头,吐气时喷出一团气雾。接着,没有任何迹象了。不过鲸的位置很容易找到。10多艘船聚在一起,大多缓慢朝西行驶,离海岸越来越远。我们往前凑得更近,发动机慢下来,直到行驶不造成任何惊扰。我们在闹哄哄的游艇和巡洋船外围边缘找了个位置。

一块光滑的大理石就在水面下方滑动。油光水滑。一团黑墨水在雾气氤氲、如深绿色玻璃般的水面下铺开。从鲸的尾叶弹出水面到它消失,我的意识仅仅抓住了其间的空档。这头鲸接近的姿势充满了力量感。像水中的大力士挽马猛然踢脚。毫无阻力的运动,如同在冰上投掷被河水冲刷光滑的石头。扑啦啦!船前方15米的水面上,呼出的气粗重而带有爆破音。

这个约有10名成员的家族浮出水面。我们的船长说,它们是虎鲸“L”氏族的一部分,构成西雅图和温哥华之间萨利希海水域“南方居留型”(southern resident)的三支氏族之一[1]。常有

---

1 另外两个氏族为 J pod、K pod,前面的字母为氏族编码。每头鲸按照首次被发现并记录的时间顺序,在氏族编码后面加上相应的数字。例如 L1 为 L 氏族第一个被发现并记录的。以虎鲸英文名 orca 命名的非营利组织 Orca Network 会根据观测者的报告,随时更新虎鲸南方居留型的现存数量及生活状况。

人见到它们在圣胡安岛周围捕食鲑鱼。其他虎鲸——往来于沿海水域的“过客型”（transient）和主要在太平洋觅食的“远洋型”（offshore）[1]——也时常拜访。这个“L”氏族继续往西，前往哈罗海峡（Haro Strait）。它们像波浪一样移动：头冲前方，吹出一口气，背部和背鳍向上拱起；头往下扎，尾部仰起，随后拍打水面。这种波动看起来从容、自在，但是鲸在水上逐猎的速度是显而易见的。没有任何皮划艇运动员跟得上它们的节奏。我们发动机轰隆作响，船队呈U形排开，跟着这一家子，留出鲸群前方开阔的水域。

叫它们什么呢？杀手鲸（killer whale）？然而所有的动物都在为生存而杀戮，只有极少数动物除外，比如珊瑚和北美的斑点蝾螈[2]，它们的皮肤下面含有具有光合作用的藻类。座头鲸一口吞下的浮游生物，杀戮量也多于这些鲸几个月费力捕食的鱼或海豹。叫它们奥卡（orca）？这个名字源于古罗马的奥卡神，主管地下世界和背弃誓言的神。这个名字承载着一段对过去被切断的关系的回忆。或者按照隆米印第安人（Lummi Nation）的称呼：qwe’lhol’mechen.——我们海浪下的亲属。杀人鲸、背弃誓言者或是表亲，每个绰号或许都像镜子一样，映射出特定称呼所对应的文化。

我们从船舷上缘将水下听音器放下去，电源线连接到装在塑

1 候鲸和留鲸也常称作过境型和定居型。

2 *Ambystoma maculatum*，又叫斑点钝口螈。

料盒里的小扬声器上。鲸声！还有发动机的噪声，大量发动机的噪声。

尖锐的咔嗒声传来，像敲金属罐子一般。这是鲸用于回声定位的搜索波束。空气从呼吸孔下方的气囊通过“声唇”冲出来，声唇共同挤压气流并产生颤动。声波射向头部前方，经过富含脂肪的额隆。额隆各层脂肪黏度不一，像凸透镜一样汇聚声音，然后从前额传送出来。当这些声波“子弹”打到坚固物体上时，就会反弹回来。鲸下颌的脂肪组织和细长的骨骼接收声波，将一部分传给中耳，起到海绵和反射器的作用。各种物体都以不同的方式反射声波，因此鲸不仅能利用回声在浑浊的水中“看”到物体，而且能弄清周围物质的软硬、速度和颤动。它们运用声波就像我们使用触觉一样。由于声波在水中很容易进入肉体，这种“触觉”还能探入其他动物体内，简直是靠声波传送的X射线探射。72种齿鲸——海豚、鼠海豚、一角鲸、抹香鲸和喙鲸等——全都具备这种能力，而15种须鲸，如座头鲸、蓝鲸、露脊鲸和小须鲸，并不具备这种能力，不过它们也对声音高度敏感，在幽暗的深海中能通过倾听周围声音的三维结构来确定方向。发声和倾听对鲸来说，就像人类的触觉、运动知觉、视觉和听觉一样。感官的统一让我们的身体能体会周围树木的移动、动物伴侣的内在形式，以及远处岩石和建筑物的结构。

鲸断断续续的咔嗒声中，夹杂着口哨声和尖利刺耳的吱吱声，这些声音波动、摇摆，向上转调，然后螺旋式下降。口哨声是鲸欢庆的声音，它们通常在近距离接触时发出口哨声。当一家子分散觅食时，相互间隔较远，口哨声就少了，这时候它们会爆发出更短促的脉动声来交流。声音纽带不仅连接着每个氏族的成员，而且能区分不同的氏族。鲸群属于母系氏族。共同的口音——特定音质和模式的口哨声与脉动声——标示出群体通过母亲和祖母维系的亲缘关系。虎鲸“南方居留型”家族的70头鲸拥有一样的叫声类型，包括丰富婉转的颤音和刺耳的鸣声，而温哥华岛北部岛屿群和水湾之间的“北方居留型”声音更为尖锐。在这些水域漫游的“过客型”和“远洋型”群落也有自己的声音文化，而且只与本群落成员交往。这些差异具有保守性，往往持续数十年甚或更长，牢牢界定出群体之间的界限。“我们海浪下的亲属”生活的社会等级结构，既由声音来建构，也通过声音来维持。

每个群体都有特定的捕食行为。“南方居留型”主要以大鳞大麻哈鱼（*Oncorhynchus tshawgtscha*）为食，也吃其他一些鱼类和鱿鱼。“北方居留型”也专门捕食鱼类。“过客型”捕食海洋哺乳动物，格外钟爱海豹和鼠海豚，也会咯吱咯吱嚼食海鸟。相比“南方居留型”，这些猎食哺乳动物的鲸非常安静，潜行时尤其如此。它们不用回声定位或嘁喳声来听声音，不过完成猎杀后会突然发声。“远洋型”广泛捕食多种鱼类，也捕食大青鲨和太平洋睡鲨。我们对这些鲸类文化的命名有误导性：“过客型”也沿近海长途旅行，南部鲸群前往加利福尼亚，北部鲸群前往阿拉斯加。“过客型”也并不比其他鲸群更爱奔波。这些动物都属于同一物种，它们生活的群落彼此隔开来，主要是因为具有不同的声音文化和食性文化。它们在全球其他分布区几乎都是如此。南极洲有五个不同的鲸群生活在一起，但它们相互极少交往，各自专门捕食不同种类的鲸、海豹、海狮、企鹅或鱼类。这些群落总体上已经分化开来，尤其是在鲸的分布区最北边和南部边界位置。

在圣胡安岛海岸边，听鲸声混入螺旋桨与发动机声，感觉就像细丝线缝进了厚厚的牛仔布。咔嗒声和口哨声偶尔能听到，但通常消失在密密交织的发动机声音中。我们这艘船的声音从水下听音器中传来，听起来就像一台没放稳的风扇，或是摇摇晃晃的搅乳器。活塞运行融合成一片低沉的碾磨声。当其他 10 多艘船在发动机推动下缓慢向前追踪鲸群时，跳动声、呼呼声和震动声混杂一团。内燃机发动机密不透风、日渐逼近的包围圈将鲸群束裹起来。

当 U 形船队追随着鲸群时，一艘硬邦邦的充气船穿梭于其他船只之间，船的侧面打出了“声音观察组织”（SOUNDWATCH）的旗号。船上的三个人朝着簇拥在轮船栏杆上的散客们挥手示意。随后，一艘巡洋舰插入鲸群前方的道路。充气船发动汽艇外部推进器，快速划个弧线，路径与那艘行为不轨的船只相遇。友好的手势语言。一根长杆传过去一份传单。教育乘船者的目的达到了。充气艇返回簇拥的船队，在私人摩托艇之间来回碰撞，分发更多的传单。

自 20 世纪 90 年代以来，声音观察组织在最受鲸和观鲸船青睐的区域部署了小型船只，平均每年巡逻 400 个小时以上。在此期间，寻鲸的私人船只和商业船只数量增长了，不过接近鲸家族的船只数量减少，大约因为有了法规和志愿者指南，如今船速降下来，近距离接触也减少了。不像 20 世纪 80 年代绿色和平组织公然采取驾驶充气艇在捕鲸船周围穿梭的策略，声音观察组织旨在“委婉地沟通交流”，让船上的人知道如何尽可能减少对鲸的干扰。他们也收集有关乘船者行为的数据。这些年来，最常见擅闯“禁入”区和违反船舶限速的是私人船只，那些人往往是去岛上钓鱼或游览时途经此地。

我站在甲板上，感觉到发动机的跳动。我意识到，发动机的齐声轰鸣部分包围了这些鲸，即使有“指南”，也很难说对邻里友好。无论我们行进如何缓慢，如何尽量避免过于接近，螺旋桨叶片的每一次转动，也会形成一声敲击，传送到鲸的下颌部位对振动极其敏感的脂肪层。我秉着“委婉地沟通交流”的原则，向和蔼的船长询问声音对鲸的影响。他说：“不会，我们没有打扰它们。只要我们保持距离，速度慢一点，就没什么问题。你瞧，它们玩得正欢。”

远远地，我看到两艘大船，一艘集装箱船，一艘油轮，正向北穿过哈罗海峡，很可能驶往当地最大的港口温哥华港。我们水下听音器的便携式扬声器太小，没法传递这些船舶大多低沉的噪声。但是戴上耳机，我听到背景中传来持续不断的隆隆声。每年穿过这条海峡的来往船舶有 1.2 万艘，其中大型船舶超过 7000 艘，这只是其中两艘而已。从散货船到集装箱船，再到油轮，各色船只都有，其中很多长达二三百米。大型船舶也往来于哈罗海峡的西部水域，前往西雅图和塔科马及其周围的港口与炼油厂。每艘船发出的声音，在水下数十米深处，有时隔着数百米甚至数千米都能听到。与通常日落时分停泊的小型游船不同，这些大船的噪声昼夜不息，而且往往在夜间最活跃、最响亮。最大型集装箱船在水下产生的噪声高达190分贝以上，相当于陆地上滚滚的雷声或飞机起飞的声音。与之相对，游船和客船的水下噪声分别为160分贝和170分贝。分贝是一个对数单位，因此最大型船舶释放的声波能量比小船要高数千倍。喧嚣声来自船舶的很多地方。船体劈开水面时，激起低沉的水花声。燃料爆发出的能量推动活塞，使办公楼一样高大的发动机发出金属的碰撞声。螺旋桨快速旋转，桨叶末端的水面形成真空，产生气泡。气泡随后坍塌并炸裂，形成模糊的隆隆声和嗞嗞声。这些声音不仅干扰鲸的回声定位，也会妨碍鲸群交流。

以这些水域为生活中心的“南方居留型”群落无法承受这些噪声，长期处在这种环境下尤为可怕。它们的种群数量正在下降，除非这个世界变得更宜居，否则它们很可能走向灭绝。20世纪90年代，鲸的群落成员有90多头。如今已经下降到低于70头，每年都会丧失一两头鲸，但又没有新生的幼鲸出现。2005年，它们被《美国濒危物种法》列入名录。并不是哪一种单一因素造成了这一切，然而轮船噪声、食物来源减少和化学污染的相互作用，如今正在无情地关闭它们通往未来的大门。

这些鲸是海洋中的隼。它们从百米以上的高度俯冲而下，抓捕灵敏而迅速的猎物——大鳞大麻哈鱼。光线暗淡、充满泥沙的海底能见度极低，但是鱼类用于游泳的鱼鳔在回声定位波束下十分惹眼，因为装满空气的气泡会反射声音。船上的噪声与鲸用来定位并寻找猎物的咔嗒声频率重叠，造成了混乱，使捕食者辨识不清方向。如果一头鲸处在集装箱货轮周围200米以内，或是一艘小型轮船周围100米以内，它的回声定位范围会缩减95%。世界各地无不如此，而哈罗海峡及其周围地区尤为严重。船舶交通模型表明，在这片区域，干扰鲸类捕食的噪声，有三分之二来自大型船只。剩余噪声来自小型轮船，包括那些蜂拥而至的观鲸船。世界范围内，小型船舶交通只对靠近海岸或繁忙港口附近的鲸造成声波干扰。在大多数海域，混淆鲸类听觉的是大型船只的噪声。

在空气中，我们只听见来往船舶发出低沉的嘎吱声。这些声音主要朝下传播，在水波下行进，而空中部分则很快消散。水面下方，动力船掀起的声浪通过水分子的脉动和起伏，传播得又快又远。这些运动直接传输到水下生物体内。空气中的声音大多在陆地生物身上弹开，皮肤与空气的边界会毫不留情地将其反射回去。人类中耳骨和鼓膜的特殊构造，正是为了克服这种障碍，收集空气中的声波并将其传送到内耳的水环境。对我们来说，声音主要集中在脑部一些器官。但是水生动物浸泡在声音之中。声音从水域环境传播到含水量丰富的动物体内，几乎毫无阻碍。“听觉”是一种全身体验。对齿鲸而言，声音的环抱更深一层。船舶噪声包围了它们通过回声定位获得的“视觉”或“触觉”，就好比喧嚣的卡车轰隆隆地从窗前经过，噪声挤压到我的眼睛和皮肤内部，久久不去。对多数鲸，以及很多鱼和无脊椎动物来说，眼睛只是偶尔有用。在大洋深处，海底生物在一团漆黑中游动。海岸边上，水质极其浑浊，水中动物最多能看到前方与其体长相当的一段距离。声音揭示海洋中的形状、能量、边界，以及其他栖居者。声音也是交流的纽带。在海洋中，正如在枝叶茂密的雨林中一样，声音将你与看不见的伴侣、亲属和竞争对手联系起来，并提醒你注意附近的猎物和捕食者。然而，如今在很多海域，情况就好比雨林中每棵树的树干都传来刺耳的船舶发动之声。

如果鲑鱼数量丰富，噪声就不成问题。失明的隼在拥挤的鸡群中也能抓到猎物。但是在这里，大多数鲸类摄食的大鳞大麻哈鱼正面临危机。水坝、城镇化、农业和伐木，已经使这种鱼出生头几个月栖身、成年后返回产卵的多数淡水河流断流，抑或水质退化。鲑鱼从淡水水域洄游到入海口，进入海洋，然后返回，整个周期需要三年多。在这段历程中，大量鲑鱼幼体和成体死于污染、渔猎以及海洋变暖。自 20 世纪 80 年代以来，这片区域的大鳞大麻哈鱼数量已经减少 60%，自 20 世纪初期以来，很可能减少了 90% 以上。污染使问题变本加厉。在这片水域，鲸体内的毒素含量水平是所有动物中最高的。多氯联苯（PCB）是工业的遗留物。滴滴涕（DDT）残留来自过去的农业生产。阻燃剂从人们家居环境中蒸发出来，混入尘土，然后被雨水冲进下游水域。部分由于这种毒素的影响，鲸家族产下的幼鲸极少，新生幼崽也常常没多久就会夭折。

噪声干扰、猎物数量减少，再加上污染物，后果是致命的。在当前状况下，模型最多能预测出“南方居留型”种群岌岌可危。再多加一点压力就会让它们灭绝。要让鲸群增加到从前的规模，大鳞大麻哈鱼数量需要维持在 20 世纪 70 年代以来所知的最高水平甚至更高。然而，鲑鱼数量正在减少。大幅减少噪声和污染物虽然可以推动种群数量回升，但是只有当航运速度显著减缓，一个世纪的污染得到逆转之后，才有可能取得成效。

只有将多种行动融合起来，才会有希望。模型表明，如果我们能使声音干扰减半、大鳞大麻哈鱼种群数量增加六分之一，鲸类种群将会恢复生存能力。如今，“北方居留型”种群生活在更静谧、更纯净的水域中，有更多鱼类供其捕食，状况也好得多。

从 2017 年到 2020 年，温哥华港实施哈罗海峡船舶交通自愿减速计划。30 海里[1]内，大型船舶减速慢行，航程延长 20 分钟左右。由于船舶噪声随速度而增强，因此在南方留鲸通常觅食的场所，降低油门就能减少不和谐音。80% 以上的船舶遵从这项计划后，海峡周围安装的水下听音器探测到噪声水平下降。

然而，这片水域交通量逐年增长，每只船只通行时减少一点噪声换来的那点安宁，完全被淹没了。2018 年，美国温哥华的原油出口量增长了三分之二，大多运往中国和韩国。2019 年，加拿大政府批准一项扩展计划，将阿尔伯塔省油砂（也称沥青砂）产地多数输送油砂的管道扩容近 3 倍。温哥华港口也在扩建，2020 年正等待政府批准并资助将其规模增大 50%。2019 年，非营利组织“圣胡安之友”另外列出 20 多条提案，建议在该地区新修或扩建船运码头，容纳集装箱、石油、液化天然气、谷物、苛性钾、大型游轮、煤和汽车运载船。如果批准下来，交通量将增加 35%，拖船、驳船和渡轮还不算在内。即便增加航运的提议在温哥华受到阻挠，如果货运商品需求不下降，船舶交通也会转移到其他港口，其中有一些位于迄今尚未受到重工业影响的地区。例如，虽

1 1 海里 =1.852 公里。

然在温哥华及周围地区规划新的液化天然气运输码头的提议已被否决或阻止，但是在反对不那么激烈的地方，正在开发新的天然气管道和航运路线。温哥华以北 700 公里处，通向基蒂马特港（Kitimat）的峡湾为几种鲸提供了相对未受污染、较为安静的家园。而在那里，一个液化天然气码头正在兴建中，预计大型船只容纳量将新增 700 艘，增加 13 倍以上，这还不算油轮在布满岩石的峡湾通航时随行的大功率拖船。

美国海军也计划在这片水域扩大演习，包括使用炸药和威力巨大的声呐。据军方自己估计，海军在太平洋西北沿海，包括“南方居留型”青睐的水域进行“声学和爆炸”演习，预计将炸伤或炸死近 3000 只海洋生物，此外 175 万只生物的觅食、繁殖、迁徙和育幼都会受到干扰。“海洋隼”要面对的不仅是“浓雾”，还有海军打算永久蒙上它们的眼睛。

在圣胡安岛和哈罗海峡及其周围海域，鲸的生活遭受重重挤压，主要是因为亚洲和北美的贸易，此外还有一些来自中东和欧洲的货运。大陆之间流动的绝大多数生活消费品和大宗商品，都通过航船运输。我审视我所拥有的物资，那些环太平洋国家生产的每个物件：手提电脑、银器、喷壶、家具，以及汽车，运送过来时都会被鲸听到，无论它们是待在哈罗海峡，还是远离洛杉矶海岸。生活在大西洋沿岸的鲸，完全笼罩在来自欧洲和北美的货运声中，而运输的货物是办公椅、书、酒和橄榄油，诸如此类。我大半生生活在内陆，驱车数小时才能到达海洋。我极少看到鲸或是听到它们的声音，但是鲸可以听到我的声音，它们每日沉浸在声音中，听着我购买远方地平线之外的东西。

大型海港周围交错的航道，集中体现了遍及整个海域的噪声问题。20 世纪 50 年代，当沃特林顿在百慕大附近录制座头鲸的歌声时，全球海域通航的商船约有 3 万艘。如今已经约有 10 万艘，其中很多配备了庞大得多的发动机。净载重量已经增长了 10 倍。

自 20 世纪 60 年代开始用水下听音器测量以来，在北美太平洋海岸捕获的环境噪声已经增加了 10 分贝，甚至更高。据估计，污染全球海域的噪声能量自 20 世纪中期以来，每隔 10 年翻了一番。连接大型港口，比如横跨北太平洋和大西洋的重要航道周围噪声更为严重，而由于声音在水中传播更快，轰隆声能传到数百公里以外。当一艘大型海船穿过大陆架时，声音投射到好几公里深的海底，随后被海底沉积物反弹回来，进入深海声道。这条通道能将噪声传送好几千公里。就像房间里的烟，抽烟的人身边烟雾最浓，但是也会从源头散发到整个房间。如今在世界各地，已经不可能测量风在海上掀起的“背景声”水平。只有少数地区的船舶噪声不那么明显，尤其是南极洲周围的南大洋，以及有岛屿群和海底山[1]充当声音屏障的地方。

靠近海岸，小型船舶带来了另一层音调更高的声音，正如我在观鲸船上发现的那样。最近 30 年，美国的游船数量增加了 1%。在澳大利亚海岸，近年来小型船舶数量年均增加速率高达 3%。这

---

1 seamount，散布在洋盆底部的孤立山峰和链状山脉，典型的海底山由死火山形成。

些小型船只发出的声音并不会传播很远，然而对很多生活在沿海水域的生物来说，却是主要的噪声来源。近距离内，为探测海底、鱼群和敌方潜艇而发射的声呐，也会带来音调更高的噪声。一些海军声呐的声音极大，近距离内足以造成永久性听力受损。

在全球噪声的泥潭中，又出现了人类最喧闹的声音：工业探寻海底蕴藏之光的冲击声。

正如鲸用咔嗒声回声定位搜寻猎物一样，人类勘探者向海洋中发射声波，寻找埋藏在海底沉积物中的石油和天然气。船只拖来成排的空气枪，将压缩的空气泡泡射入水中，替代了从前为这一目的而往海里投掷的炸药。泡泡膨胀并坍塌，在水中挤压形成声波，类似我在圣凯瑟琳岛听到的鼓虾大螯制造出的吆吆声，只不过这是工业化的版本。这些声波在水下朝四面八方传播；向下传播的穿透洋底，碰到反射面，再反弹回来。通过在船上测量声波反射，地质学家不仅能透过水体视物，而且能建立海床下面数十公里，甚至数百公里深处不同层次泥沙、岩石和石油的三维图像。鲸循着大鳞大马哈鱼反射回来的砰砰声寻找猎物，石油和天然气公司也利用声波逐猎。然而不同于鲸的咔嗒声，这类地震勘测在4000公里外都能听到。

空气枪的爆破来自勘探船后面拖拽的一个1米见长、形似导弹的金属罐子。声音在水下可以高达260分贝，比最喧闹的船只之声还要高6—7个量级。通常近50架空气枪组成阵列工作，大约每隔10—20秒发射一次。这艘船有条不紊地往来于海上，就像割草机一样。勘探能一连持续数月，涵盖数万平方公里的海域。当勘探范围包含公海，超出了大陆架边缘时——在深海石油钻井日益增多的时代，这类勘探是常有的事情——声音就会传入深海声道，像船舶噪声一样在整个大洋盆地扩散。有几年，数十艘勘探船在北大西洋同时运行，光靠一个水下听音器，就能听到非洲西海岸和巴西、美国、加拿大以及北欧部分国家海岸一带传来的不绝于耳的地震勘探声。地震勘探广泛应用于世界上任何可能蕴藏着海底石油宝藏的地方，例如澳大利亚、大西洋边缘的北海、东南亚、中东和南非。

水下地震波供养着我们这些使用石油和天然气的人。然而我们根本不会感同身受地体会到人类对化石燃料的欲求所带来的后果。站在海岸上，你不会听到地震勘探的声音。即便乘船到达深海海域，水面的反射作用和我们适合空气环境的耳朵，也会蒙蔽我们。类比也无济于事。打桩机在你的屋子里一刻不停地运行好几个月？音量和持续时长倒是近似，但是我们可以离开屋子，而且就算我们站在机器边上，遭罪的也只是我们的耳朵。对水生生物来说，声音代表视觉、触觉、本体感觉[1]和听觉。它们无法离开水域。至少要游到数百公里外才能避开，但极少有动物能做到这一点。打桩机分分钟都在击打神经末梢和神经细胞，一连数月弥散在周围，直到最终令人崩溃。

如今海洋生物生活环境的喧嚣是前所未见的（地下火山附近

1 proprioception，本体感觉指肌、腱、关节等运动器官本身处于运动或静止状态时产生的感觉。因位置较深，又称深部感觉。

或是地震期间除外)，其中又以海岸附近或繁忙贸易路线一带为甚。海上风浪、冰层开裂、地震和水体中气泡的移动，以及鲸和鼓虾的声音，都是海洋生物所熟悉的。而空气枪的冲击、声呐的刺戳、发动机的轰鸣却是新出现的，而且在多数地方都比短短几十年前喧闹得多。

如今海洋中最恶劣的地方，令多数海洋生物都无法忍受。鲸会逃离正在展开地震测试的区域。爱尔兰西南海岸的一项研究发现，相比没有冲击干扰的“受控”调查，在地震勘探活跃期，观察者看到的须鲸数量减少近 90%，齿鲸数量减半。空气枪也会杀死一大批海洋食物链的底层生物，如浮游生物和海洋无脊椎动物的幼虫。在塔斯马尼亚海岸的一项实验中，一架空气枪能杀死 1000 多米范围内的幼虫——南部海域食物链中重要的猎物——并消灭大多数其他浮游生物。冲击波产生的剧烈晃动可能使一些动物死亡，而对第一波冲击中的幸存者来说，由于体表具有感知作用的纤毛受损严重，这些浮游生物很快也会因为失去了倾听或感知世界的能力而死亡。较大型无脊椎动物，比如龙虾，感知系统会因地震勘探的冲击而永久损坏。然而，石油勘探行业的贸易团体仍在继续游说政府放松对地震测试的监管。他们声称大规模勘探“没有任何已知的有害影响”，而且因为每 10 秒发射一次，每次动静仅持续十分之一秒，“整个勘探期间只有 1% 的时间发出声音”。按照这种逻辑，拳击赛也没有显示出暴力，哔哔作响的烟雾报警器总体上静默无声。

海军声呐——通过回声反射“查看”水下情况的高振幅冲击

波——会促使鲸在水面上下快速游动，以致血管中充满含氮的气泡，造成结缔组织分解、器官出血。声音让它们体内出血而死。在声呐的攻击下，一些鲸冲上海浪，试图躲藏在岩石下，或是孤注一掷地搁浅在海滩上，逃离这种痛苦的折磨。这些搁浅和疯狂逃离水域的行为，将鲸带进了人的视觉领域，只有这种罕见的迹象，才能指引人类去体会海浪下的危机。

即便在声音并不直接造成致命后果时，也会产生严重影响。近期回顾150多项有关鲸、海豚、海豹和其他海洋哺乳动物的科学研究发现，噪声会减少觅食行为、切断回声定位、增加游走时间、影响休息、改变潜水节奏，并且消耗能量储备。一些物种对船舶噪声的回应是提高叫喊声的音量和速度，还有一些物种则陷入沉寂。

鲸是社会性动物，它们在生活中始终与家族和文化群体保持着声学联系。捕鲸活动弱化了这些社群的结构，减少了它们的数量。噪声进一步使社会联系退化、断裂。我们知道，在高度社会化的陆生动物群体中，减弱或消除成员之间的联系，会对个体造成伤害，极端情况下甚至是致命的。我们对鲸的生理学和心理学比对陆栖动物的了解更少，但是很有可能，噪声会增加不安，从长远来看，还会使鲸的文化借以繁盛和演化的声学道路越来越窄。

噪声也会改变鱼类的行为和生理结构。在嘈杂环境中，它们常常变得激动不安，左冲右突，就好像有捕食者靠近一样。但是当捕食者真的出现时，它们似乎又无法保护自己，不能做出正常的惊吓和急速逃走的行为。对那些在繁殖期用声音来吸引异性的鱼来说，噪声会产生多种影响。有些鱼的叫声变得更大，大约是为了压倒背景声，而另一些则趋向安静。对很多鱼来说，噪声要么阻碍听力，要么使听力所及的范围缩小。当噪声增加时，有些鱼痴迷于清理巢穴、照看鱼苗，就像游动时间增多一样，投入的精力多了，能量和时间都会消耗得更多。在觅食时，处于噪声环境中的鱼捕到的猎物更少，进食效率更低，而且会难以辨别食物的优劣。嘈杂环境中的鱼应激激素水平更高，听觉发育也会受损。在这些变化的共同作用下，有些物种的死亡率翻倍。

噪声的不良影响甚至能穿透海底沉积物。一项对潜泥蛤、虾和蛇尾目生物的研究表明，在嘈杂环境下它们会改变行为模式，减少运动和觅食。这些钻在海泥中的动物看似不起眼，但是它们的行为变化带来的后果，将波及整个生态系统。它们打洞和过滤泥浆的行为，部分控制着营养成分在生态系统中的流动，包括这些化学成分沿着生物链循环或是被埋在泥层深处的速度。如果这项研究代表普遍的发现，那么噪声对海洋的影响甚至会在石头中留下印迹，等我们这个时代过去，未来的地质学家将从泥土和岩石中发现化学成分变换的标志，以及我们扔进水中的塑料、污染物和酸性物质。

在圣胡安岛的西海岸，我们的观鲸船离开了船队，分配给我们的旅行时间结束了。鲸群向北游，兜了个圈子又回头朝岛屿游过来。它们的“扈从”隔着一段距离在后面跟着。我们没有再往前凑，但当它们在水面嬉戏时，我们都凝视着它们带有花斑的背部和尾叶。

回到岸上，我站在平平整整的沥青路面上，感觉还在摇晃。短短几个小时，我的肌肉和内耳已经开始了解并且熟悉水面运动。差不多稳定下来后，我上车点火。汽油喷进活塞。汽油可能是由驳船通过美国华盛顿州西北部的皮吉特湾（Puget Sound）运到这里的。汽车轮胎中的乳胶和石油在地上滚动，剥落的橡胶洒落在防水地面上，这层粉尘终将被冲入大海。回到一家旅馆，我把手提电脑插在墙上的插座上。这台电脑是通过航运穿越太平洋送来的。电脑屏幕闪光和微芯片发热的能量来自大坝上的涡轮机，并以铀原子的裂变和煤炭与天然气的燃烧作为辅助。而大坝截断了从前鲑鱼丰富的河流。我睡觉的床垫也充满了阻燃剂。

戴上耳机。登录 Orcasound.net，点击“现场收听”。当天幕由深灰色变成明亮的珍珠白时，我听任神思随着水下听音器从圣胡安岛西海岸 30 米外传来的滴答滴答、晃荡作响的水声飘荡。一阵轻柔的敲击。是一只螃蟹在巨藻上移动吗？一声高亢的呜呜，像电动摩托车的声音，持续两分钟，随后戛然而止。几声舷外发动机的声音擦肩而过，是毫无乐感的呼呼声。整个晚上，声音与我的睡眠交织在一起。直到黎明前，一艘船急速穿过水面时螺旋桨的呼啸和扇动，让我在一片混乱中醒来。

***

如今海洋的声音如同地狱一般，但并非全无希望。我们日常排入水下世界的有害声音，是可以终止的。化学污染物有时滞留数个世纪，塑料会延续数千年，珊瑚礁的死亡则数百万年不可逆转。与之不同，声污染可以立即消除。

不过，让人类沉默是不可能的。无论我们是否意识到人类对海洋的依赖，我们都是一种沿海生物。我们的身体与社会经济所需的物资和能源，大多通过航船运输。大陆之间石油、天然气和食品的流通，多数通过海运。因此，不大可能完全停止噪声。但是让海洋稍安静点还是可以的。

我们可以建造完全消声的船只。海军多年来一直在做这件事。有些潜艇极其隐秘，水下声呐声音大到足以震聋附近任何一只海豚时，才能探测到它们。渔业调查员评估鱼类数量及行为，也会安装特定的发动机、齿轮和螺旋桨来减少船上的噪声，以免惊扰鱼类。这些船的安静，是牺牲效率和速度换来的。然而即便是大型商船，也可通过精心的设计显著减少噪声。螺旋桨定期维修和抛光，能减少水中形成的气泡，这正是噪声的主要来源。更进一步减少噪声的方法是改变发动机的安装方式、调整螺旋桨桨叶的形状、修改螺旋桨毂盖、改善螺旋桨尾流、增强螺旋桨与船舵的协作，以及提高螺旋桨操作效率，降低转速，减少气穴现象。船速哪怕降低 10% 或 20%，也能减少噪声，有时甚至减少一半。很多调整还能节省燃料，给船舶运营商带来直接的好处，虽然省下来的成本并不总能补偿高昂的改装费用。海洋半数以上的噪声来自一小部分船舶——只占十分之一到六分之一，通常是老旧低效的船只。让这一小部分喧嚣的船只安静下来，就能显著减少噪声。

然而，如果交通总量不减少，而船舶安静下来又导致鲸听不见危险临近的话，就会造成更多撞船事件。数百万年来，鲸在水面安然行进、休憩。而如今在海运航线和繁忙的港口周围，船体撞击和螺旋桨的呼啸给鲸带来巨大的风险。技术调整带来意想不到的后果，如果全世界商品流动持续增长，尤其不堪设想。

危害最大的声呐也可以减少。至少就海洋哺乳动物而言，只需要海军训练的地点远离已知的动物觅食场所和繁殖场所；摸清鲸的行进轨迹，在它们靠近时停止作战演习；逐渐提高音量水平，让它们有机会逃走；不对同一动物群反复投射高振幅的声呐，减少长期影响。正如船舶噪声的情况一样，减少执行任务的船舶总量将是最具成效的。

即便是地震勘探也能停下来。如果我们不再去想抽吸地球深处的黑色“乳汁”，我们将没有必要用致命的声波去扫射海洋。实在不行，现在也有其他方法来勘查洋底。向水体发射低频振动的机器能极好地勘探海底地质情况，同时又不像空气枪那么喧闹。这种“可控震源”是地面上采用的常规技术，然而尚未在海上推广使用。海上可控震源产生的声音虽然与动物的感觉和交流信号重叠，但是波及范围更小，覆盖的频段也较窄。

这些改变方式目前大多处于实验和设想阶段，或只在小块海域施行。海洋噪声管制法规由各国分别制定，并没有统一的国际标准或目标。海洋噪声仍在持续恶化。美国海军 2020 年在华盛顿州周围水域实施的声呐行动声势极其浩大，以至于华盛顿州长和州政府机构的五名首领致函美国国家海洋渔业署，要求调整计划，包括使用已有的实时鲸警报系统和扩大高能声呐浮标周围的缓冲区。据 2016 年一次估算，全球航运噪声到 2030 年将接近翻番。2013 年的一项回顾发现，用于地震勘探的支出每年增长近 20%，年均 100 亿美元以上，限制了近 20 年的快速发展。石油价格下降和新冠疫情的影响目前减缓了上升趋势，但如果价格提上去，勘探需求量很可能激增。美国军方正计划尽快开始向全球海洋盆地持续散布噪声，护卫水下交通。

海洋日益加剧的噪声，与其他地方生物多样性的减少和灭绝直接相关。热带雨林地区尤其如此。在加里曼丹岛，森林原住民社群日渐消失，为采伐、开矿和种植园让道。那些商品为全球经济服务，由船舶运往各处。国际贸易总量日渐增长，导致世界范围内本土经济下滑，进而促成毁林、本土社群土地权丧失，以及各种类型的海洋污染——包括声污染。因此，大地和水域中声音多样性的贫瘠，也是这场危机的一部分。如果我们要让本土经济恢复生机，就不应该要那么多跨洋运输的物资和能源。我们还需要直接感受我们的行为给人类和生态带来的成本，为明智的伦理判断建立更坚实的基础。这种经济改革并不会解决我们造成的很多问题，但是能让我们站在更高的位置，去寻找答案和解决方案。

我们拥有减噪所需的技术和经济机制。然而我们无从感知也无法想象这些问题与自身的关联，因此缺乏与“我们海浪下的亲属”共同进退的意愿。

我的唱机转盘旋转着。座头鲸的歌声再次在耳机中浮现。我试着去想它们如今在哪里。沃特林顿和佩恩夫妇的录音制作于 20 世纪 50 年代与 60 年代，因此这些鲸很可能出生于 20 世纪前期的几十年。它们生活的年代，经历了捕鲸高峰时期。1900 年到 1959 年间，20 多万头座头鲸遭到杀害。20 世纪 60 年代，有近 4 万头被杀。我的唱机转盘上这张专辑的演唱者，如果不幸沦为 60 年代的受害者，很可能已经被杀死，变成了肥皂、传动油、纺织厂润滑剂、防锈漆，鲸油氢化后变成了人造黄油。当然，它们的许多亲戚遭遇了同样的命运。

如果它们存活下来，专辑的演唱者可能还与我们同在。它们也许会想起 20 世纪中期之前海洋壮丽辉煌的声音。而对于寿命长达数世纪的露脊鲸来说，周围世界的声音变化更为明显。它们中间有一些曾在幼年时代经历过发动机、空气枪和声呐穿透海底之前的岁月。那时，以及数百万年之前，海洋中弥漫着鲸的声音。那时鲸的数量比现在多 100 倍，全部种群成员达到数百万头。如今，整个海洋盆地偶尔才能听到一头鲸的声音。想象数百万头鲸齐声歌唱的情景吧。海洋中每个水分子都随着鲸声不断跳动。如今大多已消失的那些喧嚷的鱼，从前曾数十亿聚集在繁殖场上歌唱，为鲸的叫声伴奏。整个海洋世界都随着歌声跳动、闪烁、翻腾。与空气枪、声呐和航运噪声不同，这些声音不会杀害、震聋和撕裂生命共同体。相反，正如一切生命共同体中一样，声音让动物联系起来，形成有益而具有创造力的网络。只要有机会，这一切就会回来。

20 世纪鲸歌的传播者如罗杰·佩恩等人的作品，吸引我们进入大海的想象空间。我们所听到的迫使我们去行动。如今，海洋被各种新的危机弄得四分五裂，而我们的文化想象，很大程度上脱离了我们制造的声学混乱。部署在海岸沿线的听音器网络正将声音送进千家万户，送入教室和博物馆，治愈这种割裂。一些记者——例如琳达·梅普斯（Lynda Mapes）和她在《西雅图时报》（*The Seattle Times*）的同事们——做了许多极其出色的多媒体报道，呼吁人们去关注沿海鲸群及其生活环境。这些都是鼓舞人心的催化力量。然而，从海洋声学破坏中获利的大多数人——工业社会中几乎每个人，从消费者到公司股东，从监管者到企业负责人——极少感觉到我们创造的这个世界本质上有多可怕。就连海洋环保运动者，在宣传中也主要依靠视觉材料，不是打出横幅就是写冗长的论文，而压根儿没想到要援引螺旋桨空穴现象引起的咆哮。

我看着唱针沿着光盘的沟槽移动。鲸歌穿过海洋水域来到我身边，进入我的内耳，让我与鲸情感共鸣，心生灵犀。我们深爱你，以至于将你的声音送上天空。我们克制自己掠夺的欲望，只为了亡羊补牢，留住你最后的同类。我们现在开始倾听和行动，是否能将你从这场声学噩梦中拯救出来？

城市

公寓的窗子开着，外面传来两秒钟的婉转旋律，接着是一声安静的啾鸣，好像过后才想起来似的。停顿了一两秒，接着歌声反复，鸣啭啁啾之声按新的顺序编排，一声轻柔的尖叫使歌声臻至圆满。歌声持续了 10 分钟，每个乐句都由变化的哨音和短促的颤音组成。

那只乌鸫就停歇在公寓楼的天沟上，歌声飘进了院子。庭院里铺着地砖，四面高墙环绕，声音沦陷其中，不断地回响、震荡，我在位于五楼的窗边听，音调显得格外丰富活泼。当它的歌声响起时，光秃秃的墙壁泛出了光辉，五月早上带着露水的冷冽空气也洋溢着彩霞。通常情况下，巴黎公寓楼中心庭院的声音很让人烦恼，从每个窗口听到的都是水泥路上垃圾箱的啪嗒声，以及来往住户的闲聊。但是乌鸫让这个空间为它所用，它站在院子的边缘，朝里面歌唱。这个现代露天洞穴产生的混响效果，比我在盖森科略斯特勒洞穴听到的黑顶林莺的歌声更丰富、延续时间更长。我很诧异，竟然在这样一个意想不到的地方，听到了如此美妙的鸟鸣。庭院里没有树，而这里鸟鸣声之丰盛，却如同葱茏苍郁的山谷中一般。这种鸟的法文名称“merle”抓住了乌鸫声音的某些精髓：“卷起舌头”，类似它的序曲中口哨声的演奏方式。英文名“blackbird”（直译为“黑鸟”）足够准确地传达出雄鸟木炭色的羽色，尽管它也有金色——有时是琥珀色——的喙和蛋黄色的眼环，而雌鸟则是深褐色。

我在巴黎这间小公寓租住了几天，原本只是想在探亲期间有个地方舒舒服服地待着。但是这只乌鸫的歌声唤起了我早年的记忆。婉转的旋律和丰富的音调从庭院里传来，开启了尘封已久的知觉回忆——那是属于童年生活的片段。我不明白为什么这声音让内心深处感觉如此熟悉，就好像幼年时食物的香气唤起对亲人的回忆。小时候，我曾住在巴黎一间类似的公寓，但是到这一刻为止，我从未有意去回想我在那里见过鸟。后来我母亲确认说，对呀，我们家的公寓位于蒂费纳路，有只乌鸫每年春天都在院子里和公寓背后的小屋顶花园唱歌。她说，乌鸫的歌声让她想起年轻时候英国乡村黎明的鸟儿合唱。这歌声标志着对春天的欢迎，但也透出一种孤孤单单的感伤，不像在城外，可以与数十种其他鸟儿一同歌唱。

上一次在庭院里听乌鸫歌唱，距今已将近半个世纪了。然而在这些年的奔波中，它的旋律和音色竟然一直伴随着我，保存在神经细胞膜上电荷迸出的火花中。多年后，再次听到这声音时，沉睡的能量苏醒了，欢乐和温暖的情意被推到意识层面。感谢那令人难以忘怀的记忆。

人类对听觉的长期记忆让我们与其他灵长类近亲区分开来，

而与其他学习发声的动物，例如鸟类和鲸类，则很可能并无差异。类人猿和猴子能很好地记住视觉和触觉体验，但是这些能力似乎并未延伸到声音上来，尤其是对很早以前的声音。相反，人类很容易回想起声音的细微差异。这些记忆大多是短期的，但也有一些能持续一辈子，比如爱人的语声，儿时或年少时听过的曲子。还有单词的发音或意义，哪怕这些词已经几十年不用，也不曾听人说起。此外还有城市街道和后院的声景，其他物种声音的变化和结构。这些声音深藏在我们内心，但不是作为静态的档案，而是能瞬间激活、引导我们去体会感知经验之意义的生活指南。

我们对声音的记忆之所以不同于其他灵长类动物，是因为演化改变了我们的大脑，使我们能更好地参与到听觉文化中。像很多鸣禽一样，人类文化通过声音来传承，同时也要借助视觉和触觉。但是猴子和其他类人猿的文化，几乎完全是属于视觉和触觉的。因此，人类和鸟类脑部涉及声音感知和理解的区域网络连接非常发达，其他灵长类动物脑部的连接性则弱得多。脑部扫描显示，这些神经通道对长期的听觉记忆而言是必不可少的。我对乌鸫的记忆能延续数十年，是人类语言间接促成的。

因此，听觉记忆让我们能同时理解和应对人类世界与非人类世界。人类长期记忆声音的天赋，或许有助于我们探索新的领域。记住某个人的声音，或是声景的感觉，让我们的祖先有了参照点，由此可以去评估和理解新的环境。在某些文化中，人类的歌声变成了声音地理学的一部分。最著名的是澳大利亚一些原住民部落的文化。“梦之路”将人类和非人类的声音与故事融入记忆中，随着时间的变迁世代相传。科学家用电脑分析加里曼丹岛等地数千个小时的数字声音，正是古代人通过声音理解场所的能力的一种延伸。

听乌鸫美妙的歌声，我有一种强烈的感觉：它利用了空间优势，就像人类歌手找到最佳的演唱地点一样。据我了解，在柏林和伦敦，乌鸫总是占据庭院边缘的位置，以呈现出极佳的听觉效果。不过，很难证实其中的意图。也许它们只是随意停歇在自己的领地上，偶尔正好碰上了共鸣空间。但要说如此粗率，对这种鸟来说似乎不大可能。因为它全年大部分时间都在致力于歌唱，从 1 月正式开始，4 月和 5 月达到高峰，随后在夏季和秋季逐渐偃息。当然，它是品鉴声音的行家，或许它会倾听、记住并调整自己在各个地方的音质，就像在雏鸟时期通过认真倾听来学习歌唱，并通过勤奋的练习日益精进？

这种即兴发挥和对城市环境的灵活运用，与乌鸫其他方面的生物学特征是相应的。19 世纪 50 年代之前，巴黎并没有野生乌鸫存在的记录，尽管有人将它们养在笼中听它们美妙的歌声。养鸟人用口哨和手摇式的微型八音琴来教鸟儿们唱歌，其中训练乌鸫的叫 *merlines*，训练朱雀的叫 *serinettes*。如今，在建筑物之间或巴黎大大小小的公园里，只要有树木分布的地方，乌鸫都十分常见。西欧大部分地方都是如此。19 世纪之前，乌鸫偏爱树林，只生活在树木茂盛的乡村。随着它们往城市扩散，它们的声音、行为和生理结构都发生了变化。我儿时记忆中乌鸫的歌声，包含着这座城市的印迹。

城镇殖民始于冬季。19 世纪一些富于冒险精神的乌鸫赖在城市不走，没有像大多数同类那样撤退到南欧和北非去。这些鸟很可能受到了温暖和食物的双重吸引。城市通常比乡村暖和好几度。花园和公园里的种子与水果，家畜和人类泼洒出来或是丢弃的食物，也增加了城市的吸引力。除乌鸫之外，还有其他鸟类，例如金翅雀、蓝山雀和绿头鸭，都加入了这股冬季向城市转移的浪潮。这些大胆革新者生存了下来，很快开始在城市里繁衍生息。它们抛弃祖先们栖居的林地和沼泽，变成了城市生物。其他大陆的鸟类同样适应了城市生活，常常在人口更密集的城市里哺育后代，而不去乡村地区。像家麻雀、欧椋鸟和岩鸠，都属于地球上分布最广泛的物种。除此以外还有大量其他物种的分类学变种，例如澳大利亚的鹦鹉和鹮，北美洲的夜鹭和灰胸鹦哥，亚洲的鹎和树八哥，非洲的鼠鸟、鸢和雨燕，以及全球范围内各种乌鸦和喜鹊。

19 世纪时巴黎修建的大量公园和两旁植有行道树的宽阔大道，对乌鸫向城市扩散起到了帮助。在拿破仑三世授意下，乔治－尤金·豪斯曼（Georges-Eugène Haussmann）推平巴黎大部分地区，将错综复杂的狭窄街巷改造成秩序井然的林荫大道网络，公园和公共广场连接成了一个整体。拿破仑三世为了安置成千上万拆迁户，同时便于大刀阔斧地开展工作，于 1859 年和 1860 年吞并巴黎城郊，将巴黎的边界扩大到现在的规模。我儿时听乌鸫唱歌的那条街道，如今位于巴黎第十五区。19 世纪 50 年代，那里是一个独立的小城镇，介于塞纳河沿河沼泽和城市南部边界的关卡之间。逼仄的街道游走于挨挨挤挤的建筑外墙之间，路旁没有树，不大可能有乌鸫在那里歌唱。经豪斯曼改造后，一条绿树成荫的大道横贯第十五区北部边界，将小公园和公寓楼连接起来，有些公寓楼还带有种植花木的庭院。20 世纪 70 年代在我耳边歌唱的那只鸟，很可能是移居巴黎新城的鸟儿一个世纪后的后裔。豪斯曼将市中心和周边城镇变成了整体的现代城市空间，不可思议的是，改建项目不仅迎来了从前只在森林中鸣啭的鸟儿，而且为它们大开方便之门。

在城市里，乌鸫的歌声更高亢、更响亮，节奏也比乡村地区的鸣声更快。这种情绪的高涨有多种原因，每种都是为了适应新的城镇栖居地。

交通噪声是城市与周边地区最明显的声学差异。发动机、轮胎在柏油路上的摩擦，以及道路施工的轰隆声，构建了一堵大多由低频噪声构成的声墙。我在城市里通常不会注意这种咆哮的背景声。相反，我被断断续续的警笛声、喇叭声和叫喊声吸引。但是麦克风输入电脑的声音，揭示了通常被我们的大脑过滤掉的东西：城市里，我们始终在低频噪声的海洋中漫游。

城市的喧嚣无处不在，甚至渗入地下 1000 多米。当新冠疫情封锁减少了人类活动和工业生产时，地质学家发现在地震仪的记录上，地球表现出前所未有的安静。大象和鲸等能感知地下和空中低频声波的动物，无疑察觉到了这种差异。至于这对它们的行为有何影响，目前还不得而知。安静也降临于空中的声音世界，只是不像岩石中潜在的地震灾难总是受到密切关注，我们缺乏标准化的国际网络去监测空中之声。在世界各地，人们突然变得能更为清晰地意识到人类世界之外的声音。那些物种一直都在，只是它们的声音被噪声遮蔽，被我们的注意力忽略了。

低沉的声音波长较长，因此能绕过障碍物。城市的低音轰鸣能传播到很远。即便在远离繁忙的道路、铁路或建筑工地的街道上，低频噪声也散布在空中。在远离城市的森林或大草原上，声音总体水平较轻柔，通常以中频的碰撞声为主，即风吹动花草树木的声音。

城镇鸟类鸣唱的高音在低沉的噪声墙上撞击、弹跳。响度让它们的声音从喧嚣中脱颖而出，就像一个人在发动机噪声中大喊一样。鸟类通过高声鸣唱——通常相当于人类提高一两个音阶——改用了不那么容易被交通噪声遮蔽的频率。鸟类对城市的适应还不仅是歌声转向更高的音域，它们采用更多高音成分，改变了歌曲的结构。乌鸫也缩减了音调较低的序曲部分，突出后半段更高的颤音。在鸟鸣的强度、频率和形式中，都打上了城市的烙印。

我曾在旧金山听白冠带鹀鸣唱，对它们来说，近 50 多年来咆哮的背景声已经增强了。这种改变将鸟鸣声的文化演变推向了新的方向。无论是在海浪附近还是在喧嚣的车辆周围，只要处在嘈杂环境下，带鹀就会摒弃歌曲中的低音元素，要么省略这些音节，要么鸣唱的音调更高一些。海洋一直都在那里，但是城市各处车辆的噪声增加了，从前生活在安静环境下的带鹀，就不得不应对更高等级的噪声。

在一些更喧闹的海湾地区，今天带鹀的鸣声比它们 20 世纪 60 年代和 70 年代的同类声音更尖锐。这种变化让它们适应了新的声景，但是从带鹀的角度来说，如今的歌声大不如前。鸟儿们砍掉鸣声中的低音，丧失了一条求偶炫耀的途径：通过由高到低快速往复变化的歌声，展示它们的生命力。作为补偿，城镇的白冠带鹀增强歌曲成分的复杂性，加入装饰音和重音，找到了其他炫耀自身能力的方式。

2020 年，受新冠疫情影响，旧金山的交通大多被封锁后，背景噪声回到了 20 世纪 50 年代的水平。相应地，带鹀恢复了更安静、音调更低的鸣叫，这里已经几十年没听到过这种鸣声类型。我们也不知道这些变化的产生是因为鸟类个体具有灵活性，还是依照文化演化模式，幼鸟优先复制了在近乎无车辆噪声的声景中最适宜的歌声。

通过随机回放各种声音，实验研究证实，这种反应与噪声还不单单是相关。科学家用交通或工业场所的声音轰炸某些鸟的领地，与不受侵扰的鸟对照，发现遭到噪声攻击的鸟儿声音更高、更响亮。不良影响很早就出现了。哪怕是嗷嗷待哺的幼鸟，在嘈杂环境下，体内应激激素水平也会更高。从基因上来说，在刺耳的不和谐声中长大的幼鸟，染色体端粒更短，这标志着它们的寿命更短。其他物种也体会到了噪声的影响。2016 年和 2019 年对 200 多项科学研究的回顾发现，两栖动物、爬行类、鱼类、哺乳动物、节肢动物和软体动物都受到了影响。噪声影响觅食、行动、发声等诸多方面，从而危及动物种群的繁殖力和生存能力。城镇噪声过大甚至会干扰其他感官。例如，大山雀在噪声中很难看到具有保护色的猎物。

我们能直观地感受到噪声的层次，同样我们也能亲身体验到这种层次。当友人的声音淹没在路边汽车的发动机声浪或是热闹餐厅里鼎沸的人声中时，我们就会感觉到讨厌的噪声遮蔽效果。面对这种情况，我们要么沉默，等待声浪过去，要么提高声调。当我们试图在吵闹的环境下讲话时，我们会本能地放大音量或是提高语调。同样，在城市里我们尖着嗓子高声说话。我们还会拖长元音，让声音穿过障碍物，同时改变嗓音，增加高次谐波。这一切都是在无意识中产生的，整个过程受脑干的指引。脑干倾听外界，调整我们的声音。在嘈杂环境中说话声音会变大，这种现象最早由法国耳鼻喉科医生埃蒂安·伦巴德（Étienne Lombard）在研究听力损失时发现。伦巴德效应是无意识的，因此不可能造假。如果有些人假装失聪，通过这种办法，就能合法地揭开他们的谎言。当伦巴德让他们听喧闹的声音时，撒谎者会提高嗓门。这些人试图欺骗雇主和政府，然而脑干出卖了他们。在嘈杂环境下，我们不光嗓音发生变化，我们还会往食物里加更多的香料和盐，也许是为了努力让其他重要感官突破这种支配一切的声音。

从鱼类到鸟类和哺乳动物，脊椎动物中普遍存在伦巴德效应，不过有些物种似乎丧失了这种反应。借助伦巴德效应，动物在短期内得以应对和适应嘈杂环境，作为长期的遗传、文化或生理结构适应性的补充。由于这种效应改变了声音的诸多方面——音高、振幅、音色、不同音节的轻重，因此很难分清究竟哪一种改变对野生动物有利。这种情况很多时候是以有关声音形成的动能学与解剖学为基础的。譬如，小孩们都知道，哭闹的时候高音比低音更省劲儿。要想击溃你父母的耳朵，只管大声尖叫，不要咆哮、抱怨。尽管尖细的哭闹声没有低音传播得那么远，但是能花最小的力气，产生最惊人的音效。这一点也适用于处于嘈杂环境中的非人类动物。因为发出洪亮、低沉的声音比高声喊叫更耗能量，所以频率较高的吼声是最有效的。动物在嘈杂环境中音调更高，可能是每次发声都投入更多能量带来的次要后果。

在维也纳及其周围地区对乌鸫的一项调查发现，林中鸟的歌声能传播到 150 多米外。而在城市最喧闹的地区，歌声只能传播 60 米。部分高音能越过噪声，在城市里传播距离可以扩大到 66 米。在喧闹的城市里，鸣禽的音量大概要额外提高 5 分贝。因此，乌鸫适应城镇声景的主要方式，似乎就是提高鸣唱音量。频率上升是音量加大的附带产物，也是一大好处，有利于突破遮蔽。同样的道理也适用于歌声结构的变化。城里的鸟更喜欢采用振幅大的歌声元素，这也倾向于提高音调。

城市与乡村的区别不仅在于噪声。城里乌鸫生活在更密集的种群中，日常与邻居的交往更多。社交背景的改变部分造就了它们的歌声。即便生活在乡村，附近邻居更多的乌鸫歌声也会更响亮、更快速。城市还会渗入乌鸫体内的激素中。不知为何，相比栖居在林中的亲属，城里乌鸫雌鸟产下的卵含有更少的雄性激素，比如睾丸素。成年雄鸟的睾丸素水平同样低于乡村的鸟。城里乌鸫的应激激素水平也较高，部分是由于受城市铅污染和镉污染的影响。但是它们的血液对化学物质有更强的吸收和缓冲能力。激素从生理上刺激鸣唱和社交往来，但究竟是如何改变城镇乌鸫的鸣声及其行为，目前尚不可知。

城市就像海洋中刚露头的火山岛，类似夏威夷群岛或加拉帕戈斯群岛最初形成的时候。只有少数物种扩散到了这些新的边缘地带。岛屿是生物创新的孵化器：新来者迅速改变行为和身体结构，以适应它们发现的新世界。西欧城市里的乌鸫不仅歌声与林中的先辈不同，而且夜间会在街灯下鸣唱和觅食；提前三个多星期开始交配；不爱迁徙；翼翅更圆，适于短途飞行而不适于迁徙；性格更谨慎，畏惧新事物（或称“恐新”），然而敢于尝试新食物，不光啄食喂鸟器中的种子，翻找人类倾倒的谷物和垃圾，也享用异域观赏植物结出的果实。

尽管城市里的乌鸫种群繁盛起来，多数年份孵出的幼鸟数量足以维持种群，甚至可以使种群壮大，但就个体而言，每只鸟都付出了代价。城里的乌鸫比乡下森林里的乌鸫衰老得更快，从染色体可以看出它们体能的衰退。染色体末端的端粒，无论对人类还是鸟类而言，都标志着动物寿命的长短。城里乌鸫的染色体端粒迅速变短，也许是持续的感官和化学攻击带来的生理压力所致。然而城里捕食者和蜱虫较少，禽类疟疾的发病率也更低，因此城里的乌鸫虽然染色体缩短，但通常比乡村地区的同类活得更久。大概就像上了年纪的摇滚明星，虽然年轻时代喧闹、快节奏和嗑药的生活毁掉了他们的身体，却也平安无事地活到了年老昏聩的时候。

迄今为止，这些差异尚未促使乡下的乌鸫和城里的乌鸫产生基因分化。城里乌鸫的 DNA 通常没有乡下乌鸫变化丰富，这标志着新近扩散到城市的鸟类数量不多，基因特征类似于海岛上动物的情况。也有证据表明，城镇乌鸫体内与冒险和焦虑相关的基因发生了变化，尽管目前还不清楚这种微妙的基因变化会不会引起行为改变、以何种方式引起改变。乌鸫在城里的变化，似乎不是由遗传演化推动的，而是通过与基因并行的缓慢变化推动的。当雌鸟为它们的卵提供激素时，就已决定了后代的歌声和行为。因此，有可能是产卵的生理过程促成了城里乌鸫的鸣声与行为变化。文化演化可能起到了作用，就像在白冠带鹀种群中一样，雏鸟通过倾听、模仿和尝试，使歌声形式与环境相适应。最后，每只鸟都会依据当下情况塑造自己的行为，随着声景的变化改变鸣声，并尽可能在噪声最小的时候歌唱。乌鸫选用回声格外强的地方来使它的歌声熠熠生辉，或许是这种适应性的另一个例子。城市不仅带来噪声问题，也提供了增强音效的机会。

短短 100 多年间，一些乌鸫种群已经变成了城市居民。再过一两个世纪，紧随而来的基因变化会加强这种演化。但正如 19 世纪豪斯曼推倒并重建巴黎城，下个世纪很可能看到同样激烈的变化，推动鸟类的行为、生理和遗传演化朝新的方向发展。巴黎等城市将继续升温，驱逐一些物种，再引来一批新的物种，包括亚热带携带疾病的蚊子和蜱虫。其中有一些会在城市热岛中繁荣昌盛，将目前这个不受疾病侵扰的庇护所变成瘟疫泛滥的牢笼。例如，最近 20 年，由于新近从非洲传来的乌苏图病毒（Usutu virus），德国的乌鸫数量减少了 15%，而在气候暖和的年份和地区，情况更为严重。人类社会对行道树和公园遮阴纳凉的需求将会上升，这一趋势在很多大城市方兴未艾，为喜欢树木的城市动物拓宽了栖息地。人口密度和资源利用的变化将是不可预测的，几千年皆是如此。18 世纪，没有哪位博物学家能预言，未来巴黎会成为一座石头和混凝土搭建的孤岛，漂浮于绿树成荫的郊区形成的海洋中；从前专属于林中的鸟儿在这里鸣唱，让声音适应这座城市。如果在未来一两个世纪还有乌鸫出现，它们的歌声将承载着未来城市里如今尚不可知的性质。

乌鸫和其他入驻城市的动物在街道与公园之间找到了生存之道，繁殖密度随时间而增加。19 世纪最早入驻城市的鸟类，如今平均繁殖密度比乡下的亲戚们高 30%，相当明显地证实了生命的适应性。而野生动物大多无法在城市里生活。从乌鸫的歌声中，我听出了能屈能伸、百折不挠的生命属性。我母亲在巴黎的公寓听到同样的歌声时，还会听出其中缺失了她在乡下时熟知的数十种其他鸟类的韵律。然而，城市对乡村鸟类也有帮助。城镇化地区将人类活动、土地利用和消费行为集中起来，保全了其他地方非人类动物的生活。如果人类不再拥抱城市生活，而是均匀分散在世界各地，生态灾难就会铺展开来，一大片其他物种的声音都将沉寂下去。这并非思想实验。郊区已经将人类的足迹散布在土地上，相比城市居民的“生态足迹”，郊区极大地加剧了栖息地破坏，增加了能源利用和物资需求。当我沉醉于乡村林地的黎明合唱时，部分要感谢城市的高效。

全世界城镇化的土地面积约占陆地表面的 4%，而超过半数的人口都生活在城市。公寓楼的人口密度，让大片的森林或田野得以保存下来，不被城镇化的房屋、道路和草坪所侵占。城市居民也较少使用燃料、金属、木头等必须从土地中开采或砍伐来的物资。

从乌鸫的歌声中，我听出这只动物正在城市中寻找自己的位置。在歌声周围的沉寂中，隐含着其他地方延续的生命潜力。城市与乡村的互惠，不单是对人类社会而言，也是对更广阔的生命共同体而言。

***

童年时代我在巴黎倾听，50 年后，我在纽约的一间公寓里倾听。鸟很少在这条街道上鸣唱，尽管夜晚我看到夜鹭从拥挤的公寓楼上空掠过。它们离开日间在哈德逊河（Hudson River）的栖息地，穿过哈莱姆区（Harlem），前往布朗克斯河（Bronx River）和东部的伊斯特河（East River）觅食。发动机的声音无所不在，在炎热的夏季，噪声和尾气从敞开的窗子里进入公寓。

孩提时，我的房间面朝街道，清洁工（*éboueurs*）的工作常令我着迷。他们穿着明亮的黄马甲，在卡车后面的踏板上跳上跳下。那些轰隆隆的绿色卡车，在我看来就像饥饿的猛犸象或恐龙一样，是城市里的巨兽。我家的公寓在繁华商业街后面一个街区，因此噪声和霓虹灯在这条虽然忙碌却也沉静的街道上，是最令人兴奋激动的。如今，在更繁华的纽约市，那些神奇的魅力已然消失，城市生理活动——一个巨大的钢筋混凝土生物的进食行为、血液流动、肌肉收缩和排泄——的声音给生活带来的刺激，与其说迷人，毋宁说令人备受煎熬。

凌晨 2 点，一辆皮卡车停在四楼的窗户下。车门敞开，车载收音机转动着。司机启动车斗上的高压泵，喷出高压水冲刷公共汽车停靠站。冲洗花了 10 分钟，但是车子又待了 15 分钟，扬声器传出砰砰的音乐。黎明前，公交车加快了节奏，制动器嗞嗞作响，发动机轰鸣不已，车辆陆续停靠，随后倒车，爬上一处陡峭的斜坡。窗台黑乎乎的，布满公交车辆和每天途经此地的数百辆运货卡车喷出的油烟。太阳刚出来，垃圾车就来拖运路边堆成小山包一样的垃圾了。垃圾袋在一起撞得砰砰响，工人在喊叫，伴随着液压系统的轰鸣和扑哧声：那是塑料和食品垃圾在送往填埋场途中的黎明大合唱。整个下午，一辆售卖冰激凌的小车停在街对面，车上发电机发出毫无乐感的呜呜声和突突声，排气管正对公寓的窗子，呼哧呼哧吐着烟雾。100 多米远处，6 车道的亨利哈德逊公园路——一条交通干道，除了名字没有哪里像公园——和百老汇，尤其受午夜运货卡车的青睐。路上永不停歇的轰隆声，给这里日常的声音加了个基调。人语声混杂进来，可即便是大喊，相比发动机也算安静了。入夜后，有轨电车拉着家庭旅游团，扬声器一路播放着音乐，来回往复于社区与小公园之间。

这些声音大多出自勤劳的工作和运转良好的强大社区：城市干净整饬，公共交通运行顺畅，小商贩在招徕顾客，食品及其他物资供应运抵城市，人们在公共空间共享快乐时光。不过，这些声音总体构成一片喧嚣，不仅激烈而且不可预测，足以影响睡眠，让神经紧张不安。陡然加剧焦虑的是，这些正常的声音有时还伴随糟糕的突发状况：改装摩托车半夜从街区呼啸而过，巨大的轰鸣声触发街区所有的汽车警报器；人行道有人激烈争吵，几乎要爆发为武力冲突；窗户裂缝传来令人不安的噼啪和丁零当啷。

噪声污染问题可以追溯到最早期的城市。从巴比伦出土的一块泥板上，我们读到已知最早用文字记载下来的一则故事，讲述的是人类喧闹声引发了众神的怒火。学者斯蒂芬妮·戴利（Stephanie Dalley）将公元前1700年的楔形文字翻译如下：主神艾利尔（Ellil）抱怨“人类的噪声已经变得太大。/ 我因他们的喧闹而失眠”。为了让“像咆哮的公牛一样吵闹”的人类保持安静，众神降下了疾病和饥荒。他们还修正早期的疏漏，给人类寿命加了限定，以免人口无休止地增长。按这段记述所说，城市噪声给我们带来了死亡和疾病的枷锁。或许是当时城市的抄写员被邻里的音乐、说笑和交谈吵得无法安眠，所以编造出众神报复人类的故事来抒发自己的不满？

这些文字被印在泥板上时，全球人口数量不到3000万，美索不达米亚大小城市的居民有数万或数十万人。如今，我们的人口数量超过75亿，每个城市都有数千万人，总计55%的人口居住在城市。到2050年，城市人口占比将达到三分之二以上。城市声景已经是大多数人生活的声音背景。像乌鸫一样，我们适应了这种新的声音世界并在其中顺利发展，但也付出了代价。

从哈莱姆区开往市中心的A线地铁上，4名青少年在地铁的咔嗒声和刺耳的噪声中高声交谈。其中有个孩子让其他人小声点，可是他们当面嘲笑她：“我们是纽约人，大声喧哗！我们就是这样。

我们制造噪声。”周围的机器应和着他们。我在哥伦布圆环[1]出站时，用声压计看了一下，列车通过时，是98分贝。这个强度足以损害内耳毛细胞。在这种环境逗留几小时以上，就会造成永久性听觉损伤。车轮、制动器和金属车厢在高低起伏的轨道上高速颠簸的力量，使那些青少年的喧哗相形见绌。

城市确实喧闹，但城市声景的特点不仅在于声音响亮。很多热带和亚热带森林里，环境噪声级别通常接近甚或超过70分贝。热带地区有些蝉跟地铁一样吵，音量高达100分贝。在田纳西州，夏末螽斯的合唱能数小时稳定持续在75分贝。城里人这时候去田纳西州的乡村，就会抱怨嘁喳的虫声吵得睡不着觉。通常说城市比乡村“闹腾”，实际情况却颠倒过来。即便在繁华都市，一般的公寓或办公室也比乡村静谧，噪声通常在55到65分贝。“自然”是安静的，这种观念只是出自对北方温带地区的期望和体验。在日本、西欧或新英格兰，森林确实比城市安静得多。尤其一年中更冷的几个月，昆虫、青蛙和鸟类的鸣声更轻柔，或干脆不出声。同样，极地地区和山区地带在被风暴间歇期的平静接管时，也会分外安宁。然而植物繁盛、动物多样性程度高的地方，通常都很喧闹。

城市噪声与其他声景最明显的不同，在于其节奏和变幻莫测的性质。我步行穿过曼哈顿中心区，手里拿着声压计。在哥伦布圆环的南边，工人们正在砸街道的混凝土路面。他们像外科医生一

1 Columbus Circle，纽约市曼哈顿的一个地标，以克里斯托弗·哥伦布命名，于1905年建成，坐落在百老汇、中央公园西大道、59街和第八大道的交叉口，就在中央公园的西南侧。

样，切开皮肤去触摸下方的动脉和神经。手提钻就是他们的手术刀。我站在4米外的路边，测量到噪声级别为94分贝。施工队伍5名成员只有2人佩戴了听力防护装置。一个小姑娘皱起眉头，双手捂住耳朵匆匆走过去。成年人一脸无畏地走过。往北一个街区，一辆公共汽车正好开到与我齐平的位置，气动刹车"嘁"的一声，吓得一只过马路的比熊犬拼命拽着牵狗绳往前冲。往前两个街区，建筑工人们扔下来一堆搭建脚手架的金属管。啪嗒声打破了一两位缓步行走的路人脸上的平静，他们身体一震，随后迅速扭头走开。一辆救护车朝并排停放的小汽车拉响警笛。有人在耳边叫喊，试图赶上已经穿过熙攘的车流走到大路对面的朋友。除了在街道封闭的车道上直接看到手提钻，我完全无法预料这些声音何时会出现。巨响给人造成压力，有时还很痛苦。然而当声景中的爆炸和撞击似乎是随机到来时，沉浸在其中同样痛苦无比。那让我感觉是在一片漆黑中穿行，不知何时就会有一双看不见的手伸出来给我一巴掌，使劲摇撼我。

在不以人类为主导的地方，很少出现突然的巨响，否则通常会让人大吃一惊。树木砰然倒下，潜行的捕食者陡然现身，同伴被蜜蜂蜇伤发出痛苦的喊叫，每种声音都让我们肾上腺素飙升。而森林和其他生态系统的巨响，大多以更符合预期的方式到来，也不叫人痛苦。雨林中，犀鸟和金刚鹦鹉成双成对从开阔的领地上空飞过，随着它们靠近而后飞走，沙哑的叫声总是渐起渐落。蝉和青蛙合唱的旋律也是逐渐高涨，逐渐消退，虽然偶尔声势极其浩大，听着也不吃惊。巨浪的跌宕起伏富有规律，让人觉得安心。就连雷声的霹雳和轰鸣，通常也在预期之中。我们能看、听和感觉到风暴袭来。极少有突如其来的晴空霹雳。人类在森林和草原环境演化出来的神经系统，如今在城市里无所适从。我在曼哈顿周围漫步一日，耳边传来的突发声响，可能比我的祖先一辈子听到的还多。

城市噪声——人类活动引起的讨厌的、不受控制的声音——对我们的身心造成的负面影响，已经广为人知。无论是手提钻等魔音贯耳的工具造成的直接损害，还是地铁站、建筑工地或交通繁忙地段年复一年对内耳毛细胞的磨损，噪声过大都会导致听力丧失。听力丧失进而导致其他问题，包括丧失社会联系，增大出事故和摔跤的概率。噪声攻击的不只是我们耳部的纤毛。无论飞机、卡车的声音，还是家里传来的咔嗒声，当讨厌的声音传入耳朵时，即使在熟睡中，我们也会血压飙升。噪声还会使睡眠破碎，加剧清醒时的压力、怒气和疲惫感。心脏和血管也备受煎熬。噪声环境下，罹患心脏病和中风的风险增高，可能是长期处在过高的应激激素水平和血压状态下所致。城市噪声也会扰乱血液中脂肪和糖分的含量水平。儿童尤其容易受到危害，因为噪声会干扰认知发育。学校里学生长期处在飞机、汽车或火车噪声中，会导致注意力难以集中，出现记忆和阅读障碍，影响测验成绩。实验室用一批不幸的大鼠和小鼠做实验，证实噪声不仅会改变生理结构，还会损害大脑发育。声音的本质使其成为尤为棘手的痛苦之源。刺眼的光线，闭上眼或拉上帘子就能遮挡。难闻的气味，关好门窗通常就能隔绝。刺耳的声音却不然，它在固体中穿行，无孔不入地进入总是张开着、总在倾听的耳朵。

在西欧，这些影响已经得到了深入的研究。欧洲环境署（European Environment Agency）预计，噪声是造成疾病和新生儿死亡的第二大环境因素，每年造成1.2万新生儿死亡和4.8万起新增的心脏病病例，影响仅次于细颗粒物污染。据估计，西欧有650万人因噪声罹患慢性睡眠障碍，2200万人——10人中就有1人——长期处于烦恼焦虑之中。其他地方很少如此精确地估算噪声影响，但受噪声折磨可能比欧洲更严重。以非洲城市为例，噪声测量值通常超过欧洲城市的噪声水平。按欧洲的数据来推算，虽然只是粗略估算，但也表明，在世界范围内，城市噪声很可能降低了数亿人的健康状况和生活质量，每年造成数十万人死亡。总体上，噪声问题正在恶化，因为道路和天空日益繁忙，工业活动也扩大了规模。比如从1978年到2008年，航空运输就翻了两番，增长趋势一直持续到新冠疫情暴发之前。

城市噪声的重担，并不是由所有人公平分摊的。城市噪声污染是不公正的形式之一。然而我们也是一种热爱家园声景的生物。我们适应、忍受城市噪声，有时候也将其作为文化和场所的标志、维系社区声音氛围的纽带。因此，城市噪声的悖论在于，它既使人疏远，又让人亲近；它是伤害之源，也是归属感的来源。

我在西哈莱姆一位朋友转租的房子里待了一个夏天，然后搬到东河对面布鲁克林公园坡地区[1]另一间公寓住了几周。这间公寓

1 Park Slope，纽约最宜居的社区之一，被誉为“纽约的比弗利山庄”。

窗外几米远处可没有高速路。步行几分钟，就能到达展望公园 200 多公顷的林地、草坪和湖泊。兜售冰激凌的小车也不会整个下午停在公寓楼窗下。新社区的公交汽车运行得安静而利落。过去 20 多年，我在纽约搭乘过数十条公交线，但在搬到公园坡之前，我从未见过一辆车停靠在路边时只发出轻微的声音，也不吐出黑烟，让乘客享受到开启 Wi-Fi 的轻快之旅。西哈莱姆社区以拉丁裔和有色人种为主，公园坡则大多为白人，家庭年收入中值[1]比西哈莱姆多一倍。西哈莱姆 80% 以上房屋用于出租，相比之下，公园坡出租率刚过 60%。

城市噪声危害在不同区域的分布，不仅形象地展示出城市规划的历史，也体现着当前的政策。纽约的高速路贯穿很多社区，在铺设时夷平或瓦解了很多少数族裔和低收入人群居住区，让很多人流离失所。余下的居民则面临更多的噪声和空气污染。主持纽约大部分规划工作的罗伯特·摩西（Robert Moses）认为，这项建设一举两得，一方面连接了多数郊区白人社区和城市，另一方面捣毁了他所说的“犹太区”（ghettoe）和“贫民窟”（slum）。城市成为边远地区私家车的中转中心。美国各地广泛复制摩西的改建模式，90% 的费用由联邦政府城市高速公路项目承担。到 20 世纪 60 年代末，由于大刀阔斧的高速路修建工程拆毁了大量的少数族裔社区，保护运动者发起了反击。他们的一个口号，就是“不要再让白

1 median household income，也称家庭年收入中位数，这是一个统计学上的概念，不同于平均值。如果说一个地区的家庭年收入中位数为 A，则指的是这个地区有 50% 的家庭收入超过 A。

人的道路穿过有色人种的卧室”。

另一方面，公园绝大多数建在富人区附近。1860 年，展望公园筹建时，委员会推荐了布鲁克林各处七个地方作为公园的选址。纽约城最终选定了现在展望公园的位置，但它事实上远离当时的人口中心。公园规划者并没有为大多数人提供进入绿地空间的便捷道路，相反，他们选定的地址靠近埃德温·克拉克·利奇菲尔德（Edwin Clark Litchfield）的地产。此人是一名铁路和房地产开发商。展望公园建立之初，一个明确目标就是将更多富人引入这个地区，提升房产价值和税收。另一方面，西哈莱姆一再被剥夺修建公园的权利。从 1937 年到 1941 年，罗伯特·摩西重建曼哈顿西侧时，在河边增加了 130 多英亩（约 53 公顷）相对安静的公园绿地，但是扩建止于哈莱姆有色人种居住区的边界。摩西的项目受到纽约每一个纳税人的支持，受惠者却主要是白人。这不仅是排斥，也是一种劫掠。随后，纽约市将北河污水处理厂的选址定在西哈莱姆河畔。项目耗资 10 亿美元，原定是在更往南边靠近白人区的位置施工。处理厂排出的污水中散发着气味刺鼻的，有时甚至是有毒的气体，以及伴随着工厂大型发动机产生的烟雾。为了消除部分不良影响，处理厂除了在屋顶上加装烟囱，还修了一条跑道、游泳池和其他运动设施。处理厂的位置靠近如今已经关闭的海洋转运站，垃圾卡车在这里将垃圾卸载到船上，24 小时运转不息。南边几十个街区之外的纽约人拥有从城市街道通往哈德逊河的开阔阶梯式绿地空间，而西哈莱姆居民要进入河边窄窄的绿化带，只能从污水处理厂的屋顶下来，或是沿着通往一条黑暗隧道的 120

级露天台阶往下走。我在附近居住时，从屋顶下来的电梯已经停用了。更方便居民进入的一座人行桥于 20 世纪 50 年代烧毁，直到 2016 年才重修。这里不仅公共绿地短缺，要进入公园也需要耗费大量的精力。

噪声污染与纽约城其他形式的环境不公正交织在一起。老旧的柴油公交车不仅噪声大，也向空气中排放颗粒污染物。纽约 75% 的公交汽车站分布在有色人种社区。同样，卡车和汽车交通、废物转运设施、工厂选址的绝大部分影响，也由这片区域承受。纽约的拉丁裔和非裔人口，平均吸入的交通工具颗粒污染物总量，近乎白人的两倍。2018 年，布鲁克林区区长埃里克·亚当斯（Eric Adams）联合其他民选官员，指出大多数污染性强的老旧公交汽车在低收入社区使用，是“无法接受，也不可忍受的”。纽约大都会交通管理局（Metropolitan Transit Authority，MTA）做出回应，加紧步伐逐步淘汰一些更老旧的公共汽车，并建议在 2040 年之前实现整个车队的电气化。这将清除空气中的公交汽车噪声和柴油机废气，但还要视财政拨款而定。MTA 经费预算的控制权并不在纽约市，而在纽约州。数十年来，纽约州抽走了纽约市用于公共交通建设的大量资金，包括用 MTA 的资金来救助陷入困境的滑雪胜地。纽约市低收入地区老旧公共汽车的咆哮和轰鸣，部分源于少数乡野度假者（多数是白人）在雪场度过的快乐时光。这是 20 世纪美国毁掉城市来造福郊区和远郊繁华地带的一个非常有力的例证。2020 年对世界各地城市生态全面的科学回顾发现，城市生活的环境维度，如污染模式、树木稀疏区域形成的热岛、接近健康水道的机会等，“主要受社会不平等、结构性种族主义和阶级主义管控”。西哈莱姆区噪声更多，而安静的绿地面积更少，这种与公园坡对比鲜明的声景，正是150多年来不公正的城市规划造成的。

在纽约市，权力不平等在声学方面的体现，有时也会延伸到较富裕的社区。拆迁和建筑工业可以无视一切人群，只有最有权势的居民除外。按规定，建筑施工只能在早上7点到下午6点之间进行。然而2018年，纽约市批准了6.7万个不受时间限制的施工项目，比2012年的许可数量多出一倍还不止。如今每个放开限制的施工项目都完全不按章法行事，噪声干扰一直延续到黎明前和深夜几个小时。颁发许可证的收费，为纽约市的小金库增添了2000多万美元的收入。2019年纽约州花费在游说政府上的资金近3亿美元，其中在房地产和建筑行业的花费位居第二，仅次于为争取预算拨款支付的游说费。2016年纽约州审计长办公室报告提到，从2010年到2015年，城市施工噪声受到的投诉翻了一番还不止。然而，前去巡视建筑工地的检查人员并未携带噪声测量仪器，也几乎从未予以惩罚。负责施行噪声管理条例的市政府部门，未能从纷至沓来的投诉看出长期存在的问题。城里更高档的区域，可能比其他社区更安静，但就算这些地方，也无法避开噪声的攻击。人脉广大的开发商一手遮天，不平等无处不在。一个城市的运行固然离不开建筑和翻新，但是当手提钻和卡车毁掉了任何高效工作或休息睡眠的希望时，城市的最基本任务，即为人类提供宜居的栖居地，就宣告失败了。

个人、活动家团体和当地民选官员纷纷发起抵制。西哈莱姆一个以社区为基础的非营利组织“我们为环境正义而行动”（WE ACT for Environmental Justice），数十年来一直在为居民权利和福利努力争取，要求妥善解决污水处理厂问题，要求将公交汽车站升级改造得更清洁、更安静，向诱发哮喘的空气污染的源头开战，并提出城镇地区热量分布不平等问题。纽约市议会成员最近也提出多项议案，反对在常规时间外施工。如果议案通过，将能更有力地管制噪声。个人亦可利用小额诉讼法庭来强制执行城市不会施行的法规。这些行动，都是基于长久以来为减少有害噪声而做出的努力。1827 年出生于纽约的发明家玛丽·沃尔顿（Mary Walton）居住在曼哈顿一条高架铁路线附近，由于不堪忍受噪声，她于 1881 年发明了减少噪声的铁轨支撑物专利技术。纽约等城市均采纳了这项发明。20 世纪初，内科医生兼社会活动家朱莉娅·巴内特·赖斯（Julia Barnett Rice）以医院的名义请愿，成功限制了船舶和道路交通发出的噪声，并最终推动联邦通过第一条噪声管制法案。20 世纪头几十年，为了减少噪声，马拉的送奶车配备了橡胶轮子，马蹄上也镶着橡胶马掌。现如今，城市上空充满直升机和飞机的噪声，四处传来建筑工地的敲打，在这种背景下，早期的行为显得古朴而典雅。1935 年，纽约市长菲奥雷洛·拉瓜迪亚（Fiorello La Guardia）宣布 11 月要做到“夜间无噪声”，号召市民发扬“协作、礼貌和睦邻精神”，以减少喧嚣。次年，纽约市施行噪声法则。时隔 85 年，重读法则所禁止的内容，感觉正像是对当今街道的描述：音量过大的音乐、发动机、建筑施工、卡车卸货、夜间狂欢、车载扬声器，以及“（机动车）长时间按喇叭和无缘无故乱按喇叭”。

噪声是我们对感官、社会和物理世界缺乏控制的一种形式。对此体会最深的，往往是贫困和边缘人群。然而并非所有“噪声”都是坏的，也并非所有人对城市噪声的体验都一般无二。差异根植于为社区认同和中产阶级化[1]而做出的艰苦斗争。家庭生活和商业生活往往溢出到街道上——在任何地方，只要家里地方小，夏天天气热，就会出现这种情况，这时候，说话声、震天响的音乐、来往车辆，就会变成一个地方的决定性特征，一种家的标志。

然而“家”的声学意义是有争议的。当不同的期望碰撞时，冲突随之而来。有时候，紧张关系源于紧凑的住宅区邻里间不可避免的摩擦。声音在木头、玻璃和砖石中传播，无孔不入地挤进窗户的缝隙，声波裹住了屋顶和每个角落。因此，邻居家说话的声音，他们的一举一动，都像在我们自己家一样，搅动着我们内耳的液体。这种亲密关系干扰睡眠，白天也让我们心烦意乱。声音将我们拖进了其他人的生活，对此我们只能屈服，放弃对感官体验的部分控制。固然，就算在林中抑或海岸，情况也是如此。但是在那些地方，我们内心的焦虑消融了，也许是因为那些声音来自我们所不熟悉的树木、昆虫、鸟类和沙滩上海水的语言。如果我们从中听

1 gentrification，也译作绅士化、贵族化或缙绅化，指在社会发展中，一个旧区原本聚集低收入人士，重建后地价及租金上升，吸引较高收入人士迁入并取代原有低收入者。

出嗞嗞作响的松针备受干旱煎熬的痛苦、蝉不可一世的狂妄自大、乌鸦抱团排外的咒骂，抑或海滩波浪酝酿着风暴的怒火，我们会不会在心里做多重分析和判断，将这种抚慰人心的声音复杂化呢？在城市中，我们对一切声音的来源和意义了如指掌，邻居能戳到我们的痛点，点燃我们的情绪。当我们认为这是邻人不顾及我们感受的表现时，情绪就更甚了。比如，深夜播放低沉和擂鼓一般沉重的音乐：你把手贴在墙壁上感受一下那种震颤吧。天还没亮，楼上公寓没铺地毯的木地板上，鞋底踩得啪嗒作响。楼道又传来一声戏剧化的喊声。小孩们半夜在街角放烟花，接连10个晚上夜夜如此。一只耐力超凡的小狗，整个下午冲着邻里街坊汪汪叫个不停。

邻里关系正常的社区，声音跨越家庭界限通常无伤大雅。我们能容忍，通常还会享受社区的声音。我们发一条短信，或是次日去跟邻居聊两句，问题就解决了。但要是社区邻里关系不和谐，声音就有可能使对抗升级。在一个人看来是本地文化中表达喜悦的方式，在其他人看来却是讨厌的噪声。当这种分裂上升到种族、阶级和贫富的层次时，对社区应有的声音所持的不同期望，就会变成中产阶级化的表征，同时也是促成中产阶级化的原因。

我在西哈莱姆住的那间公寓，所在社区人口如今以拉丁裔为主。一到晚上，尤其周末，整个街道的生活就围绕着小型手推车上的音响，或是手机扬声器传来的音乐。此起彼伏的节奏和旋律，是城市交通噪声主要的伴奏。7月14日前后，街道中心燃起烟花，为音乐增添了爆炸性的装饰效果。噼噼啪啪的回声在高楼间逼仄的“峡谷”里回荡，给烟花表演带来萦绕不去的力量感。作为本社区的白人游客，我也是中产阶级化进程的一部分，推高了房价，并鼓动人们将房产卖给白人。如果我拨打“311”，向市政府清算所投诉“噪声”问题，就会直接叫来警察执法队，让当地社区承受不恰当的文化偏见。我喜欢音乐，也并不想打电话投诉，但如果我确实那样做了，即便作为一个客人和文化中的外来者，那种行为也是错误的。

社区其他白人住户不会有我这样的想法。随着房价上升，白人搬迁进来。尤其在2015年之后，噪声投诉数量猛增。老社区数十年如一日的活动，比如开着收音机，在人行道上拉开折叠桌玩多米诺骨牌，或是小孩们燃放烟花，对新搬来的白人住户来说都不合时宜。因此很多白人宁可花高昂的租金去住翻新或重建的公寓楼。

同样的动态流动也在其他城市上演，显示出各地特有的阶级和种族关系。路易斯安那州新奥尔良的白人住户报警投诉非裔美国人的“二线大游行”[1]和街头派对。澳大利亚墨尔本新开发的住宅项目，引发了富裕住户对长久以来现场音乐场地噪声的不满。这种分裂源于社会阶层的划分，而非种族对立。在伦敦的教堂街市场（Chapel Market），附近翻修过的公寓里新来的住户抱怨市场上的买卖声：“三个苹果！”还有清晨手推车轮子的轱辘声。在这些地方，社区的声音并不曾改变，只是听众的愿望和要求改变了。“噪

---

1 second line parades，新奥尔良举办的传统铜管乐队大游行仪式。各俱乐部的正式乐队走在前面，通常叫“主线”或“一线大游行”，业余乐队的演出走在后面，叫作“二线大游行”。

声”感知拿起向政府投诉的武器，起到了让原住户屈从于新来者的作用。在纽约市，当某个白人拨打“311”投诉有色人种制造的噪声时，拨号者不会受到任何损失（公共记录不会提到来电者的姓名），而被投诉者却要面对一个通常充满暴力和种族主义色彩的执法机构。因此，我们判断噪声水平是否合适，以及在相应的判断下，选择如何去行动，都取决于我们是宽容还是不公正。房价驱动了中产阶级化，而感官表达和期望方面的文化差异，也起到同样的作用。

城市生活也教会我们，噪声带有性别色彩。将交通和工业噪声引向有色人种社区的城市规划，是由男性制定的。将噪声延长到清晨和深夜的建筑公司，也由男性运营。经过改造后在大街上像枪声一般爆响的烟花和汽车消声器，大多也由小伙子们引爆。坐在车里开着高音喇叭停在几十户公寓窗下，或是用噪声最大的改造摩托车和汽车“轰炸”狭窄街巷的，也多是男性。城市噪声通常充满男性气概。我们的文化鼓励并容忍男性侵犯他人的感官边界，却积极地制止女性发声。在这座城市的喧嚣中，我们听到的仍然是父权制的那一套，就像当年起草《圣经》的人命令“女人默默学习服从一切”一样。正是这种父权制，让玛丽·安·埃文斯（Mary Ann Evans）不得不化名男性（乔治·艾略特，George Eliot）出版她的作品，让当代的“直男癌”患者勇气十足，让一名有“厌女症”的总统告诉女记者“嗓门压低点”，让女性远离管弦乐队和指挥台，并让“摇滚名人堂”90%以上是男性的声音，甚而直到今天，仍然在教育女孩子们缄默，相反却夸赞饶舌的小伙儿们。每个生态系统中，声音都揭示出基本的能量和关系。在城市，我们听出人类种族、阶层和性别的不平等。

对噪声的反应也有性别色彩。数千年来，女性一直在引领城市减噪行动。尤其是在纽约城，从 19 世纪玛丽·沃尔顿的工程设计，到 20 世纪早期朱莉亚·巴内特·赖斯的成就，再到当代组织的运动和对政府决策的影响，女性显著改善了城市的声景。例如，“我们为环境正义而行动”组织由佩吉·谢泼德（Peggy Shepard）协同创立和领导，市议会法案则由市议会成员海伦·罗森塔尔（Helen Rosenthal）和卡莉娜·里维拉（Carlina Rivera）制定，这几位都是女性。她们延续了自古以来女性力量塑造世间声音的作用。从螽斯到青蛙，再到鸟类，很多物种的声音在演化中变得繁复多样，正是由雌性的审美选择推动的。也正是母亲的乳汁给了我们灵巧的喉部肌肉，进而让人类开口说话，放声歌唱。我们这个世界的声音虽然是所有性别共同的产物，但是声景中我们所赞叹和所需要的东西，绝大多数归功于雌性。动物声音的多样性，美妙的声音表达，以及城市的声学宜居性，大多要感谢雌性在生物演化和人类文化中的作用。

城市噪声也会使环境对那些感觉和神经系统略有偏差的人很不友好。如今有很多餐厅极其喧闹，哪怕轻度听力损失的人，在一片混乱中也会分辨不清语音模式，无法正常交谈。这些地方的噪声，就好比大门口让轮椅无法顺利通行的高台阶。只不过在这里，“台阶”拦住的是那些耳朵异于常人的人。这些餐厅不仅将很多人拒之门外，餐厅工作人员也要每日承受足以损伤耳朵的噪声水平。

一般精神状态[1]、没有焦虑紊乱症的人，通常能在噪声能量中应付裕如。而对自闭症群体或长期与焦虑相伴的人而言，喧闹声通常带来难以忍受的刺激。噪声让很多人无法参与城市生活，这种真实存在的障碍，并不比视觉障碍更隐蔽。一些人忍受不了城市噪声，还有特权逃离城市。然而每一个在这种声景下出生的小孩，每一个因工作和家庭原因与城市捆绑在一起的成年人，都只能被封锁在这种痛苦——有时甚至是恐怖——之中。在城市的某些区域，噪声是多数人对少数人的压迫。

***

走出地铁站，进入曼哈顿的中心，我有时会深受周围声音活力的鼓舞。社会与人类工作的声音融为一体，让我为之振奋。然而同样的声景，有时也会把我推向近乎恐慌的状态。声音的钳制挤压着我的心脏和呼吸，让我充满一种疯狂而绝望、想要逃跑的欲望。城市是一扇窗，由此可以进入我的自主神经系统，亦即我的身体与感官的无意识调节。声音不仅揭示社会的动态，也揭示我们的心理特质。因此，我对城市的不同反应，是城市的声音悖论在身体上的表征。

城市让我更深入地了解自己的人性。城市是各种文化融会之地，也是艺术和工业的中心，在城市里，我扩大了同外界的交流。

---

1 Neurotypical，常称为神经典型者、神经标准人、非自闭症的人。

在街道上，我听到几十种语言；在场馆里，世界音乐的前沿和经典精彩呈现；而在剧院里，鲜活生动的语言正在展示其力量。这一切滋养着我。一只红隼尖锐的声音响彻百老汇，渡鸦在布鲁克林人家的屋顶上聒噪不已，夜鹭嘎嘎飞过哈莱姆上空，这些城市鸟类的鸣声体现出生命的可塑性和适应性，令我欢欣鼓舞。我们是一种爱笑爱闹的物种，心性好奇，又有同理心。人类的想象力、创造性和协作能力，在城市强化的社交网络中蓬勃发展。我想，美索不达米亚最早的城市居民也曾感受到这种增长的潜力。不可思议，在城市这个新的栖息地，我们可以更完美地实现自我，迎接人类物种的回归。

与此同时，城市也使我们陷入人性中最糟糕的方面无法自拔。在这座牢笼中，城市不断以最充沛的精力与我们交谈，让我们血液中的化学物质和神经的基调起了反感，有时甚至达到患病和死亡的地步。难怪我们觉得有必要大声说话，宣告自身的存在和作用。而在此过程中，我们成了使他人痛苦的噪声的一部分。各种感官的统一，又使噪声攻击变本加厉。在喧闹起伏的声音中，车辆吐出的废气弥漫在我们的鼻子和嘴巴里。沿着街道走着，路上堵满越野车、送货卡车和小汽车，喇叭声四起时肺部也有紧缩和抽空的感觉。有些司机靠在喇叭上，一直不松手。还有一些形成三连音，或是断断续续地发声，一声高过一声。接着，一辆救护车试图通过，在一堆拥堵的铁家伙中间，它的哀鸣显得徒劳无功。尾气如云朵一般笼罩着街道构成的峡谷。夜间只能看到一两颗恒星，其余的都被路灯晕开的光圈掩盖了，颗粒污染物闪闪烁烁，反射着数十亿盏电灯的能量。脚下的地面坚硬得不近人情。在这里，脚步声始终是军事化的、刺耳的、整齐而短促的，不像走到城外踩在落叶堆、岩石、砾石、沙子和苔藓上的声音那么丰富多变。城市攫住了每一个感官神经末梢，它说："你逃不掉的。"

城市制造的感官侵犯和焦虑，让我们有可能感同身受地去理解其他物种——"我们海浪下的亲属"，还有那些唯有耳部液体还残留着海洋记忆的陆地生物。

当我沉浸在声波轰炸中时，我是一头鲸，讨厌的振动、肌体感觉到的陌生能量，没日没夜敲打着我的整个身体。我的祖先及其经年累月的经验，并没有教我如何应对眼下的局面。

在单一物种主导的声景中，我是森林，失去了数百万年演化形成的声音多样性。如今，我为这场灭绝深深地哀悼。

陶醉于少数遗留物种的歌声时，我是乌鸫，声音破碎的荒野歌手。在这个陌生的新世界，我身不由己，生命的欢乐和即兴发挥的必要性，推动我去寻找新的声音。

城市之声不仅能让我们更深地触摸人性。只要留意，我们就会发现噪声的影响是沉浸式的，它在一切会说话、会倾听的生物之间建立起身体、感官的联系。然而，与其他生物不同，人类有一定的控制力。我们可以选择截然不同的声音未来，鲸、森林和鸟类却不能。

第六部分

倾　听

在集体中倾听

巨大的青铜钟发出阳光般晶莹透亮而温暖的音调。钟声不含丝毫丁零声或金属的杂音，单单一个频率，在泛音作用下变得圆润饱满。音调比中央 C 低几个音阶，正好处在人类语音频率范围的中间点。虽然我伫立在离钟两米远处，但钟声似乎从我内心发出，一股平静的光芒自内而外从胸腔扩散到四肢，然后流淌而出，汇入我对这座公园的感知中。

这个桶形的钟高 1 米，钟口直径超过 0.5 米。钟悬挂在宝塔隆起的屋顶上，旁边铁链上吊着一根水平的木梁。有个小孩踮起脚，伸手去抓木梁上垂下来的绳子。她扯动绳子，然后松手，木质钟锤摆动起来，敲动了大钟。钟声再次响起。音调纯净而稳定，带着轻微的战栗，振幅渐渐增强，速度比平静的心跳还要慢。

这声音就像嘴里吃到柿子的感觉，又似日落时逐渐由红转变为橙的天空。从 14 世纪讲述平源战争的军事史诗《平家物语》（*The Tale of the Heike*）到正冈子规（Shiki Masaoka）的俳句，再到诗人中村雨红（Ukō Nakamura）的民歌词句，日本文学传统告诉我们，众生皆短暂。寺庙的钟声让人平静、醒悟，以平等之心看待万物。

这口钟由日本已故的“国宝级艺术家”香取正彦（Masahiko Katori）铸造。日本政府为了保护重要的非物质文化遗产，出资扶助大师级的艺人和工匠，香取正彦的工艺及其作品正是经过遴选确认的“非遗”的一部分。不同于其他国家项目鉴定和评定建筑、景观或有馆藏价值的文物，非遗项目试图选拔和保护的并非持久的实物，而是依托人本身而存在的知识。

像文化知识一样，声音是看不见的，而且稍纵即逝。当匠人死去时，他们的肌肉和神经所携带的智慧也随之逝去。类似地，声波承载的意义和记忆由制造者赋予，但消失得很快。如果匠人教徒弟，知识就流传下来，由徒弟们去阐释和创新。声波也一样。它传播的热量，有时候只是作为声波消散时的摩擦热，但也有时候，声波被生物听到，并改变了它们。浮现在我记忆中的钟声，保存在电荷梯度和分子运行轨迹中，而这一切都靠我的新陈代谢作用来维持。当我写下这些文字时，钟的振动流入纸页中，随后进入读者的心灵和身体。简单的木头敲击青铜之声，却活在人的身体中，正如香取正彦传承的文化活在当代日本匠人的知识和工艺中。

这口钟是广岛和平纪念公园的和平钟。其独特的钟声，也像香取正彦作品的非物质文化属性一样得到了日本政府的认可。除了和平钟，公园里其他钟的钟声，也都属于“日本100处声景”中的第76处。“日本100处声景”项目由日本政府于1996年启动，目的在于寻找和纪念重要的声景，鼓励人们用心去倾听。这是一个罕见的例子，表明政府承认了声景的价值。国家组织与环境声音最典型的关系，是政府采取行动去管制噪声污染，这虽然也很重要，但它关注的是把声音当作一种负面体验。

在世界各地，为保护和纪念珍贵的国家财富与区域财富而推行的政策，几乎完全集中于可见的有形物质和物理空间。从保护和管理的角度来说，政策集中是可以理解的。物品可以放进陈列馆的封闭展柜，随时查看。公园和建筑的边界可以界定和保护。而人类文化和生活世界的奇迹，是通过多种感官出现在我们面前的。仅纪念物质对象和空间，就会将很多给生活带来快乐和意义的东西排除出去。我们是否可以像“日本100处声景”项目这样，去纪念人类文化以及超出人类生活的其他感官体现？比如人类社区和自然群落独特的声音，森林和海岸一年年循环往复中气息的微妙变化，一个地区特有的食品风味，冬季峡谷似的街道或是春季公园里吹来的风拂过皮肤的感觉，脚下大地的不同质感，以及季节变换中的光影与战栗。这些也都值得去关注，去纪念，有些也值得保存。声音可以记录、存档，气味的化学成分亦然，但是这些静态的记录，无法捕捉感官环境此刻的生动鲜活与流动变化。

100处声景由日本环境省一个委员会从700多处备选声景中选出。备选声景有些由地方政府和企业提名，有些由个人提名。所选择的声景有来自物理世界的，也有来自生物和文化的。这个范围非常合适，因为声音始终是整体的，当声波能量相遇、融合并刺激人类感官时，界限就会混淆。100处声景中有一些声音是转瞬即逝的，比如京都铃虫寺（Suzumushi）钟蟋如银铃般甜美的鸣声，或鸣沙海滩（Kotogahama）沙子的歌唱，还有一些则无处不在，如静冈县远州滩轰隆隆的海浪声。此次收集的声景也试图捕捉人类活动中某些变化的声音属性，包括过时的蒸汽机声和更现代的声音，如船上的汽笛声和文化节庆的欢腾。无论贫富、阶层和宗教信仰，所有人都可以去听这些声景。不过，要参观这些地方，你需要旅行。不同于其他形式文化和自然类的盛会，北上川（Kitakami River）沿岸芦苇地的风声和天町寺的钟声，都不需要购买门票。

2018 年一项调查发现，最初 100 处声景，有 5 处已经消失或是无从寻觅。青蛙消失了，有轨电车不再运行，抑或声景所在地遭到地震破坏，无法进入。余下的多数有地方政府或公民团体采取某种形式的推广或保护。因此，这份名单提供了监测长期变化的措施，也促进了当地对声景的兴趣和保护意识。尽管如此，日本 100 处声景项目自创建以来，并没有增加任何新的声景所在地。而过去 25 年来，日本各地声音发生了重大的变化。城市到处是手机传来的哔哔声、通话声和音乐，海上来往船只增多，私家车数量增加，随后又下降，疫情使许多产业暂时沉寂下来，森林、湿地和海岸之声随着物种的繁盛或挣扎求存而变化。定期补充国家的声景名单，不仅能为子孙后代记录这些变化，也能激发我们对声音的好奇心，让人类重新侧耳倾听世界。

虽然这份名单目前没有更新，但是声景项目激发了海内外关注声音的新方式。声景研究者鸟越惠子（Keiko Torigoe）曾担任声景评选委员，随后走访了一些声景所在地，了解当选国家级重要声景所在地之后当地社区的反应。在日本本州岛东海岸长冈市附近的沙丘上，当地政府授意竖立了一尊浪小僧（Namikozo）像。浪小僧是传说中一种能通过波浪澎湃声来预报天气的海洋精灵。这种将无形的海洋精灵偶像化的做法让乌越深感矛盾，但浪小僧像确实能引导游客去倾听音景，并以敬畏之心对待重要的文化故事。如今拦河大坝和种植园正危及这里的海岸线，所以有些居民认为海水拍击沙丘之声受到了威胁。更往南，西表岛（Iriomote Island）亚热带森林的一条河流上，乌越发现，此处虫声和鸟声入选声景名录后，游船经营者已经停止使用摩托艇。声景评选项目的一大目标，就是引导人们去关注和保护脆弱的声音群落。就西表岛而言，发动机噪声减少，直接有利于河流声景。在最北边的北海道，她发现声景评选引发了有关声景理解的对话。此地入选的声景，包括鄂霍次克海冬季海冰吱吱嘎嘎的崩塌碎裂声和嘶吼声。而对当地人来说，冰最显著的"声音"，是当大海被一层沉重的冰盖罩住，絮絮叨叨的声音安静下来时，那种突然降临的沉寂。整个过程通常不过几个小时。这种沉寂所蕴含的文化意义也发生了变化。从前，沉寂标志着"白魔鬼"到来，寒冰迫使人们停止捕鱼，这预示着几个月的饥饿和贫困。然而自 20 世纪 60 年代以来，扇贝水产养殖蓬勃发展，冰盖为贝类繁殖提供了栖身的港湾。如今冰的声音和突然的沉寂，标志着海洋富饶的生产力。

即便在没有入选官方名单的地方，声景项目也促进了对声音的感知意识。例如，如今日本声景协会定期举办活动，鼓励人们更深入地去倾听。具体做法既有赞助漫步之类的活动体验，让参与者将注意力转向声景，也包括召集人们讨论如何更好地欣赏、理解和保护本国的声音多样性。

2001 年，部分为声景名录取得的成功所激励，日本环境省将工作拓展到气味领域。“日本 100 种好气味”列出了一些地方具有特殊文化意义和自然意义的气味。其中既有紫藤花和烤鳗鱼，也有硫黄温泉和东京千代田区二手书的气味。正如声景评定一样，气味项目的初衷在于纪念日本丰富的感官体验，同时强调控制噪声和气味污染的必要性。相比全力以赴治理负面体验的政府行动，这些项目提醒我们也要去寻找和拥抱正面的体验。

在全球范围内，日本率先认识到本国的感官丰富性并发起纪念活动，这并不奇怪。日本的宗教、文学和美学实践密切关注声音、香气和光的细微差别，以及人类文化与植物、其他动物、水体和山川的深厚渊源。例如，在松尾芭蕉的俳句中，时常出现“青蛙扑通跳入水”“杜鹃鸣唱”或是“蝉声尖利”。佛教寺庙和日本神社吸引我们去感受树木的精神力量、水的生命，以及一石一沙中蕴含的寓意。“采光权”受法律保护，房屋建筑禁止过多地遮挡邻居的阳光。这些都是关注和尊重感官的文化基础。

日本 100 处声景项目也从太平洋彼岸汲取了灵感。20 世纪 70 年代，加拿大作曲家默里·谢弗（R. Murray Schafer）和巴里·特鲁克斯（Barry Truax）将“声景”和“声学生态学”的说法推广出去，并与音乐家和录音师合作，研究加拿大和欧洲大地的各种声音纹理。谢弗称之为“全声景的研究”。其目的在于鼓励“听觉文化”和减少噪声，并询问每个社区：“我们想要保存、促进和增加哪些声音？”鸟越惠子等人将西方学者的研究进路融入了日本文化——用她的话说，日本文化已经“向声音世界开放”。

官方公布的著名声景将私人感官体验引入了集体空间。既然我们能聚在一起吃饭、祈祷、运动、观看视觉艺术、听音乐，那是否也可以聚在一起听地球之声，听风、水和包含人类在内的生命之声形成的多种令人惊叹的组合呢？我们还能创造出另一种倾听文化吗？

***

我们聚集在一个野餐遮阳棚下。这里位于澳大利亚昆士兰州，库塔阿拉巴湖（Lake Cootharaba）畔。东边仅 7 公里外，太平洋的海浪在海滩上翻腾。此处的湖水则来自努萨河（Noosa River）的淡水，湖面平静无波。脚下的沙子混杂着桉树和木麻黄的落叶，柔软而带有落叶堆的芬芳。白云高卷，水天相接处呈现出一片柔和的银光，向两边舒展，只被对岸 4000 多米处一长条葱绿的树影隔断。

不过，不能光看表面，湖水并非波澜不惊。我们 20 多个人聚集到这里，正是为了来听湖水和其中多种声音。我们要用耳朵去连接水面下的生命和故事，或是有关湖水与人类关系的故事。我们的向导是声音艺术家兼研究人员莉娅·巴克利（Leah Barclay）。她过来了，胳膊上挂着一堆无线耳机。我们每人戴上一对耳机，扭动开关，调到正确的频道，与巴克利腰部佩带的电子设备包中的发射器调频一致。电台播音主持和“无声迪斯科”舞者也使用这套装备，不过今天这种技术带来的将不仅是人类音乐，还有湖水中的很多故事。

耳机堵着耳朵，断断续续地对话，那种奇怪的感觉让我们尴尬地大笑。周围也有一些声音传来，比如人说话的声音，湖面的涟漪泛上沙滩，不过我们大体进入了一个限定声源的听觉世界。我们只能听巴克利创建的配乐，她会把音乐发送到我们的耳机上。接下来 90 分钟，我们沿着湖岸缓步慢行。我们脚踩着沙滩、木板路和人行道，眼睛在树木与人群之间梭巡，钻入耳中的，却是录音和水下听音器传来的现场音，其中多数是水面下的声音。

一开始，我们沉浸在波光粼粼的水声、吱吱声和砰砰声中。巴克利没有解释，只让我们直观地感受声音的原貌，体会河流生命力带来的听觉体验。从先前用水下听音器做的实验出发，我想象到气泡从湖底沉积物中冉冉升起，生物游动、爬行和水生昆虫鸣唱的咔嗒声。当我们从野餐区走到一片小沙滩，随后穿过一些林地时，其他声音出现了。海浪一阵阵吮吸着沙岸。低沉的轰隆声可能是雷声。鼓虾的砰砰声，海豚的咔嗒声，还有鱼的敲击和拍打声。人声在其中若隐若现，包括澳大利亚原住民古比古比族（Gubbi Gubbi）唱给河流的歌声、讲述人与海豚关系的故事、有关尊重河流动物的对话片段。

这种体验一部分是属于音乐的——巴克利采用声音样本来搭建节奏、调性结构和旋律。同时也感觉像建筑学，因为她要塑造缺乏明显脉动或叙事的听觉空间。实时见证（unmediate witness）也是体验的一部分，水下听音器会直接将现场声音传输到我们耳中。

波平如镜的湖面之下，呈现出一种新的属性。就好像推开了一扇紧闭的门，我们能听到背后生动的对话。湖水似乎不再波澜不起，而是充满个性和潜能。这就是感官联系的力量：我们用身体去理解单靠思想很难把握的东西。在听着巴克利的曲子散步之前，我知道水中充满生命和运动。然而在某种意义上，我无法理解这种抽象的概念。耳机里的声音让我的感官、情感和思想与水波能量直接相连，不再游离于水的概念。

出乎意料的是，水声也改变了我的其他感官体验。我对涟漪突然燃起热情，于是将手浸入水边，感觉皮肤上水波的荡漾。听到鼓虾和小虫混在一起的声音，我又很好奇水的咸度，于是尝了一滴水。湖水是半咸水，融合了内陆湿地的水与海洋中渗过来的水。一个小孩冲进水中，将沙子扔进湿漉漉的沙堆，这幕场景和声响与耳机里不那么熟悉的声音融会，让我不禁思索起人类痴迷玩水的天性。无论是用沙子堆建城堡，还是乘风破浪搏击大海，我们似乎总在渴望与大海建立联系。我站在湖边延伸入水中的一块高地上，风呼呼地吹来。那一刻，风刮过皮肤的感觉，与耳朵里暴风一般汹涌的声音质感交织，令我陶醉不已。被水浸湿的植被散发出的气息，有一种特别的力量。莫可名状地，倾听唤醒了我的鼻子。

在日常生活中，我们很熟悉声音的通感效应和对情绪的影响。合适的音乐能让食物吃起来更可口，让我们的皮肤感觉到温暖，让触觉更加敏锐，同时也能唤醒和放松我们的肌肉，增强我们对自身身体和集体的归属感。巴克利的工作将这些感官与情感联系带到一个陌生的地方，让我们的同理心和想象力扩展到了水中。

有一段特别吸引我的人声片段，讲述的是古比古比族和海豚的协作关系。在殖民入侵切断这种联系之前，当地人会召唤海豚，用19世纪欧洲观察家的话来说，他们“把长矛戳进水下的沙地里，发出古怪的声音”，或是用矛在水中发出“特殊的泼溅声”。海豚理解这些声音，它们闻声就会游过来，加入捕鱼队。海豚们围成一圈，然后朝岸边游动，把鱼圈在里面。人蹚着水过去，用矛或者渔网捕捉猎物。海豚拿到它们应得的份额，常常毫不畏惧地取食戳在矛尖上的鱼。

人与海豚各自都有高度发达的声音文化。社群的繁盛，也都依赖于由声音达成的互惠合作和协同行动。人与海豚的文化，是哺乳动物演化史上的两大胜利，两者都用声音来集中智慧，表现出群体协作行为。直到最近才有一些人类文化被忘掉了，我们同属于一个世界，大家都会说、会听，也有智慧，我们可以与他者对话，共同获益。找回这种知识的第一步，或许就是更细致地倾听，同时还要重新开始敬畏其他人类乃至非人类生命的文化。

已有2万多人体验过巴克利的“河边听音漫步”，有像我这样参加小组活动的，也有通过手机应用程序自助体验的。从努萨河这个地方开始，这个项目如今已经增加了澳大利亚另外三处，以及欧洲、北美和亚太地区的河流。

巴克利是个声学天才，她有娴熟的录音和作曲技术，而且能营造出迷人的集体体验，提高人们对水中潜藏能量的关注度。这会给人带来意想不到的改变。城里的艺术家和科学家跑来“听河流的声音”，当地很多农民不以为然。他们在这里工作和消遣，数十年来对这个地方了如指掌，不需要任何看起来高深莫测的技术。然而将水下听音器投入这些熟悉的地方，却引起了激动和好奇。将水下听音器连在现场实时反馈的发射器上，更加深了联系。巴克利告诉我，现在有些农民每天第一件事，就是在厨房里听实时反馈的附近河流的声音。实时反馈的声音是现场的，而且是当地的，这一点非常重要。事先录好或是从远处实时反馈的声音，一段时间内可能也挺有趣，但是自家附近的声音是直接相关的，有打动人心的力量。将来有一天，用水下听音器和麦克风就能轻易获取的数据是否会变得极其普遍，就像气象站的温度图和降雨图一样，作为技术手段来辅助人类的感官和满足好奇心?

倾听河流也有可能改变科学家的行为。生物学家常常对自身行为给“对象”造成的伤害习以为常。教学课程一味强调活体解剖和客观性，而忽视情感和感官的联系，进一步促成了主客体的分离。我早年学习生物，曾经有无数次需要用手术刀或足以致命的乙醇去处理大鼠、果蝇和蜗牛等各类动物。然而我没有一次敢于去与这些生物交谈，尽管达尔文教育我们，它们与我们有亲缘关系。在河流调查中，田野生物学家通常会处死通过电击或渔网采集来的动物样本。而巴克利告诉我，很多科学家从她的设备中听到河流的声音后说道：“嗯，这次我们采完样应该把它们放回去。”倾听多种鱼类的声音，让人类打开了想象的空间。它们不再是电子表格上的数据，而是一些健谈的生物，我们从它们的声音中听出了自我和个体作用。这是一堂让我们体会亲缘关系的感官课程。

因此，录音技术让我们张开耳朵去听其他生命的声音。对水生生物来说，水下听音器突破了几乎无法跨越的感官障碍。在陆地上也是如此，声音由麦克风捕捉下来，然后分享给倾听者，就能揭开隐藏的故事，促进与场所的联系。从《自然之声》专辑，到教我们去关注并理解动物友邻之声的网站，再到通过精心策划引导倾听者感受著名景点听觉体验的手机应用程序，录音技术让我们张开双耳，进而放飞想象力和同理心，去体会世间的美好与艰辛。我们将稍纵即逝的声波凝固在磁带或微芯片，某种程度上控制了它们。然后我们可以分享、修订、推敲、评估和称赞声音的多种品质。

然而，过度的控制，会让我们远离想要倾听的地方和生命。巴克利告诉我，有些学生的成果综合了最新的水下录音设备与精密的分析软件。他们充分展现了技术的成效。可他们没有一个人摘下设备，用耳朵去听自己“研究的声景”，也没有听过原始的录音素材。就像雨林中的“被动声学监测”一样，艺术家和科学家掌握的麦克风与电脑软件，并不一定能取代身体本身的倾听。然而设备的力量，有时会让我们忘了用自己的身体去求证。

巴克利的工作之所以在我看来尤为重要，是因为她用技术让倾听者找回自己的感官，让他们重新置身于大地和水中。在她之前的前驱者，有安妮亚·洛克伍德（Annea Lockwood）和波琳·奥利维罗斯（Pauline Oliveros）等人。她们的音乐呼唤我们更全面地倾听周遭，尤其是那些超出人类世界范围之外的声音。从背后隐含的哲学来说，这截然不同于用大量技术去表现“自然”的做法——屏幕和扬声器让我们置身于激动人心的场所和充满动作的叙事，却丝毫无助于我们开放感官去体会生活家园的故事。事实上，我们看到的纪录片是从数千个小时的拍摄和录音中剪辑出来的高潮部分，兴奋地看完了，再看身边的生物，未免觉得乏味无聊。逃离世俗固然有意义，艺术有时候应该高于我们生活的场所和时代。但是探索家园的节奏和故事，同样至关重要。这些不仅是快乐生活的基础，也是明智的伦理判断的基础。

“倾听河流”不会引起争端——它并不对舷外发动机或海上集装箱船的嗡鸣开炮——只是开放式地邀请人们去倾听，并将人的感官注意力拓展到水域之中。在更广大的范围内，用感官和想象力去建立联系，这是极其重要的。在努萨河的河口外，一条水产丰富的海岸附近，包括鲸的繁殖地和大堡礁边缘一带，船舶交通量每年增长近 5%。昆士兰州近期获批的几个新的大型内陆矿山，也将靠船舶运送煤炭和矿产。每艘船的噪声都会干扰水域。正如所有海运航线一带的情况一样，这种噪声对海洋生物的毁灭性影响依然不为我们所知。我们是感官生物，却偏离正轨，不去直接体验自身行为的后果。对人类物种而言，我们 90% 的物品通过海上运输，脱离了水的声音，我们明辨是非的道德观和恰当行事的能力都将被摧毁。水下世界的声音，从来就不需要人类来指挥。

***

上午雨过天晴，正是纽约 11 月的好天气。纽约植物园地面上的树木，都处在夏秋转换之际。银杏叶子大多已完全变成金色，阳光低低地从树叶间洒落。高大的山毛榉树、槭树和栎树染上了古铜色和硫黄色。不过，小树苗还保持着夏末的苍翠，无疑，当它们的前辈们在霜冻中退场时，它们额外窃取了十天半个月的光合作用时间。槭树不久前飘落的树叶踩在脚下嘎吱作响，散发出一股醇香。

沿着植物园的人行道，人流朝内部汇集，流向林木茂密的山脊。这片区域构成公园的主干部分，更正式的园区都分布在周围。我们聚在一张小桌子旁边。桌子就摆在通向森林入口的宽阔大路分出来的一条小岔道上，路上铺满了落叶。我们是过来听下午演出的，这次的演出将混合人类的声音以及其他动物和树木的声音。再过一个小时，合唱团体、扬声器、参观者手机应用程序和小型木制“机器人”乐器，将让贯穿森林的环形道路活跃起来。参观者在声音走廊中前行，所有人按照自己的节奏，随心所欲地来回走动，创造自己的声音叙事。

“森林合唱”演出，是纽约植物园 2019 年常驻作曲家安吉莉卡·内格隆（Angélica Negrón）的作品。她为植物园创作了乐曲，将她的音乐理念与林地的声音联系起来。当我沿着道路行走时，我经过了好几个声音形成的穹顶。每个穹顶的中心，都是一个合唱小组，或是一组扬声器。在间隔之中，各个穹顶相互融合，也与周围森林和城市之声融合。

环形路线的起点附近，电子设备箱旁边的扩音器传来噼啪声，混杂着变换的纯音。这些是由连在杜鹃花绿意盎然的叶片上的电极促发的。往前走几步，木制的自动装置摇摇摆摆，敲击着小小的木片和金属铃铛。这些做成小树、树干和枝条状的小玩意由声音艺术家尼克·尤尔曼（Nick Yulman）设计，都是循环利用废旧木头制成的。继续往前走，我听到扩音器传来昆虫咀嚼木头的咔嗒声和摩擦声，叶片在风和冰雪中发出的声音，树干内部嗡嗡的振动一层层变得更缓慢、更纯净。这些树木的声音是我录下来分享给内格隆的，然后她用声音编辑软件做了诠释、混音和雕琢。沿着环形道路行走，随后又出现了一项电子技术：参观者拨一个号码，手机上就会播放白喉带鹀和其他鸟类的鸣声。

合唱团体分布在途中 6 个不同的站点，唱着内格隆谱写的曲子。走近了，我们能听清歌词和音乐的细节。隔得远了，就多了森林的特征，带有一种柔和的模糊声调和混响的光辉。每个乐章都唱出人与森林关系的不同维度。以《觉醒》（*Awaken*）为例，纽约青年合唱团在演唱中提到数十个关于森林与万物联系的动词，这些词都是内格隆从书中和社交媒体对话中提取出来的。其他乐章的灵感，来自探讨树木、生态正义和人类顽强生命力的诗歌与故事。现场共计有 100 多名演唱者，包括当地好几所学校的合唱队。途中有两处，演唱者排列在路旁或是布朗克斯河的石桥两侧，营建出一条声音大道，参观者从中通行。当我走过这些空间，沐浴在人类的和声演唱中时，那歌声似乎从我的胸腔发出，引起一种欢乐的共振。

这是一种融会的成果。植物每秒的生理活动，都由电子传感器记录下来，融合尤尔曼作品的打击声和我录制的树木之歌，揭示出木头的物理属性和内在生命。这种音乐既与传统音乐形成对照，又是一种补充。小提琴或钢琴等木质乐器虽然也利用树木的物理属性，但在形式上高度依赖人类的意图。人类歌声与树木、鸟类之声的混合，创造出截然不同的音乐形式和感染力。人声的情感作用是直接而明显的；非人类之声却来自陌生的语言，人类感官更难以把握。

将乐曲中所有元素统一起来的，是场地本身的声音。清风徐来，吹得树冠上干燥的槭树叶沙沙作响。河岸附近，水在河堰上翻腾。松鼠窸窸窣窣翻动落叶堆。公园外围马路上传来车辆之声，偶尔有几声警笛，这些突如其来的声波都在风中冲淡了。参观者一面交谈，一面在合唱队站点之间走动；或大笑，听鸟鸣声从手机中传出；或驻足细语，凝视树冠或那些木制自动装置。

我很高兴听见这些精彩纷呈的森林音乐融汇在一起。不过本次活动让我感触最深的，是控制与开放之间的平衡。不像音乐厅不遗余力地排除“外界”声音，在这里，人类的创造力与场地和倾听者来回走动的身体积极互动。作曲家的曲目有中心主题，但是并没有过多的限定。人类创造力依托于这个地方的其他能量，包括风、交通、闲聊的参观者、鸟类以及植物内在的生命。这种兼容并包，旨在推动我们去关注这些不受人控制的声音。内格隆谈到这次活动时，打着手势说道：“我最大的愿望是，在大家走出森林，音乐声‘停止’时——也就是说作品‘完成’时——他们会留意到音乐还在持续，一直持续在周围各处。”对参与体验的3000多人来说，乐曲邀请他们去倾听。乐曲也邀请我们加入集体。我们并不是相互隔离地坐在黑暗之中。在进入森林之前，我们摘下了耳机和耳塞。没有规定禁止讲话或大笑。我是独自一人来的，但是我同另外 10 多个参观者简单交流了对这次活动的感受。在城市其他公共场合，或是在林肯中心之类的音乐厅听音乐会时，极少会有这种情况。

作曲家约翰·路德·亚当斯（John Luther Adams）也注意到，在非结构化空间演奏音乐，观众可以自由移动，具有一种欢乐的效果。他的乐曲《因纽苏特雕像》（Inuksuit）通常采用打击乐器在佛蒙特州的森林等空旷场所演奏。他在回想这部作品时写道："我最初创作《因纽苏特雕像》时，并没有想过这首曲子可能产生这么强烈的集体意识感。"在人类音乐与非人类世界建立联系的同时，人类集体也凝聚起来。

这些乐曲邀请我们跳出经典演出空间严格界定的边界外去听，让我们能更好地倾听彼此、相互联系。一堵墙被推倒后，余下的也会随之倒塌。在开放空间中，我们重新开放自己的天性。如今在我们很多人生活的地方，只有隔绝声音，才有可能集中注意力、健康地生活。有时候我们借用技术来达到目的，降噪耳机、密闭门、隔音墙，诸如此类。不过多数时候还是靠个人意志，充耳不闻马路上的车声、计算机的呼呼声、加热或制冷装置传来的抽气声、邻居和同事的闲聊或是砰砰的响动、头顶喷气式飞机的轰鸣、街对面施工的声音，以及窗户裂隙中传来的鸟声和虫声。这些大多与我们的工作或社会生活没有直接的关系。然而对我们的祖先来说，留神听声音，才能找到食物，弄清当地的状况。如今生活和工作与非人类世界密切相关的人依然如此。听觉最初的功能，就是让我们能意识到周围发生的事情。在这种情况下，不听外界声音，就好比工业时代的人关闭电视、断开互联网：你失去了将你与他人连接起来的新闻与网络。横跨工业世界和生态世界的人，只能在两种听觉模式中小心地切换。当我离开由人类占据主导的城市时，我不断提醒自己放开感官。听、闻、看、触摸，如此再三反复。只有这样，我才有可能建立联系，安然适应森林、草原或海岸栖息地。如果与他人交往时这样做，必然也会拉近我们与人类集体的关系。一回到人工建造的环境，我就封闭感官，把自己包裹得严严实实，防止受到猛烈的攻击，同时加紧过滤，不让多余的感受分散我的注意力。这很大程度上意味着不与他人交往。如果像在森林里一样热情拥抱一切，我不仅会弄得筋疲力尽，而且会跟城市生活的节奏步调不一致。类似内格隆的"森林合唱"那样的作品，意在劝导我们放下有时候不得不设立的感官障壁。她以人声和陌生而引人入胜的植物之声包含的欢乐与力量、那些音乐形式给人带来的丰富体验，和她对我们感官的调整，来说服和打动我们。

音乐家、哲学家戴维·罗滕伯格（David Rothenberg）更进一步超越了人类的边界。他不仅纳入人类之外的声音，而且让昆虫、鸟类和鲸等其他物种来参与演奏。人类并非唯一拥有敏锐的耳朵、渴望用声音建立联系的物种。罗滕伯格用单簧管来尝试"跨物种的联系"和音乐创新。不同于 18、19 世纪用八音琴之类乐器训练笼养鸟鸣唱，罗滕伯格的鸟是自由的，在创作中会与人互动——人把部分控制权让给了另一位歌手。当代许多有生态意识的音乐家预先录制其他动物的声音，作为一个层次混合到音乐表演中。而罗滕伯格不然。他接近鲜活的生灵，让它们有机会参与音乐对话，创造性地互惠合作。

无论是在交谈中还是在著作中，罗滕伯格都极力强调倾听的重要性。他的音乐根源于即兴爵士乐。在这种演奏中，密切关注其他演奏者的声音十分关键。边听边与其他人合奏，本身就很困难。换成是血缘关系跟我们隔了几千万年甚至数亿年的动物，我们的耳朵就被带到了巨大的感官与美学体验差距的边缘。罗滕伯格工作的主要意义就在于此。这项工作关乎实验生物学和感官体验哲学。

罗滕伯格最近有一个重大项目，是在 5 年的时间跨度中，与柏林各个城市公园的夜莺[1]共同演奏。有时候他只让鸟参与演奏，有时候也吸纳其他人，比如小提琴手、乌德琴演奏家、伴唱歌手，以及电子音乐家。我在观看他拍的影片《柏林的夜莺》（*Nightingales in Berlin*）时，听到了人类演奏者与鸟儿们的互动演出。那种节奏对比令我深感吃惊。鸟儿听我们的声音，感觉必定就像我们听座头鲸的歌声一样：后者的生活节奏更慢，听觉注意力持续的时间明显延长。夜莺鸣唱中爆发的颤音、口哨声和咯咯声，由于速度极快，很多细节都不是我们迟缓的大脑所能把握的。罗滕伯格用同样的问题来询问鸟儿和音乐家同事："我们一起能做点什么？你能

1 中文名为新疆歌鸲，俗称夜莺。此处沿用通俗的译法。

通过音乐提问吗？”夜莺会与人类连续演奏重复的旋律吗？我是外行，光听人类演奏家与鸟类的来回互动，看不出所以然。鸟儿的歌声极其复杂，就像疯狂的电子音乐一样快速，而且不断地混音。要弄清人对这种疯狂的音乐有何反应，超出了我的能力范围。但在罗滕伯格看来："夜莺会随着自己的声音样本和变调曲的节奏起舞。”夜莺和人类，两类物种都有丰富的声音文化。二者能否展开创造性的音乐对话？罗滕伯格通过亲身参与来探索这些问题。他说："对于这个项目，我最大的愿望是两种文化最终不再陌生，而是相当熟悉。所有的音乐教育，每个受过音乐训练的人……都应该认真思索这个星球上其他音乐家、其他动物的音乐。”

罗滕伯格尊重演化中丰富的声音多样性。他认真考察了鸟类和鲸在声音学习和认知方面的复杂性。人类、鸟类和鲸，是声音文化发展中的三座高峰。人类与动物密切交往，是一种体现敬畏和亲切感的行为，完全属于达尔文的、生态的进路。然而在城市公园与鸟类合奏，从工业化、技术化的人类文化语境来看，不是一般的古怪。因此，罗滕伯格的工作揭示了我们日常与生命地球的疏远。我们周围其他物种也有复杂的声音文化，然而我们极少想到要去体验不同声音文化交汇的情景。罗滕伯格的演奏也揭示并突显了动物声音美学的多样性。每个物种都有自己偏爱的音色、节奏和音乐风格。通过形象具体而积极的对话，这些变化与人类自身的审美形成鲜明对比。科学家通过理论和实验了解到，不同的审美推动了基因和文化的演化。罗滕伯格的音乐作品为科学提供了补充。他从内部来考察美学，而重复性的科学研究要的是客观然而遥远的见解，绝不会采纳这类方式。正如通过演奏家和歌手的视角可以更深入地理解人类的音乐，跨物种参与，或许也有助于我们领会其他物种的音乐。

内格隆的乐曲结束后，我倚靠在小路边的木头栏杆上，享受曲终人散后那种安宁感。一只隐夜鸫，很可能前不久刚从更北边的森林飞来。它扒开新落的槭树叶，从扬声器的线圈中间攫住一只小蜘蛛。它飞上对面栏杆的横梁，发出响亮而低沉的 *tchup* 声。就像一个小时前这个地方的人声一样，鸫的鸣声丰满浑厚，十分动听。在落叶林里，声音听起来很温暖，类似于音乐厅。声波从树干和枝叶反弹回来，有一种生动的现场感，还有混响形成的一丝暖意。我们在音乐厅复制了林地的音效，这里，是数千万年来我们的灵长类祖先声音的家园。这个下午的音乐，或许让我们大略领悟到了更传统的演出空间之美学起源。

然而声音与过去岁月的联系，比人类或灵长类的血统还要悠久。在植物园里举办这场声音庆典应当是合情合理的。4 亿年前的第一批乔木和灌木促使昆虫向上攀爬，进而演化出翅膀，成就了地球上最早的动物之歌。随后，显花植物为物种大爆发提供能量，使地球上遍布鸟声、虫声和哺乳动物之声。在植物园里，陆地生物的声音回到了故园。

倾听遥远的过去和未来

没有月亮的夜晚，在圣达菲南部的一处悬崖，我惊异地看到了头顶闪烁的光芒。没有城市的光污染，也没有云层和尘埃的阻碍，新墨西哥州的夜空看起来就像无数明亮的斑点洒落在一片银雾之中。我举起双筒望远镜。雾气消散，出现了更多的星星，后面是极远处的恒星云，庞大得令我惊惧。凛冽的寒意，干燥的空气，都加剧了我的不安。虽然我呼吸自如，双脚稳稳地落在大地上，但是不知为何有种失重的感觉。日光是一层面具。当白天灿烂的天空中那层面纱收起来时，它就露出了如许众多、如此璀璨的星星，让我们的感官和想象脱离尘世，进入一个浩瀚而令人心生谦卑的宇宙。

就在这片山脉，从 2000 年开始，斯隆数字化巡天（Sloan Digital Sky Survey）用 2.5 米口径的望远镜来收集夜空中的星光。镜头表面积大约比我双眼的视网膜大 2 万倍。这架望远镜在天空中来回扫描了 5 年，用电子传感器记录了星系的坐标。

这架望远镜找到了无数星光混成的云雾内部的秩序。星系之间很可能隔着 5 亿光年的跨度，无法用其他距离单位来计量。这种规律的分布是世界最早期声音留下的声波记号，早期宇宙铭刻在现代天空模式中的遗迹。因此，我们可以仰头凝视澄澈的天空中，看到世间声音的起源。

最早的声音诞生于何处?

不是在“大爆炸”中。世界原初的扩张包含在虚无之中：没有空间，没有时间，没有物质。然而声音只存在于时空之中，声波靠物质传播。没有声音来宣告世界的诞生。

声音也不是诞生在行星或地质的颤动、水波震荡或细菌细胞的骚动中。这些声音都需要通过原子形成的物质，如气体、液体和固体来传播。然而声音比原子更古老。

宇宙诞生之初，整个世界——所有的能量、所有的物质——紧密地包裹在一起，温度达到了数十亿摄氏度。没有任何原子能在这样的高温下存在。相反，质子和电子还在等离子体的热“汤”中搅动。等离子体是极其黏稠的泥潭，连光的粒子——光子也陷在里面。就在这个熔炉内，声音诞生了。

等离子体的不规则运行发射出脉冲。每一股脉冲都是一股声波，由高压区和低压区组成的朝前方传播的波阵面，就如同我们打响指挤压空气形成的波一样。声波在等离子体中传播，比如今地球上声音的传播要快数十万倍。

随着宇宙的膨胀，团聚的物质疏散开来，温度从数十亿降到了仅数百万摄氏度。世界起源约 38 万年后，宇宙冷却下来，足以让等离子体转变成今天我们所熟悉的物质。质子和电子结合，形成稳定的原子。随着光子交通堵塞的状况缓解，光线不再被禁锢，逃逸出来。

当原子形成时，从等离子体中流出的声波在其中留下了标记。每个波峰，也就是等离子体压缩的地方，变成了原子密集的地方。波峰之间的波谷，则变成原子稀疏的地方。随后，万有引力的凝聚力使成堆的原子结合在一起，将先前的波峰建构成更密集的团块。从这些早期的星团中，逐渐形成恒星和星系。按我们地球上的时间表来算，这是一次不慌不忙的聚会。18 亿年过去了，第一批恒星才开始闪耀。又过了 10 亿年，星系才成群出现在天空中。如今，135 亿年后，在新墨西哥州长满松树的山脊上，一架望远镜可以测量星系之间的距离，寻找古代声波的常规峰值。

在从等离子体中逃逸出去的光线中，也能看到声波的标记。这种光能变成了宇宙微波背景辐射，这种微弱的光芒如今弥漫在整个世界中，只有用最精密的仪器才能探测到。这种光并不是均一的，而是像涟漪一样，呈现出轻微的波峰和波谷。这种模式，如同星系的分布一样，也是在等离子体冷却过程中，辐射诞生的那一刻打下的烙印。

一切声音都是延迟的——即便日常对话也要隔几微秒我们才能听到——但是那些声波比地球本身更古老。远古声音存在的尺度，让人感觉近乎永恒。比星系更大的波？古代微波能量对人体的辐射无法探测？我们的身体受制于地球，感官无法理解地球之外的事情。然而，我们的想象力受到科学的光辉照耀，我们可以用思维去探索先前意想不到的时空。那些思索最早期声波的大脑，本身也是宇宙之初等离子体的后裔。我们的身体，还有从中出现的思想，都来自等离子体中声波的残留物。我们从古代声波的内部倾听。

一些声波消散了，而另一些引发了新的物质和能量结构。星体源于古代的声波。声音一直是创造性的力量。这种属性并不神秘，无非是出自宇宙的物理法则。星体和宇宙辐射的分布，正是声音最早的创造成果、宇宙丰富多彩的声音史之开端。

等离子体冷却130亿年后，声音遇到了创造力不凡的新伙伴——地球生命。接下来的繁荣景象，就我们所知，是宇宙中其他任何时间、地点都无与伦比的。从细菌的嗡鸣，到各种动物的声音弥散开去，再到音乐厅传出人类的乐声，我们的地球是一个充满声音的星球，到处是倾听者，到处是交流之声。这场非同凡响的繁盛，部分源于比地球更古老的时代，植根于声音本身古老的创生能力。

声音的未来将会如何?

宇宙学家对世界的命运看法不一，却一致认同物质当前的状态不会永远延续下去。我们要么分崩离析，重新变成无穷小，整个地球扩张至陷入一片冷寂；要么被撕碎，变成稀薄的基本粒子云雾。所有结局都通向沉寂。而早在最终结局到来之前，地球就将被太阳吞噬，尘世间生命丰富多样的歌声都将随之而去。

如果一切鲜活的声音都注定毁灭，为什么还要关心创造力、多样性和当前的物种减少呢?存在的本性就是短暂的，注定要消亡。道德虚无主义正是对此做出的一种回应。然而声音本身提示了另一种答案。一切听觉体验，都是从沉寂过渡到短暂的存在，而后重归于沉寂。沉寂也赋予声音形态，音波形式在沉寂提供的开阔空间下产生。乌鸫的歌声，或是交响乐团的音乐，都再现了宇宙中声音的历程：从无，到短暂的生命，随后复归沉寂。声音的价值就在于此。尘世声音之所以重要，是因为它们是秩序和叙事的惊鸿一现。这也可以类比为我们每个人的生命历程：从不存在，到具有形体和运动，再到死亡。存在因短暂而可贵，听觉带给我们的体验不同于任何其他感官。声音才现身便已消逝，而对屏幕的一瞥，皮肤的一次触摸，或是花的香气，都至少能停留一会儿。

声音还有一个属性使之弥足珍贵。声波稍纵即逝，然而遗留下来的能量和模式具有创造力。声音播撒出满天的星体，让原始生命出现语声，动物中间出现音乐和语言。

因此，声音的价值在于它拥有创生的力量。远古时代等离子体中的波，蠡斯和鲸的鸣唱，带鹀雏鸟与人类幼崽的牙牙学语，人类用猛犸象象牙吹出的音调：这些都是创造者。不是造物之神，而是创造宇宙的生命进程与物理进程。

这就是为什么声音的多样性如此辉煌。我们听到的不仅是创造的成果，而且是创造行为本身。我们生活在宇宙此时此刻呈现的特定创生力量之中。我们消灭和淹没地球上的多种声音，就是在压制和摧毁之前成就人类自身的力量。

在看似简单直接的倾听行为中，身体感官并未将我们引向虚无，而是引向了当下的联系和创造力。我们的感官和审美来自远古时代，由古代声波铸造的原子构成，由毛细胞上的纤毛激活，并由热切地发出声音、渴望接触彼此的动物们漫长的演化形成。这些遗产揭示出当今时代的美与破碎，让我们的欢乐、归属感和行为有了感官基础。

致谢

在这些篇章中，我举例说明了，声学危机有四个迫在眉睫、相互交叉的重要维度：生态栖息地丧失和人权攻击带来的沉寂，以热带雨林地区的情况尤为显著；海洋工业之声带来的噩梦；城市噪声污染的不平等；我们作为个体和文化的诸多失误，导致我们不能去倾听并赞颂尘世间的感官丰富性。因此本书至少一半的版税收入，将捐给致力于治愈、扭转这些侵略行为以及碎片化与丧失进程的组织。

像这类图书，虽则书封只出现一个人的名字，但内页传递的所有见解，都来自一个集体，而非个人。凯蒂·莱曼的陪伴，还有她敏锐而好奇的耳朵、富于同理心的想象力和聪明的头脑，使我在倾听、理解与写作上达到了更高的深度。编辑 Paul Slovak 为本书观点及文本本身的成形与优化做了大量出色的工作，万分感谢他的多方激励、点拨和支持。Alice Martell 是我期望中最好的代理人，总能给我明智的建议、有效的宣传和不懈的鼓励。也要感谢马特尔代理处的 Stephanie Finman，尤其在艰难的疫情期间，她给了我大量支持和帮助。Meagan Binkley 的鼓励和在书稿写作中给予的帮助都弥足珍贵。我的父母 Jean 和 George Haskell，不仅养育我、在我年少时激发我的好奇心，而且让我从小受到人类与非人类音乐的熏陶，直到如今，还为本书调研提供了许多非常有用的线索。

有很多人曾为我解惑，并慷慨地同我分享他们在演化和生态方面的专业知识。在此特别感谢法国巴黎自然博物馆的 Olivier Béthoux、英国埃克塞特大学的 Luis Alberto Bezares-Calderón 和 Kirsty Wan、伦敦帝国理工学院的 Martin Brazeau、美国密苏里大学的 Rex Cocroft、波兰托伦哥白尼大学的 John Clarke、瑞士洛桑大学的 Allison Daley、美国牛津大学自然博物馆的 Sammy De Grave、伦敦自然博物馆的 Gregory Edgecombe、西沃恩南方大学的 Eric Keen、哈佛大学的 Rudy Lerosey-Aubril、伍斯特理工学院的 Lauren Mathews、南卡罗来纳大学波弗特分校的 Eric Montie、杜克大学的 Sheila Patek、法国列日大学的 Eric Parmentier、美国马里兰大学的 Arthur Popper、科罗拉多大学的 Rebecca Safran、汉普顿－悉尼学院的 William Shear、康奈尔大学的 Michael Webster。生物学家兼作家 Tim Low 的作品，以及他与我的交谈，尤其有助于我理清思路。

威斯康星大学麦迪逊分校的 Zuzana Burivalova 和大自然保护协会的 Eddie Game 抽时间接待我，并同我分享了他们非同一般的录音材料。这些数据都存放在昆士兰大学的生态声学实验室。康奈尔大学的 Wendy Erb 和世界野生生物基金会的 Martha Stevenson 也慷慨分享了他们对热带森林、林火和生物保护的洞见。

阳光海岸大学的作曲家、声音艺术家兼音乐家 Leah Barclay 和新泽西州理工学院的 Angélica Negrón 与 David Rothenberg 通过他们的公开出版物以及我们之间的交谈，以新的方式打开了我的耳朵和心灵。他们在艺术、科学、哲学和行动主义领域的交叉研究，为未来指明了欢乐而充满希望的道路。感谢纽约植物园的Hillarie O'Toole和Thomas Mulhare组织展览，引导公众讨论森林之声。也感谢Annie Novak多方鼓励，促使我的作品成形。

Wulf Hein和Anna Friederike Potengowski在环境复原和猛犸象象牙笛演奏上造诣不凡，与他们合作非常愉快。在德国南部旧石器时代的洞穴，图宾根大学的Nicholas Conard是一位热情而且见解不凡的向导。

感谢Paola Prestini、Garth MacAleavey和Holly Hunter带领我参观美国国家锯末厂，与我交谈并现场为我演示。John Meyer、Pierre Germain、Steve Ellison和Jane Eagleson同我分享了他们对迈耶音响实验室成果的看法。Jayson Kerr Dobney让我看到了纽约大都会艺术博物馆乐器收藏背后的多重故事及相互联系。纽约爱乐乐团的Sherry Sylar友善地向我讲述了她是如何看待音乐家与乐器物理属性之间的诸多关系。

听觉病矫治专家Shawn Denham大夫用高超而巧妙的手法，引导我看到了自己内耳的毛细胞。

还有很多人激发我去谈论有关声音及其多种呈现方式的话题，并在我的旅途中热情欢迎我。感谢Joseph Bordley、Marianne Tyndall、Sunniva Boulton、John Boulton、Dror Burstein、Angus Carlyle、Lang Elliott、Art Figel、Charles Foster、Peter Greste、John Grimm、Holly Haworth、Caspar

Henderson、Christine Jackman、James Lees、Adam Loften、Sanford McGee、Paul Miller、Vincent Miller、Indira Naidoo、Kate Nash、Rhiannon Phillips、Richard Prum、Marcus Sheffer、Richard Smyth、Stephen Sparks、Mitchell Thomashow、Mary Evelyn Tucker、Emmanuel Vaughan-Lee、Sophy Williams、Peter Wimberger 和 Kirk Zigler。特别感谢 David Abram 富于启发性的工作和他对本书出版给予的支持，与他交谈也让我受益匪浅。

在澳大利亚，出版社兼同行 Black Inc.，以及非营利组织拜伦作家节（Byron Writers Festival）与本迪戈作家节（Bendigo Writers Festival）、澳大利亚国家图书馆和格里菲斯大学的 Integrity 20 慷慨地接待了我。在厄瓜多尔，旧金山基多大学蒂普提尼生物多样性实验站的管理人员和工作人员都是热情的同道者，此外也要感谢 Esteban Suárez、Andrés Reyes、Given Harper 和 Chris Hebdon 的陪伴和他们的诸多见解。

在牛津大学读本科时的导师 Andrew Pomiankowski 和 William Hamilton 让我看到了演化生物学的力量与美，尤其是审美促成声音和动物其他交流方式并使之多样化的多种方式。在康奈尔大学攻读研究生学位期间，Greg Budney、Russ Charif 和 Chris Clark 毫无保留地指引我学习录音和分析技术，生态、演化和动物行为领域的众多同行也加深了我对演化创造力的体悟。

在本书调研中，我广泛使用了西沃恩南方大学、科罗拉多大学波德分校的图书馆，尤其在受到疫情冲击的时期，非常感谢图书馆工作人员的帮助。感谢南方大学为我访德提供资助，给了我假期，让我得以去研究这个课题。

写作本书时，我居住在阿拉帕霍人坚持不肯割让的领地上。在此，向过去、现在和正在成长的长者们致敬。

本书文字仍有不尽之处。感谢读者花时间来感受书中提到的声音、生命、观念和处所。谨以此书邀您依照自身听觉的指引，去感叹世间的神奇，并为之行动。

参考文献

原始的声音，听觉的古老根源

Aggio, Raphael Bastos Mereschi, Victor Obolonkin, and Silas Granato Villas-Bôas. "Sonic vibration affects the metabolism of yeast cells growing in liquid culture: a metabolomic study." *Metabolomics* 8 (2012): 670–678.

Cox, Charles D., Navid Bavi, and Boris Martinac. "Bacterial mechanosensors." *Annual Review of Physiology* 80 (2018): 71–93.

Fee, David, and Robin S. Matoza. "An overview of volcano infrasound: from Hawaiian to Plinian, local to global." *Journal of Volcanology and Geothermal Research* 249 (2013): 123–139.

Gordon, Vernita D., and Liyun Wang. "Bacterial mechanosensing: the force will be with you, always." *Journal of Cell Science* 132 (2019): jcs227694.

Johnson, Ward L., Danielle Cook France, Nikki S. Rentz, William T. Cordell, and Fred L. Walls. "Sensing bacterial vibrations and early response to antibiotics with phase noise of a resonant crystal." *Scientific Reports* 7 (2017): 1–12.

Kasas, Sandor, Francesco Simone Ruggeri, Carine Benadiba, Caroline Maillard, Petar Stupar, Hélène Tournu, Giovanni Dietler, and Giovanni Longo. "Detecting nanoscale vibrations as signature of life." *Proceedings of the National Academy of Sciences* 112 (2015): 378–381.

Longo, G., L. Alonso-Sarduy, L. Marques Rio, A. Bizzini, A. Trampuz, J. Notz, G. Dietler, and S. Kasas. "Rapid detection of bacterial resistance to antibiotics using AFM cantilevers as nanomechanical sensors." *Nature Nanotechnology* 8 (2013): 522.

Matsuhashi, Michio, Alla N. Pankrushina, Satoshi Takeuchi, Hideyuki Ohshima, Housaku Miyoi, Katsura Endoh, Ken Murayama et al. "Production of sound waves by bacterial cells and the response of bacterial cells to sound." *Journal of*

General and Applied Microbiology 44 (1998): 49–55.

Norris, Vic, and Gerard J. Hyland. "Do bacteria sing?" *Molecular Microbiology* 24 (1997): 879–880.

Pelling, Andrew E., Sadaf Sehati, Edith B. Gralla, Joan S. Valentine, and James K. Gimzewski. "Local nanomechanical motion of the cell wall of *Saccharomyces cerevisiae*." *Science* 305 (2004): 1147–1150.

Reguera, Gemma. "When microbial conversations get physical." *Trends in Microbiology* 19 (2011): 105–113.

Sarvaiya, Niral, and Vijay Kothari. "Effect of audible sound in form of music on microbial growth and production of certain important metabolites." *Microbiology* 84 (2015): 227–235.

统一性和多样性

Avan, Paul, Béla Büki, and Christine Petit. "Auditory distortions: origins and functions." *Physiological Reviews* 93 (2013): 1563–1619.

Bass, Andrew H., and Boris P. Chagnaud. "Shared developmental and evolutionary origins for neural basis of vocal–acoustic and pectoral–gestural signaling." *Proceedings of the National Academy of Sciences* 109 (2012): 10677–10684.

Bass, Andrew H., Edwin H. Gilland, and Robert Baker. "Evolutionary origins for social vocalization in a vertebrate hindbrain–spinal compartment." *Science* 321 (2008): 417–421.

Bezares-Calderón, Luis Alberto, Jürgen Berger, and Gáspár Jékely. "Diversity of cilia-based mechanosensory systems and their functions in marine animal behaviour." *Philosophical Transactions of the Royal Society B* 375 (2020): 20190376.

Bregman, Micah R., Aniruddh D. Patel, and Timothy Q. Gentner. "Songbirds use spectral shape, not pitch, for sound pattern recognition." *Proceedings of the National Academy of Sciences* 113 (2016): 1666–1671.

Brown, Jason M., and George B. Witman. "Cilia and diseases." *Bioscience* 64 (2014): 1126–1137.

Bush, Brian M. H., and Michael S. Laverack. "Mechanoreception." In *The Biology of Crustacea*, edited by Harold L. Atwood, and David C. Sandeman, 399–468. New York: Academic Press, 1982.

Ekdale, Eric G. "Form and function of the mammalian inner ear." *Journal of Anatomy* 228 (2016): 324–337.

Fine, Michael L., Karl L. Malloy, Charles King, Steve L. Mitchell, and Timothy M. Cameron. "Movement and sound generation by the toadfish swimbladder." *Journal of Comparative Physiology A* 187 (2001): 371–379.

Fishbein, Adam R., William J. Idsardi, Gregory F. Ball, and Robert J. Dooling. "Sound sequences in birdsong: how much do birds really care?" *Philosophical Transactions of the Royal Society B* 375 (2020): 20190044.

Fritzsch, Bernd, and Hans Straka. "Evolution of vertebrate mechanosensory hair cells and inner ears: toward identifying stimuli that select mutation driven altered morphologies." *Journal of Comparative Physiology A* 200 (2014): 5–18.

Göpfert, Martin C., and R. Matthias Hennig. "Hearing in insects." *Annual Review of Entomology* 61 (2016): 257–276.

Hughes, A. Randall, David A. Mann, and David L. Kimbro. "Predatory fish sounds can alter crab foraging behaviour and influence bivalve abundance." *Proceedings of the Royal Society B* 281 (2014): 20140715.

Jones, Gareth, and Marc W. Holderied. "Bat echolocation calls: adaptation and convergent evolution." *Proceedings of the Royal Society B* 274 (2007): 905–912.

Kastelein, Ronald A., Paulien Bunskoek, Monique Hagedoorn, Whitlow W. L. Au, and Dick de Haan. "Audiogram of a harbor porpoise (*Phocoena phocoena*) measured with narrow-band frequency-modulated signals." *Journal of the Acoustical Society of America* 112 (2002): 334–344.

Kreithen, Melvin L., and Douglas B. Quine. "Infrasound detection by the homing pigeon: a behavioral audiogram." *Journal of Comparative Physiology* 129 (1979): 1–4.

Ma, Leung-Hang, Edwin Gilland, Andrew H. Bass, and Robert Baker. "Ancestry of motor innervation to pectoral fin and forelimb." *Nature Communications* 1 (2010): 1–8.

Page, Jeremy. "Underwater Drones Join Microphones to Listen for Chinese Nuclear Submarines." *Wall Street Journal*, October 24, 2014.

Payne, Katharine B., William R. Langbauer, and Elizabeth M. Thomas. "Infrasonic calls of the Asian elephant (*Elephas maximus*)." *Behavioral*

Ecology and Sociobiology 18 (1986): 297–301.

Popper, Arthur N., Michael Salmon, and Kenneth W. Horch. "Acoustic detection and communication by decapod crustaceans." *Journal of Comparative Physiology A* 187 (2001): 83–89.

Ramcharitar, John, Dennis M. Higgs, and Arthur N. Popper. "Sciaenid inner ears: a study in diversity." *Brain, Behavior and Evolution* 58 (2001): 152–162.

Ramcharitar, John Umar, Xiaohong Deng, Darlene Ketten, and Arthur N. Popper. "Form and function in the unique inner ear of a teleost: the silver perch (*Bairdiella chrysoura*)." *Journal of Comparative Neurology* 475 (2004): 531–539.

"'Sonar' and Shrimps in Anti-Submarine War." *The Age* (Melbourne, Australia), April 8, 1946.

Versluis, Michel, Barbara Schmitz, Anna von der Heydt, and Detlef Lohse. "How snapping shrimp snap: through cavitating bubbles." *Science* 289 (2000): 2114–2117.

Washausen, Stefan, and Wolfgang Knabe. "Lateral line placodes of aquatic vertebrates are evolutionarily conserved in mammals." *Biology Open* 7 (2018): bio031815.

感官的交易和偏差

Dallos, Peter. "The active cochlea." *Journal of Neuroscience* 12 (1992): 4575–4585.

Dallos, Peter, and Bernd Fakler. "Prestin, a new type of motor protein." *Nature Reviews Molecular Cell Biology* 3 (2002): 104–111.

Dańko, Maciej J., Jan Kozłowski, and Ralf Schaible. "Unraveling the non-senescence phenomenon in *Hydra*." *Journal of Theoretical Biology* 382 (2015): 137–149.

Deutsch, Diana. *Musical Illusions and Phantom Words: How Music and Speech Unlock Mysteries of the Brain*. New York: Oxford University Press, 2019.

Fritzsch, Bernd, and Hans Straka. "Evolution of vertebrate mechanosensory hair cells and inner ears: toward identifying stimuli that select mutation driven altered morphologies." *Journal of Comparative Physiology A* 200 (2014): 5–18.

Graven, Stanley N., and Joy V. Browne. "Auditory development in the fetus and infant." *Newborn and Infant Nursing Reviews* 8 (2008): 187–193.

Hall, James W. "Development of the ear and hearing." *Journal of Perinatology* 20 (2000): S11–S19.

Kemp, David T. "Otoacoustic emissions, their origin in cochlear function, and use." *British Medical Bulletin* 63 (2002): 223–241.

Lasky, Robert E., and Amber L. Williams. "The development of the auditory system from conception to term." *NeoReviews* (2005): e141–e152.

Manley, Geoffrey A. "Cochlear mechanisms from a phylogenetic viewpoint." *Proceedings of the National Academy of Sciences* 97 (2000): 11736–11743.

——. "Aural history." *Scientist* 29 (2015): 36–42.

——. "The Cochlea: What It Is, Where It Came from, and What Is Special about It." In *Understanding the Cochlea*, edited by Geoffrey A. Manley, Anthony W. Gummer, Arthur N. Popper, and Richard R. Fay, 17–32. New York: Springer, 2017.

Moon, Christine. "Prenatal Experience with the Maternal Voice." In *Early Vocal Contact and Preterm Infant Brain Development*, edited by Manuela Filippa, Pierre Kuhn, and Björn Westrup, 25–37. New York: Springer, 2017.

Parga, Joanna J., Robert Daland, Kalpashri Kesavan, Paul M. Macey, Lonnie Zeltzer, and Ronald M. Harper. "A description of externally recorded womb sounds in human subjects during gestation." *PLOS One* 13 (2018): e0197045.

Pickles, James. *An Introduction to the Physiology of Hearing*. Leiden: Brill, 2013.

Plack, Christopher J. *The Sense of Hearing*, 3rd ed. Oxford and New York: Routledge, 2018.

Robles, Luis, and Mario A. Ruggero. "Mechanics of the mammalian cochlea." *Physiological Reviews* 81 (2001): 1305–1352.

Smith, Sherri L., Kenneth J. Gerhardt, Scott K. Griffiths, Xinyan Huang, and Robert M. Abrams. "Intelligibility of sentences recorded from the uterus of a pregnant ewe and from the fetal inner ear." *Audiology and Neurotology* 8 (2003): 347–353.

Wan, Kirsty Y., Sylvia K. Hürlimann, Aidan M. Fenix, Rebecca M. McGillivary, Tatyana Makushok, Evan Burns, Janet Y. Sheung, and Wallace F. Marshall. "Reorganization of complex ciliary flows around regenerating *Stentor coeruleus*." *Philosophical Transactions of the Royal Society B* 375 (2020): 20190167.

捕食者，沉默，翅膀

Bar-On, Yinon M., Rob Phillips, and Ron Milo. "The biomass distribution on Earth." *Proceedings of the National Academy of Sciences* 115 (2018): 6506–6511.

Beraldi-Campesi, Hugo. "Early life on land and the first terrestrial ecosystems." *Ecological Processes* 2 (2013): 1–17.

Betancur-R, Ricardo, Edward O. Wiley, Gloria Arratia, Arturo Acero, Nicolas Bailly, Masaki Miya, Guillaume Lecointre, and Guillermo Orti. "Phylogenetic classification of bony fishes." *BMC Evolutionary Biology* 17 (2017): 162.

Béthoux, Olivier. "Grylloptera—a unique origin of the stridulatory file in katydids, crickets, and their kin (*Archaeorthoptera*)." *Arthropod Systematics & Phylogeny* 70 (2012): 43–68.

Béthoux, Olivier, and André Nel. "Venation pattern and revision of Orthoptera sensu nov. and sister groups. Phylogeny of Palaeozoic and Mesozoic Orthoptera sensu nov." *Zootaxa* 96 (2002): 1–88.

Béthoux, Olivier, André Nel, Jean Lapeyrie, and Georges Gand. "The Permostridulidae fam. n. (Panorthoptera), a new enigmatic insect family from the Upper Permian of France." *European Journal of Entomology* 100 (2003): 581–586.

Bocast, C., R. M. Bruch, and R. P. Koenigs. "Sound production of spawning lake sturgeon (*Acipenser fulvescens* Rafinesque, 1817) in the Lake Winnebago watershed, Wisconsin, USA." *Journal of Applied Ichthyology* 30 (2014): 1186–1194.

Brazeau, Martin D., and Per E. Ahlberg. "Tetrapod-like middle ear architecture in a Devonian fish." *Nature* 439 (2006): 318–321.

Brazeau, Martin D., and Matt Friedman. "The origin and early phylogenetic history of jawed vertebrates." *Nature* 520 (2015): 490–497.

Breure, Abraham S. H. "The sound of a snail: two cases of acoustic defence in gastropods." *Journal of Molluscan Studies* 81 (2015): 290–293.

Clack, J. A. "The neurocranium of *Acanthostega gunnari* Jarvik and the evolution of the otic region in tetrapods." *Zoological Journal of the Linnean Society* 122 (1998): 61–97.

Clack, Jennifer A. "Discovery of the earliest-known tetrapod stapes." *Nature* 342 (1989): 425–427.

Clack, Jennifer A., Per E. Ahlberg, S. M. Finney, P. Dominguez Alonso, Jamie Robinson, and Richard A. Ketcham. "A uniquely specialized ear in a very early tetrapod." *Nature* 425 (2003): 65–69.

Clack, Jennifer A., Richard R. Fay, and Arthur N. Popper, eds. *Evolution of the Vertebrate Ear: Evidence from the Fossil Record*. New York: Springer, 2016.

Coombs, Sheryl, Horst Bleckmann, Richard R. Fay, and Arthur N. Popper, eds. *The Lateral Line System*. New York: Springer, 2014.

Daley, Allison C., Jonathan B. Antcliffe, Harriet B. Drage, and Stephen Pates. "Early fossil record of Euarthropoda and the Cambrian Explosion." *Proceedings of the National Academy of Sciences* 115 (2018): 5323–5331.

Davranoglou, Leonidas-Romanos, Alice Cicirello, Graham K. Taylor, and Beth Mortimer. "Planthopper bugs use a fast, cyclic elastic recoil mechanism for effective vibrational communication at small body size." *PLOS Biology* 17 (2019): e3000155.

——.Response to "On the evolution of the tymbalian tymbal organ: comment on "Planthopper bugs use a fast, cyclic elastic recoil mechanism for effective vibrational communication at small body size" by Davranoglou et al. 2019." *Cicadina* 18 (2019): 17–26.

Desutter-Grandcolas, Laure, Lauriane Jacquelin, Sylvain Hugel, Renaud Boistel, Romain Garrouste, Michel Henrotay, Ben H. Warren et al. "3-D imaging reveals four extraordinary cases of convergent evolution of acoustic communication in crickets and allies (Insecta)." *Scientific Reports* 7 (2017): 1–8.

Downs, Jason P., Edward B. Daeschler, Farish A. Jenkins, and Neil H. Shubin. "The cranial endoskeleton of Tiktaalik roseae." *Nature* 455 (2008): 925–929.

Dubus, I. G., J. M. Hollis, and C. D. Brown. "Pesticides in rainfall in Europe." *Environmental Pollution* 110 (2000): 331–344.

Dunlop, Jason A., Gerhard Scholtz, and Paul A. Selden. "Water-to-land Transitions." In *Arthropod Biology and Evolution*, edited by Alessandro Minelli, Geoffrey Boxshall, and Giuseppe Fusco, 417–439. Berlin: Springer, 2013.

French, Katherine L., Christian Hallmann, Janet M. Hope, Petra L. Schoon, J. Alex Zumberge, Yosuke Hoshino, Carl A. Peters et al. "Reappraisal of hydrocarbon biomarkers in Archean rocks." *Proceedings of the National Academy of Sciences* 112 (2015): 5915–5920.

Galtier, Jean, and Jean Broutin. "Floras from red beds of the Permian Basin of Lodève (Southern France)." *Journal of Iberian Geology* 34 (2008): 57–72.

Goerlitz, Holger R., Stefan Greif, and Björn M. Siemers. "Cues for acoustic detection of prey: insect rustling sounds and the influence of walking substrate." *Journal of Experimental Biology* 211 (2008): 2799–2806.

Goto, Ryutaro, Isao Hirabayashi, and A. Richard Palmer. "Remarkably loud snaps during mouth-fighting by a sponge-dwelling worm." *Current Biology* 29 (2019): R617–R618.

Grimaldi, David, and Michael S. Engel. *Evolution of the Insects*. Cambridge, UK: Cambridge University Press, 2005.

Gu, Jun-Jie, Fernando Montealegre-Z, Daniel Robert, Michael S. Engel, Ge-Xia Qiao, and Dong Ren. "Wing stridulation in a Jurassic katydid (Insecta, Orthoptera) produced low-pitched musical calls to attract females." *Proceedings of the National Academy of Sciences* 109 (2012): 3868–3873.

Hochkirch, Axel, Ana Nieto, M. García Criado, Marta Cálix, Yoan Braud, Filippo M. Buzzetti, D. Chobanov et al. *European Red List of Grasshoppers, Crickets and Bush Crickets*. Luxembourg: Publications Office of the European Union, 2016.

Kawahara, Akito Y., and Jesse R. Barber. "Tempo and mode of antibat ultrasound production and sonar jamming in the diverse hawkmoth radiation." *Proceedings of the National Academy of Sciences* 112 (2015): 6407–6412.

Ladich, Friedrich, and Andreas Tadler. "Sound production in *Polypterus* (Osteichthyes: Polypteridae)." *Copeia* 4 (1988): 1076–1077.

Linz, David M., and Yoshinori Tomoyasu. "Dual evolutionary origin of insect wings supported by an investigation of the abdominal wing serial homologs in *Tribolium*." *Proceedings of the National Academy of Sciences* 115 (2018): E658–E667.

Lopez, Michel, Georges Gand, Jacques Garric, F. Körner, and Jodi Schneider. "The playa environments of the Lodève Permian basin (Languedoc-France)." *Journal of Iberian Geology* 34 (2008): 29–56.

Lozano-Fernandez, Jesus, Robert Carton, Alastair R. Tanner, Mark N. Puttick, Mark Blaxter, Jakob Vinther, Jørgen Olesen, Gonzalo Giribet, Gregory D. Edgecombe, and Davide Pisani. "A molecular palaeobiological exploration of arthropod terrestrialization." *Philosophical Transactions of the Royal Society B* 371 (2016): 20150133.

Masters, W. Mitchell. "Insect disturbance stridulation: its defensive role." *Behavioral Ecology and Sociobiology* 5 (1979): 187–200.

Minter, Nicholas J., Luis A. Buatois, M. Gabriela Mángano, Neil S. Davies, Martin R. Gibling, Robert B. MacNaughton, and Conrad C. Labandeira. "Early bursts of diversification defined the faunal colonization of land." *Nature Ecology & Evolution* 1 (2017): 0175.

Moulds, M. S. "Cicada fossils (Cicadoidea: Tettigarctidae and Cicadidae) with a review of the named fossilised Cicadidae." *Zootaxa* 4438 (2018): 443–470.

Near, Thomas J., Alex Dornburg, Ron I. Eytan, Benjamin P. Keck, W. Leo Smith, Kristen L. Kuhn, Jon A. Moore et al. "Phylogeny and tempo of diversification in the superradiation of spiny-rayed fishes." *Proceedings of the National Academy of Sciences* 110 (2013): 12738–12743.

Nedelec, Sophie L., James Campbell, Andrew N. Radford, Stephen D. Simpson, and Nathan D. Merchant. "Particle motion: the missing link in underwater acoustic ecology." *Methods in Ecology and Evolution* 7 (2016): 836–842.

Nel, André, Patrick Roques, Patricia Nel, Alexander A. Prokin, Thierry Bourgoin, Jakub Prokop, Jacek Szwedo et al. "The earliest known holometabolous insects." *Nature* 503 (2013): 257–261.

Parmentier, Eric, and Michael L. Fine. "Fish Sound Production: Insights." In *Vertebrate Sound Production and Acoustic Communication*, edited by Roderick A. Suthers, W. Tecumseh Fitch, Richard R. Fay, and Arthur N. Popper, 19–49. Berlin: Springer, 2016.

Pennisi, Elizabeth. "Carbon dioxide increase may promote 'insect apocalypse.'" *Science* 368 (2020): 459.

Pfeifer, Lily S. "Loess in the Lodeve? Exploring the depositional character of the Permian Salagou Formation, Lodeve Basin (France)." *Geological Society of America Abstracts with Programs* 50 (2018).

Plotnick, Roy E., and Dena M. Smith. "Exceptionally preserved fossil insect ears from the Eocene Green River Formation of Colorado." *Journal of Paleontology* 86 (2012): 19–24.

Prokop, Jakub, André Nel, and Ivan Hoch. "Discovery of the oldest known Pterygota in the Lower Carboniferous of the Upper Silesian Basin in the Czech Republic (Insecta: Archaeorthoptera)." *Geobios* 38 (2005): 383–387.

Prokop, Jakub, Jacek Szwedo, Jean Lapeyrie, Romain Garrouste, and André

Nel. "New middle Permian insects from Salagou Formation of the Lodève Basin in southern France (Insecta: Pterygota)." *Annales de la Société Entomologique de France* 51 (2015): 14–51.

Rust, Jes, Andreas Stumpner, and Jochen Gottwald. "Singing and hearing in a Tertiary bushcricket." *Nature* 399 (1999): 650.

Rustán, Juan J., Diego Balseiro, Beatriz Waisfeld, Rodolfo D. Foglia, and N. Emilio Vaccari. "Infaunal molting in Trilobita and escalatory responses against predation." *Geology* 39 (2011): 495–498.

Senter, Phil. "Voices of the past: a review of Paleozoic and Mesozoic animal sounds." *Historical Biology* 20 (2008) 255–287.

Siveter, David J., Mark Williams, and Dieter Waloszek. "A phosphatocopid crustacean with appendages from the Lower Cambrian." *Science* 293 (2001): 479–481.

Song, Hojun, Christiane Amédégnato, Maria Marta Cigliano, Laure Desutter-Grandcolas, Sam W. Heads, Yuan Huang, Daniel Otte, and Michael F. Whiting. "300 million years of diversification: elucidating the patterns of orthopteran evolution based on comprehensive taxon and gene sampling." *Cladistics* 31 (2015): 621–651.

Song, Hojun, Olivier Béthoux, Seunggwan Shin, Alexander Donath, Harald Letsch, Shanlin Liu, Duane D. McKenna et al. "Phylogenomic analysis sheds light on the evolutionary pathways towards acoustic communication in Orthoptera." *Nature Communications* 11 (2020): 1–16.

Stewart, Kenneth W. "Vibrational communication in insects: epitome in the language of stoneflies?" *American Entomologist* 43 (1997): 81–91.

van Klink, Roel, Diana E. Bowler, Konstantin B. Gongalsky, Ann B. Swengel, Alessandro Gentile, and Jonathan M. Chase. "Meta-analysis reveals declines in terrestrial but increases in freshwater insect abundances." *Science* 368 (2020): 417–420.

van Klink, Roel, Diana E. Bowler, Konstantin B. Gongalsky, Ann B. Swengel, Alessandro Gentile, and Jonathan M. Chase. "Erratum for the Report 'Meta-analysis reveals declines in terrestrial but increases in freshwater insect abundances.'" *Science* 370 (2020). DOI: 10.1126/science.abf1915.

Vermeij, Geerat J. "Sound reasons for silence: why do molluscs not communicate acoustically?" *Biological Journal of the Linnean Society* 100 (2010): 485–493.

Welti, Ellen A. R., Karl A. Roeder, Kirsten M. de Beurs, Anthony Joern, and Michael Kaspari. "Nutrient dilution and climate cycles underlie declines in a dominant insect herbivore." *Proceedings of the National Academy of Sciences* 117 (2020): 7271–7275.

Wendruff, Andrew J., Loren E. Babcock, Christian S. Wirkner, Joanne Kluessendorf, and Donald G. Mikulic. "A Silurian ancestral scorpion with fossilised internal anatomy illustrating a pathway to arachnid terrestrialisation." *Scientific Reports* 10 (2020): 1–6.

Wessel, Andreas, Roland Mühlethaler, Viktor Hartung, Valerija Kuštor, and Matija Gogala. "The Tymbal: Evolution of a Complex Vibration-producing Organ in the Tymbalia (Hemiptera excl. Sternorrhyncha)." In *Studying Vibrational Communication*, edited by Reginald B. Cocroft, Matija Gogala, Peggy S. M. Hill, and Andreas Wessel, 395–444. Berlin: Springer, 2014.

Wipfler, Benjamin, Harald Letsch, Paul B. Frandsen, Paschalia Kapli, Christoph Mayer, Daniela Bartel, Thomas R. Buckley et al. "Evolutionary history of Polyneoptera and its implications for our understanding of early winged insects." *Proceedings of the National Academy of Sciences* 116 (2019): 3024–3029.

Zhang, Xi-guang, David J. Siveter, Dieter Waloszek, and Andreas Maas. "An epipodite-bearing crown-group crustacean from the Lower Cambrian." *Nature* 449 (2007): 595–598.

Zhang, Xi-guang, Andreas Maas, Joachim T. Haug, David J. Siveter, and Dieter Waloszek. "A eucrustacean metanauplius from the Lower Cambrian." *Current Biology* 20 (2010): 1075–1079.

Zhang, Yunfeng, Feng Shi, Jiakun Song, Xugang Zhang, and Shiliang Yu. "Hearing characteristics of cephalopods: modeling and environmental impact study." *Integrative Zoology* 10 (2015): 141–151.

Zhang, Zhi-Qiang. "Animal biodiversity: An update of classification and diversity in 2013." *Zootaxa* 3703 (2013): 5–11.

花朵，海洋，乳汁

Alexander, R. McNeill. "Dinosaur biomechanics." *Proceedings of the Royal Society B* 273 (2006): 1849–1855.

Bambach, Richard K. "Energetics in the global marine fauna: a connection between terrestrial diversification and change in the marine biosphere." *Geobios* 32 (1999): 131–144.

Barba-Montoya, Jose, Mario dos Reis, Harald Schneider, Philip C. J. Donoghue, and Ziheng Yang. "Constraining uncertainty in the timescale of angiosperm evolution and the veracity of a Cretaceous Terrestrial Revolution." *New Phytologist* 218 (2018): 819–834.

Barney, Anna, Sandra Martelli, Antoine Serrurier, and James Steele. "Articulatory capacity of Neanderthals, a very recent and human-like fossil hominin." *Philosophical Transactions of the Royal Society B* 367 (2012): 88–102.

Barreda, Viviana D., Luis Palazzesi, and Eduardo B. Olivero. "When flowering plants ruled Antarctica: evidence from Cretaceous pollen grains." *New Phytologist* 223 (2019): 1023–1030.

Bateman, Richard M. "Hunting the Snark: the flawed search for mythical Jurassic angiosperms." *Journal of Experimental Botany* 71 (2020): 22–35.

Battison, Leila, and Dallas Taylor. "Tyrannosaurus FX." *Twenty Thousand Hertz*. Podcast. https://www.20k.org/episodes/tyrannosaurusfx.

Bergevin, Christopher, Chandan Narayan, Joy Williams, Natasha Mhatre, Jennifer K. E. Steeves, Joshua GW Bernstein, and Brad Story. "Overtone focusing in biphonic Tuvan throat singing." *eLife* 9 (2020): e50476.

Bowling, Daniel L., Jacob C. Dunn, Jeroen B. Smaers, Maxime Garcia, Asha Sato, Georg Hantke, Stephan Handschuh et al. "Rapid evolution of the primate larynx?" *PLOS Biology* 18 (2020): e3000764.

Boyd, Eric, and John W. Peters. "New insights into the evolutionary history of biological nitrogen fixation." *Frontiers in Microbiology* 4 (2013): 201.

Bracken-Grissom, Heather D., Shane T. Ahyong, Richard D. Wilkinson, Rodney M. Feldmann, Carrie E. Schweitzer, Jesse W. Breinholt, Matthew Bendall et al. "The emergence of lobsters: phylogenctic relationships, morphological evolution and divergence time comparisons of an ancient group (Decapoda: Achelata, Astacidea, Glypheidea, Polychelida)." *Systematic Biology* 63 (2014): 457–479.

Bravi, Sergio, and Alessandro Garassino. "Plattenkalk of the Lower Cretaceous (Albian) of Petina, in the Alburni Mounts (Campania, S Italy) and its decapod crustacean assemblage." *Atti della Societá italiana di Scienze naturali e del Museo civico di Storia naturale in Milano* 138 (1998): 89–118.

Brummitt, Neil A., Steven P. Bachman, Janine Griffiths-Lee, Maiko Lutz, Justin F. Moat, Aljos Farjon, John S. Donaldson et al. "Green plants in the red: a baseline global assessment for the IUCN sampled Red List Index for plants." *PLOS One* 10 (2015): e0135152.

Bush, Andrew M., and Richard K. Bambach. "Paleoecologic megatrends in marine metazoa." *Annual Review of Earth and Planetary Sciences* 39 (2011): 241–269.

Bush, Andrew M., Gene Hunt, and Richard K. Bambach. "Sex and the shifting biodiversity dynamics of marine animals in deep time." *Proceedings of the National Academy of Sciences* 113 (2016): 14073–14078.

Chen, Zhuo, and John J. Wiens. "The origins of acoustic communication in vertebrates." *Nature Communications* 11 (2020): 1–8.

Clarke, Julia A., Sankar Chatterjee, Zhiheng Li, Tobias Riede, Federico Agnolin, Franz Goller, Marcelo P. Isasi, Daniel R. Martinioni, Francisco J. Mussel, and Fernando E. Novas. "Fossil evidence of the avian vocal organ from the Mesozoic." *Nature* 538 (2016): 502–505.

Coiro, Mario, James A. Doyle, and Jason Hilton. "How deep is the conflict between molecular and fossil evidence on the age of angiosperms?" *New Phytologist* 223 (2019): 83–99.

Colafrancesco, Kaitlen C., and Marcos Gridi-Papp. "Vocal Sound Production and Acoustic Communication in Amphibians and Reptiles." In *Vertebrate Sound Production and Acoustic Communication*, edited by Roderick A. Suthers, W. Tecumseh Fitch, Richard R. Fay, and Arthur N. Popper, 51–82. Berlin: Springer, 2016.

Conde-Valverde, Mercedes, Ignacio Martínez, Rolf M. Quam, Manuel Rosa, Alex D. Velez, Carlos Lorenzo, Pilar Jarabo, José María Bermúdez de Castro, Eudald Carbonell, and Juan Luis Arsuaga. "Neanderthals and Homo sapiens had similar auditory and speech capacities." *Nature Ecology & Evolution* (2021): 1–7.

Corlett, Richard T. "Plant diversity in a changing world: status, trends, and conservation needs." *Plant Diversity* 38 (2016): 10–16.

Cryan, Jason R., Brian M. Wiegmann, Lewis L. Deitz, and Christopher H. Dietrich. "Phylogeny of the treehoppers (Insecta: Hemiptera: Membracidae):

evidence from two nuclear genes." *Molecular Phylogenetics and Evolution* 17 (2000): 317–334.

Dowdy, Nicolas J., and William E. Conner. "Characteristics of tiger moth (Erebidae: Arctiinae) anti-bat sounds can be predicted from tymbal morphology." *Frontiers in Zoology* 16 (2019): 45.

Dunn, Jacob C., Lauren B. Halenar, Thomas G. Davies, Jurgi Cristobal-Azkarate, David Reby, Dan Sykes, Sabine Dengg, W. Tecumseh Fitch, and Leslie A. Knapp. "Evolutionary trade-off between vocal tract and testes dimensions in howler monkeys." *Current Biology* 25 (2015): 2839–2844.

Feldmann, Rodney M., Carrie E. Schweitzer, Cory M. Redman, Noel J. Morris, and David J. Ward. "New Late Cretaceous lobsters from the Kyzylkum desert of Uzbekistan." *Journal of Paleontology* 81 (2007): 701–713.

Feng, Yan-Jie, David C. Blackburn, Dan Liang, David M. Hillis, David B. Wake, David C. Cannatella, and Peng Zhang. "Phylogenomics reveals rapid, simultaneous diversification of three major clades of Gondwanan frogs at the Cretaceous–Paleogene boundary." *Proceedings of the National Academy of Sciences* 114 (2017): E5864–E5870.

Field, Daniel J., Antoine Bercovici, Jacob S. Berv, Regan Dunn, David E. Fastovsky, Tyler R. Lyson, Vivi Vajda, and Jacques A. Gauthier. "Early evolution of modern birds structured by global forest collapse at the end-Cretaceous mass extinction." *Current Biology* 28 (2018): 1825–1831.

Fine, Michael, and Eric Parmentier. "Mechanisms of Fish Sound Production." In *Sound Communication in Fishes*, edited by Friedrich Ladich, 77–126. Vienna: Springer, 2015.

Fitch, W. Tecumseh. "Empirical approaches to the study of language evolution." *Psychonomic Bulletin & Review* 24 (2017): 3–33.

——. "Production of Vocalizations in Mammals." In *Encyclopedia of Language and Linguistics*, edited by K. Brown, 115–121. Oxford, UK: Elsevier, 2006.

Fitch, W. Tecumseh, Bart De Boer, Neil Mathur, and Asif A. Ghazanfar. "Monkey vocal tracts are speech-ready." *Science Advances* 2 (2016): e1600723.

Frey, Roland, and Alban Gebler. "Mechanisms and evolution of roaring-like vocalization in mammals." *Handbook of Behavioral Neuroscience* 19 (2010): 439–450.

Frey, Roland, and Tobias Riede. "The anatomy of vocal divergence in North

American elk and European red deer." *Journal of Morphology* 274 (2013): 307–319.

Fu, Qiang, Jose Bienvenido Diez, Mike Pole, Manuel García Ávila, Zhong-Jian Liu, Hang Chu, Yemao Hou et al. "An unexpected noncarpellate epigynous flower from the Jurassic of China." *eLife* 7 (2018): e38827.

Ghazanfar, Asif A., and Drew Rendall. "Evolution of human vocal production." *Current Biology* 18 (2008): R457–R460.

Griesmann, Maximilian, Yue Chang, Xin Liu, Yue Song, Georg Haberer, Matthew B. Crook, Benjamin Billault-Penneteau et al. "Phylogenomics reveals multiple losses of nitrogen-fixing root nodule symbiosis." *Science* 361 (2018): eaat 1743.

Hoch, Hannelore, Jürgen Deckert, and Andreas Wessel. "Vibrational signalling in a Gondwanan relict insect (Hemiptera: Coleorrhyncha: Peloridiidae)." *Biology Letters* 2 (2006): 222–224.

Hoffmann, Simone, and David W. Krause. "Tongues untied." *Science* 365 (2019): 222–223.

Jézéquel, Youenn, Laurent Chauvaud, and Julien Bonnel. "Spiny lobster sounds can be detectable over kilometres underwater." *Scientific Reports* 10 (2020): 1–11.

Johnson, Kevin P., Christopher H. Dietrich, Frank Friedrich, Rolf G. Beutel, Benjamin Wipfler, Ralph S. Peters, Julie M. Allen et al. "Phylogenomics and the evolution of hemipteroid insects." *Proceedings of the National Academy of Sciences* 115 (2018): 12775–12780.

Kaiho, Kunio, Naga Oshima, Kouji Adachi, Yukimasa Adachi, Takuya Mizukami, Megumu Fujibayashi, and Ryosuke Saito. "Global climate change driven by soot at the K-Pg boundary as the cause of the mass extinction." *Scientific Reports* 6 (2016): 28427.

Kawahara, Akito Y., David Plotkin, Marianne Espeland, Karen Meusemann, Emmanuel F. A. Toussaint, Alexander Donath, France Gimnich et al. "Phylogenomics reveals the evolutionary timing and pattern of butterflies and moths." *Proceedings of the National Academy of Sciences* 116 (2019): 22657–22663.

Kikuchi, Mumi, Tomonari Akamatsu, and Tomohiro Takase. "Passive acoustic monitoring of Japanese spiny lobster stridulating sounds." *Fisheries Science*

81 (2015): 229–234.

Labandeira, Conrad C. "A compendium of fossil insect families." *Milwaukee Public Museum Contributions in Biology and Geology* 88 (1994): 1–71.

Lefèvre, Christophe M., Julie A. Sharp, and Kevin R. Nicholas. "Evolution of lactation: ancient origin and extreme adaptations of the lactation system." *Annual Review of Genomics and Human Genetics* 11 (2010): 219–238.

Li, Hong-Lei, Wei Wang, Peter E. Mortimer, Rui-Qi Li, De-Zhu Li, Kevin D. Hyde, Jian-Chu Xu, Douglas E. Soltis, and Zhi-Duan Chen. "Large-scale phylogenetic analyses reveal multiple gains of actinorhizal nitrogen-fixing symbioses in angiosperms associated with climate change." *Scientific Reports* 5 (2015): 14023.

Li, Hong-Tao, Ting-Shuang Yi, Lian-Ming Gao, Peng-Fei Ma, Ting Zhang, Jun-Bo Yang, Matthew A. Gitzendanner et al. "Origin of angiosperms and the puzzle of the Jurassic gap." *Nature Plants* 5 (2019): 461.

Lima, Daniel, Arthur Anker, Matúš Hyžný, Andreas Kroh, and Orangel Aguilera. "First evidence of fossil snapping shrimps (Alpheidae) in the Neotropical region, with a checklist of the fossil caridean shrimps from the Cenozoic." *Journal of South American Earth Sciences* (2020): 102795.

Lürling, Miquel, and Marten Scheffer. "Info-disruption: pollution and the transfer of chemical information between organisms." *Trends in Ecology & Evolution* 22 (2007): 374–379.

Lyons, Shelby L., Allison T. Karp, Timothy J. Bralower, Kliti Grice, Bettina Schaefer, Sean P. S. Gulick, Joanna V. Morgan, and Katherine H. Freeman. "Organic matter from the Chicxulub crater exacerbated the K–Pg impact winter." *Proceedings of the National Academy of Sciences* 117 (2020): 25327–25334.

Martínez, Ignacio, Juan Luis Arsuaga, Rolf Quam, José Miguel Carretero, Ana Gracia, and Laura Rodríguez. "Human hyoid bones from the middle Pleistocene site of the Sima de los Huesos (Sierra de Atapuerca, Spain)." *Journal of Human Evolution* 54 (2008): 118–124.

McCauley, Douglas J., Malin L. Pinsky, Stephen R. Palumbi, James A. Estes, Francis H. Joyce, and Robert R. Warner. "Marine defaunation: animal loss in the global ocean." *Science* 347 (2015): 1255641.

McKenna, Duane D., Seunggwan Shin, Dirk Ahrens, Michael Balke, Cristian

Beza-Beza, Dave J. Clarke, Alexander Donath et al. "The evolution and genomic basis of beetle diversity." *Proceedings of the National Academy of Sciences* 116 (2019): 24729–24737.

Mugleston, Joseph D., Michael Naegle, Hojun Song, and Michael F. Whiting. "A comprehensive phylogeny of Tettigoniidae (Orthoptera: Ensifera) reveals extensive ecomorph convergence and widespread taxonomic incongruence." *Insect Systematics and Diversity* 2 (2018): 1–27.

Müller, Johannes, Constanze Bickelmann, and Gabriela Sobral. "The evolution and fossil history of sensory perception in amniote vertebrates." *Annual Review of Earth and Planetary Sciences* 46 (2018): 495–519.

Nakano, Ryo, Takuma Takanashi, and Annemarie Surlykke. "Moth hearing and sound communication." *Journal of Comparative Physiology A* 201 (2015): 111–121.

Near, Thomas J., Alex Dornburg, Ron I. Eytan, Benjamin P. Keck, W. Leo Smith, Kristen L. Kuhn, Jon A. Moore et al. "Phylogeny and tempo of diversification in the superradiation of spiny-rayed fishes." *Proceedings of the National Academy of Sciences* 110 (2013): 12738–12743.

Nishimura, Takeshi, Akichika Mikami, Juri Suzuki, and Tetsuro Matsuzawa. "Descent of the hyoid in chimpanzees: evolution of face flattening and speech." *Journal of Human Evolution* 51 (2006): 244–254.

Novack-Gottshall, Philip M. "Love, not war, drove the Mesozoic marine revolution." *Proceedings of the National Academy of Sciences* 113 (2016): 14471–14473.

O'Brien, Charlotte L., Stuart A. Robinson, Richard D. Pancost, Jaap S. Sinninghe Damsté, Stefan Schouten, Daniel J. Lunt, Heiko Alsenz et al. "Cretaceous sea-surface temperature evolution: constraints from TEX86 and planktonic foraminiferal oxygen isotopes." *Earth-Science Reviews* 172 (2017): 224–247.

O'Connor, Lauren K., Stuart A. Robinson, B. David A. Naafs, Hugh C. Jenkyns, Sam Henson, Madeleine Clarke, and Richard D. Pancost. "Late Cretaceous temperature evolution of the southern high latitudes: a TEX86 perspective." *Paleoceanography and Paleoclimatology* 34 (2019): 436–454.

Patek, Sheila N. "Squeaking with a sliding joint: mechanics and motor control of sound production in palinurid lobsters." *Journal of Experimental Biology*

205 (2002): 2375–2385.

Patek, S. N., and J. E. Baio. "The acoustic mechanics of stick–slip friction in the California spiny lobster (*Panulirus interruptus*)." *Journal of Experimental Biology* 210 (2007): 3538–3546.

Pereira, Graciela, and Helga Josupeit. "The world lobster market." *Globefish Research Programme* 123 (2017).

Perrone-Bertolotti, Marcela, Jan Kujala, Juan R. Vidal, Carlos M. Hamame, Tomas Ossandon, Olivier Bertrand, Lorella Minotti, Philippe Kahane, Karim Jerbi, and Jean-Philippe Lachaux. "How silent is silent reading? Intracerebral evidence for top-down activation of temporal voice areas during reading." *Journal of Neuroscience* 32 (2012): 17554–17562.

Pickrell, John. "How the earliest mammals thrived alongside dinosaurs." *Nature* 574 (2019): 468–472.

Rai, A. N., E. Söderbäck, and B. Bergman. "Tansley Review No. 116: Cyanobacterium–plant symbioses." *New Phytologist* 147 (2000): 449–481.

Ramírez-Chaves, Héctor E., Vera Weisbecker, Stephen Wroe, and Matthew J. Phillips. "Resolving the evolution of the mammalian middle ear using Bayesian inference." *Frontiers in Zoology* 13 (2016): 39.

Reidenberg, Joy S., and Jeffrey T. Laitman. "Anatomy of the hyoid apparatus in odontoceli (toothed whales): specializations of their skeleton and musculature compared with those of terrestrial mammals." *Anatomical Record* 240 (1994): 598–624.

Rice, Aaron N., Stacy C. Farina, Andrea J. Makowski, Ingrid M. Kaataz, Philip S. Lobel, William E. Bemis, and Andrew Bass. "Evolution and Ecology in Widespread Acoustic Signaling Behavior Across Fishes." https://www.biorxiv.org/content/biorxiv/early/2020/09/14/2020.09.14.296335.full.pdf.

Riede, Tobias, Heather L. Borgard, and Bret Pasch. "Laryngeal airway reconstruction indicates that rodent ultrasonic vocalizations are produced by an edge-tone mechanism." *Royal Society Open Science* 4 (2017): 170976.

Riede, Tobias, Chad M. Eliason, Edward H. Miller, Franz Goller, and Julia A. Clarke. "Coos, booms, and hoots: the evolution of closed-mouth vocal behavior in birds." *Evolution* 70 (2016): 1734–1746.

Ruiz, Michael J., and David Wilken. "Tuvan throat singing and harmonics."

Physics Education 53 (2018): 035011.

Shcherbakov, Dmitri E. "The earliest leafhoppers (Hemiptera: Karajassidae n. fam.) from the Jurassic of Karatau." *Neues Jahrbuch für Geologie und Paläontologie* 1 (1992): 39–51.

Soltis, Douglas E., Pamela S. Soltis, David R. Morgan, Susan M. Swensen, Beth C. Mullin, Julie M. Dowd, and Peter G. Martin. "Chloroplast gene sequence data suggest a single origin of the predisposition for symbiotic nitrogen fixation in angiosperms." *Proceedings of the National Academy of Sciences* 92 (1995): 2647–2651.

Stüeken, Eva E., Michael A. Kipp, Matthew C. Koehler, and Roger Buick. "The evolution of Earth's biogeochemical nitrogen cycle." *Earth-Science Reviews* 160 (2016): 220–239.

Takemoto, Hironori. "Morphological analyses and 3D modeling of the tongue musculature of the chimpanzee (*Pan troglodytes*)." *American Journal of Primatology* 70 (2008): 966–975.

Vajda, Vivi, and Antoine Bercovici. "The global vegetation pattern across the Cretaceous–Paleogene mass extinction interval: a template for other extinction events." *Global and Planetary Change* 122 (2014): 29–49.

Vega, Francisco J., Rodney M. Feldmann, Pedro García-Barrera, Harry Filkorn, Francis Pimentel, and Javier Avendano. "Maastrichtian Crustacea (Brachyura: Decapoda) from the Ocozocuautla Formation in Chiapas, southeast Mexico." *Journal of Paleontology* 75 (2001): 319–329.

Vermeij, Geerat J. "The Mesozoic marine revolution: evidence from snails, predators and grazers." *Paleobiology* (1977): 245–258.

Veselka, Nina, David D. McErlain, David W. Holdsworth, Judith L. Eger, Rethy K. Chhem, Matthew J. Mason, Kirsty L. Brain, Paul A. Faure, and M. Brock Fenton. "A bony connection signals laryngeal echolocation in bats." *Nature* 463 (2010): 939–942.

Webb, Thomas J., and Beth L. Mindel. "Global patterns of extinction risk in marine and non-marine systems." *Current Biology* 25 (2015): 506–511.

Wing, Scott L., Leo J. Hickey, and Carl C. Swisher. "Implications of an exceptional fossil flora for Late Cretaceous vegetation." *Nature* 363 (1993): 342–344.

Zhou, Chang-Fu, Bhart-Anjan S. Bhullar, April I. Neander, Thomas Martin, and Zhe-Xi Luo. "New Jurassic mammaliaform sheds light on early evolution of mammal-like hyoid bones." *Science* 365 (2019): 276–279.

空气，水，木头

Amoser, Sonja, and Friedrich Ladich. "Are hearing sensitivities of freshwater fish adapted to the ambient noise in their habitats?" *Journal of Experimental Biology* 208 (2005): 3533–3542.

Bass, Andrew H., and Christopher W. Clark. "The Physical Acoustics of Underwater Sound Communication." In *Acoustic Communication*, edited by A. M. Simmons, A. N. Popper, and R. R. Fay, 15–64. New York: Springer, 2003.

Blasi, Damián E., Steven Moran, Scott R. Moisik, Paul Widmer, Dan Dediu, and Balthasar Bickel. "Human sound systems are shaped by post-Neolithic changes in bite configuration." *Science* 363 (2019): eaav3218.

Charlton, Benjamin D., Megan A. Owen, and Ronald R. Swaisgood. "Coevolution of vocal signal characteristics and hearing sensitivity in forest mammals." *Nature Communications* 10 (2019): 1–7.

Čokl, Andrej, Janez Prešern, Meta Virant-Doberlet, Glen J. Bagwell, and Jocelyn G. Millar. "Vibratory signals of the harlequin bug and their transmission through plants." *Physiological Entomology* 29 (2004): 372–380.

Conner, William E. "Adaptive Sounds and Silences: Acoustic Anti-predator Strategies in Insects." In *Insect Hearing and Acoustic Communication*, edited by Berthold Hedwig, 65–79. Berlin: Springer, 2014.

Derryberry, Elizabeth Perrault, Nathalie Seddon, Santiago Claramunt, Joseph Andrew Tobias, Adam Baker, Alexandre Aleixo, and Robb Thomas Brumfield. "Correlated evolution of beak morphology and song in the neotropical woodcreeper radiation." *Evolution* 66 (2012): 2784–2797.

Feighny, J. A., K. E. Williamson, and J. A. Clarke. "North American elk bugle vocalizations: male and female bugle call structure and context." *Journal of Mammalogy* 87 (2006): 1072–1077.

Greenfield, Michael D. "Interspecific acoustic interactions among katydids *Neoconocephalus*: inhibitioninduced shifts in diel periodicity." *Animal Behaviour* 36 (1988): 684–695.

Heffner, Rickye S. "Primate hearing from a mammalian perspective." *The*

Anatomical Record Part A: Discoveries in Molecular, Cellular, and Evolutionary Biology: An Official Publication of the American Association of Anatomists 281 (2004): 1111–1122.

Hill, Peggy S. M. "How do animals use substrate-borne vibrations as an information source?" *Naturwissenschaften* 96 (2009): 1355–1371.

Hua, Xia, Simon J. Greenhill, Marcel Cardillo, Hilde Schneemann, and Lindell Bromham. "The ecological drivers of variation in global language diversity." *Nature Communications* 10 (2019): 1–10.

Lugli, Marco. "Habitat Acoustics and the Low-Frequency Communication of Shallow Water Fishes." In *Sound Communication in Fishes*, edited by F. Ladich, 175–206. Vienna: Springer, 2015.

Lugli, Marco. "Sounds of shallow water fishes pitch within the quiet window of the habitat ambient noise." *Journal of Comparative Physiology A* 196 (2010): 439–451.

Maddieson, Ian, and Christophe Coupé. "Human spoken language diversity and the acoustic adaptation hypothesis." *Journal of the Acoustical Society of America* 138 (2015): 1838.

McNett, Gabriel D., and Reginald B. Cocroft. "Host shifts favor vibrational signal divergence in Enchenopa binotata treehoppers." *Behavioral Ecology* 19 (2008): 650–656.

Morton, Eugene S. "Ecological sources of selection on avian sounds." *American Naturalist* 109 (1975): 17–34.

Peters, Gustav, and Marcell K. Peters. "Long-distance call evolution in the Felidae: effects of body weight, habitat, and phylogeny." *Biological Journal of the Linnean Society* 101 (2010): 487–500.

Podos, Jeffrey. "Correlated evolution of morphology and vocal signal structure in Darwin's finches." *Nature* 409 (2001): 185–188.

Porter, Cody K., and Julie W. Smith. "Diversification in trophic morphology and a mating signal are coupled in the early stages of sympatric divergence in crossbills." *Biological Journal of the Linnean Society* 129 (2020): 74–87.

Riede, Tobias, Michael J. Owren, and Adam Clark Arcadi. "Nonlinear acoustics in pant hoots of common chimpanzees (*Pan troglodytes*): frequency jumps, subharmonics, biphonation, and deterministic chaos." *American Journal of Primatology* 64 (2004): 277–291.

Riede, Tobias, and Ingo R. Titze. "Vocal fold elasticity of the Rocky Mountain elk (*Cervus elaphus nelsoni*)—producing high fundamental frequency vocalization with a very long vocal fold." *Journal of Experimental Biology* 211 (2008): 2144–2154.

Roberts, Seán G. "Robust, causal, and incremental approaches to investigating linguistic adaptation." *Frontiers in Psychology* 9 (2018): 166.

Zapata-Ríos, G., R. E. Suárez, B. V. Utreras, and O. J. Vargas. "Evaluación de amenazas antropogénicas en el Parque Nacional Yasuní y sus implicaciones para la conservación de mamíferos silvestres." *Lyonia* 10 (2006): 47–57.

喧嚣之中

Amézquita, Adolfo, Sandra Victoria Flechas, Albertina Pimentel Lima, Herbert Gasser, and Walter Hödl. "Acoustic interference and recognition space within a complex assemblage of dendrobatid frogs." *Proceedings of the National Academy of Sciences* 108 (2011): 17058–17063.

Aubin, Thierry, and Pierre Jouventin. "How to vocally identify kin in a crowd: the penguin model." *Advances in the Study of Behavior* 31 (2002): 243–278.

Barringer, Lawrence E., Charles R. Bartlett, and Terry L. Erwin. "Canopy assemblages and species richness of planthoppers (Hemiptera: Fulgoroidea) in the Ecuadorian Amazon." *Insecta Mundi* (2019) 0726: 1–16.

Bass, Margot S., Matt Finer, Clinton N. Jenkins, Holger Kreft, Diego F. Cisneros-Heredia, Shawn F. McCracken, Nigel CA Pitman et al. "Global conservation significance of Ecuador's Yasuní National Park." *PLOS One* 5 (2010): e8767.

Blake, John G., and Bette A. Loiselle. "Enigmatic declines in bird numbers in lowland forest of eastern Ecuador may be a consequence of climate change." *PeerJ* 3 (2015): e1177.

Brumm, Henrik, and Marc Naguib. "Environmental acoustics and the evolution of bird song." *Advances in the Study of Behavior* 40 (2009): 1–33.

Brumm, Henrik, and Hans Slabbekoorn. "Acoustic communication in noise." *Advances in the Study of Behavior* 35 (2005): 151–209.

Carlson, Nora V., Erick Greene, and Christopher N. Templeton. "Nuthatches vary their alarm calls based upon the source of the eavesdropped signals." *Nature Communications* 11 (2020): 1–7.

Colombelli-Négrel, Diane, and Christine Evans. "Superb fairy-wrens respond more to alarm calls from mate and kin compared to unrelated individuals." *Behavioral Ecology* 28 (2017): 1101–1112.

Cottingham, John. "'A brute to the brutes?': Descartes' treatment of animals." *Philosophy* 53 (1978): 551–559.

Dalziell, Anastasia H., Alex C. Maisey, Robert D. Magrath, and Justin A. Welbergen. "Male lyrebirds create a complex acoustic illusion of a mobbing flock during courtship and copulation." *Current Biology* (2021). https://doi.org/10.1016/j.cub.2021.02.003.

Evans, Samuel, Carolyn McGettigan, Zarinah K. Agnew, Stuart Rosen, and Sophie K. Scott. "Getting the cocktail party started: masking effects in speech perception." *Journal of Cognitive Neuroscience* 28 (2016): 483–500.

Farrow, Lucy F., Ahmad Barati, and Paul G. McDonald. "Cooperative bird discriminates between individuals based purely on their aerial alarm calls." *Behavioral Ecology* 31 (2020): 440–447.

Flower, Tom P., Matthew Gribble, and Amanda R. Ridley. "Deception by flexible alarm mimicry in an African bird." *Science* 344 (2014): 513–516.

Greene, Erick, and Tom Meagher. "Red squirrels, *Tamiasciurus hudsonicus*, produce predator-class specific alarm calls." *Animal Behaviour* 55 (1998): 511–518.

Hansen, John H. L., Mahesh Kumar Nandwana, and Navid Shokouhi. "Analysis of human scream and its impact on text-independent speaker verification." *Journal of the Acoustical Society of America* 141 (2017): 2957–2967.

Hedwig, Berthold, and Daniel Robert. "Auditory Parasitoid Flies Exploiting Acoustic Communication of Insects." In *Insect Hearing and Acoustic Communication*, edited by Hedwig Berthold, 45–63. Berlin: Springer, 2014.

Hulse, Stewart H. "Auditory scene analysis in animal communication." *Advances in the Study of Behavior* 31 (2002): 163–201.

Jain, Manjari, Swati Diwakar, Jimmy Bahuleyan, Rittik Deb, and Rohini Balakrishnan. "A rain forest dusk chorus: cacophony or sounds of silence?" *Evolutionary Ecology* 28 (2014): 1–22.

Krause, Bernard L. "Bioacoustics, habitat ambience in ecological balance." *Whole Earth Review* (57) 14–18.

Krause, Bernard L. "The niche hypothesis: a virtual symphony of animal sounds, the origins of musical expression and the health of habitats." *Soundscape Newsletter* 6 (1993): 6–10.

Lindsay, Jessica, "Why Do Caterpillars Whistle? Acoustic Mimicry of Bird Alarm Calls in the Amorpha juglandis Caterpillar" (2015). University of Montana, Missoula, Undergraduate Theses, Professional Papers, and Capstone Artifacts. https://scholarworks.umt.edu/utpp/60.

Magrath, Robert D., Tonya M. Haff, Pamela M. Fallow, and Andrew N. Radford. "Eavesdropping on heterospecific alarm calls: from mechanisms to consequences." *Biological Reviews* 90 (2015): 560–586.

McLachlan, Jessica R., and Robert D. Magrath. "Speedy revelations: how alarm calls can convey rapid, reliable information about urgent danger." *Proceedings of the Royal Society B* 287 (2020): 20192772.

Price, Tabitha, Philip Wadewitz, Dorothy Cheney, Robert Seyfarth, Kurt Hammerschmidt, and Julia Fischer. "Vervets revisited: a quantitative analysis of alarm call structure and context specificity." *Scientific Reports* 5 (2015): 13220.

Schmidt, Arne K. D., and Rohini Balakrishnan. "Ecology of acoustic signalling and the problem of masking interference in insects." *Journal of Comparative Physiology A* 201 (2015): 133–142.

Schmidt, Arne KD, Klaus Riede, and Heiner Römer. "High background noise shapes selective auditory filters in a tropical cricket." *Journal of Experimental Biology* 214 (2011): 1754–1762.

Schmidt, Arne K. D., Heiner Römer, and Klaus Riede. "Spectral niche segregation and community organization in a tropical cricket assemblage." *Behavioral Ecology* 24 (2013): 470–480.

Suarez, Esteban, Manuel Morales, Rubén Cueva, V. Utreras Bucheli, Galo Zapata-Ríos, Eduardo Toral, Javier Torres, Walter Prado, and J. Vargas Olalla. "Oil industry, wild meat trade and roads: indirect effects of oil extraction activities in a protected area in north-eastern Ecuador." *Animal Conservation* 12 (2009): 364–373.

Summers, Kyle, S. E. A. McKeon, J. O. N. Sellars, Mark Keusenkothen, James Morris, David Gloeckner, Corey Pressley, Blake Price, and Holly Snow. "Parasitic exploitation as an engine of diversity." *Biological Reviews* 78 (2003): 639–675.

Swing, Kelly. "Preliminary observations on the natural history of representative treehoppers (Hemiptera, Auchenorrhyncha, Cicadomorpha: Membracidae and Aetalionidae) in the Yasuní Biosphere Reserve, including first reports of 13 genera for Ecuador and the province of Orellana." *Avances en Ciencias e Ingenierias* 4 (2012): B10–B38.

Templeton, Christopher N., Erick Greene, and Kate Davis. "Allometry of alarm calls: black-capped chickadees encode information about predator size." *Science* 308 (2005): 1934–1937.

Tobias, Joseph A., Robert Planqué, Dominic L. Cram, and Nathalie Seddon. "Species interactions and the structure of complex communication networks." *Proceedings of the National Academy of Sciences* 111 (2014): 1020–1025.

Zuk, Marlene, John T. Rotenberry, and Robin M. Tinghitella. "Silent night: adaptive disappearance of a sexual signal in a parasitized population of field crickets." *Biology Letters* 2 (2006): 521–524.

性与美

Archetti, Marco. "Evidence from the domestication of apple for the maintenance of autumn colours by coevolution." *Proceedings of the Royal Society B* 276 (2009): 2575–2580.

Baker, Myron C., Merrill SA Baker, and Laura M. Tilghman. "Differing effects of isolation on evolution of bird songs: examples from an island-mainland comparison of three species." *Biological Journal of the Linnean Society* 89 (2006): 331–342.

Beasley, V. R., R. Cole, C. Johnson, L. Johnson, C. Lieske, J. Murphy, M. Piwoni, C. Richards, P. Schoff, and A. M. Schotthoefer. "Environmental factors that influence amphibian community structure and health as indicators of ecosystems." Final Report EPA Grant R825867 (2001). https://cfpub.epa.gov/ncer_abstracts/index.cfm/fuseaction/display.highlight/abstract/274/report/F.

Biernaskie, Jay M., Alan Grafen, and Jennifer C. Perry. "The evolution of index signals to avoid the cost of dishonesty." *Proceedings of the Royal Society B* 281 (2014): 20140876.

Boccia, Maddalena, Sonia Barbetti, Laura Piccardi, Cecilia Guariglia, Fabio

Ferlazzo, Anna Maria Giannini, and D. W. Zaidel. "Where does brain neural activation in aesthetic responses to visual art occur? Meta-analytic evidence from neuroimaging studies." *Neuroscience & Biobehavioral Reviews* 60 (2016): 65–71.

Butterfield, Brian P., Michael J. Lannoo, and Priya Nanjappa. "*Pseudacris crucifer.* Spring Peeper." AmphibiaWeb. Accessed May 23, 2020. http://amphibiaweb.org.

Conway, Bevil R., and Alexander Rehding. "Neuroaesthetics and the trouble with beauty." *PLOS Biology* 11 (2013): e1001504.

Cresswell, Will. "Song as a pursuit-deterrent signal, and its occurrence relative to other anti-predation behaviours of skylark (*Alauda arvensis*) on attack by merlins (*Falco columbarius*)." *Behavioral Ecology and Sociobiology* 34 (1994): 217–223.

Cummings, Molly E., and John A. Endler. "25 Years of sensory drive: the evidence and its watery bias." *Current Zoology* 64 (2018): 471–484.

Darwin, Charles. *On the Origin of Species by Means of Natural Selection, or the Preservation of Favoured Races in the Struggle for Life*. London: Murray, 1859. http://darwin-online.org.uk/.

Eberhardt, Laurie S. "Oxygen consumption during singing by male Carolina wrens (*Thryothorus ludovicianus*)." *Auk* 111 (1994): 124–130.

Fisher, Ronald A. "The evolution of sexual preference." *Eugenics Review* 7 (1915): 184–192.

Forester, Don C., and Richard Czarnowsky. "Sexual selection in the spring peeper, *Hyla crucifer* (Amphibia, Anura): role of the advertisement call." *Behaviour* 92 (1985): 112–127.

Forester, Don C., and W. Keith Harrison. "The significance of antiphonal vocalisation by the spring peeper, *Pseudacris crucifer* (Amphibia, Anura)." *Behaviour* 103 (1987): 1–15.

Fowler-Finn, Kasey D., and Rafael L. Rodríguez. "The causes of variation in the presence of genetic covariance between sexual traits and preferences." *Biological Reviews* 91 (2016): 498–510.

Grant, Peter R., and B. Rosemary Grant. "The founding of a new population of Darwin's finches." *Evolution* 49 (1995): 229–240.

Gray, David A., and William H. Cade. "Sexual selection and speciation in field crickets." *Proceedings of the National Academy of Sciences* 97 (2000): 14449–14454.

Henshaw, Jonathan M., and Adam G. Jones. "Fisher's lost model of runaway sexual selection." *Evolution* 74 (2019): 487–494.

Hill, Brad G., and M. Ross Lein. "The non-song vocal repertoire of the white-crowned sparrow." *Condor* 87 (1985): 327–335.

Humfeld, Sarah C., Vincent T. Marshall, and Mark A. Bee. "Context-dependent plasticity of aggressive signalling in a dynamic social environment." *Animal Behaviour* 78 (2009): 915–924.

Kirkpatrick, Mark. "Sexual selection and the evolution of female choice." *Evolution* 82 (1982): 1–12.

Kruger, M. Charlotte, Carina J. Sabourin, Alexandra T. Levine, and Stephen G. Lomber. "Ultrasonic hearing in cats and other terrestrial mammals." *Acoustics Today* 17 (2021): 18–25.

Kuhelj, Anka, Maarten De Groot, Franja Pajk, Tatjana Simčič, and Meta Virant-Doberlet. "Energetic cost of vibrational signalling in a leafhopper." *Behavioral Ecology and Sociobiology* 69 (2015): 815–828.

Laland, Kevin N. "On the evolutionary consequences of sexual imprinting." *Evolution* 48 (1994): 477–489.

Lande, Russell. "Models of speciation by sexual selection on polygenic traits." *Proceedings of the National Academy of Sciences* 78 (1981): 3721–3725.

Lemmon, Emily Moriarty. "Diversification of conspecific signals in sympatry: geographic overlap drives multidimensional reproductive character displacement in frogs." *Evolution* 63 (2009): 1155–1170.

Lemmon, Emily Moriarty, and Alan R. Lemmon. "Reinforcement in chorus frogs: lifetime fitness estimates including intrinsic natural selection and sexual selection against hybrids." *Evolution* 64 (2010): 1748–1761.

Ligon, Russell A., Christopher D. Diaz, Janelle L. Morano, Jolyon Troscianko, Martin Stevens, Annalyse Moskeland, Timothy G. Laman, and Edwin Scholes III. "Evolution of correlated complexity in the radically different courtship signals of birds-of-paradise." *PLOS Biology* 16 (2018): e2006962.

Lykens, David V., and Don C. Forester. "Age structure in the spring peeper: do males advertise longevity?" *Herpetologica* (1987): 216–223.

Marshall, David C., and Kathy BR Hill. "Versatile aggressive mimicry of cicadas by an Australian predatory katydid." *PLOS One* 4 (2009).

Matsumoto, Yui K., and Kazuo Okanoya. "Mice modulate ultrasonic calling bouts according to sociosexual context." *Royal Society Open Science* 5 (2018): 180378.

Mead, Louise S., and Stevan J. Arnold. "Quantitative genetic models of sexual selection." *Trends in Ecology & Evolution* 19 (2004): 264–271.

Miles, Meredith C., Eric R. Schuppe, R. Miller Ligon IV, and Matthew J. Fuxjager. "Macroevolutionary patterning of woodpecker drums reveals how sexual selection elaborates signals under constraint." *Proceedings of the Royal Society B* 285 (2018): 20172628.

Odom, Karan J., Michelle L. Hall, Katharina Riebel, Kevin E. Omland, and Naomi E. Langmore. "Female song is widespread and ancestral in songbirds." *Nature Communications* 5 (2014): 1–6.

Pašukonis, Andrius, Matthias-Claudio Loretto, and Walter Hödl. "Map-like navigation from distances exceeding routine movements in the three-striped poison frog (*Ameerega trivittata*)." *Journal of Experimental Biology* 221 (2018).

Pašukonis, Andrius, Katharina Trenkwalder, Max Ringler, Eva Ringler, Rosanna Mangione, Jolanda Steininger, Ian Warrington, and Walter Hödl. "The significance of spatial memory for water finding in a tadpole-transporting frog." *Animal Behaviour* 116 (2016): 89–98.

Patricelli, Gail L., Eileen A. Hebets, and Tamra C. Mendelson. "Book review of Prum, RO 2018. The evolution of beauty." *Evolution* 73 (2019): 115–124.

Pomiankowski, Andrew, and Yoh Iwasa. "Evolution of multiple sexual preferences by Fisher's runaway process of sexual selection." *Proceedings of the Royal Society of London*. Series B 253 (1993): 173–181.

Proctor, Heather C. "Sensory exploitation and the evolution of male mating behaviour: a cladistic test using water mites (Acari: Parasitengona)." *Animal Behaviour* 44 (1992): 745-752.

Prokop, Zofia M., and Szymon M. Drobniak. "Genetic variation in male attractiveness: it is time to see the forest for the trees." *Evolution* 70 (2016): 913–921.

Prokop, Zofia M., Łukasz Michalczyk, Szymon M. Drobniak, Magdalena Herdegen, and Jacek Radwan. "Meta-analysis suggests choosy females get sexy sons more than 'good genes.'" *Evolution* 66 (2012): 2665–2673.

Prum, Richard O. "Aesthetic evolution by mate choice: Darwin's really dangerous idea." *Philosophical Transactions of the Royal Society B* 367 (2012): 2253–2265.

Prum, Richard O. *The Evolution of Beauty*. Doubleday: New York, 2017.

Prum, Richard O. "The Lande–Kirkpatrick mechanism is the null model of evolution by intersexual selection: implications for meaning, honesty, and design in intersexual signals." *Evolution* 64 (2010): 3085–3100.

Purnell, Beverly A. "Intersexuality in female moles." *Science* 370 (2020): 182.

Reeder, Amy L., Marilyn O. Ruiz, Allan Pessier, Lauren E. Brown, Jeffrey M. Levengood, Christopher A. Phillips, Matthew B. Wheeler, Richard E. Warner, and Val R. Beasley. "Intersexuality and the cricket frog decline: historic and geographic trends." *Environmental Health Perspectives* 113 (2005): 261–265.

Rendell, Luke, Laurel Fogarty, and Kevin N. Laland. "Runaway cultural niche construction." *Philosophical Transactions of the Royal Society B* 366 (2011): 823–835.

Riebel, Katharina, Karan J. Odom, Naomi E. Langmore, and Michelle L. Hall. "New insights from female bird song: towards an integrated approach to studying male and female communication roles." *Biology Letters* 15 (2019): 20190059.

Rothenberg, David. *Survival of the Beautiful*. New York: Bloomsbury Press, 2011.

Roughgarden, Joan. "Homosexuality and Evolution: A Critical Appraisal." In *On Human Nature*, edited by Michel Tibayrenc and Francisco J. Ayala, 495–516. New York: Academic Press, 2017.

Ryan, Michael J. "Coevolution of sender and receiver: effect on local mate preference in cricket frogs." *Science* 240 (1988): 1786.

Schoffelen, Richard L. M., Johannes M. Segenhout, and Pim Van Dijk. "Mechanics of the exceptional anuran ear." *Journal of Comparative Physiology A* 194 (2008): 417–428.

Short, Stephen, Gongda Yang, Peter Kille, and Alex T. Ford. "A widespread and distinctive form of amphipod intersexuality not induced by known feminising parasites." *Sexual Development* 6 (2012). 320–324.

Skelly, David K., Susan R. Bolden, and Kirstin B. Dion. "Intersex frogs concentrated in suburban and urban landscapes." *EcoHealth* 7 (2010): 374–

379.

Solnit, Rebecca. *Recollections of My Nonexistence*. New York: Viking, 2020.

Starnberger, Iris, Doris Preininger, and Walter Hödl. "The anuran vocal sac: a tool for multimodal signalling." *Animal Behaviour* 97 (2014): 281–288.

Stewart, Kathryn. "Contact Zone Dynamics and the Evolution of Reproductive Isolation in a North American Treefrog, the Spring Peeper (*Pseudacris crucifer*)." (PhD diss., Queen's University, 2013).

Taborsky, Michael, and H. Jane Brockmann. "Alternative Reproductive Tactics and Life History Phenotypes." In *Animal Behaviour: Evolution and Mechanisms*, edited by Peter M. Kappeler, 537–586. Berlin: Springer, 2010.

Wilczynski, Walter, Harold H. Zakon, and Eliot A. Brenowitz. "Acoustic communication in spring peepers." *Journal of Comparative Physiology A* 155 (1984): 577–584.

Zamudio, Kelly R., and Lauren M. Chan. "Alternative Reproductive Tactics in Amphibians." In *Alternative Reproductive Tactics: An Integrative Approach*, edited by Rui F. Oliveira, Michael Taborsky, and Jane Brockmann, 300–331. Cambridge: Cambridge University Press, 2008.

Zhang, Fang, Juan Zhao, and Albert S. Feng. "Vocalizations of female frogs contain nonlinear characteristics and individual signatures." *PLOS One* 12 (2017).

Zimmitti, Salvatore J. "Individual variation in morphological, physiological, and biochemical features associated with calling in spring peepers (*Pseudacris crucifer*)." *Physiological and Biochemical Zoology* 72 (1999): 666–676.

语音学习与语音文化

Bolhuis, Johan J., Kazuo Okanoya, and Constance Scharff. "Twitter evolution: converging mechanisms in birdsong and human speech." *Nature Reviews Neuroscience* 11 (2010): 747–759.

Brakes, Philippa, Sasha R. X. Dall, Lucy M. Aplin, Stuart Bearhop, Emma L. Carroll, Paolo Ciucci, Vicki Fishlock et al. "Animal cultures matter for conservation." *Science* 363 (2019): 1032–1034.

Cavitt, John F., and Carola A. Haas (2020). Brown Thrasher (*Toxostoma rufum*). In *Birds of the World*, edited by A. F. Poole. https://doi.org/10.2173/bow.

brnthr.01.

Cheney, Dorothy L., and Robert M. Seyfarth. "Flexible usage and social function in primate vocalizations." *Proceedings of the National Academy of Sciences* 115 (2018): 1974–1979.

Chilton, G., M. C. Baker, C. D. Barrentine, and M. A. Cunningham (2020). White-crowned Sparrow (*Zonotrichia leucophrys*). In *Birds of the World*, edited by A. F. Poole and F. B. Gill. https://doi.org/10.2173/bow.whcspa.01.

Crates, Ross, Naomi Langmore, Louis Ranjard, Dejan Stojanovic, Laura Rayner, Dean Ingwersen, and Robert Heinsohn. "Loss of vocal culture and fitness costs in a critically endangered songbird." *Proceedings of the Royal Society B* 288 (2021): 20210225.

Derryberry, Elizabeth P. "Ecology shapes birdsong evolution: variation in morphology and habitat explains variation in white-crowned sparrow song." *American Naturalist* 174 (2009): 24–33.

Ferrigno, Stephen, Samuel J. Cheyette, Steven T. Piantadosi, and Jessica F. Cantlon. "Recursive sequence generation in monkeys, children, US adults, and native Amazonians." *Science Advances* 6 (2020): eaaz1002.

Gentner, Timothy Q., Kimberly M. Fenn, Daniel Margoliash, and Howard C. Nusbaum. "Recursive syntactic pattern learning by songbirds." *Nature* 440 (2006): 1204–1207.

Gero, Shane, Hal Whitehead, and Luke Rendell. "Individual, unit and vocal clan level identity cues in sperm whale codas." *Royal Society Open Science* 3 (2016): 150372.

Kroodsma, Donald E. "Vocal Behavior." In *Handbook of Bird Biology*, 2nd ed. Ithaca, NY: Cornell Lab of Ornithology, 2004.

Lachlan, Robert F., Oliver Ratmann, and Stephen Nowicki. "Cultural conformity generates extremely stable traditions in bird song." *Nature Communications* 9 (2018): 1–9.

Lipshutz, Sara E., Isaac A. Overcast, Michael J. Hickerson, Robb T. Brumfield, and Elizabeth P. Derryberry. "Behavioural response to song and genetic divergence in two subspecies of white-crowned sparrows (*Zonotrichia leucophrys*)." *Molecular Ecology* 26 (2017): 3011–3027.

Marler, Peter. "A comparative approach to vocal learning: song development in white-crowned sparrows." *Journal of Comparative and Physiological*

Psychology 71 (1970): 1.

May, Michael. "Recordings That Made Waves: The Songs That Saved the Whales." National Public Radio, *All Things Considered*. December 26, 2014.

Nelson, Douglas A. "A preference for own-subspecies'song guides vocal learning in a song bird." *Proceedings of the National Academy of Sciences* 97 (2000): 13348–13353.

Nelson, Douglas A., Karen I. Hallberg, and Jill A. Soha. "Cultural evolution of Puget sound white-crowned sparrow song dialects." *Ethology* 110 (2004): 879–908.

Nelson, Douglas A., Peter Marler, and Alberto Palleroni. "A comparative approach to vocal learning: intraspecific variation in the learning process." *Animal Behaviour* 50 (1995): 83–97.

Otter, Ken A., Alexandra Mckenna, Stefanie E. LaZerte, and Scott M. Ramsay. "Continent-wide shifts in song dialects of white-throated sparrows." *Current Biology* 30 (2020): 3231–3235.

Paxton, Kristina L., Esther Sebastián-González, Justin M. Hite, Lisa H. Crampton, David Kuhn, and Patrick J. Hart. "Loss of cultural song diversity and the convergence of songs in a declining Hawaiian forest bird community." *Royal Society Open Science* 6 (2019): 190719.

Rosenberg, Kenneth V., Adriaan M. Dokter, Peter J. Blancher, John R. Sauer, Adam C. Smith, Paul A. Smith, Jessica C. Stanton et al. "Decline of the North American avifauna." *Science* 366 (2019): 120–124.

Safina, Carl. *Becoming Wild*. New York: Henry Holt, 2020.

Simmons, Andrea Megela, and Darlene R. Ketten. "How a frog hears." *Acoustics Today* 16 (2020): 67–74.

Slabbekoorn, Hans, and Thomas B. Smith. "Bird song, ecology and speciation." *Philosophical Transactions of the Royal Society of London*. Series B 357 (2002): 493–503.

Thornton, Alex, and Tim Clutton-Brock. "Social learning and the development of individual and group behaviour in mammal societies." *Philosophical Transactions of the Royal Society B* 366 (2011): 978–987.

Trainer, Jill M. "Cultural evolution in song dialects of yellow-rumped caciques in Panama." *Ethology* 80 (1989): 190–204.

Tyack, Peter L. "A taxonomy for vocal learning." *Philosophical Transactions of the Royal Society B* 375 (2020): 20180406.

Uy, J. Albert C., Darren E. Irwin, and Michael S. Webster. "Behavioral isolation and incipient speciation in birds." *Annual Review of Ecology, Evolution, and Systematics* 49 (2018): 1–24.

Whitehead, Hal, Kevin N. Laland, Luke Rendell, Rose Thorogood, and Andrew Whiten. "The reach of gene–culture coevolution in animals." *Nature Communications* 10 (2019): 1–10.

Whiten, Andrew. "A second inheritance system: the extension of biology through culture." *Interface Focus* 7 (2017): 20160142.

Wickman, Forrest. "Who Really Said You Should 'Kill Your Darlings'?" *Slate Magazine*, October 18, 2013. https://slate.com/culture/2013/10/kill-your-darlings-writing-advice-what-writer-really-said-to-murder-your-babies.html.

幽深岁月的印记

Batista, Romina, Urban Olsson, Tobias Andermann, Alexandre Aleixo, Camila Cherem Ribas, and Alexandre Antonelli. "Phylogenomics and biogeography of the world's thrushes (Aves, *Turdus*): new evidence for a more parsimonious evolutionary history." *Proceedings of the Royal Society B* 287 (2020): 20192400.

Cigliano, María M., Holger Braun, David C. Eades, and Daniel Otte. *Orthoptera Species File*. Version 5.0/5.0. June 22, 2020. http://Orthoptera.SpeciesFile.org.

Curtis, Syndey, and H. E. Taylor. "Olivier Messiaen and the Albert's Lyrebird: from Tamborine Mountain to Éclairs sur l'au-delà.'" In *Olivier Messiaen: The Centenary Papers*, edited by Judith Crispin, 52–79. Newcastle upon Tyne, UK: Cambridge Scholars Publishing, 2010.

Ducker, Sophie. *The Contented Botanist: Letters of W. H. Harvey about Australia and the Pacific*. Melbourne: Miegunyah Press, 1984.

Fuchs, Jérôme, Martin Irestedt, Jon Fjeldså, Arnaud Couloux, Eric Pasquet, and Rauri C. K. Bowie. "Molecular phylogeny of African bush-shrikes and allies: tracing the biogeographic history of an explosive radiation of corvoid birds." *Molecular Phylogenetics and Evolution* 64 (2012): 93–105.

Heads, Sam W., and Léa Leuzinger. "On the placement of the Cretaceous orthopteran *Brauckmannia groeningae* from Brazil, with notes on the relationships of Schizodactylidae (Orthoptera, Ensifera)." *ZooKeys* 77 (2011): 17.

Hill, Kathy B. R., David C. Marshall, Maxwell S. Moulds, and Chris Simon. "Molecular phylogenetics, diversification, and systematics of Tibicen Latreille 1825 and allied cicadas of the tribe Cryptotympanini, with three new genera and emphasis on species from the USA and Canada (Hemiptera: Auchenorrhyncha: Cicadidae)." *Zootaxa* 3985 (2015): 219–251.

Hopper, Stephen D. "OCBIL theory: towards an integrated understanding of the evolution, ecology and conservation of biodiversity on old, climatically buffered, infertile landscapes." *Plant and Soil* 322 (2009): 49–86.

Jønsson, Knud Andreas, Pierre-Henri Fabre, Jonathan D. Kennedy, Ben G. Holt, Michael K. Borregaard, Carsten Rahbek, and Jon Fjeldså. "A supermatrix phylogeny of corvoid passerine birds (Aves: Corvides)." *Molecular Phylogenetics and Evolution* 94 (2016): 87–94.

Kearns, Anna M., Leo Joseph, and Lyn G. Cook. "A multilocus coalescent analysis of the speciational history of the Australo-Papuan butcherbirds and their allies." *Molecular Phylogenetics and Evolution* 66 (2013): 941–952.

Low, Tim. *Where Song Began: Australia's Birds and How They Changed the World.* New Haven, CT: Yale University Press, 2016.

Marshall, David C., Max Moulds, Kathy B. R. Hill, Benjamin W. Price, Elizabeth J. Wade, Christopher L. Owen, Geert Goemans et al. "A molecular phylogeny of the cicadas (Hemiptera: Cicadidae) with a review of tribe and subfamily classification." *Zootaxa* 4424 (2018): 1–64.

Mayr, Gerald. "Old World fossil record of modern-type hummingbirds." *Science* 304 (2004): 861–864.

McGuire, Jimmy A., Christopher C. Witt, J. V. Remsen Jr., Ammon Corl, Daniel L. Rabosky, Douglas L. Altshuler, and Robert Dudley. "Molecular phylogenetics and the diversification of hummingbirds." *Current Biology* 24 (2014): 910–916.

Nicholson, David B., Peter J. Mayhew, and Andrew J. Ross. "Changes to the fossil record of insects through fifteen years of discovery." *PLOS One* 10 (2015): e0128554.

Oliveros, Carl H., Daniel J. Field, Daniel T. Ksepka, F. Keith Barker,

Alexandre Aleixo, Michael J. Andersen, Per Alström et al. "Earth history and the passerine superradiation." *Proceedings of the National Academy of Sciences* 116 (2019): 7916–7925.

Orians, Gordon H., and Antoni V. Milewski. "Ecology of Australia: the effects of nutrient-poor soils and intense fires." *Biological Reviews* 82 (2007): 393–423.

Ratcliffe, Eleanor, Birgitta Gatersleben, and Paul T. Sowden. "Predicting the perceived restorative potential of bird sounds through acoustics and aesthetics." *Environment and Behavior* 52 (2020): 371–400.

Sætre, G-P., S. Riyahi, Mansour Aliabadian, Jo S. Hermansen, S. Hogner, U. Olsson, M. F. Gonzalez Rojas, S. A. Sæther, C. N. Trier, and T. O. Elgvin. "Single origin of human commensalism in the house sparrow." *Journal of Evolutionary Biology* 25 (2012): 788–796.

Scheffers, Brett R., Brunno F. Oliveira, Ieuan Lamb, and David P. Edwards. "Global wildlife trade across the tree of life." *Science* 366 (2019): 71–76.

Toda, Yasuka, Meng-Ching Ko, Qiaoyi Liang, Eliot T. Miller, Alejandro Rico-Guevara, Tomoya Nakagita, Ayano Sakakibara, Kana Uemura, Timothy Sackton, Takashi Hayakawa, Simon Yung Wa Sin, Yoshiro Ishimaru, Takumi Misaka, Pablo Oteiza, James Crall, Scott V. Edwards, William Buttemer, Shuichi Matsumura, and Maude W. Baldwin. "Early Origin of Sweet Perception in the Songbird Radiation." *Science* 373 (2021): 226–231.

Wang, H., Y. N. Fang, Y. Fang, E. A. Jarzembowski, B. Wang, and H. C. Zhang. "The earliest fossil record of true crickets belonging to the Baissogryllidae (Insecta, Orthoptera, Grylloidea)." *Geological Magazine* 156 (2019): 1440–1444.

Whitehouse, Andrew. "Senses of Being: The Atmospheres of Listening to Birds in Britain, Australia and New Zealand." In *Exploring Atmospheres Ethnographically*, edited by Sara Asu Schroer and Susanne Schmitt, 61–75. Abingdon, UK: Routledge, 2018.

骨骼，象牙，呼吸

Albouy, Philippe, Lucas Benjamin, Benjamin Morillon, and Robert J. Zatorre. "Distinct sensitivity to spectrotemporal modulation supports brain asymmetry for speech and melody." *Science* 367 (2020): 1043–1047.

Aubert, Maxime, Rustan Lebe, Adhi Agus Oktaviana, Muhammad Tang,

Basran Burhan, Andi Jusdi, Budianto Hakim et al. "Earliest hunting scene in prehistoric art." *Nature* (2019): 1–4.

Centre Pompidou. *Préhistoire, Une Énigme Moderne.* Exhibition. Paris, France (2019).

Conard, Nicholas., Michael Bolus, Paul Goldberg, and Suzanne C. Münzel. "The Last Neanderthals and First Modern Humans in the Swabian Jura." In *When Neanderthals and Modern Humans Met*, edited by Nicholas Conrad. Tübingen, Germany: Tübingen Publications in Prehistory, 2006.

Conard, Nicholas J., Michael Bolus, and Susanne C. Münzel. "Middle Paleolithic land use, spatial organization and settlement intensity in the Swabian Jura, southwestern Germany." *Quaternary International* 247 (2012): 236–245.

Conard, Nicholas J., Keiko Kitagawa, Petra Krönneck, Madelaine Böhme, and Susanne C. Münzel. "The importance of fish, fowl and small mammals in the Paleolithic diet of the Swabian Jura, southwestern Germany." In *Zooarchaeology and Modern Human Origins*, edited by Jamie Clark, and John D. Speth, 173–190. Dordrecht: Springer, 2013.

Conard, Nicholas J., and Maria Malina. "New evidence for the origins of music from caves of the Swabian Jura." *Orient-archäologie* 22 (2008): 13–22.

Conard, Nicholas J., Maria Malina, and Susanne C. Münzel. "New flutes document the earliest musical tradition in southwestern Germany." *Nature* 460 (2009): 737.

d'Errico, Francesco, Paola Villa, Ana C. Pinto Llona, and Rosa Ruiz Idarraga. "A Middle Palaeolithic origin of music? Using cave-bear bone accumulations to assess the Divje Babe I bone 'flute.'" *Antiquity* 72 (1998): 65–79.

d'Errico, Francesco, Christopher Henshilwood, Graeme Lawson, Marian Vanhaeren, Anne-Marie Tillier, Marie Soressi, Frédérique Bresson et al. "Archaeological evidence for the emergence of language, symbolism, and music—an alternative multidisciplinary perspective." *Journal of World Prehistory* 17 (2003): 1–70.

Dutkiewicz, Ewa, Sibylle Wolf, and Nicholas J. Conard. "Early symbolism in the Ach and the Lone valleys of southwestern Germany." *Quaternary International* 491 (2017): 30–45.

Floss, Harald. "Same as it ever was? The Aurignacian of the Swabian Jura and the origins of Palaeolithic art." *Quaternary International* 491 (2018): 21–29.

Guenther, Mathias. "N//àe ("Talking"): The oral and rhetorical base of San culture." *Journal of Folklore Research* 43 (2006): 241–261.

Güntürkün, Onur, Felix Ströckens, and Sebastian Ocklenburg. "Brain lateralization: a comparative perspective." *Physiological Reviews* 100 (2020): 1019–1063.

Hahn, Joachim, and Susanne C. Münzel. "Knochenflöten aus dem Aurignacien des Geißenklösterle bei Blaubeuren, Alb-Donau-Kreis." *Fundberichte aus Baden-Württemberg* 20 (1995): 1–12.

Hardy, Bruce L., Michael Bolus, and Nicholas J. Conard. "Hammer or crescent wrench? Stone-tool form and function in the Aurignacian of southwest Germany." *Journal of Human Evolution* 54 (2008): 648–662.

Henshilwood, Christopher S., Francesco d'Errico, Karen L. van Niekerk, Laure Dayet, Alain Queffelec, and Luca Pollarolo. "An abstract drawing from the 73,000-year-old levels at Blombos Cave, South Africa." *Nature* 562 (2018): 115.

Higham, Thomas, Laura Basell, Roger Jacobi, Rachel Wood, Christopher Bronk Ramsey, and Nicholas J. Conard. "Testing models for the beginnings of the Aurignacian and the advent of figurative art and music: the radiocarbon chronology of Geißenklösterle." *Journal of Human Evolution* 62 (2012): 664–676.

Jewell, Edward Alden. "Art Museum Opens Prehistoric Show." *New York Times*, April 28, 1937.

Kehoe, Laura. "Mysterious new behaviour found in our closest living relatives." *Conversation*, February 29, 2016.

Killin, Anton. "The origins of music: evidence, theory, and prospects." *Music & Science* 1 (2018): 2059204317751971.

Kühl, Hjalmar S., Ammie K. Kalan, Mimi Arandjelovic, Floris Aubert, Lucy D'Auvergne, Annemarie Goedmakers, Sorrel Jones et al. "Chimpanzee accumulative stone throwing." *Scientific Reports* 6 (2016): 1–8.

Malina, Maria, and Ralf Ehmann. "Elfenbeinspaltung im Aurignacien Zur Herstellungstechnik der Elfenbeinflöte aus dem Geißenklösterle." *Mitteilungen der Gesellschaft für Urgeschichte* 18 (2009): 93–107.

Mehr, Samuel A., Manvir Singh, Dean Knox, Daniel M. Ketter, Daniel Pickens-Jones, Stephanie Atwood, Christopher Lucas et al. "Universality and diversity in human song." *Science* 366 (2019): eaax0868.

Morley, Iain. *The Prehistory of Music: Human Evolution, Archaeology, and the*

Origins of Musicality. Oxford, UK: Oxford University Press, 2013.

Münzel, Susanne, Nicholas J. Conrad, Wulf Hein, Frances Gill, Anna Friederike Potengowski. "Interpreting three Upper Palaeolithic wind instruments from Germany and one from France as flutes. (Re)construction, playing techniques and sonic results." *Studien zur Musikarchäologie* X (2016): 225–243.

Münzel, Susanne, Friedrich Seeberger, and Wulf Hein. "The Geißenklösterle Flute—discovery, experiments, reconstruction." *Studien zur Musikarchäologie* III (2002): 107–118.

Museum of Modern Art. *Prehistoric Rock Pictures in Europe and Africa*, 28 April to 30 May 1937. https://www.moma.org/interactives/exhibitions/2016/spelunker/exhibitions/3037/.

Novitskaya, E., C. J. Ruestes, M. M. Porter, V. A. Lubarda, M. A. Meyers, and J. McKittrick. "Reinforcements in avian wing bones: experiments, analysis, and modeling." *Journal of the Mechanical Behavior of Biomedical Materials* 76 (2017): 85–96.

Peretz, Isabelle, Dominique Vuvan, Marie-Élaine Lagrois, and Jorge L. Armony. "Neural overlap in processing music and speech." *Philosophical Transactions of the Royal Society B* 370 (2015): 20140090.

Potengowski, Anna Friederike, and Susanne C. Münzel. "Hörbeispiele, Examples 1–33." *Mitteilungen der Gesellschaft für Urgeschichte*, 2015. https://uni-tuebingen.de/fakultaeten/mathematisch-naturwissenschaftliche-fakultaet/fachbereiche/geowissenschaften/arbeitsgruppen/urgeschichte-naturwissenschaftliche-archaeologie/forschungsbereich/aeltere-urgeschichte-quartaeroekologie /publikationen/gfu-mitteilungen/hoerbeispiele/.

Potengowski, A.F., and S. C. Münzel. "Die musikalische 'Vermessung' paläolithischer Blasinstrumente der Schwäbischen Albanhand von Rekonstruktionen. Anblastechniken, Tonmaterial und Klangwelt." *Mitteilungen der Gesellschaft für Urgeschichte* 24 (2015): 173–191.

Potengowski, Anna Friederike (bone flutes), and Georg Wieland Wagner (percussion). *The Edge of Time: Palaeolithic Bone Flutes of France and Germany*, compact disc. Edinburgh, UK: Delphian Records, 2017.

Rhodes, Sara E., Reinhard Ziegler, Britt M. Starkovich, and Nicholas J. Conard. "Small mammal taxonomy, taphonomy, and the paleoenvironmental record during the Middle and Upper Paleolithic at Geißenklösterle Cave (Ach Valley, southwestern Germany)." *Quaternary Science Reviews* 185 (2018): 199–221.

Richard, Maïlys, Christophe Falguères, Helene Valladas, Bassam Ghaleb, Edwige Pons-Branchu, Norbert Mercier, Daniel Richter, and Nicholas J. Conard. "New electron spin resonance (ESR) ages from Geißenklösterle Cave: a chronological study of the Middle and early Upper Paleolithic layers." *Journal of Human Evolution* 133 (2019): 133–145.

Riehl, Simone, Elena Marinova, Katleen Deckers, Maria Malina, and Nicholas J. Conard. "Plant use and local vegetation patterns during the second half of the Late Pleistocene in southwestern Germany." *Archaeological and Anthropological Sciences* 7 (2015): 151–167.

Tomlinson, Gary. *A Million Years of Music: The Emergence of Human Modernity.* New York: Zone Books, 2015.

Zhang, Juzhong, Garman Harbottle, Changsui Wang, and Zhaochen Kong. "Oldest playable musical instruments found at Jiahu early Neolithic site in China." *Nature* 401 (1999): 366.

共鸣空间

Anderson, Tim. "How CDs Are Remastering the Art of Noise." *Guardian*, January 18, 2007.

Barron, M. "The Royal Festival Hall acoustics revisited." *Applied Acoustics* 24 (1988): 255–273.

Boyden, David D., Peter Walls, Peter Holman, Karel Moens, Robin Stowell, Anthony Barnett, Matt Glaser et al. "Violin." *Grove Music Online.* January 20, 2001. https://www.oxfordmusiconline.com/.

Cooper, Michel, and Robin Pogrebin. "After Years of False Starts, Geffen Hall Is Being Rebuilt. Really." *New York Times.* December 2, 2019.

Díaz-Andreu, M., and T. Mattioli. "Rock Art Music, and Acoustics: A Global Overview." In *The Oxford Handbook of the Archaeology and Anthropology of Rock Art*, edited by Bruno David and Ian J. McNiven, 503–528. Oxford, UK: Oxford University Press, 2017.

Ellison, Steve. "Innovations: Meyer Sound Spacemap Go." *Pro Sound News* (2020). https://www.prosoundnetwork.com/gear-and-technology/

innovations-meyer-sound-spacemap-go.

Emmerling, Caey, and Dallas Taylor. "The Loudness Wars." *Twenty Thousand Hertz*. Podcast. https://www.20k.org/episodes/loudnesswars.

Fazenda, Bruno, Chris Scarre, Rupert Till, Raquel Jiménez Pasalodos, Manuel Rojo Guerra, Cristina Tejedor, Roberto Ontañón Peredo et al. "Cave acoustics in prehistory: exploring the association of Palaeolithic visual motifs and acoustic response." *Journal of the Acoustical Society of America* 142 (2017): 1332–1349.

Fei, Faye Chunfang. *Chinese Theories of Theater and Performance from Confucius to the Present*. Ann Arbor, MI: University of Michigan Press, 2002.

Giordano, Nicholas. "The invention and evolution of the piano." *Acoustics Today* 12 (2016): 12–19.

Henahan, Donal. "Philharmonic Hall Is Returning." *New York Times*, July 8, 1969.

Hill, Peggy S. M. "Environmental and social influences on calling effort in the prairie mole cricket (Gryllotalpa major)." *Behavioral Ecology* 9 (1998): 101–108.

Kopf, Dan. "How Headphones Are Changing the Sound of Music." *Quartz*, December 18, 2019.

Kozinn, Allan. "More Tinkering with Acoustics at Avery Fisher." *New York Times*, November 16, 1991.

Lardner, Björn, and Maklarin bin Lakim. "Tree-hole frogs exploit resonance effects." *Nature* 420 (2002): 475.

Lawergren, Bo. "Neolithic drums in China." *Studien zur Musik* V (2006): 109–127.

Manniche, Lise. *Music and Musicians in Ancient Egypt*. London: British Museum Press, 1991.

Manoff, Tom. "Do Electronics Have a Place in the Concert Hall? Maybe." *New York Times*, March 31, 1991.

McKinnon, James W. "Hydraulis." *Grove Music Online*. 2001. https://www.oxfordmusiconline.com/.

Michaels, Sean. "Metallica Album Latest Victim in 'Loudness War' ?" *Guardian*, September 17, 2008.

Montagu, Jeremy, Howard Mayer Brown, Jaap Frank, and Ardal Powell.

"Flute." *Grove Music Online*. 2001. https://www.oxfordmusiconline.com/.

Petrusich, Amanda. "Headphones Everywhere." *New Yorker*, July 12, 2016.

Pike, Alistair W. G., Dirk L. Hoffmann, Marcos García-Diez, Paul B. Pettitt, Jose Alcolea, Rodrigo De Balbin, César Gonzalez-Sainz et al. "U-series dating of Paleolithic art in 11 caves in Spain." *Science* 336 (2012): 1409–1413.

Reznikoff, Iégor. "Sound resonance in prehistoric times: a study of Paleolithic painted caves and rocks." *Journal of the Acoustical Society of America* 123 (2008): 3603.

Reznikoff, Iégor, and Michel Dauvois. "La dimension sonore des grottes ornées." *Bulletin de la Société Préhistorique Française* 85 (1988): 238–246.

Ross, Alex. "Wizards of Sound." *New Yorker*, February 16, 2015.

Scarre, Chris. "Painting by resonance." *Nature* 338 (1989): 382.

Sound on Sound magazine. "Jeff Ellis: Engineering Frank Ocean," November 17, 2016. https://www.youtube.com/watch? v= izZMM5eHCtQ.

Tommasini, Anthony. "Defending the operatic voice from technology's wiles." *New York Times*, November 3, 1999.

Velliky, Elizabeth C., Martin Porr, and Nicholas J. Conard. "Ochre and pigment use at Hohle Fels cave: results of the first systematic review of ochre and ochre-related artefacts from the Upper Palaeolithic in Germany." *PLOS One* 13 (2018): e0209874.

Wu, Chih-Wei, Chih-Fang Huang, and Yi-Wen Liu. "Sound analysis and synthesis of Marquis Yi of Zeng's chime-bell set." *Proceedings of Meetings on Acoustics* ICA2013 19 (2013): 035077.

音乐，森林，身体

Anthwal, Neal, Leena Joshi, and Abigail S. Tucker. "Evolution of the mammalian middle ear and jaw: adaptations and novel structures." *Journal of Anatomy* 222 (2013): 147–160.

Ball, Stephen M. J. "Stocks and exploitation of East African blackwood." *Oryx* 38 (2004): 1–7.

Beachey, Richard W. "The East African ivory trade in the nineteenth century." *Journal of African History* (1967): 269–290.

Bennett, Bradley C. "The sound of trees: wood selection in guitars and other chordophones." *Economic Botany* 70 (2016): 49–63.

Chaiklin, Martha. "Ivory in world history–early modern trade in context." *History Compass* 8 (2010): 530–542.

Christensen-Dalsgaard, Jakob, and Catherine E. Carr. "Evolution of a sensory novelty: tympanic ears and the associated neural processing." *Brain Research Bulletin* 75 (2008): 365–370.

Clack, Jennifer A. "Patterns and processes in the early evolution of the tetrapod ear." *Journal of Neurobiology* 53 (2002): 251–264.

Conniff, Richard. "When the music in our parlors brought death to darkest Africa." *Audubon* 89 (1987): 77–92.

Currie, Adrian, and Anton Killin. "Not music, but musics: a case for conceptual pluralism in aesthetics." *Estetika: Central European Journal of Aesthetics* 54 (2017).

Davies, Stephen. "On defining music." *Monist* 95 (2012): 535–555.

Dick, Alastair. "The earlier history of the shawm in India." *Galpin Society Journal* 37 (1984): 80–98.

Fuller, Trevon L., Thomas P. Narins, Janet Nackoney, Timothy C. Bonebrake, Paul Sesink Clee, Katy Morgan, Anthony Tróchez et al. "Assessing the impact of China's timber industry on Congo Basin land use change." *Area* 51 (2019): 340–349.

Godt, Irving. "Music: a practical definition." *Musical Times* 146 (2005): 83–88.

Gracyk, Theodore, and Andrew Kania, eds. *The Routledge Companion to Philosophy and Music*. London: Taylor & Francis Group, 2011.

Hansen, Matthew C., Peter V. Potapov, Rebecca Moore, Matt Hancher, Svetlana A. Turubanova, Alexandra Tyukavina, David Thau et al. "High-resolution global maps of 21st-century forest cover change." *Science* 342 (2013): 850–853.

Jenkins, Martin, Sara Oldfield, and Tiffany Aylett. *International Trade in African Blackwood*. Cambridge, UK: Fauna & Flora International, 2002.

Kania, Andrew. "The Philosophy of Music." In *Stanford Encyclopedia of Philosophy* (Fall 2017 Edition), edited by Edward N. Zalta. Accessed October 16, 2020. https://plato.stanford.edu/archives/fall2017/entries/music/.

Levinson, Jerrold. *Music, Art, and Metaphysics*. Oxford, UK: Oxford University Press, 2011.

Luo, Zhe-Xi. "Developmental patterns in Mesozoic evolution of mammal ears." *Annual Review of Ecology, Evolution, and Systematics* 42 (2011): 355–

380.
Mao, Fangyuan, Yaoming Hu, Chuankui Li, Yuanqing Wang, Morgan Hill Chase, Andrew K. Smith, and Jin Meng. "Integrated hearing and chewing modules decoupled in a Cretaceous stem therian mammal." *Science* 367 (2020): 305–308.
Mhatre, Natasha, Robert Malkin, Rittik Deb, Rohini Balakrishnan, and Daniel Robert. "Tree crickets optimize the acoustics of baffles to exaggerate their mate-attraction signal." *eLife* 6 (2017): e32763.
Mpingo Conservation and Development Initiative. Accessed October 12, 2020. http://www.mpingoconservation.org/.
New York Philharmonic. "Program Notes." (2019), January 26, 2019.
New York Philharmonic. "Sheryl Staples on Her Instrument." March 30, 2011. https://www.youtube.com/watch? v= UuWlIa27Fuo.
Nieder, Andreas, Lysann Wagener, and Paul Rinnert. "A neural correlate of sensory consciousness in a corvid bird." *Science* 369 (2020): 1626–1629.
Page, Janet K., Geoffrey Burgess, Bruce Haynes, and Michael Finkelman. "Oboe." *Grove Music Online*. 2001. https://www.oxfordmusiconline.com/.
Spatz, H. Ch., H. Beismann, F. Brüchert, A. Emanns, and Th. Speck. "Biomechanics of the giant reed *Arundo donax*." *Philosophical Transactions of the Royal Society of London*. Series B 352 (1997): 1–10.
Thrasher, Alan R. "Sheng." *Grove Music Online*. 2001. https://www.oxfordmusiconline.com/.
Tucker, Abigail S. "Major evolutionary transitions and innovations: the tympanic middle ear." *Philosophical Transactions of the Royal Society B* 372 (2017): 20150483.
United Nations Office on Drugs and Crime. "World Wildlife Crime Report: trafficking in protected species." (2016) Vienna, Austria.
United States Environmental Protection Agency. "Durable goods: product-specific data." Accessed November 12, 2020. https://www.epa.gov/facts-and-figures-about-materials-waste-and-recycling/durable-goods-product-specific-data.
Urban, Daniel J., Neal Anthwal, Zhe-Xi Luo, Jennifer A. Maier, Alexa Sadier, Abigail S. Tucker, and Karen E. Sears. "A new developmental mechanism for the separation of the mammalian middle ear ossicles from the jaw."

Proceedings of the Royal Society B 284 (2017): 20162416.

Wang, Haibing, Jin Meng, and Yuanqing Wang. "Cretaceous fossil reveals a new pattern in mammalian middle ear evolution." *Nature* 576 (2019): 102–105.

Wegst, Ulrike GK. "Wood for sound." *American Journal of Botany* 93 (2006): 1439–1448.

Williams, Keith. "How Lincoln Center Was Built (It Wasn't Pretty)." *New York Times*, December 21, 2017.

World Wildlife Fund. "Timber: Overview." Accessed November 12, 2020. https://www.worldwildlife.org/industries/timber.

Zhu, Annah Lake. "China's rosewood boom: a cultural fix to capital overaccumulation." *Annals of the American Association of Geographers* 110 (2020): 277–296.

森林

Aliansi Masyarakat Adat Nusantara et al. "Request for consideration of the Situation of Indigenous Peoples in Kalimantan, Indonesia, under the Committee of the Elimination of Racial Discrimination's Urgent Action and Early Warning Procedure." July 2020. https://www.forestpeoples.org/sites/default/files/documents/Early% 20Warning% 20Urgent% 20Action% 20Procedure% 20CERD% 20submission% 20Indonesia.pdf.

Astaras, Christos, Joshua M. Linder, Peter Wrege, Robinson Orume, Paul J. Johnson, and David W. Macdonald. "Boots on the ground: the role of passive acoustic monitoring in evaluating antipoaching patrols." *Environmental Conservation* (2020): 1–4.

Austin, Peter K., and Julia Sallabank, eds. *The Cambridge Handbook of Endangered Languages*. Cambridge, UK: Cambridge University Press, 2011.

Bengtsson, J., J. M. Bullock, B. Egoh, C. Everson, T. Everson, T. O'Connor, P. J. O'Farrell, H. G. Smith, and Regina Lindborg. "Grasslands—more important for ecosystem services than you might think." *Ecosphere* 10 (2019): e02582.

Berry, Nicholas J., Oliver L. Phillips, Simon L. Lewis, Jane K. Hill, David P. Edwards, Noel B. Tawatao, Norhayati Ahmad et al. "The high value of logged tropical forests: lessons from northern Borneo." *Biodiversity and Conservation* 19 (2010): 985–997.

Blackman, Allen, Leonardo Corral, Eirivelthon Santos Lima, and Gregory P. Asner. "Titling indigenous communities protects forests in the Peruvian Amazon." *Proceedings of the National Academy of Sciences* 114 (2017): 4123-4128.

Brandt, Jodi S., and Ralf C. Buckley. "A global systematic review of empirical evidence of ecotourism impacts on forests in biodiversity hotspots." *Current Opinion in Environmental Sustainability* 32 (2018): 112-118.

Browning, Ella, Rory Gibb, Paul Glover-Kapfer, and Kate E. Jones. "Passive acoustic monitoring in ecology and conservation." (2017). *WWF Conservation Technology Series* 1(2). WWF-UK, Woking, UK.

Burivalova, Zuzana, Edward T. Game, Bambang Wahyudi, Mohamad Rifqi, Ewan MacDonald, Samuel Cushman, Maria Voigt, Serge Wich, and David S. Wilcove. "Does biodiversity benefit when the logging stops? An analysis of conservation risks and opportunities in active versus inactive logging concessions in Borneo." *Biological Conservation* 241 (2020): 108369.

Burivalova, Zuzana, Michael Towsey, Tim Boucher, Anthony Truskinger, Cosmas Apelis, Paul Roe, and Edward T. Game. "Using soundscapes to detect variable degrees of human influence on tropical forests in Papua New Guinea." *Conservation Biology* 32 (2018): 205-215.

Burivalova, Zuzana, Bambang Wahyudi, Timothy M. Boucher, Peter Ellis, Anthony Truskinger, Michael Towsey, Paul Roe, Delon Marthinus, Bronson Griscom, and Edward T. Game. "Using soundscapes to investigate homogenization of tropical forest diversity in selectively logged forests." *Journal of Applied Ecology* 56 (2019): 2493-2504.

Caiger, Paul E., Micah J. Dean, Annamaria I. DeAngelis, Leila T. Hatch, Aaron N. Rice, Jenni A. Stanley, Chris Tholke, Douglas R. Zemeckis, and Sofie M. Van Parijs. "A decade of monitoring Atlantic cod Gadus morhua spawning aggregations in Massachusetts Bay using passive acoustics." *Marine Ecology Progress Series* 635 (2020): 89-103.

Casanova, Vanessa, and Josh McDaniel. " 'No sobra y no falta' : recruitment networks and guest workers in southeastern US forest industries." *Urban Anthropology and Studies of Cultural Systems and World Economic Development* (2005): 45-84.

Deichmann, Jessica L., Orlando Acevedo-Charry, Leah Barclay, Zuzana

Burivalova, Marconi Campos-Cerqueira, Fernando d'Horta, Edward T. Game et al. "It's time to listen: there is much to be learned from the sounds of tropical ecosystems." *Biotropica* 50 (2018): 713–718.

de Oliveira, Gabriel, Jing M. Chen, Scott C. Stark, Erika Berenguer, Paulo Moutinho, Paulo Artaxo, Liana O. Anderson, and Luiz EOC Aragão. "Smoke pollution's impacts in Amazonia." *Science* 369 (2020): 634–635.

Ecosounds. "TNC—Indonesia, East Kalimantan Province." Accessed July 1–August 31, 2020. https://www.ecosounds.org/.

Edwards, David P., Jenny A. Hodgson, Keith C. Hamer, Simon L. Mitchell, Abdul H. Ahmad, Stephen J. Cornell, and David S. Wilcove. "Wildlife-friendly oil palm plantations fail to protect biodiversity effectively." *Conservation Letters* 3 (2010): 236–242.

Edwards, Felicity A., David P. Edwards, Trond H. Larsen, Wayne W. Hsu, Suzan Benedick, Arthur Chung, C. Vun Khen, David S. Wilcove, and Keith C. Hamer. "Does logging and forest conversion to oil palm agriculture alter functional diversity in a biodiversity hotspot?" *Animal Conservation* 17 (2014): 163–173.

Erb, W. M., E. J. Barrow, A. N. Hofner, S. S. Utami-Atmoko, and E. R. Vogel. "Wildfire smoke impacts activity and energetics of wild Bornean orangutans." *Scientific Reports* 8 (2018): 1–8.

Evans, Jonathan P., Kristen K. Cecala, Brett R. Scheffers, Callie A. Oldfield, Nicholas A. Hollingshead, David G. Haskell, and Benjamin A. McKenzie. "Widespread degradation of a vernal pool network in the southeastern United States: challenges to current and future management." *Wetlands* 37 (2017): 1093–1103.

FAO and FILAC. 2021. Forest Governance by Indigenous and Tribal People. An Opportunity for Climate Action in Latin America and the Caribbean. Santiago. https://doi.org/10.4060/cb2953en.

Game, Edward. "The encroaching silence." *Griffith Review* online (2019). https://griffithreview.atavist.com/the-encroaching-silence.

Global Forest Watch. "Indonesia: Land Cover." Accessed August 11, 2020. https://www.globalforestwatch.org/.

Global Forest Watch. "We lost a football pitch of primary rainforest every 6 seconds in 2019." June 2, 2020. https://blog.globalforestwatch.org/data-and-research/global-tree-cover-loss-data-2019.

Global Witness. "Defending Tomorrow." July 2020. https://www.globalwitness.org/documents/19939/Defending_Tomorrow_EN_low_res_-_July_2020.pdf.

Gorenflo, Larry J., Suzanne Romaine, Russell A. Mittermeier, and Kristen Walker-Painemilla. "Co-occurrence of linguistic and biological diversity in biodiversity hotspots and high biodiversity wilderness areas." *Proceedings of the National Academy of Sciences* 109 (2012): 8032–8037.

Haskell, David G. "Listening to the Thoughts of the Forest." *Undark* (2017). https://undark.org/2017/05/07/listening-to-the-thoughts-of-the-forest/.

Haskell, David G., Jonathan P. Evans, and Neil W. Pelkey. "Depauperate avifauna in plantations compared to forests and exurban areas." *PLOS One* 1 (2006): e63.

Hewitt, Gwen, Ann MacLarnon, and Kate E. Jones. "The functions of laryngeal air sacs in primates: a new hypothesis." *Folia Primatologica* 73 (2002): 70–94.

Hill, Andrew P., Peter Prince, Jake L. Snaddon, C. Patrick Doncaster, and Alex Rogers. "AudioMoth: A low-cost acoustic device for monitoring biodiversity and the environment." *HardwareX* 6 (2019): e00073.

Holland, Margaret B., Free De Koning, Manuel Morales, Lisa Naughton-Treves, Brian E. Robinson, and Luis Suárez. "Complex tenure and deforestation: implications for conservation incentives in the Ecuadorian Amazon." *World Development* 55 (2014): 21–36.

Junior, Celso H. L. Silva, Ana CM Pessôa, Nathália S. Carvalho, João BC Reis, Liana O. Anderson, and Luiz E. O. C. Aragão. "The Brazilian Amazon deforestation rate in 2020 is the greatest of the decade." *Nature Ecology & Evolution* 5 (2021): 144–145.

Konopik, Oliver, Ingolf Steffan-Dewenter, and T. Ulmar Grafe. "Effects of logging and oil palm expansion on stream frog communities on Borneo, Southeast Asia." *Biotropica* 47 (2015): 636–643.

Krausmann, Fridolin, Karl-Heinz Erb, Simone Gingrich, Helmut Haberl, Alberte Bondeau, Veronika Gaube, Christian Lauk, Christoph Plutzar, and Timothy D. Searchinger. "Global human appropriation of net primary production doubled in the 20th century." *Proceedings of the National Academy of Sciences* 110 (2013): 10324–10329.

Loh, Jonathan, and David Harmon. *Biocultural Diversity: Threatened Species, Endangered Languages*. Zeist, The Netherlands: WWF Netherlands, 2014.

Lohberger, Sandra, Matthias Stängel, Elizabeth C. Atwood, and Florian Siegert. "Spatial evaluation of Indonesia's 2015 fire-affected area and estimated carbon emissions using Sentinel-1." *Global Change Biology* 24 (2018): 644–654.

McDaniel, Josh, and Vanessa Casanova. "Pines in lines: tree planting, H2B guest workers, and rural poverty in Alabama." *Journal of Rural Social Sciences* 19 (2003): 4.

McGrath, Deborah A., Jonathan P. Evans, C. Ken Smith, David G. Haskell, Neil W. Pelkey, Robert R. Gottfried, Charles D. Brockett, Matthew D. Lane, and E. Douglass Williams. "Mapping land-use change and monitoring the impacts of hardwood-to-pine conversion on the Southern Cumberland Plateau in Tennessee." *Earth Interactions* 8 (2004): 1–24.

Mikusiński, Grzegorz, Jakub Witold Bubnicki, Marcin Churski, Dorota Czeszczewik, Wiesław Walankiewicz, and Dries PJ Kuijper. "Is the impact of loggings in the last primeval lowland forest in Europe underestimated? The conservation issues of Białowieża Forest." *Biological Conservation* 227 (2018): 266–274.

National Indigenous Mobilization Network. "Statement in condemnation of draft Law nº 191/20, on the exploration of natural resources on indigenous lands." February 12, 2020. http://apib.info/2020/02/12/statement-in-condemnation-of-draft-law-no-19120-on-the-exploration-of-natural-resources-on-indigenous-lands/? lang= en.

Natural Resources Defense Council. "NRDC Announces Annual BioGems List of 12 Most Threatened Wildlands in the Americas" (2004). https://www.nrdc.org/media/2004/040226.

Normile, Dennis. "Parched peatlands fuel Indonesia's blazes." *Science* 366 (2019): 18–19.

Oldekop, Johan A., Katharine R. E. Sims, Birendra K. Karna, Mark J. Whittingham, and Arun Agrawal. "Reductions in deforestation and poverty from decentralized forest management in Nepal." *Nature Sustainability* 2 (2019): 421–428.

Open Space Institute. "Protecting the Plateau before it's too late." https://

www.openspaceinstitute.org/places/cumberland-plateau.

Scriven, Sarah A., Graeme R. Gillespie, Samsir Laimun, and Benoît Goossens. "Edge effects of oil palm plantations on tropical anuran communities in Borneo." *Biological Conservation* 220 (2018): 37–49.

Sethi, Sarab S., Nick S. Jones, Ben D. Fulcher, Lorenzo Picinali, Dena Jane Clink, Holger Klinck, C. David L. Orme, Peter H. Wrege, and Robert M. Ewers. "Characterizing soundscapes across diverse ecosystems using a universal acoustic feature set." *Proceedings of the National Academy of Sciences* 117 (2020): 17049–17055.

Song, Xiao-Peng, Matthew C. Hansen, Stephen V. Stehman, Peter V. Potapov, Alexandra Tyukavina, Eric F. Vermote, and John R. Townshend. "Global land change from 1982 to 2016." *Nature* 560 (2018): 639–643.

Turkewitz, Julie, and Sofía Villamil. "Indigenous Colombians, Facing New Wave of Brutality, Demand Government Action." *New York Times*, October 24, 2020.

V (formerly Eve Ensler). " 'The Amazon Is the Entry Door of the World' : Why Brazil's Biodiversity Crisis Affects Us All." *Guardian*, August 10, 2020.

Weisse, Mikaela, and Elizabeth Dow Goldman. "We lost a football pitch of primary rainforest every 6 seconds in 2019." *Global Forest Watch*, June 2, 2020. https://blog.globalforestwatch.org/data-and-research/global-tree-cover-loss-data-2019.

Weisse, Mikaela, and Elizabeth Dow Goldman. "The world lost a Belgium-sized area of primary rainforests last year." *World Resources Institute* (2019). https://www.wri.org/blog/2019/04/world-lost-belgium-sized-area-primary-rainforests-last-year.

Welz, Adam. "Listening to nature: the emerging field of bioacoustics." *Yale Environment 360*, November 5, 2019.

Wiggins, Elizabeth B., Claudia I. Czimczik, Guaciara M. Santos, Yang Chen, Xiaomei Xu, Sandra R. Holden, James T. Randerson, Charles F. Harvey, Fuu Ming Kai, and E. Yu Liya. "Smoke radiocarbon measurements from Indonesian fires provide evidence for burning of millennia-aged peat." *Proceedings of the National Academy of Sciences* 115 (2018): 12419–12424.

Wihardandi, Aji. "Dayak Wehea: Kisah Keharmonisan Alam dan Manusia."

Mongabay, Indonesia, April 16, 2012. https://www.mongabay.co.id/2012/04/16/dayak-wehea-kisah-keharmonisan-alam-dan-manusia/.

Wijaya, Arief, Tjokorda N. Samadhi, and Reidinar Juliane. "Indonesia is reducing deforestation, but problem areas remain." *World Resources Institute*, July 24, 2019. https://www.wri.org/blog/2019/07/indonesia-reducing-deforestation-problem-areas-remain.

Yovanda, "Jalan Panjang Hutan Lindung Wehea, Dihantui Pembalakan dan Dikepung Sawit (Bagian 1)." *Mongabay Indonesia*, April 18, 2017. https://www.mongabay.co.id/2017/04/18/jalan-panjang-hutan-lindung-wehea-dihantui-pembalakan-dan-dikepung-sawit/.

海洋

Andrew, Rex K., Bruce M. Howe, and James A. Mercer. "Long-time trends in ship traffic noise for four sites off the North American West Coast." *Journal of the Acoustical Society of America* 129 (2011): 642–651.

Bernaldo de Quirós, Y., A. Fernandez, R. W. Baird, R. L. Brownell Jr, N. Aguilar de Soto, D. Allen, M. Arbelo et al. "Advances in research on the impacts of anti-submarine sonar on beaked whales." *Proceedings of the Royal Society B* 286 (2019): 20182533.

Best, Peter B. "Increase rates in severely depleted stocks of baleen whales." *ICES Journal of Marine Science* 50 (1993): 169–186.

Branch, Trevor A., Koji Matsuoka, and Tomio Miyashita. "Evidence for increases in Antarctic blue whales based on Bayesian modelling." *Marine Mammal Science* 20 (2004): 726–754.

Brody, Jane. "Scientist at Work: Katy Payne; Picking Up Mammals' Deep Notes." *New York Times*, November 9, 1993.

Buckman, Andrea H., Nik Veldhoen, Graeme Ellis, John K. B. Ford, Caren C. Helbing, and Peter S. Ross. "PCB-associated changes in mRNA expression in killer whales (*Orcinus orca*) from the NE Pacific Ocean." *Environmental Science & Technology* 45 (2011): 10194–10202.

Carrigg, David. "Port of Vancouver Hopes Feds Back $2-Billion Expansion Project to Help COVID-19 Recovery." *Vancouver Sun*, April 16, 2020.

Commander, United States Pacific Fleet. "Request for regulations and letters of authorization for the incidental taking of marine mammals resulting from U.S. Navy training and testing activities in the Northwest training and testing study area." December 19, 2019. https://media.fisheries.noaa.gov/dam-migration/navyhstt_2020finalloa_app_opr1_508.pdf.

Cox, Kieran, Lawrence P. Brennan, Travis G. Gerwing, Sarah E. Dudas, and Francis Juanes. "Sound the alarm: a meta-analysis on the effect of aquatic noise on fish behavior and physiology." *Global Change Biology* 24 (2018): 3105–3116.

Day, Ryan D., Robert D. McCauley, Quinn P. Fitzgibbon, Klaas Hartmann, and Jayson M. Semmens. "Seismic air guns damage rock lobster mechanosensory organs and impair righting reflex." *Proceedings of the Royal Society B* 286 (2019): 20191424.

Desforges, Jean-Pierre, Ailsa Hall, Bernie McConnell, Aqqalu Rosing-Asvid, Jonathan L. Barber, Andrew Brownlow, Sylvain De Guise et al. "Predicting global killer whale population collapse from PCB pollution." *Science* 361 (2018): 1373–1376.

Duncan, Alec J., Linda S. Weilgart, Russell Leaper, Michael Jasny, and Sharon Livermore. "A modelling comparison between received sound levels produced by a marine vibroseis array and those from an airgun array for some typical seismic survey scenarios." *Marine Pollution Bulletin* 119 (2017): 277–288.

Ebdon, Philippa, Leena Riekkola, and Rochelle Constantine. "Testing the efficacy of ship strike mitigation for whales in the Hauraki Gulf, New Zealand." *Ocean & Coastal Management* 184 (2020): 105034.

Erbe, Christine, Sarah A. Marley, Renée P. Schoeman, Joshua N. Smith, Leah E. Trigg, and Clare Beth Embling. "The effects of ship noise on marine mammals—a review." *Frontiers in Marine Science* 6 (2019): 606.

Erisman, Brad E., and Timothy J. Rowell. "A sound worth saving: acoustic characteristics of a massive fish spawning aggregation." *Biology Letters* 13 (2017): 20170656.

Fish, Marie Poland. "Animal sounds in the sea." *Scientific American* 194 (1956): 93–104.

Foote, Andrew D., Michael D. Martin, Marie Louis, George Pacheco, Kelly M. Robertson, Mikkel-Holger S. Sinding, Ana R. Amaral et al. "Killer whale genomes reveal a complex history of recurrent admixture and vicariance."

Molecular Ecology 28 (2019): 3427–3444.

Ford, John K. B. "Vocal traditions among resident killer whales (*Orcinus orca*) in coastal waters of British Columbia." *Canadian Journal of Zoology* (1991): 1454–1483.

Ford, John K. B. "Killer Whale: *Orcinus orca*." In *Encyclopedia of Marine Mammals* (3rd ed.), edited by Bernd Würsig, J.G.M. Thewissen, and Kit M. Kovacs, 531–537. London: Academic Press, 2017.

Ford, John K. B. "Dialects." In *Encyclopedia of Marine Mammals* (3rd ed.), edited by Bernd Würsig, J.G.M. Thewissen, and Kit M. Kovacs, 253–254. London: Academic Press, 2018.

"Francis W. Watlington; Recorded Whale Songs." Obituary, *New York Times*, November 24, 1982.

Friends of the San Juans. "Salish Sea vessel traffic projections." Accessed August 28, 2020. https://sanjuans.org/wp-content/uploads/2019/07/SalishSea_VesselTrafficProjections_July27_2019.pdf.

George, Rose. *Ninety Percent of Everything*. New York: Macmillan, 2013.

Giggs, Rebecca. *The World in the Whale*. New York: Simon & Schuster, 2020.

Goldfarb, Ben. "Biologist Marie Fish catalogued the sounds of the ocean for the world to hear." *Smithsonian*, April 2021.

Hildebrand, John A. "Anthropogenic and natural sources of ambient noise in the ocean." *Marine Ecology Progress Series* 395 (2009): 5–20.

International Association of Geophysical Contractors. "Putting Seismic Surveys in Context." Accessed September 1, 2020. https://iagc.org/.

International Association of Geophysical Contractors. "The time is now." Accessed September 1, 2020. http://modernizemmpa.com/.

International Maritime Organization. "Guidelines for the reduction of underwater noise from commercial shipping to address adverse impacts on marine life." MEPC.1/Circ.833 (2014) London, UK.

Jang, Brent. "B.C. Loses Another LNG Project as Woodside Petroleum Axes Grassy Point." *Globe and Mail: Energy and Resources*, March 6, 2018.

Jones, Nicola. "Ocean uproar: saving marine life from a barrage of noise." *Nature* 568 (2019): 158–161.

Kaplan, Maxwell B., and Susan Solomon. "A coming boom in commercial shipping? The potential for rapid growth of noise from commercial ships by

2030." *Marine Policy* 73 (2016): 119–121.

Kavanagh, A. S., M. Nykänen, W. Hunt, N. Richardson, and M. J. Jessopp. "Seismic surveys reduce cetacean sightings across a large marine ecosystem." *Scientific Reports* 9 (2019): 1–10.

Keen, Eric M., Éadin O'Mahony, Chenoah Shine, Erin Falcone, Janie Wray, and Hussein Alidina. "Response to the COSEWIC (2019) reassessment of Pacific Canada fin whales (*Balaenoptera physalus*) to 'Special Concern.' " Manuscript in preparation (2020).

Keen, Eric M., Kylie L. Scales, Brenda K. Rone, Elliott L. Hazen, Erin A. Falcone, and Gregory S. Schorr. "Night and day: diel differences in ship strike risk for fin whales (*Balaenoptera physalus*) in the California current system." *Frontiers in Marine Science* 6 (2019): 730.

Ketten, Darlene R. "Cetacean Ears." In *Hearing by Whales and Dolphins*, edited by Whitlow W. L. Au, Arthur N. Popper, and Richard R. Fay, 43–108. New York: Springer, 2000.

Konrad, Christine M., Timothy R. Frasier, Luke Rendell, Hal Whitehead, and Shane Gero. "Kinship and association do not explain vocal repertoire variation among individual sperm whales or social units." *Animal Behaviour* 145 (2018): 131–140.

Lacy, Robert C., Rob Williams, Erin Ashe, Kenneth C. Balcomb III, Lauren JN Brent, Christopher W. Clark, Darren P. Croft, Deborah A. Giles, Misty MacDuffee, and Paul C. Paquet. "Evaluating anthropogenic threats to endangered killer whales to inform effective recovery plans." *Scientific Reports* 7 (2017): 1–12.

Leaper, R. C., and M. R. Renilson. "A review of practical methods for reducing underwater noise pollution from large commercial vessels." *Transactions of the Royal Institution of Naval Architects* 154, Part A2, *International Journal of Maritime Engineering*, Paper: T2012-2 Transactions (2012).

Leaper, Russell, Martin Renilson, and Conor Ryan. "Reducing underwater noise from large commercial ships: current status and future directions." *Journal of Ocean Technology* 9 (2014): 51–69.

Lotze, Heike K., and Boris Worm. "Historical baselines for large marine animals." *Trends in Ecology & Evolution* 24 (2009): 254–262.

MacGillivray, Alexander O., Zizheng Li, David E. Hannay, Krista B. Trounce, and Orla M. Robinson. "Slowing deep-sea commercial vessels reduces underwater radiated noise." *Journal of the Acoustical Society of America* 146 (2019): 340–351.

Mapes, Lynda V. "Washington state officials slam Navy's changes to military testing program that would harm more orcas." *Seattle Times*, July 29, 2020. https://www.seattletimes.com/seattle-news/environment/washington-state-officials-slam-navys-changes-to-military-testing-program-that-would-harm-more-orcas/.

Mapes, Lynda V., Steve Ringman, Ramon Dompor, and Emily M. Eng, "The Roar Below." *Seattle Times*, May 19, 2019. https://projects.seattletimes.com/2019/hostile-waters-orcas-noise/.

McBarnet, Andrew. "How the seismic map is changing." *Offshore Engineer* (2013). https://www.oedigital.com/news/459029-how-the-seismic-map-is-changing.

McCauley, Robert D., Ryan D. Day, Kerrie M. Swadling, Quinn P. Fitzgibbon, Reg A. Watson, and Jayson M. Semmens. "Widely used marine seismic survey air gun operations negatively impact zooplankton." *Nature Ecology & Evolution* 1 (2017): 0195.

McCoy, Kim, Beatrice Tomasi, and Giovanni Zappa. "JANUS: the genesis, propagation and use of an underwater standard." *Proceedings of Meetings on Acoustics* (2010).

McDonald, Mark A., John A. Hildebrand, and Sean M. Wiggins. "Increases in deep ocean ambient noise in the Northeast Pacific west of San Nicolas Island, California." *Journal of the Acoustical Society of America* 120 (2006): 711–718.

McKenna, Megan F., Donald Ross, Sean M. Wiggins, and John A. Hildebrand. "Underwater radiated noise from modern commercial ships." *Journal of the Acoustical Society of America* 131 (2012): 92–103.

Merchant, Nathan D. "Underwater noise abatement: economic factors and policy options." *Environmental Science & Policy* 92 (2019): 116–123.

Mitson R. B., ed. *Underwater Noise of Research Vessels: Review and Recommendations*, 1995 ICES Cooperative Research Report 209. Copenhagen, Denmark: International Council for the Exploration of the Sea, 1995.

National Marine Fisheries Service. Puget Sound Salmon Recovery Plan, I (2007). https://repository.library.noaa.gov/view/noaa/16005.

National Marine Fisheries Service. Southern Resident Killer Whales (*Orcinus orca*) 5-Year Review: Summary and Evaluation. (National Marine Fisheries Service West Coast Region, Seattle, 2016) http://www.westcoast.fisheries.noaa.gov/publications/status_reviews/marine_mammals/kw-review-2016.pdf.

NATO. "A new era of digital underwater communications." April 20, 2017. https://www.nato.int/cps/bu/natohq/news_143247.htm.

Nieukirk, Sharon L., David K. Mellinger, Sue E. Moore, Karolin Klinck, Robert P. Dziak, and Jean Goslin. "Sounds from airguns and fin whales recorded in the mid-Atlantic Ocean, 1999–2009." *Journal of the Acoustical Society of America* 131 (2012): 1102–1112.

Nowacek, Douglas P., Christopher W. Clark, David Mann, Patrick J. O. Miller, Howard C. Rosenbaum, Jay S. Golden, Michael Jasny, James Kraska, and Brandon L. Southall. "Marine seismic surveys and ocean noise: time for coordinated and prudent planning." *Frontiers in Ecology and the Environment* 13 (2015): 378–386.

Odell, J., D. H. Adams, B. Boutin, W. Collier II, A. Deary, L. N. Havel, J. A. Johnson Jr. et al. "Atlantic Sciaenid Habitats: A Review of Utilization, Threats, and Recommendations for Conservation, Management, and Research." Atlantic States Marine Fisheries Commission Habitat Management Series No. 14 (2017), Arlington, VA.

Ogden, Lesley Evans. "Quieting marine seismic surveys." *BioScience* 64 (2014): 752.

Owen, Brenda, and Alastair Spriggs "For Coast Salish communities, the race to save southern resident orcas is personal." *Canada's National Observer*, September. 17, 2019.

Parsons, Miles J. G., Chandra P. Salgado Kent, Angela Recalde-Salas, and Robert D. McCauley. "Fish choruses off Port Hedland, Western Australia." *Bioacoustics* 26 (2017): 135–152.

Payne, Roger. *Songs of the Humpback Whale*. Vinyl music album. CRM Records, 1970.

Port of Vancouver. "Centerm Expansion Project and South Shore Access Project." Accessed August 28, 2020. https://www.portvancouver.com/projects/terminal-and-facilities/centerm/.

Port of Vancouver. "2020 voluntary vessel slowdown: Haro Strait and Boundary Pass." Accessed August 28, 2020. https://www.portvancouver.com/wp-content/uploads/2020/05/2020-05-15-ECHO-Program-slowdown-fact-sheet.pdf.

Rocha, Robert C., Phillip J. Clapham, and Yulia V. Ivashchenko. "Emptying the oceans: a summary of industrial whaling catches in the 20th century." *Marine Fisheries Review* 76 (2014): 37–48.

Rolland, Rosalind M., Susan E. Parks, Kathleen E. Hunt, Manuel Castellote, Peter J. Corkeron, Douglas P. Nowacek, Samuel K. Wasser, and Scott D. Kraus. "Evidence that ship noise increases stress in right whales." *Proceedings of the Royal Society B* 279 (2012): 2363–2368.

Ryan, John. "Washington tribes and Inslee alarmed by Canadian pipeline approval." *KUOW*, June 19, 2019. https://www.kuow.org/stories/washington-tribes-and-inslee-alarmed-by-canadian-pipeline-approval.

Schiffman, Richard. "How ocean noise pollution wreaks havoc on marine life." *Yale Environment 360*, March 31, 2016.

Seely, Elizabeth, Richard W. Osborne, Kari Koski, and Shawn Larson. "Soundwatch: eighteen years of monitoring whale watch vessel activities in the Salish Sea." *PLOS One* 12 (2017): e0189764.

Slabbekoorn, Hans, John Dalen, Dick de Haan, Hendrik V. Winter, Craig Radford, Michael A. Ainslie, Kevin D. Heaney, Tobias van Kooten, Len Thomas, and John Harwood. "Population-level consequences of seismic surveys on fishes: an interdisciplinary challenge." *Fish and Fisheries* 20 (2019): 653–685.

Solan, Martin, Chris Hauton, Jasmin A. Godbold, Christina L. Wood, Timothy G. Leighton, and Paul White. "Anthropogenic sources of underwater sound can modify how sediment-dwelling invertebrates mediate ecosystem properties." *Scientific Reports* 6 (2016): 20540.

Soundwatch Program Annual Contract Report, 2019: *Soundwatch Public Outreach/Boater Education Project*. The Whale Museum. https://cdn.shopify.com/s/files/1/0249/1083/files/2019_Soundwatch_Program_Annual_Contract_Report.pdf.

Southall, Brandon L., Amy R. Scholik-Schlomer, Leila Hatch, Trisha Bergmann, Michael Jasny, Kathy Metcalf, Lindy Weilgart, and Andrew J. Wright. "Underwater Noise from Large Commercial Ships—International Collaboration for Noise Reduction." *Encyclopedia of Maritime and Offshore Engineering* (2017): 1–9.

Stanley, Jenni A., Sofie M. Van Parijs, and Leila T. Hatch. "Underwater sound from vessel traffic reduces the effective communication range in Atlantic cod and haddock." *Scientific Reports* 7 (2017): 1–12.

Susewind, Kelly, Laura Blackmore, Kaleen Cottingham, Hilary Franz, and Erik Neatherlin. "Comments submitted electronically Re: Taking Marine Mammals Incidental to the U.S. Navy Training and Testing Activities in the Northwest Training and Testing Study Area, NOAA-NMFS-2020-0055." July, 2020. https://www.documentcloud.org/documents/7002861-NMFS-7-16-20. html.

Thomsen, Frank, Dierk Franck, and John K. Ford. "On the communicative significance of whistles in wild killer whales (Orcinus orca)." *Naturwissenschaften* 89 (2002): 404–407.

United States Environmental Protection Agency. "Chinook Salmon." Accessed August 26, 2020. https://www.epa.gov/salish-sea/chinook-salmon.

Veirs, Scott, Val Veirs, Rob Williams, Michael Jasny, and Jason Wood. "A key to quieter seas: half of ship noise comes from 15% of the fleet." *PeerJ Preprints* 6 (2018): e26525v1.

Veirs, Scott, Val Veirs, and Jason D. Wood. "Ship noise extends to frequencies used for echolocation by endangered killer whales." *PeerJ* 4 (2016): e1657.

Wilcock, William S. D., Kathleen M. Stafford, Rex K. Andrew, and Robert I. Odom. "Sounds in the ocean at 1–100 Hz." *Annual Review of Marine Science* 6 (2014): 117–140.

Wladichuk, Jennifer L., David E. Hannay, Alexander O. MacGillivray, Zizheng Li, and Sheila J. Thornton. "Systematic source level measurements of whale watching vessels and other small boats." *Journal of Ocean Technology* 14 (2019).

城市

Ayers, B. Drummond. "White Roads Through Black Bedrooms." *New York Times*, December 31, 1967.

Basner, Mathias, Wolfgang Babisch, Adrian Davis, Mark Brink, Charlotte Clark, Sabine Janssen, and Stephen Stansfeld. "Auditory and non-auditory effects of noise on health." *Lancet* 383 (2014): 1325–1332.

"Bird Organ." Object Record, Victoria and Albert Museum. May 16, 2001. http://collections.vam.ac.uk/item/O58971/bird-organ-boudin-leonard/.

Caro, Robert. *The Power Broker: Robert Moses and the Fall of New York*. New York: Knopf, 1974.

Casey, Joan A., Rachel Morello-Frosch, Daniel J. Mennitt, Kurt Fristrup, Elizabeth L. Ogburn, and Peter James. "Race/ethnicity, socioeconomic status, residential segregation, and spatial variation in noise exposure in the contiguous United States." *Environmental Health Perspectives* 125 (2017): 077017.

Census Reporter. New York. Accessed September 23, 2020. https://censusreporter.org/profiles/04000US36-new-york/.

Clark, Sierra N., Abosede S. Alli, Michael Brauer, Majid Ezzati, Jill Baumgartner, Mireille B. Toledano, Allison F. Hughes et al. "High-resolution spatiotemporal measurement of air and environmental noise pollution in Sub-Saharan African cities: Pathways to Equitable Health Cities Study protocol for Accra, Ghana." *BMJ open* 10 (2020): e035798.

Commissioners of Prospect Park. First Annual Report (1861). http://home2.nyc.gov/html/records/pdf/govpub/3985annual_report_brooklyn_prospect_park_comm_1861.pdf.

Costantini, David, Timothy J. Greives, Michaela Hau, and Jesko Partecke. "Does urban life change blood oxidative status in birds?" *Journal of Experimental Biology* 217 (2014): 2994–2997.

Dalley, Stephanie, editor and translator. *Myths from Mesopotamia. Creation, the Flood, Gilgamesh, and Others*, rev. ed. Oxford, UK: Oxford University Press, 2000.

Derryberry, Elizabeth P., Raymond M. Danner, Julie E. Danner, Graham E. Derryberry, Jennifer N. Phillips, Sara E. Lipshutz, Katherine Gentry, and David A. Luther. "Patterns of song across natural and anthropogenic soundscapes suggest that white-crowned sparrows minimize acoustic masking and maximize signal content." *PLOS One* 11 (2016): e0154456.

Derryberry, Elizabeth P., Jennifer N. Phillips, Graham E. Derryberry, Michael J. Blum, and David Luther. "Singing in a silent spring: birds respond to a half-century soundscape reversion during the COVID-19 shutdown." *Science* 370 (2020): 575–579.

Doman, Mark. "Industry warns noise complaints could see Melbourne's music scene shift to Sydney." *ABC News*, January 4, 2014. https://www.abc.net.au/news/2014-01-05/noise-complaints-threatening-melbourne-live-music/5181126.

Dominoni, Davide M., Stefan Greif, Erwin Nemeth, and Henrik Brumm. "Airport noise predicts song timing of European birds." *Ecology and Evolution* 6 (2016): 6151–6159.

Evans, Karl L., Kevin J. Gaston, Alain C. Frantz, Michelle Simeoni, Stuart P. Sharp, Andrew McGowan, Deborah A. Dawson et al. "Independent colonization of multiple urban centres by a formerly forest specialist bird species." *Proceedings of the Royal Society B* 276 (2009): 2403–2410.

Evans, Karl L., Kevin J. Gaston, Stuart P. Sharp, Andrew McGowan, Michelle Simeoni, and Ben J. Hatchwell. "Effects of urbanisation on disease prevalence and age structure in blackbird *Turdus merula* populations." *Oikos* 118 (2009): 774–782.

Evans, Karl L., Ben J. Hatchwell, Mark Parnell, and Kevin J. Gaston. "A conceptual framework for the colonisation of urban areas: the blackbird *Turdus merula* as a case study." *Biological Reviews* 85 (2010): 643–667.

Fritsch, Clémentine, Łukasz Jankowiak, and Dariusz Wysocki. "Exposure to Pb impairs breeding success and is associated with longer lifespan in urban European blackbirds." *Scientific Reports* 9 (2019): 1–11.

Guse, Clayton. "Brooklyn's poorest residents get stuck with the MTA's oldest buses." *New York Daily Post*, March 17, 2019.

Halfwerk, Wouter, and Kees van Oers. "Anthropogenic noise impairs foraging for cryptic prey via cross-sensory interference." *Proceedings of the Royal Society B* 287 (2020): 20192951.

Haralabidis, Alexandros S., Konstantina Dimakopoulou, Federica Vigna-Taglianti, Matteo Giampaolo, Alessandro Borgini, Marie-Louise Dudley, Göran Pershagen et al. "Acute effects of night-time noise exposure on blood pressure in populations living near airports." *European Heart Journal* 29 (2008): 658–664.

Hart, Patrick J., Robert Hall, William Ray, Angela Beck, and James Zook. "Cicadas impact bird communication in a noisy tropical rainforest." *Behavioral Ecology* 26 (2015): 839–842.

Heinl, Robert D. "The woman who stopped noises: an account of the successful campaign against unnecessary din in New York City." *Ladies' Home Journal*. April 1908.

Hu, Winnie. "New York Is a Noisy City. One Man Got Revenge." *New York Times*, June 4, 2019.

Ibáñez-Álamo, Juan Diego, Javier Pineda-Pampliega, Robert L. Thomson, José I. Aguirre, Alazne Díez-Fernández, Bruno Faivre, Jordi Figuerola, and Simon Verhulst. "Urban blackbirds have shorter telomeres." *Biology Letters* 14 (2018): 20180083.

Injaian, Allison S., Paulina L. Gonzalez-Gomez, Conor C. Taff, Alicia K. Bird, Alexis D. Ziur, Gail L. Patricelli, Mark F. Haussmann, and John C. Wingfield. "Traffic noise exposure alters nestling physiology and telomere attrition through direct, but not maternal, effects in a free-living bird." *General and Comparative Endocrinology* 276 (2019): 14–21.

Jackson, Kenneth, ed. *The Encyclopedia of New York City*, 2nd ed. New Haven, CT: Yale University Press, 2010.

Kunc, Hansjoerg P., and Rouven Schmidt. "The effects of anthropogenic noise on animals: a metaanalysis." *Biology Letters* 15 (2019): 20190649.

Lecocq, Thomas, Stephen P. Hicks, Koen Van Noten, Kasper van Wijk, Paula Koelemeijer, Raphael S. M. De Plaen, Frédérick Massin et al. "Global quieting of high-frequency seismic noise due to COVID-19 pandemic lockdown measures." *Science* 369 (2020): 1338–1343.

Legewie, Joscha, and Merlin Schaeffer. "Contested boundaries: explaining where ethnoracial diversity provokes neighborhood conflict." *American Journal of Sociology* 122 (2016): 125–161.

"London market traders in gentrification row as Islington residents complain about street noise." *Telegraph*, October 9, 2016.

López-Barroso, Diana, Marco Catani, Pablo Ripollés, Flavio Dell' Acqua, Antoni Rodríguez-Fornells, and Ruth de Diego-Balaguer. "Word learning is mediated by the left arcuate fasciculus." *Proceedings of the National Academy of Sciences* 110 (2013): 13168–13173.

Lühken, Renke, Hanna Jöst, Daniel Cadar, Stephanie Margarete Thomas, Stefan Bosch, Egbert Tannich, Norbert Becker, Ute Ziegler, Lars Lachmann, and Jonas Schmidt-Chanasit. "Distribution of Usutu virus in Germany and its effect on breeding bird populations." *Emerging Infectious Diseases* 23 (2017):

1994.

Luo, Jinhong, Steffen R. Hage, and Cynthia F. Moss. "The Lombard effect: from acoustics to neural mechanisms." *Trends in Neurosciences* 41 (2018): 938–949.

Luther, David, and Luis Baptista. "Urban noise and the cultural evolution of bird songs." *Proceedings of the Royal Society B* 277 (2010): 469–473.

Luther, David A., and Elizabeth P. Derryberry. "Birdsongs keep pace with city life: changes in song over time in an urban songbird affects communication." *Animal Behaviour* 83 (2012): 1059–1066.

McDonnell, Evelyn. "It's Time for the Rock & Roll Hall of Fame to Address Its Gender and Racial Imbalances." *Billboard*, November 15, 2019.

Meillère, Alizée, François Brischoux, Paco Bustamante, Bruno Michaud, Charline Parenteau, Coline Marciau, and Frédéric Angelier. "Corticosterone levels in relation to trace element contamination along an urbanization gradient in the common blackbird (*Turdus merula*)." *Science of the Total Environment* 566 (2016): 93–101.

Meillère, Alizée, François Brischoux, Cécile Ribout, and Frédéric Angelier. "Traffic noise exposure affects telomere length in nestling house sparrows." *Biology Letters* 11 (2015): 20150559.

Miller, Vernice D. "Planning, power and politics: a case study of the land use and siting history of the North River Water Pollution Control Plant." *Fordham Urban Law Journal* 21 (1993): 707–722.

Miranda, Ana Catarina, Holger Schielzeth, Tanja Sonntag, and Jesko Partecke. "Urbanization and its effects on personality traits: a result of microevolution or phenotypic plasticity?" *Global Change Biology* 19 (2013): 2634–2644.

Mohl, Raymond A. "The interstates and the cities: the US Department of Transportation and the freeway revolt, 1966–1973." *Journal of Policy History* 20 (2008): 193–226.

Møller, Anders Pape, Mario Diaz, Einar Flensted-Jensen, Tomas Grim, Juan Diego Ibáñez-Álamo, Jukka Jokimäki, Raivo Mänd, Gábor Markó, and Piotr Tryjanowski. "High urban population density of birds reflects their timing of urbanization." *Oecologia* 170 (2012): 867–875.

Møller, Anders Pape, Jukka Jokimäki, Piotr Skorka, and Piotr Tryjanowski. "Loss of migration and urbanization in birds: a case study of the blackbird

(*Turdus merula*)." *Oecologia* 175 (2014): 1019–1027.

Moseley, Dana L., Jennifer N. Phillips, Elizabeth P. Derryberry, and David A. Luther. "Evidence for differing trajectories of songs in urban and rural populations." *Behavioral Ecology* 30 (2019): 1734–1742.

Moseley, Dana Lynn, Graham Earnest Derryberry, Jennifer Nicole Phillips, Julie Elizabeth Danner, Raymond Michael Danner, David Andrew Luther, and Elizabeth Perrault Derryberry. "Acoustic adaptation to city noise through vocal learning by a songbird." *Proceedings of the Royal Society B* 285 (2018): 20181356.

Müller, Jakob C., Jesko Partecke, Ben J. Hatchwell, Kevin J. Gaston, and Karl L. Evans. "Candidate gene polymorphisms for behavioural adaptations during urbanization in blackbirds." *Molecular Ecology* 22 (2013): 3629–3637.

Neitzel, Richard, Robyn R. M. Gershon, Marina Zeltser, Allison Canton, and Muhammad Akram. "Noise levels associated with New York City's mass transit systems." *American Journal of Public Health* 99 (2009): 1393–1399.

Nemeth, Erwin, and Henrik Brumm. "Birds and anthropogenic noise: are urban songs adaptive?" *American Naturalist* 176 (2010): 465–475.

Nemeth, Erwin, Nadia Pieretti, Sue Anne Zollinger, Nicole Geberzahn, Jesko Partecke, Ana Catarina Miranda, and Henrik Brumm. "Bird song and anthropogenic noise: vocal constraints may explain why birds sing higher-frequency songs in cities." *Proceedings of the Royal Society B* 280 (2013): 20122798.

New York City Department of Parks & Recreation. "Riverside Park," Accessed September 24, 2020. https://www.nycgovparks.org/parks/riverside-park/.

New York City Environmental Justice Alliance. "New York City Climate Justice Agenda. Midway to 2030." https://www.nyc-eja.org/wp-content/uploads/2018/04/NYC-Climate-Justice-Agenda-Final-042018-1.pdf.

New York State Joint Commission on Public Ethics 2019 Annual Report. https://jcope.ny.gov/system/files/documents/2020/07/2019_-annual-report-final-web-as-of-7_29_2020.pdf.

New York State Office of the State Comptroller. "Responsiveness to noise complaints related to construction projects" (2016). https://www.osc.state.ny.us/sites/default/files/audits/2018-02/sga-2017-16n3.pdf.

New York Times. "Anti-noise Bill Passes Aldermen: Only 3 Vote Against

Ordinance." April 22, 1936.
New York Times. "Mayor La Guardia's Plea and Proclamation in War on Noise." October 1, 1935.
Nir, Sarah Maslin, "Inside N.Y.C.'s insanely loud car culture." *New York Times*, October 16, 2020.
Oliveira, Maria Joao R., Mariana P. Monteiro, Andreia M. Ribeiro, Duarte Pignatelli, and Artur P. Aguas. "Chronic exposure of rats to occupational textile noise causes cytological changes in adrenal cortex." *Noise and Health* 11 (2009): 118.
Parekh, Trushna. "'They want to live in the Tremé, but they want it for their ways of living': gentrification and neighborhood practice in Tremé, New Orleans." *Urban Geography* 36 (2015): 201–220.
Park, Woon Ju, Kimberly B. Schauder, Ruyuan Zhang, Loisa Bennetto, and Duje Tadin. "High internal noise and poor external noise filtering characterize perception in autism spectrum disorder." *Scientific Reports* 7 (2017): 1–12.
Partecke, Jesko, Eberhard Gwinner, and Staffan Bensch. "Is urbanisation of European blackbirds (*Turdus merula*) associated with genetic differentiation?" *Journal of Ornithology* 147 (2006): 549–552.
Partecke, Jesko, Gergely Hegyi, Patrick S. Fitze, Julien Gasparini, and Hubert Schwabl. "Maternal effects and urbanization: variation of yolk androgens and immunoglobulin in city and forest blackbirds." *Ecology and Evolution* 10 (2020): 2213–2224.
Partecke, Jesko, Thomas Van't Hof, and Eberhard Gwinner. "Differences in the timing of reproduction between urban and forest European blackbirds (*Turdus merula*): result of phenotypic flexibility or genetic differences?" *Proceedings of the Royal Society of London*. Series B 271 (2004): 1995–2001.
Partecke, Jesko, Thomas J. Van't Hof, and Eberhard Gwinner. "Underlying physiological control of reproduction in urban and forest-dwelling European blackbirds *Turdus merula*." *Journal of Avian Biology* 36 (2005): 295–305.
Peris, Eulalia et al. "Environmental noise in Europe—2020." (2020) European Environment Agency, Copenhagen, Denmark. https://www.eea.europa.eu/publications/environmental-noise-in-europe.
Phillips, Jennifer N., Catherine Rochefort, Sara Lipshutz, Graham E. Derryberry, David Luther, and Elizabeth P. Derryberry. "Increased attenuation and

reverberation are associated with lower maximum frequencies and narrow bandwidth of bird songs in cities." *Journal of Ornithology* (2020): 1–16.

Powell, Michael. "A Tale of Two Cities." *New York Times*, May 6, 2006.

Ransom, Jan. "New Pedestrian Bridge Will Make Riverside Park More Accessible by 2016." *New York Daily News*, December 28, 2014.

Reichmuth, Johannes, and Peter Berster. "Past and Future Developments of the Global Air Traffic." In *Biokerosene*, edited by M. Kaltschmitt and U. Neuling, 13–31. Berlin: Springer, 2018.

Ripmeester, Erwin A. P., Jet S. Kok, Jacco C. van Rijssel, and Hans Slabbekoorn. "Habitat-related birdsong divergence: a multi-level study on the influence of territory density and ambient noise in European blackbirds." *Behavioral Ecology and Sociobiology* 64 (2010): 409–418.

Rosenthal, Brain M., Emma G. Fitzsimmons, and Michael LaForgia. "How Politics and Bad Decisions Starved New York's Subways." *New York Times*, November 18, 2017.

Saccavino, Elisabeth, Jan Krämer, Sebastian Klaus, and Dieter Thomas Tietze. "Does urbanization affect wing pointedness in the Blackbird *Turdus merula*?" *Journal of Ornithology* 159 (2018): 1043–1051.

Saiz, Juan-Carlos, and Ana-Belén Blazquez. "Usutu virus: current knowledge and future perspectives." *Virus Adaptation and Treatment* 9 (2017): 27–40.

Schell, Christopher J., Karen Dyson, Tracy L. Fuentes, Simone Des Roches, Nyeema C. Harris, Danica Sterud Miller, Cleo A. Woelfle-Erskine, and Max R. Lambert. "The ecological and evolutionary consequences of systemic racism in urban environments." *Science* 369 (2020).

Schulze, Katrin, Faraneh Vargha-Khadem, and Mortimer Mishkin. "Test of a motor theory of long-term auditory memory." *Proceedings of the National Academy of Sciences* 109 (2012): 7121–7125.

Science VS Podcast. "Gentrification: What's really happening?" https://gimletmedia.com/shows/science-vs/39hzkk.

Semuels, Alana. "The role of highways in American poverty." *Atlantic*, March 18, 2016.

Senzaki, Masayuki, Jesse R. Barber, Jennifer N. Phillips, Neil H. Carter, Caren B. Cooper, Mark A. Ditmer, Kurt M. Fristrup et al. "Sensory pollutants alter bird phenology and fitness across a continent." *Nature* 587 (2020): 605–609.

Shah, Ravi R., Jonathan J. Suen, Ilana P. Cellum, Jaclyn B. Spitzer, and Anil K. Lalwani. "The effect of brief subway station noise exposure on commuter hearing." *Laryngoscope Investigative Otolaryngology* 3 (2018): 486–491.

Shah, Ravi R., Jonathan J. Suen, Ilana P. Cellum, Jaclyn B. Spitzer, and Anil K. Lalwani. "The influence of subway station design on noise levels." *Laryngoscope* 127 (2017): 1169–1174.

Shannon, Graeme, Megan F. McKenna, Lisa M. Angeloni, Kevin R. Crooks, Kurt M. Fristrup, Emma Brown, Katy A. Warner et al. "A synthesis of two decades of research documenting the effects of noise on wildlife." *Biological Reviews* 91 (2016): 982–1005.

Specter, Michael. "Harlem Groups File Suit to Fight Sewage Odors." *New York Times*, June 22, 1992.

Stremple, Paul. "Brooklyn's Oldest Bus Models Will Be Replaced by Year's End, Says MTA." *Brooklyn Daily Eagle*, March 19, 2019.

Stremple, Paul. "Lowest Income Communities Get Oldest Buses, Sparking Demand for Oversight." *Brooklyn Daily Eagle*, March 18, 2019.

Sze, Julie. *Noxious New York: The Racial Politics of Urban Health and Environmental Justice*. Cambridge, MA: MIT Press, 2007.

Union of Concerned Scientists. "Inequitable exposure to air pollution from vehicles in New York State" (2019). https://www.ucsusa.org/sites/default/files/attach/2019/06/Inequitable-Exposure-to-Vehicle-Pollution-NY.pdf.

Vienneau, Danielle, Christian Schindler, Laura Perez, Nicole Probst-Hensch, and Martin Röösli. "The relationship between transportation noise exposure and ischemic heart disease: a meta-analysis." *Environmental Research* 138 (2015): 372–380.

Vo, Lam Thuy. "They Played Dominoes Outside Their Apartment for Decades. Then the White People Moved In and Police Started Showing Up." *BuzzFeed News*, June 29, 2018. https://www.buzzfeednews.com/article/lamvo/gentrification-complaints-311-new-york.

Walton, Mary. "Elevated railway" (1881). US Patent 237,422.

WE ACT for Environmental Justice. "Mother Clara Hale Bus Depot." https://www.weact.org/campaigns/mother-clara-hale-bus-depot/.

WE ACT for Environmental Justice. "WEACT calls for retrofitting of North

River Waste Treatment Plant." December 15, 2015. https://www.weact.org/2015/12/we-act-calls-for-retrofitting-of-north-river-waste-treatment-plant/.

Zollinger, Sue Anne, and Henrik Brumm. "The Lombard effect." *Current Biology* 21 (2011): R614–R615.

在集体中倾听

Barclay, Leah, Toby Gifford, and Simon Linke. "Interdisciplinary approaches to freshwater ecoacoustics." *Freshwater Science* 39 (2020): 356–361.

Bennett, Frank G, Jr. "Legal protection of solar access under Japanese law." UCLA Pac. Basin LJ 5 (1986): 107.

Cantaloupe Music. "Inuksuit by John Luther Adams [online liner notes]." Accessed December 11, 2020. https://cantaloupemusic.com/albums/inuksuit.

Grech, Alana, Laurence McCook, and Adam Smith. "Shipping in the Great Barrier Reef: the miners' highway." *Conversation* (2015). https://theconversation.com/shipping-in-the-great-barrier-reef-the-miners-highway-39251.

Krause, Bernie. *Wild Soundscapes*. Berkeley, CA: Wilderness Press, 2002.

"Ministry compiles list of nation's 100 best-smelling spots." *Japan Times*, October 31, 2001.

Neil, David T. "Cooperative fishing interactions between Aboriginal Australians and dolphins in Eastern Australia." *Anthrozoös* 15 (2002): 3–18.

New York Botanical Garden. "*Chorus of the Forest* by Angélica Negrón." Accessed December 11, 2020. https://www.nybg.org/event/fall-forest-weekends/chorus-of-the-forest/.

Robin, K. "One Hundred Sites of Good Fragrance." (2014) Now Smell This online. Accessed November 17, 2020. http://www.nstperfume.com/2014/04/01/one-hundred-sites-of-good-fragrance/.

Rothenberg, David. *Nightingales in Berlin. Searching for the Perfect Sound.* Chicago: University of Chicago Press, 2019.

Schafer, R. Murray. *The Soundscape: Our Sonic Environment and the Tuning of the World*. Rochester, VT: Destiny Books, 1977.

Soundscape Policy Study Group. "Report on the results of the "100 Soundscapes to Keep." Local Government Questionnaire (in Japanese) (2018). Accessed November 17, 2020. http://mino.eco.coocan.jp/wp/wp-content/uploads/2016/12/

20180530report100soundscapesjapan.pdf.

Torigoe, Keiko. "Insights taken from three visited soundscapes in Japan." In *Acoustic Ecology*, Australian Forum for Acoustic Ecology/World Forum for Acoustic Ecology, Melbourne, Australia, 2003.

Torigoe, Keiko. "Recollection and report on incorporation." *Journal of the Soundscape Association of Japan* 20 (2020) 3–4.

Tyler, Royall, tr. *The Tale of the Heike*. New York: Penguin, 2012.

倾听遥远的过去和未来

Bowman, Judd D., Alan E. E. Rogers, Raul A. Monsalve, Thomas J. Mozdzen, and Nivedita Mahesh. "An absorption profile centered at 78 megahertz in the sky-averaged spectrum." *Nature* 555 (2018): 67.

Eisenstein, Daniel J. 2005. "The acoustic peak primer." Harvard-Smithsonian Center for Astrophysics. Accessed July 31, 2018. https://www.cfa.harvard.edu/~deisenst/acousticpeak/spherical_acoustic.pdf.

Eisenstein, Daniel J. 2005. "Dark energy and cosmic sound." Harvard-Smithsonian Center for Astrophysics. Accessed July 31, 2018. https://www.cfa.harvard.edu/~deisenst/acousticpeak/acoustic.pdf.

Einstein, Daniel J. 2005. "What is the acoustic peak?" Harvard-Smithsonian Center for Astrophysics. Accessed July 31, 2018. https://www.cfa.harvard.edu/~deisenst/acousticpeak/acoustic_physics.html.

Eisenstein, Daniel J., and Charles L. Bennett. "Cosmic sound waves rule." *Physics Today* 61 (2008): 44–50.

Eisenstein, Daniel J., Idit Zehavi, David W. Hogg, Roman Scoccimarro, Michael R. Blanton, Robert C. Nichol, Ryan Scranton et al. "Detection of the baryon acoustic peak in the large-scale correlation function of SDSS luminous red galaxies." *Astrophysical Journal* 633 (2005): 560.

European Space Agency. "Planck science team home." Accessed July 26, 2018. https://www.cosmos.esa.int/web/planck/home.

Follin, Brent, Lloyd Knox, Marius Millea, and Zhen Pan. "First detection of the acoustic oscillation phase shift expected from the cosmic neutrino background." *Physical Review Letters* 115 (2015): 091301.

Gunn, James E., Walter A. Siegmund, Edward J. Mannery, Russell E. Owen, Charles L. Hull, R. French Leger, Larry N. Carey et al. "The 2.5 m telescope of the Sloan digital sky survey." *Astronomical Journal* 131 (2006): 2332.

Siegel, E. "Earliest evidence for stars smashes Hubble's record and points to dark matter." *Forbes*, February 28, 2018. https://www.forbes.com/sites/startswithabang/2018/02/28/earliest-evidence-for-stars-ever-seen-smashes-hubbles-record-and-points-to-dark-matter/#2c56afd01f92.

Siegel, Ethan. "Cosmic neutrinos detected, confirming the big bang's last great prediction." *Forbes*, September 9, 2016. https://www.forbes.com/sites/startswithabang/2016/09/09/cosmic-neutrinos-detected-confirming-the-big-bangs-last-great-prediction/.

索引

C

D

E

F

G

H

J

K

L

M

N

O

P

Q

R

S

T

W

X

Y

Z

自 然 文 库

N a t u r e

S e r i e s

鲜花帝国——鲜花育种、栽培与售卖的秘密
艾米·斯图尔特 著　宋博 译

看不见的森林——林中自然笔记
戴维·乔治·哈斯凯尔 著　熊姣 译

一平方英寸的寂静
戈登·汉普顿 约翰·葛洛斯曼 著　陈雅云 译

种子的故事
乔纳森·西尔弗顿 著　徐嘉妍 译

醉酒的植物学家——创造了世界名酒的植物
艾米·斯图尔特 著　刘夙 译

探寻自然的秩序——从林奈到E.O.威尔逊的博物学传统
保罗·劳伦斯·法伯 著　杨莎 译

羽毛——自然演化的奇迹
托尔·汉森 著　赵敏 冯骐 译

鸟的感官
蒂姆·伯克黑德 卡特里娜·范·赫劳 著　沈成 译

盖娅时代——地球传记
詹姆斯·拉伍洛克 著　肖显静 范祥东 译

树的秘密生活
科林·塔奇 著　姚玉枝 彭文 张海云 译

沙乡年鉴
奥尔多·利奥波德 著　侯文蕙 译

加拉帕戈斯群岛——演化论的朝圣之旅
亨利·尼克尔斯 著　林强 刘莹 译

山楂树传奇——远古以来的食物、药品和精神食粮
比尔·沃恩 著　侯畅 译

狗知道答案——工作犬背后的科学和奇迹
凯特·沃伦 著　林强 译

全球森林——树能拯救我们的40种方式
戴安娜·贝雷斯福德-克勒格尔 著　李盎然 译　周玮 校

地球上的性——动物繁殖那些事
朱尔斯·霍华德 著　韩宁 金箍儿 译

彩虹尘埃——与那些蝴蝶相遇
彼得·马伦 著　罗心宇 译

千里走海湾
约翰·缪尔 著　侯文蕙 译

了不起的动物乐团
伯尼·克劳斯 著　卢超 译

餐桌植物简史——蔬果、谷物和香料的栽培与演变
约翰·沃伦 著　陈莹婷 译

树木之歌
戴维·乔治·哈斯凯尔 著　朱诗逸 译　孙才真 审校

刺猬、狐狸与博士的印痕——弥合科学与人文学科间的裂隙
斯蒂芬·杰·古尔德 著　杨莎 译

剥开鸟蛋的秘密
蒂姆·伯克黑德 著　朱磊 胡运彪 译

绝境——滨鹬与鲎的史诗旅程
黛博拉·克莱默 著　施雨洁 译　杨子悠 校

神奇的花园——探寻植物的食色及其他
露丝·卡辛格 著　陈阳 侯畅 译

种子的自我修养
尼古拉斯·哈伯德 著　阿黛 译

流浪猫战争——萌宠杀手的生态影响
彼得·P. 马拉 克里斯·桑泰拉 著　周玮 译

死亡区域——野生动物出没的地方
菲利普·林伯里 著　陈宇飞 吴倩 译

达芬奇的贝壳山和沃尔姆斯会议
斯蒂芬·杰·古尔德 著 傅强 张锋 译

新生命史——生命起源和演化的革命性解读
彼得·沃德 乔·克什维克 著 李虎 王春艳 译

蕨类植物的秘密生活
罗宾·C.莫兰 著 武玉东 蒋蕾 译

图提拉——一座新西兰羊场的故事
赫伯特·格思里-史密斯 著 许修棋 译

野性与温情——动物父母的自我修养
珍妮弗·L.沃多琳 著 李玉珊 译

吉尔伯特·怀特传——《塞耳彭博物志》背后的故事
理查德·梅比 著 余梦婷 译

稀有地球——为什么复杂生命在宇宙中如此罕见
彼得·沃德 唐纳德·布朗利 著 刘夙 译

寻找金丝雀树——关于一位科学家、一株柏树和一个不断变化的世界的故事
劳伦·E.奥克斯 著 李可欣 译

寻鲸记
菲利普·霍尔 著 傅临春 译

众神的怪兽——在历史和思想丛林里的食人动物
大卫·奎曼 著 刘炎林 译

人类为何奔跑——那些动物教会我的跑步和生活之道
贝恩德·海因里希 著 王金 译

寻径林间——关于蘑菇和悲伤
龙·利特·伍恩 著 傅力 译

编结茅香：来自印第安文明的古老智慧与植物的启迪
罗宾·沃尔·基默尔 著 侯畅 译

寂静的石头：喜马拉雅科考随笔
乔治·夏勒 著　姚雪霏 陈翀 译

魔豆：大豆在美国的崛起
马修·罗思 著　刘夙 译

荒野之声：地球音乐的繁盛与寂灭
戴维·乔治·哈斯凯尔 著　熊姣 译

图书在版编目（CIP）数据

荒野之声：地球音乐的繁盛与寂灭 /（美）戴维·乔治·哈斯凯尔著；熊姣译 . —北京：商务印书馆，2023（2024.2 重印）
（自然文库）
ISBN 978-7-100-21835-1

Ⅰ. ①荒… Ⅱ. ①戴… ②熊… Ⅲ. ①声学—普及读物 Ⅳ. ① O42-49

中国版本图书馆 CIP 数据核字（2022）第 216445 号

自然文库
荒野之声
地球音乐的繁盛与寂灭
〔美〕戴维·乔治·哈斯凯尔（David George Haskell） 著
熊姣 译

商 务 印 书 馆 出 版
（北京王府井大街 36 号 邮政编码 100710）
商 务 印 书 馆 发 行
北京新华印刷有限公司印刷
ISBN 978 - 7 - 100 - 21835 - 1

2023 年 2 月第 1 版　　开本 880 × 1230 1/32
2024 年 2 月北京第 2 次印刷　　印张 15 3/4 插页 2

定价：80.00 元